卓越工程师培养系列

深度学习理论与实践

曹文明　王　浩　主　编

全　智　何志权　温　阳　副主编

清华大学出版社

北　京

内容简介

深度学习是计算机科学的一个重要分支，是一种以人工神经网络为架构，对数据进行表征学习的算法的总称。深度学习是传统机器学习算法的发展和衍生，相关内容涉及代数、统计学、优化理论、矩阵计算等多个领域。本书是深度学习的基础入门级教材，在内容上尽可能覆盖深度学习算法相关基础知识。全书共 11 章，大致可分为三大部分：第一部分(第 1～3 章)主要介绍机器学习的基础知识和一些传统算法；第二部分(第 4～8 章)主要介绍人工神经网络等的相关理论、优化算法和各类经典神经网络模型；第三部分(第 9～11 章)为进阶知识，主要介绍非监督学习和强化学习的相关算法。

在学习本书的过程中，读者不仅要深入理解相关算法理论，更要多思多练。读者在阅读各章节内容后，可基于各章习题巩固知识，并将理论与实践结合，基于 torch、tensorflow 等深度学习平台在实际任务中演练所学理论知识和技能。本书可作为高等院校计算机或电子信息相关专业的本科生或研究生教材。

图书在版编目(CIP)数据

深度学习理论与实践 / 曹文明，王浩主编. —北京：清华大学出版社，2024.1
(卓越工程师培养系列)
ISBN 978-7-302-63466-9

Ⅰ. ①深… Ⅱ. ①曹… ②王… Ⅲ. ①机器学习—研究 Ⅳ. ①TP181

中国国家版本馆 CIP 数据核字(2023)第 083742 号

责任编辑：王 定
封面设计：周晓亮
版式设计：思创景点
责任校对：马遥遥
责任印制：宋 林

出版发行：清华大学出版社
网 址：https://www.tup.com.cn，https://www.wqxuetang.com
地 址：北京清华大学学研大厦 A 座 **邮 编：**100084
社 总 机：010-83470000 **邮 购：**010-62786544
投稿与读者服务：010-62776969，c-service@tup.tsinghua.edu.cn
质 量 反 馈：010-62772015，zhiliang@tup.tsinghua.edu.cn
印 装 者：北京同文印刷有限责任公司
经 销：全国新华书店
开 本：185mm×260mm **印 张：**16.25 **字 数：**375 千字
版 次：2024 年 1 月第 1 版 **印 次：**2024 年 1 月第 1 次印刷
定 价：79.80 元

产品编号：097051-01

前　言

自古以来，人类文明的发展始终伴随着对智能化的不懈追求。早期的人类通过总结经验、发现规律来改善工具，提升生产、生活的智能化水平。人类社会进入工业化时代以后，随着科学技术的发展和相关知识的演进，工具的智能化水平得到快速提升。近年来，随着计算机、互联网等的兴起，人类社会步入大数据时代。当前，智能化相关的研究成果呈井喷式爆发。与此同时，新的生活和生产环境又对智能化技术的演进提出了更高的要求。习近平总书记在党的二十大报告中强调，要加强科技基础能力建设，推动战略性新兴产业融合集群发展，构建新一代信息技术、人工智能、生物技术等一批新的增长引擎。

深度学习相关技术逐渐成为目前工业界和学术界探索和研究的重点，并且越来越多的相关算法在实际应用中取得了广泛的成功。这些算法的成功和发展离不开相关研究者对深度学习相关理论的探索。目前的深度学习算法依然存在黑盒属性、需要大量训练样本、可解释性差、调参困难、算法模型规模大、学习时效低等不足，并且和人类本身的学习方式及智能化水平相比，仍有着巨大的发展空间。这些也要求我们深入理解当前深度学习的相关算法理论，针对其特性和缺点不断加以改进提升。

本书的写作目的是将深度学习的相关算法理论和应用实践深入浅出地介绍给读者，力求使大学本科低年级学生能够理解和掌握相关内容。本书一共包含 11 章。第 1 章绪论，简要介绍人工智能、机器学习、深度学习的基本概念、发展历程和一些典型的应用实例。第 2 和第 3 章，基于回归和基础分类两个基本模型介绍机器学习的基础知识，为后续深度学习相关内容提供知识基础。第 4 和第 5 章是深度学习的理论基础章节，阐述人工神经网络基础，学习模型的训练和优化算法改进方法，以及模型的相关效果评估和具体实现方式。第 6 和第 7 章是深度学习理论在图像数据和序列数据处理上的应用和发展，分别介绍卷积神经网络及其经典模型、循环神经网络及其经典模型。第 8 章是深度学习理论在自然语言处理问题上的拓展和应用，重点阐述注意力机制及其经典模型，并探讨模型在自然语言处理中的算法演进。第 9 章是深度学习理论在网络图数据处理问题上的拓展和应用，重点阐述基于谱域和空间域的各类图神经网络模型。第 10 章探讨针对无监督特征学习问题的传统机器学习算法和相关深度学习模型。第 11 章介绍强化学习的相关理论和经典模型。

本书由主编曹文明负责整体编写和质量把控；王浩负责章节规划以及第 3 章到第 8 章的编写；全智负责第 1 章和第 2 章的编写；何志权负责第 9 章的编写；温阳负责第 10 章和第 11 章

的编写。此外，感谢广东省多媒体信息服务工程技术中心全体人员的帮助，感谢张婉莹、钟建奇、刘启凡、闫志越、宋晓宝、陈作胜、刘伊善、张汝君、蓝旭佳、熊敏等在材料收集、校稿等方面的建议和帮助。

因作者能力有限，书中难免有不当之处，还望读者海涵和指正。

本书提供教学课件、教学大纲、电子教案和教学视频，读者可扫下列二维码获取学习。

教学课件　　教学大纲　　电子教案　　教学视频

曹文明　王浩　全智　何志权　温阳

于深圳大学

2023 年 8 月

目　录

第 1 章 绪论

人类对工具智能化的追求自古就有。在我国漫长历史中，早在几千年前就有机关器械和占卜预测之术的描述。虽然很多的记载现在没有办法进行科学证实，但是这些充分体现了我国祖先对智能化的不懈追求。在 20 世纪 50 年代初，阿兰 • 图灵(Alan Turing)发表了著名的论文《计算机器与智能》(*Computing Machinery and Intelligence*)，并提出了图灵测试，这为随后几十年人工智能的发展指引了方向。之后，约翰 • 麦卡锡(John McCarthy)在 1956 年明确提出了人工智能(artificial intelligence，AI)的概念，并对其进行了初步定义："人工智能指的是之前由人工执行的任务，现在由机器来代替执行。"此后，越来越多的研究者加入到人工智能的相关研究中，这个领域开始蓬勃发展起来。在我国，人工智能技术的研究和应用得到了高度重视，大多数的高等院校和大量的公司加入了这个赛道，对人工智能技术展开研究和探索，这大大加速了人工智能算法的应用、落地和推广。

人工智能作为一个跨学科的研究领域，其知识体系的涵盖范围非常广泛，如机器学习、人工神经网络等都是其中重要的内容。在日常生活中，人工智能的应用范围也非常广泛，如人脸识别、自动驾驶、智能家居、语音识别、文本识别等人们可以直观感受到的技术。当然也有一些人们在日常生活中使用，但很难直观察觉到的技术，如智能推荐、搜索排序等。人工智能可以给人类的生活带来便利。其可以自主完成各种任务，解放生产力，发展惠及大众。当然，任何科技本身都具有两面性，人工智能在给人们的生活带来便利的同时，也无疑会带来一些隐患。例如，随着人工智能的发展，人们的个人隐私与信息安全受到了严重的威胁；人工智能对人类生产力的释放可能导致大量现有的工作岗位被机器替代。因此，我们要成为掌握人工智能相关技术的人，这不仅仅有益于我们个人的发展，而且能让更多的人参与到这个领域的技术革新中来，同时也有助于规范技术的发展，从而减少由于相关技术的进步而给人类社会带来的负面影响。

在人工智能领域中，一个重要的研究方向就是机器学习(machine learning)。具体而言，机器学习主要探究如何令机器通过模拟人类的学习行为，来改善自身的性能。机器学习的具体概念是1952年由亚瑟·塞缪尔(Arthur Samuel)提出的。它作为人工智能的一部分，为人工智能在日常生活中的应用提供了理论基础，推动了人工智能的发展。本书也将对机器学习中的基础回归模型与基础分类模型进行简单介绍。

一般而言，机器学习算法在进行相关任务处理时主要包含两个步骤：①特征提取；②基于所提取的特征进行问题决策。但机器学习算法在进行特征提取时往往需要大量的人工辅助和干预，这会带来巨大的资源消耗。为了解决这个问题，大量研究者开始对特征提取的自动化方法展开研究。在1957年，弗兰克·罗森布拉特(Frank Rosenblatt)在亚瑟·塞缪尔的研究基础上，结合唐纳德·赫布(Donald Hebb)提出的类似脑细胞相互作用模型，创造了感知机算法。事实上，正是感知机的提出，开启了人们对深度学习(deep learning)的探索之路。深度学习是机器学习领域的重要研究方向。和传统机器学习算法相比，深度学习是一种端到端的学习方式，它极大地减少了特征提取阶段的人为干预，同时进一步提升了模型的学习效果。深度学习的出现不仅丰富了数据处理的方式，而且进一步扩大了人工智能算法的应用范围。

在感知机的基础上，1967年专家提出了多层感知机概念，之后在1986年，适用于多层感知机(multilayer perception，MLP)训练的反向传播(backpropagation)算法被提出。受限于当时的硬件设备条件，一段时间内该方法并未受到广泛的关注。2006年，杰弗里·辛顿(Geoffrey Hinton)提出使用无监督预训练权值进行初始化与有监督反向传播微调去解决多层网络梯度消失问题的技巧，从而使多层感知机和反向传播算法得到了进一步的传播和推广。2012年，在ImageNet(一个用于视觉对象识别软件研究的大型可视化数据库) 图片分类比赛中，基于深度学习的AlexNet一举夺魁。它的成功让更多的人投入到深度学习的相关研究中。

深度学习结构设计的最初灵感来源于人脑神经元。人脑的神奇之处在于，对从外部获取的图像、文本、音频等各类感知信息能高效快捷地进行提炼，并依据相关信息做出分析决策。深度学习就是模拟人脑的这种工作机制，直接将数据输入人工神经网络，然后由模型提炼信息并做出相应的分析或决策。深度学习算法在运行过程中会自动完成对特征信息的提取。和传统机器学习算法的特征提取方式相比，深度学习算法在特征的选择和特征的表征能力上更好地契合了任务本身的需求。这也是在项目实践中，深度学习方法优于传统方法的重要原因。

人工智能、机器学习、深度学习 3 个基本概念的关系如图 1.1 所示，本书将由外至内、由浅入深地介绍人工智能特别是深度学习的相关算法。

早在2015年7月，国务院就发布《关于积极推进“互联网+”行动的指导意见》，第一次把人工智能上升为国家战略。2022年10月，党的二十大报告明确提出推动战略性新兴产业融合集群发展，构建包括人工智能在内的一批新的增长引擎。深度学习在人们的现实生活中发挥着重要的作用。在医疗行业、交通运输业、制造业、建筑业、娱乐业、安防领域、教育领域甚至农业领域中都能看到深度学习的身影。下面将通过几个实例来展示深度学习算法在相关领域的应用现状。

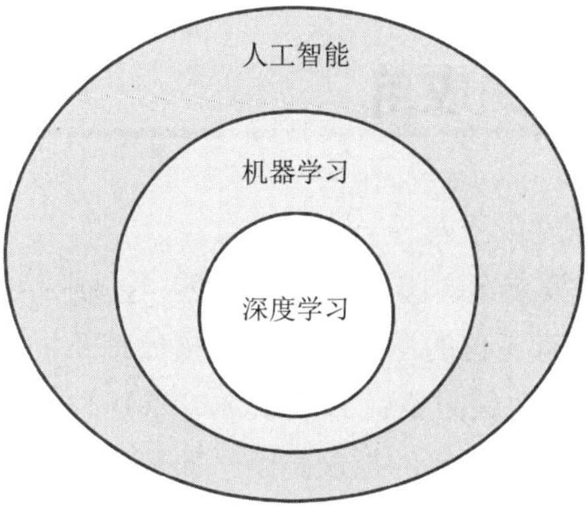

图 1.1 人工智能、机器学习、深度学习 3 个基本概念之间的关系

1.1 疫情防控中的应用

在新冠疫情暴发初期，医疗工作者需要通过肺部的 CT(computed tomography，电子计算机断层扫描)影像和 X 光射线图来确诊感染者，于是产生了大量的数据，需要大量放射学专家进行人工判别。这使疫情的初期筛查工作进展极为缓慢，进而影响了国家对疫情的有效管控。为了解决这个问题，相关研究者构建了基于深度学习的分类模型来辅助医疗工作者对患者进行初期筛查工作。随着数据量的累计和算法的调优，相关分类算法的准确率已接近人工检测标准，可以有效缓解医疗工作者在应对新冠方面的压力。

在筛查患者及防控疫情的同时，人们也在探寻着治愈新冠病毒感染的方法。通过技术手段可以检测出新冠病毒的蛋白质结构。此时需要创造出一种能够攻破其结构的新型蛋白质。这种新型蛋白质需要基于已有的安全蛋白结构进行组合，在设计目标上，不仅要其在空间结构上合理，还需要能够有效对抗新冠病毒。为达到这个目的，生物领域的科研人员往往需要先基于生物学知识进行结构设计，再进行结构合成，最后通过 X 光射线结晶学、核磁共振成像或低温电子显微镜对结构进行实验验证。上述研发过程既昂贵又耗时。为了提升效率、加快进度，研究人员设计了一种能够预测有效蛋白质结构的深度学习模型。具体来说，该模型将蛋白质模板数据集及蛋白质自由模型数据集作为输入数据，将结构预测问题转换为最邻近问题来训练网络，进而实现对潜在有效蛋白质结构的预测。这样的算法能够大大缩短研发时间，极大地降低了任务的试错成本。

新冠疫情的防控程度和防控措施难免会对公民的心理健康产生影响。因此，社会学家需要从经济、心理和社会学等多个角度分析衡量公众当前的心理状况。为了达到这个目的，需要依据微博等网络舆情数据对不同地区的公众情绪进行分析。对此，深度学习的自然语言处理(natural language processing，NLP)算法就有了用武之地。具体而言，针对与疫情相关的关键词可以构建一个情感语义数据集。然后，利用该数据集来调适出一个用于自然语言处理任务的深度学习模型，最后利用该模型对网络信息进行分析，就可以实现有效的舆情管控和防谣治谣。

1.2 自动驾驶中的应用

自动驾驶研究大致可分为以下两种方案。

(1) 基于规则约束的决策方案：按照感知、规划、控制、执行的流程来进行自动驾驶系统的实现，每个模块内都有各自的深度学习模型来处理不同的数据输入。

(2) 端到端(end-to-end)的决策方案：系统从环境感知与定位模块获取实时数据后，经过一个深度学习的模型直接输出车辆的控制指令，即从感知直接映射到控制命令。

基于规则约束的决策方案更贴近人类在驾驶车辆时的操作逻辑，所以可解释性好，一旦出现系统问题，人们就可以快速诊断并且有针对性地解决问题。其缺点是系统复杂，成本高昂、计算量大，多个模型之间可能存在误差累积，使系统难以达到最佳性能。而端到端的决策方案虽然不具有可解释性，但是相对于基于规则约束的决策方案，其成本和复杂度都较低。但端到端的决策方案也存在缺陷，首先，此类方法的可解释性差，其次，对于不同的车辆或传感器，系统都需要重新校准。

以基于规则约束的决策方案为例，其感知模块相当于人类的眼睛，主要基于深度学习算法来处理各类传感器收集到的环境数据。感知模块大体又分为单目方案和双目(多目)方案。在单目方案中，系统往往不能够快速地感知图像的深度信息，所以在这种方案中，深度学习模型往往是先进行目标检测，再将检测出的目标物体与数据库的模型进行匹配，从而完成距离推算。这样的方案对数据库的数据量要求较大，并且若目标检测算法没能有效检测出障碍物，则很容易造成接下来的路径规划错误，影响比如行驶安全。因此，在单目方案中，常将激光雷达或毫米波雷达的数据与摄像头数据进行融合，从而更精准地定位目标。当存在两个以上的摄像头时，系统可以通过建立三角坐标系来测算距离。因此，在双目(多目)方案中，深度学习模型不需要从数据库中枚举匹配，而是通过实时的计算来检测目标。这样的方案对硬件算力有着极高的要求，且需要用其他传感器或更多的摄像头来弥补视觉盲区。但是在现实环境下，各种天气变化会对图像数据造成干扰，所以也须将激光雷达或毫米波雷达的数据与摄像头数据进行数据融合，从而更精准地定位目标。

规划模块又分为路线规划和轨迹规划。路线规划是一种宏观规划，就如同我们使用的各种电子地图一样，通过输入起点位置与终点位置来规划行驶路线。通常采用混合整数、动态规划、启发式算法或强化学习等方法来建立路线规划模型。轨迹规划则是短期的规划，是根据感知模块对当前环境的监测情况来调控短期路径的模型。这样的模型一般要求实时计算，对于车载计算平台的计算能力要求较高。

执行模块又称为决策模块，它主要处理的数据为时序性数据。也就是说，轨迹规划模型根据环境来输出备选路径，供执行模块选择，而执行模块需要决定何时停车，何时加速超车或何时减速等。人类在驾驶汽车时，决策往往需要根据经验来做出，所以执行模块需要结合不同时间的时序数据来推断各种决策产生的结果，然后进行决策选择并输出至执行模块。一般采用强化学习模型来作为执行模块，这是因为强化学习模型能够在一定程度上代替人类的经验判断。

控制模块是用于替代人类的操作的模块，主要控制 3 个执行器：方向盘、加速踏板和制动踏板。根据执行模块输出的执行任务及规划模块输出的路径，控制模块需要合理地控制 3 个执行器并尽可能地按照任务规划的预期效果来控制车辆运动。在控制的过程中还需要根据采集到的车速、加速度和航向角等数据来实时修正控制量。

深度学习模型在上述 4 个模块的运行过程中都起到了至关重要的作用。

1.3 现代农业中的应用

在农业方面，目前深度学习还处于起步阶段。近期，一项特殊的比赛让我们看到了深度学习在农业方面的作用。

该赛事的参赛选手，一方为顶尖农人队伍，依靠经验种植农作物；另一方为深度学习算法队伍。双方在草莓的品质、产量、投入产出比等指标上展开比拼。在赛事进行的 4 个月时间内，深度学习算法队需要构建草莓种植管理系统，让算法模仿人类专家，实现草莓种植的自动化。在这套自动化系统中，深度学习模型需要处理各种传感器采集的温度、湿度、水肥等数据，并根据草莓的生长模型来向外部设备输出决策。整个过程的难点在于让深度学习模型形成实时且正确的决策。

最终大赛揭晓了深度学习算法队伍和顶尖农人队伍在产量、投入产出比和甜度 3 项指标上的对战结果：深度学习算法队伍的草莓产量平均值高出顶尖农人队伍平均值的 196.32%，投入产出比平均值高出顶尖农人队伍的平均值的 75.51%；而顶尖农人队伍的果实甜度整体平均值高出深度学习算法队伍的平均值的 5.24%以上。

可以看出，深度学习模型在有相关经验模型的支持下，在决策的及时性及正确性上能够与农业专家媲美。比赛举办方表示将探索出一批适用于小农生产模式的、低成本的、可复制的智能化农业应用模型，并且通过将人工经验数字化来为农产区提供植物智能化种植模型。本次比赛的获奖成果正在转换为数字农业解决方案，并已经在田间地头应用。

以上只是深度学习实践应用的冰山一角。事实上，深度学习已经融入人类社会的方方面面，并且在不同的研究领域都有出色的表现。在我国二十大战略的指引下，以深度学习为重要技术的人工智能必将得到蓬勃的发展，对推动我国数字化经济的高质量发展起到重要的作用。掌握深度学习的知识，能够更好地处理领域交叉或复杂数据问题。理解并掌握深度学习算法和相关知识，已经成为我国当代新型工科人才培养的重要目标。

第 2 章

基础回归模型

回归(regression)与分类(classification)是机器学习领域的两个基本问题。其中，回归模型在经济预测、数据挖掘、疾病自动诊断、销售预测和风险评估等方面有广泛的应用。目前，在我国回归模型已经被应用到多个领域。例如，运用回归模型定量估测新冠疫情对我国宏观经济基础性指标 GDP(gross domestic product，国内生产总值)的影响；通过构建回归模型分析全国人口增长规律，预测中国人口的未来增长趋势；在我国生物医药领域，使用多元回归模型预测各类疾病的生存期；在制造业领域，以中国各省域制造业工业生产总值作为研究对象，利用多元回归模型研究经济指标影响因素。本章围绕回归问题介绍传统机器学习算法中几种常见的回归模型，包括线性回归模型、参数估计模型，同时还对相关模型的优化求解方法和效果评估函数展开讨论。本章所涉及的概念和方法是开展深度学习的重要理论基础。

2.1 线性回归模型

回归分析(regression analysis)通常用来探究一个或多个预测变量与响应变量之间的关联关系。其中，预测变量也称为自变量，通常用 $x_1, x_2, \cdots, x_p$ 表示；响应变量也称为因变量，通常用 y 表示。按照自变量和因变量之间的关系类型，回归模型可分为线性回归模型和非线性回归模型。本节主要介绍回归分析中的线性回归模型。

线性回归(linear regression)是利用回归分析，对自变量和因变量之间的线性关系进行建模的统计分析方法。其表达形式是一个或多个被称为回归系数的模型参数的线性组合。根据自变量的数量，线性回归可分为两种类型，即一元线性回归和多元线性回归。

2.1.1 一元线性回归

一元线性回归的目标是探究单个自变量与因变量之间的线性关系。举个简单的例子：假设房屋面积 x 与房屋价格 y 之间存在简单的线性关系 $y = wx$，其中 $w > 0$ 为比例系数，即房屋价格与房屋面积成正比关系。然而在许多实际场景中，自变量与因变量之间并不是简单的正比关系。为了让模型更具有普适性，我们在比例关系的基础上引入常数项 w_0。因此针对单一样本，一元线性回归模型通常写作

$$y = w_0 + w_1 x + \varepsilon \text{ ,} \tag{2.1}$$

其中，y 是实际观测值也称因变量，x 是自变量，w_0 和 w_1 表示模型的回归系数，ε 表示模型预测值 $\hat{y}$ 与实际观测值 y 之间的拟合误差。在线性回归中，ε 一般与自变量相互独立，其分布服从期望 $E(\varepsilon) = 0$ 且方差 $\mathrm{var}(\varepsilon) = \sigma^2$ 的正态分布(也称为高斯分布)。

图 2.1 展示了利用一元线性回归模型拟合数据的实例。从图中可以看出，数据的真实值并未全部落在回归线上，而是分布在回归线的周围。这说明真实值 y 与预测值 $\hat{y}$ 之间存在拟合误差 ε，该误差通常来自除自变量 x 外其他潜在因素的影响。

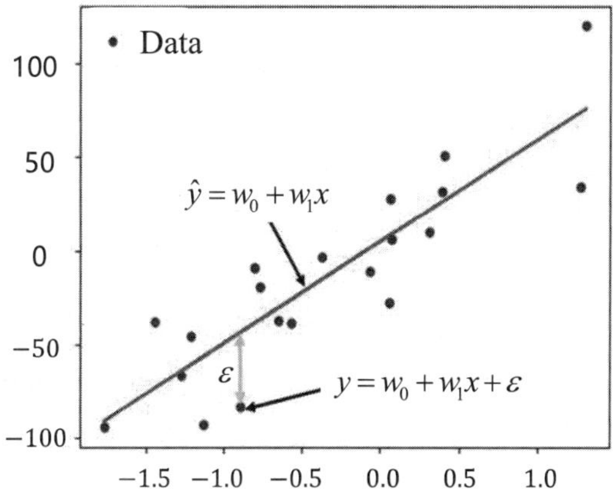

图 2.1 一元线性回归模型

2.1.2 多元线性回归

多元线性回归的目标是探究多个自变量与因变量之间的线性关系。例如，影响房屋价格的因素不止房屋面积这一个因素，还有地域、房间数、布局等诸多因素。假设有 n 个影响因素，且这些因素对房价的影响程度是不同的。于是，我们可以通过对这些因素赋予不同的权重 $w_1, w_2, \cdots, w_n$ 来表示它们对因变量的影响程度。因此多元线性回归模型可写作

$$y = \boldsymbol{w}^{\top} \boldsymbol{x} + \varepsilon \text{ ,} \tag{2.2}$$

其中，y 是因变量，向量 $\boldsymbol{x} = [x_0, x_1, x_2, \cdots, x_n]^{\top}$ 表示自变量(其中 $x_0 = 1$)，$\boldsymbol{w} = [w_0, w_1, w_2, \cdots, w_n]^{\top}$ 表示模型的回归系数，ε 表示模型的拟合误差。

对于某个数据集而言，我们通常需要对数据集中的每一个样本都进行回归分析。所以对于一个包含 m 个样本的数据集，我们有如下方程组：

$$\begin{cases} y^{(1)} = \boldsymbol{w}^\top \boldsymbol{x}^{(1)} + \varepsilon_1, \\ y^{(2)} = \boldsymbol{w}^\top \boldsymbol{x}^{(2)} + \varepsilon_2, \\ \qquad \vdots \\ y^{(m)} = \boldsymbol{w}^\top \boldsymbol{x}^{(m)} + \varepsilon_m, \end{cases} \tag{2.3}$$

其中，$\boldsymbol{x}^{(i)} = \left[x_0^{(i)}, x_1^{(i)}, \cdots, x_n^{(i)}\right]^\top \left(\forall i \in [1,2,\cdots,m]\right)$ 表示第 i 个样本的特征值向量，$x_j^{(i)} \left(\forall j \in [0,1,\cdots,n]\right)$ 表示第 i 个样本的第 j 个特征值，$\varepsilon_i \left(\forall i \in [1,2,\cdots,m]\right)$ 对应不同样本的拟合误差，$y^{(i)} \left(\forall i \in [1,2,\cdots,m]\right)$ 表示第 i 个样本的实际观测值。

定义 2.1　(线性回归模型的矩阵表示)

基于上述分析，当我们对一个完整的数据集进行多元线性回归分析时，数据集包含 m 个样本，且每个样本有 n 个特征值，则相应的线性回归模型可以表示为

$$\boldsymbol{y} = \boldsymbol{X}\boldsymbol{w} + \boldsymbol{\varepsilon}, \tag{2.4}$$

即

$$\begin{bmatrix} y^{(1)} \\ y^{(2)} \\ \vdots \\ y^{(m)} \end{bmatrix} = \begin{bmatrix} \boldsymbol{x}^{(1)^\top} \\ \boldsymbol{x}^{(2)^\top} \\ \vdots \\ \boldsymbol{x}^{(m)^\top} \end{bmatrix} \begin{bmatrix} w_0 \\ w_1 \\ \vdots \\ w_n \end{bmatrix} + \begin{bmatrix} \varepsilon_0 \\ \varepsilon_1 \\ \vdots \\ \varepsilon_m \end{bmatrix} \tag{2.5}$$

图 2.2 中给出了一个使用二元线性回归模型拟合数据的实例。从图中可以看出，二元线性回归模型的拟合结果是一个平面，数据的真实值分布在平面附近。由此可以推出，多元线性回归模型的拟合结果为多维空间中的某个超平面。它是平面中的直线和空间中的平面在高维空间中的推广。

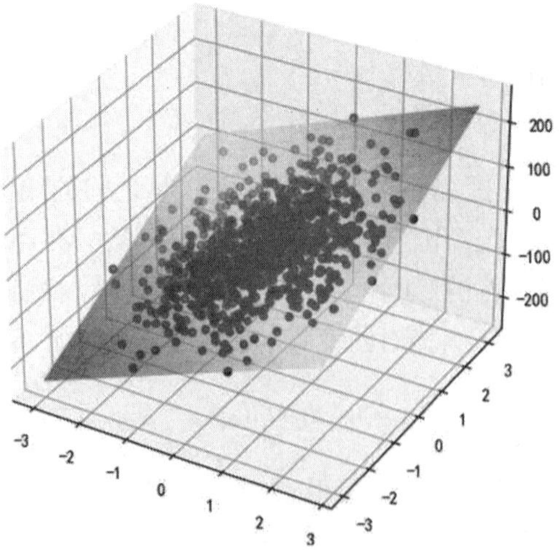

图 2.2　二元线性回归模型的拟合结果

2.1.3 多项式回归

对于许多复杂的实际问题，仅仅使用简单的线性回归模型无法很好地对真实数据进行拟合，因此在本节我们介绍一种多项式回归模型，以处理这类复杂问题。

多项式回归(polynomial regression)的目标是探究一个因变量与相关自变量的多项式之间的线性关系。当多项式次数(多项式中次数最高项的次数)为 1 时，多项式回归退化为普通多元线性回归。当多项式次数为 2 时，针对单一样本，多项式回归模型可以表示为

$$y=\boldsymbol{w}^{\top}\boldsymbol{x}+\varepsilon, \tag{2.6}$$

其中，y 是因变量，$\boldsymbol{x}=\left[1,x_1,x_2,x_1x_2,x_1^2,x_2^2\right]^{\top}$ 是自变量，$\boldsymbol{w}=\left[w_0,w_1,w_2,w_3,w_4,w_5\right]^{\top}$ 表示模型的回归系数。从式可以看出，多项式回归的本质是多元线性回归。

图 2.3 给出了在同一训练集中，普通线性回归模型和多项式回归模型的拟合结果。由图 2.3 可以看出，相较于普通线性回归模型，多项式回归模型往往能够更准确地拟合因变量与自变量之间的非线性关系。因此相较于普通线性回归模型，多项式回归模型的拟合能力更强。

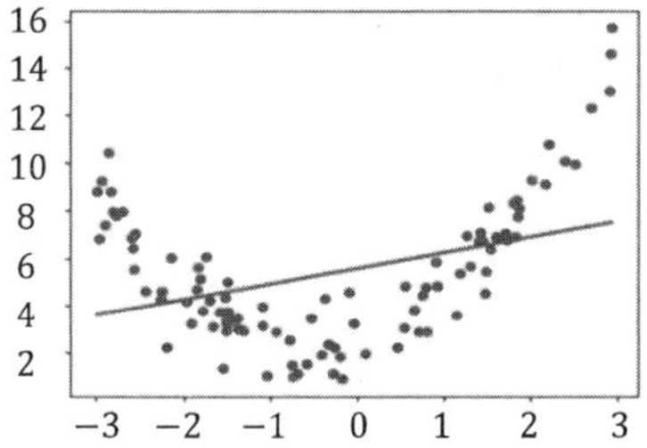

(a) 普通线性回归模型

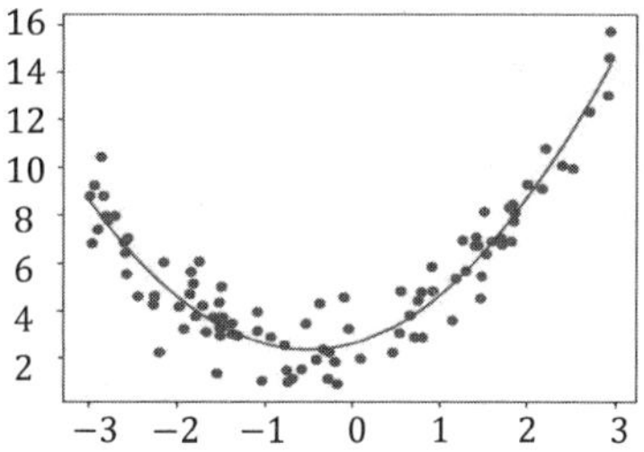

(b) 多项式回归模型

图 2.3 普通线性回归模型和多项式回归模型对相同训练集拟合结果的对比

在多项式回归模型中，多项式的次数是非常重要的参数。如图 2.4 所示，当次数较低时，多项式回归模型往往不能很好地拟合数据；反之，当次数较高时，多项式回归模型会对训练数据过度拟合，这样就使模型缺少泛化能力。

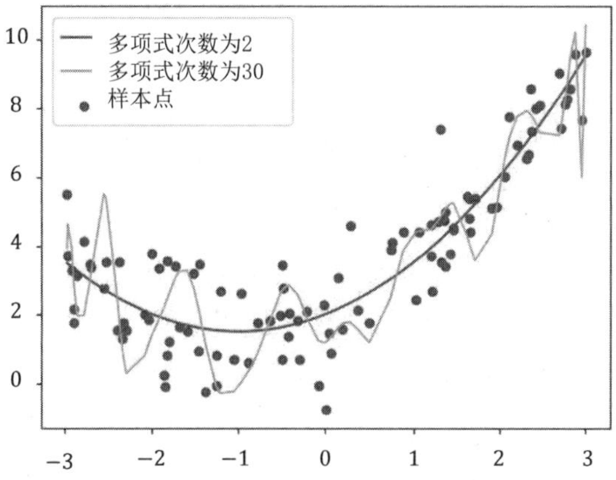

图 2.4 多项式次数过高导致模型过拟合

2.2 参数估计模型

在建立模型时，模型参数的设定十分重要，参数设定的优劣必然影响模型的拟合效果。本节介绍几种常用的参数估计方法，包括最小二乘估计、岭回归、套索回归和弹性回归。

2.2.1 最小二乘估计

最小二乘估计是一种常用的参数估计方法。该方法通过最小化模型输出结果与真实值的误差平方和来寻求模型的最佳参数。一般情况下，对于 m 个样本，每个样本有 n 个特征值，为常数项 w_0 增加自变量系数 $x_0^{(i)}=1\left(\forall i\in\left[1,2,\cdots,m\right]\right)$，给定模型的输入 $\boldsymbol{X}\in\mathbb{R}^{m\times(n+1)}$ 和实际值 $\boldsymbol{y}=\left[y^{(1)},y^{(2)},\cdots,y^{(m)}\right]^{\top}$，则模型的输出 $\hat{\boldsymbol{y}}$ 与输入 $\boldsymbol{X}$ 的关系如下

$$\hat{\boldsymbol{y}}=\boldsymbol{X}\boldsymbol{w}, \tag{2.7}$$

其中，$\hat{\boldsymbol{y}}=[\hat{y}^{(1)},\hat{y}^{(2)},\cdots,\hat{y}^{(m)}]^{\top}$ 表示模型的输出值(也称预测值)，$\boldsymbol{w}=[w_0,w_1,\cdots,w_n]^{\top}$ 为模型的回归参数。

最小二乘估计的目的是找到最优的参数 $\boldsymbol{w}$ 使模型的拟合效果最好。最小二乘估计通常采用实际值和预测值的误差的平方和来评估拟合效果，误差平方和越小，说明二者差距越小，模型拟合效果越好。误差平方和 $Q(\boldsymbol{w})$的计算公式如下

$$Q\left(\boldsymbol{w}\right)=\sum_{i=1}^{m}\left(y^{(i)}-\hat{y}^{(i)}\right)^2. \tag{2.8}$$

$Q(\boldsymbol{w})$最小时，模型的拟合效果达到最好，此时对应的回归参数 $\boldsymbol{w}$ 即为所求的最优参数。平方又叫二乘方，所以这种方法被称为最小二乘估计。

下面我们以一元线性回归模型为例来说明最小二乘估计的过程。设数据集的样本数为 m，对于其中的第 i 个样本 $(\forall i\in[1,2,\cdots,m])$，模型的输出 $\hat{y}^{(i)}$ 与特征值 $x^{(i)}$ 的线性关系为

$$\hat{y}^{(i)}=w_0+w_1x^{(i)}. \tag{2.9}$$

为了通过最小二乘法求出模型参数的最优解，我们先将一元线性回归方程(2.9)代入式(2.8)中，得到

$$Q\left(\boldsymbol{w}\right)=\sum_{i=1}^{m}\left(y^{(i)}-\hat{y}^{(i)}\right)^2=\sum_{i=1}^{m}\left(y^{(i)}-w_0-w_1x^{(i)}\right)^2. \tag{2.10}$$

$Q(\boldsymbol{w})$取最小值时的参数 $\boldsymbol{w}$ 对应最优参数，所以我们可以将求解参数最优值的问题转换为 $Q(\boldsymbol{w})$的最小化问题。依据凸优化相关理论，我们可以通过计算 $Q(\boldsymbol{w})$对参数 w_0、w_1 的偏导数，并令其偏导数为 0 来解决该问题，具体操作如下

$$\frac{\partial Q}{\partial w_0}=2(-1)\sum_{i=1}^{m}\left(y^{(i)}-w_0-w_1x^{(i)}\right)=0. \tag{2.11}$$

$$\frac{\partial Q}{\partial w_1}=2(-1)\sum_{i=1}^{m}\left(y^{(i)}-w_0-w_1x^{(i)}\right)x^{(i)}=0. \tag{2.12}$$

令 $\overline{x}=\frac{1}{m}\sum_{i=1}^{m}x^{(i)},\overline{y}=\frac{1}{m}\sum_{i=1}^{m}y^{(i)}$，可解得

$$w_1=\frac{\sum_{i=1}^{m}\left(x^{(i)}-\overline{x}\right)\left(y^{(i)}-\overline{y}\right)}{\sum_{i=1}^{m}\left(x^{(i)}-\overline{x}\right)^2}, \tag{2.13}$$

$$w_0=\overline{y}-w_1\overline{x}=\overline{y}-\frac{\sum_{i=1}^{m}\left(x^{(i)}-\overline{x}\right)\left(y^{(i)}-\overline{y}\right)}{\sum_{i=1}^{m}\left(x^{(i)}-\overline{x}\right)^2}\overline{x}. \tag{2.14}$$

对于一般的多元线性回归模型，我们可以通过矩阵运算来表示上述求解过程。由式可知，对于包含 m 个 n 维样本的数据集，其多元线性回归方程的矩阵表示为

$$\hat{\boldsymbol{y}}=\boldsymbol{X}\boldsymbol{w}\,.$$

则相应的 $Q(\boldsymbol{w})$可以表示为

$$Q(\boldsymbol{w})=\|\boldsymbol{y}-\hat{\boldsymbol{y}}\|_2^2=\|\boldsymbol{y}-\boldsymbol{X}\boldsymbol{w}\|_2^2=(\boldsymbol{y}-\boldsymbol{X}\boldsymbol{w})^\top(\boldsymbol{y}-\boldsymbol{X}\boldsymbol{w}). \tag{2.15}$$

和一元线性回归模型的求解一样，我们把问题转换为 $Q(\boldsymbol{w})$的最小化问题。若输入 $\boldsymbol{X}$ 为列满秩矩阵，此时 $\boldsymbol{w}$ 的求解过程如下。

(1) 展开 $Q(\boldsymbol{w})$。

$$Q(\boldsymbol{w})=(\boldsymbol{y}-\boldsymbol{X}\boldsymbol{w})^\top(\boldsymbol{y}-\boldsymbol{X}\boldsymbol{w})=\boldsymbol{y}^\top\boldsymbol{y}-\boldsymbol{w}^\top\boldsymbol{X}^\top\boldsymbol{y}-\boldsymbol{y}^\top\boldsymbol{X}\boldsymbol{w}+\boldsymbol{w}^\top\boldsymbol{X}^\top\boldsymbol{X}\boldsymbol{w}. \tag{2.16}$$

(2) 化简 $Q(\boldsymbol{w})$。式中，$\boldsymbol{w}^\top\boldsymbol{X}^\top\boldsymbol{y}$ 和 $\boldsymbol{y}^\top\boldsymbol{X}\boldsymbol{w}$ 互为转置，且两者均为标量，因此，$\boldsymbol{w}^\top\boldsymbol{X}^\top\boldsymbol{y}=\boldsymbol{y}^\top\boldsymbol{X}\boldsymbol{w}$。所以

$$Q(\boldsymbol{w})=\boldsymbol{y}^\top\boldsymbol{y}-2\boldsymbol{w}^\top\boldsymbol{X}^\top\boldsymbol{y}+\boldsymbol{w}^\top\boldsymbol{X}^\top\boldsymbol{X}\boldsymbol{w}. \tag{2.17}$$

(3) 计算 $Q(\boldsymbol{w})$关于向量 $\boldsymbol{w}$ 的梯度，并令其为零，这样有

$$\nabla Q(\boldsymbol{w})=\begin{bmatrix}\frac{\partial Q}{\partial w_0}\\ \frac{\partial Q}{\partial w_1}\\ \vdots\\ \frac{\partial Q}{\partial w_n}\end{bmatrix}=2\boldsymbol{X}^\top\boldsymbol{X}\boldsymbol{w}-2\boldsymbol{X}^\top\boldsymbol{y}=\boldsymbol{0}, \tag{2.18}$$

其中，∇ 称为向量微分算子或 Nabla 算子，$\nabla Q(\boldsymbol{w})$ 表示计算 $Q(\boldsymbol{w})$关于模型参数 $\boldsymbol{w}$ 的梯度。

由于 $\boldsymbol{X}$ 为满秩矩阵，所以可以推导出

$$\boldsymbol{w}=\left(\boldsymbol{X}^{\top}\boldsymbol{X}\right)^{-1}\boldsymbol{X}^{\top}\boldsymbol{y}. \tag{2.19}$$

2.2.2 岭回归

上文所介绍的最小二乘估计是一种常用的模型参数估计方法，它并不适用于所有情况，它要求模型输入的 $\boldsymbol{X}$ 为列满秩矩阵。遗憾的是，在现实生活中，模型的输入之间经常存在近似线性的关系，此时的矩阵 $\boldsymbol{X}$ 不满足列满秩条件，导致 $\boldsymbol{X}^{\top}\boldsymbol{X}$ 逆矩阵的求解十分困难，进而影响了模型参数的估计。为了解决这种缺陷，研究人员提出了岭回归模型，即在最小二乘估计优化函数的基础上添加 L_2 范数正则项，以确保逆矩阵的存在。岭回归的优化函数如下

$$Q(\boldsymbol{w})=\|\boldsymbol{X}\boldsymbol{w}-\boldsymbol{y}\|_2^2+\alpha\|\boldsymbol{w}\|_2^2, \tag{2.20}$$

其中，$\|\boldsymbol{w}\|_2^2=\sum_{i=1}^{n+1}w_i^2, \alpha\left(\alpha>0\right)$ 为平衡参数，用来调节目标方程中正则项与均方误差之间的比重。岭回归在最小二乘估计的基础上加入了一个平方偏差因子来调节回归系数 $w_j\left(\forall j\in\left[0,1,\cdots,n\right]\right)$。若系数 w_j 较大，模型就会做出惩罚。

下面我们来学习岭回归的参数求解过程。同求解最小二乘估计模型一样，我们将求解参数 $\boldsymbol{w}$ 的问题转换为 $Q(\boldsymbol{w})$的最小化问题。具体的操作流程如下。

(1) 展开并化简 $Q(\boldsymbol{w})$。有

$$Q(\boldsymbol{w})=(\boldsymbol{y}-\boldsymbol{X}\boldsymbol{w})^{\top}(\boldsymbol{y}-\boldsymbol{X}\boldsymbol{w})+\alpha\|\boldsymbol{w}\|_2^2=\boldsymbol{y}^{\top}\boldsymbol{y}-2\boldsymbol{w}^{\top}\boldsymbol{X}^{\top}\boldsymbol{y}+\boldsymbol{w}^{\top}\boldsymbol{X}^{\top}\boldsymbol{X}\boldsymbol{w}+\alpha\boldsymbol{w}^{\top}\boldsymbol{w}. \tag{2.21}$$

(2) 计算 $Q(\boldsymbol{w})$关于向量 $\boldsymbol{w}$ 的梯度，并令其为零，则有

$$\nabla Q(\boldsymbol{w})=\begin{bmatrix}\dfrac{\partial Q(\boldsymbol{w})}{\partial w_0}\\ \dfrac{\partial Q(\boldsymbol{w})}{\partial w_1}\\ \vdots\\ \dfrac{\partial Q(\boldsymbol{w})}{\partial w_n}\end{bmatrix}=2\boldsymbol{X}^{\top}\boldsymbol{X}\boldsymbol{w}-2\boldsymbol{X}^{\top}\boldsymbol{y}+2\alpha\boldsymbol{w}=\boldsymbol{0}. \tag{2.22}$$

解得

$$\boldsymbol{w}=\left(\boldsymbol{X}^{\top}\boldsymbol{X}+\alpha\boldsymbol{I}\right)^{-1}\boldsymbol{X}^{\top}\boldsymbol{y}, \tag{2.23}$$

其中，$\boldsymbol{I}\in\mathbb{R}^{(n+1)\times(n+1)}$ 是单位矩阵。

当 $\boldsymbol{X}$ 不满足列满秩条件时，意味着 $\boldsymbol{X}$ 的列向量之间存在线性相关组，此时 $\boldsymbol{X}^{\top}\boldsymbol{X}$ 无法求逆，这种现象被称为多重共线性(multi-collinearity)。多重共线性使模型的参数 $\boldsymbol{w}$ 无法通过最小二乘估计法求解。而岭回归在 $\boldsymbol{X}^{\top}\boldsymbol{X}$ 的基础上增加了 $\alpha\boldsymbol{I}$ ，这在一定程度上破坏了

多重共线性。我们可以对 $\boldsymbol{X}^{\top}\boldsymbol{X}+\alpha\boldsymbol{I}$ 进行求逆操作，进而完成相应的参数估计。

岭回归实际上是在最小二乘估计的基础上增加了正则项，正则项的引入能够防止模型过拟合，为了观察平衡参数 α 对拟合效果和系数 w_j 的影响，我们在图 2.4 的过拟合模型中增加了 L_2 正则项，从而得到了岭回归模型，并设置了不同的平衡参数 α，在不同 α 值的情况下模型的拟合效果如图 2.5 所示。

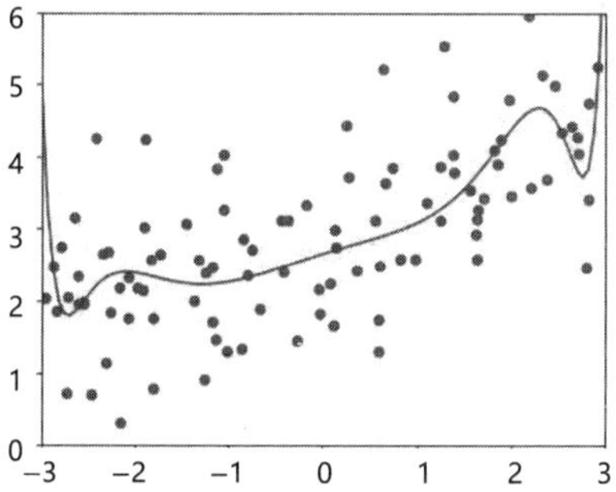

(a) $\alpha=0.1$

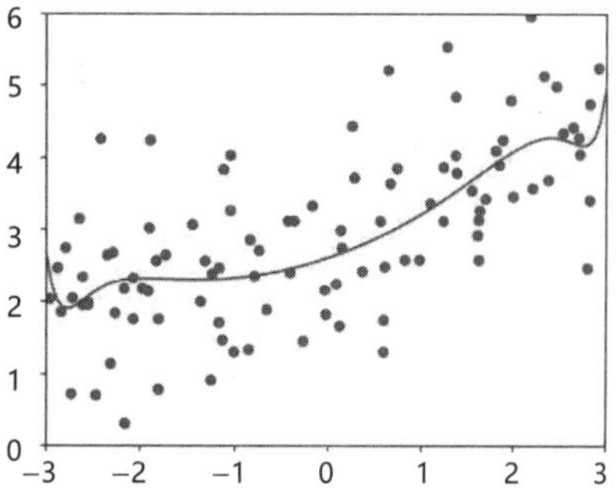

(b) $\alpha=1$

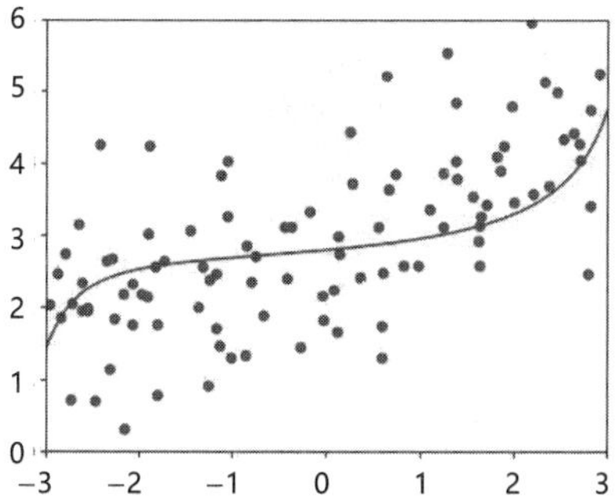

(c) $\alpha=100$

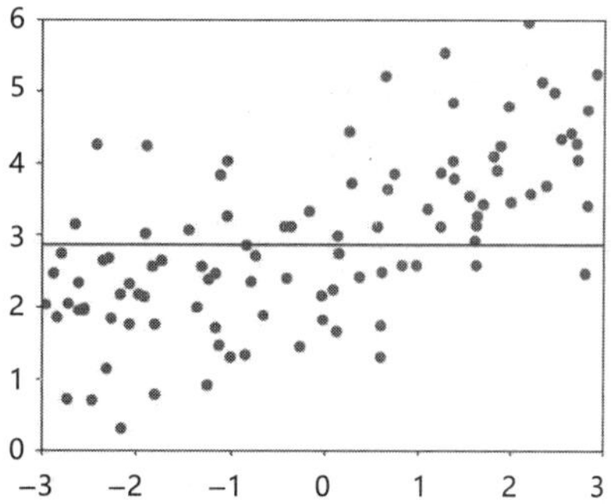

(d) $\alpha=10000$

图 2.5　对相同训练集不同 α 值的岭回归的拟合效果对比

该模型的回归系数 $w_j\left(\forall j\in[0,1,\cdots,10]\right)$ 在不同平衡参数 α 下的结果变化如图 2.6 所示。结合图 2.5 和图 2.6 可以看出，当 α 较小时，正则项的作用几乎为零，此时模型仍然过拟合；当 α 的值非常大时，均方误差函数失效，$\boldsymbol{w}$ 的元素都趋近于 0。显然，α 的设置影响正则项的作用力度与模型拟合效果。因此，平衡参数 α 的设置对于模型的拟合效果的提升至关重要。

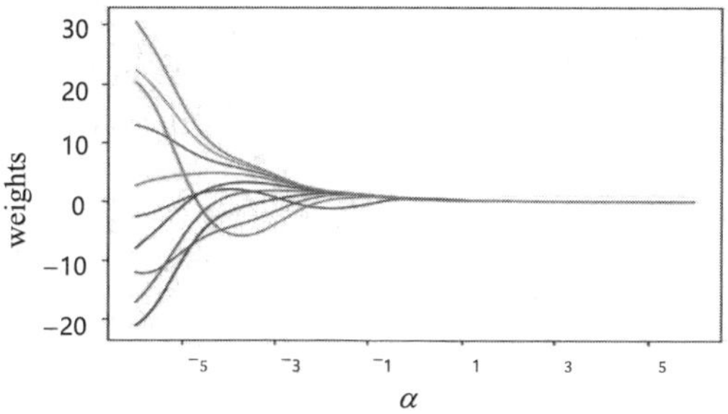

图 2.6　不同 α 下岭回归回归系数的变化

2.2.3 套索回归

岭回归使用 L_2 范数的平方作为正则项来压缩回归系数。实践表明这种方法在一定程度上可以提高模型的鲁棒性和稳定性。若使用 L_1 范数替代 L_2 范数的平方作为正则项，我们就得到了套索(lasso)回归模型，其优化函数形式如下

$$\min_{w} \|Xw - y\|_2^2 + \alpha \|w\|_1, \tag{2.24}$$

其中，$\alpha(\alpha > 0)$ 为平衡参数，用来调节目标方程中正则项与均方误差之间的比例。和岭回归相比，套索回归的 L_1 范数正则项能够对 w 进行稀疏选择，在 w 中绝对值较小的元素可能会被置为零，即训练好的套索回归模型会完全忽略某些特征对输出的影响。

我们可以借助图 2.7 来了解岭回归和套索回归的区别。

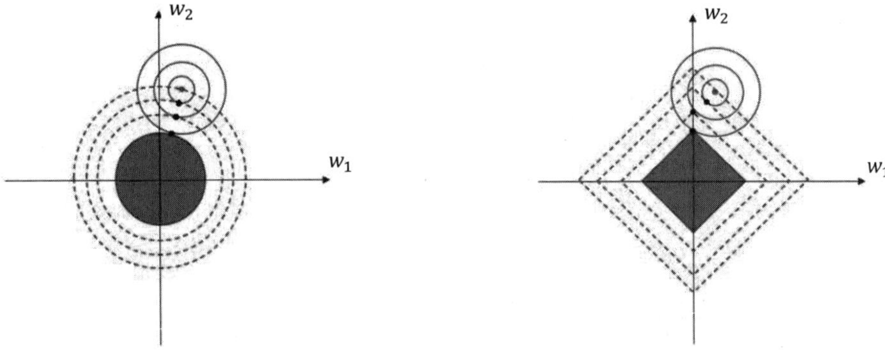

(a) 岭回归　(b) 套索回归

图 2.7　岭回归和套索回归正则项对标准损失函数的惩罚过程

在二维特征空间中，我们使用圆形和方形区域分别表示岭回归和套索回归的正则项，同心圆轮廓表示回归模型的标准损失函数。岭回归和套索回归都是通过寻找同心圆轮廓与正则项区域相交的第一个点来确定回归系数的。当平衡参数 α 减小时，正则项对标准损失函数的惩罚强度逐渐减弱，正则项区域逐渐变小。与岭回归的圆形正则项区域不同，套索回归的菱形正则项区域与同心圆轮廓相交的第一个点在轴上(图 2.7 中为 y 轴)的概率更大，当同心圆区域与套索回归的第一个交点在轴上时，模型就会忽略另一个特征维度(模型将该特征所对应的回归参数设置为零)。所以套索回归不仅有助于减少过拟合，还可以帮助我们进行特征选择，忽略对当前任务不重要的特征。

采用套索回归对上文的数据进行拟合，结果如图 2.8 所示。

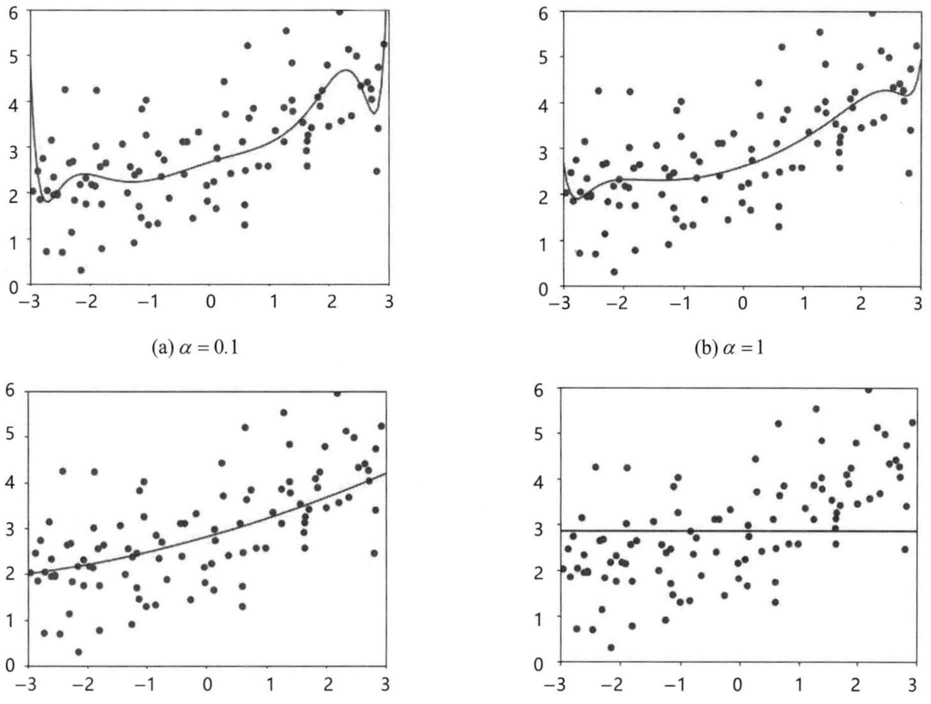

(a) $\alpha = 0.1$　(b) $\alpha = 1$　(c) $\alpha = 100$　(d) $\alpha = 10\,000$

图 2.8　对相同训练集不同 α 值的套索回归的拟合效果对比

2.2.4　弹性回归

弹性回归[12]是对套索回归的改进。当数据中有一组高度相关的变量时，套索回归倾向于从这组变量中选择一个变量而忽略其他变量，因此对于特征向量互相关的数据，套索回归的表现很不稳定。鉴于岭回归在面对特征向量互相关的数据时所表现出的稳定性，研究者发现可以通过结合岭回归和套索回归的正则项来解决上述问题，这样的模型称为弹性回归模型。弹性回归模型通过平衡参数 α 和 ρ 在 L_1 正则项和 L_2 正则项中进行权衡，通过控制二者的惩罚力度来间接控制模型的稳定性，其优化函数如下

$$\min_{\boldsymbol{w}} \|\boldsymbol{X}\boldsymbol{w} - \boldsymbol{y}\|_2^2 + \alpha\rho\|\boldsymbol{w}\|_1 + \frac{\alpha(1-\rho)}{2}\|\boldsymbol{w}\|_2^2, \tag{2.25}$$

其中，$\alpha(\alpha > 0)$ 和 $\rho(\rho > 0)$ 为正则化参数，用于调节 L_1 正则化和 L_2 正则化的惩罚强度。我们可以使用弹性回归对上文中的数据进行拟合，从观察 α 和 ρ 对模型拟合效果的影响。

当固定 $\rho = 0.2$ 时，设置不同的 α 以观察模型拟合效果的变化，结果如图 2.9 所示。

当固定 $\alpha = 10$ 时，设置不同的 ρ 以观察模型拟合效果的变化，结果如图 2.10 所示。

当存在多个相互关联的特征时，套索回归可能会随机选择其中之一，而弹性回归往往会将多个相互关联的重要特征同时保留在模型中。弹性回归在岭回归和套索回归之间权衡，这使得模型在不失套索回归优点的同时能够继承岭回归的稳定性。通过图 2.11 可以对比套索回归和弹性回归的回归系数 $\boldsymbol{w}$ 随 α 的变化情况。其中实线部分代表索套回归的回

归系数 $\boldsymbol{w}$，虚线部分代表弹性回归的回归系数 $\boldsymbol{w}$，不同线条代表不同的回归系数 $w_j\left(\forall j\in\left[0,1,\cdots,10\right]\right)$。

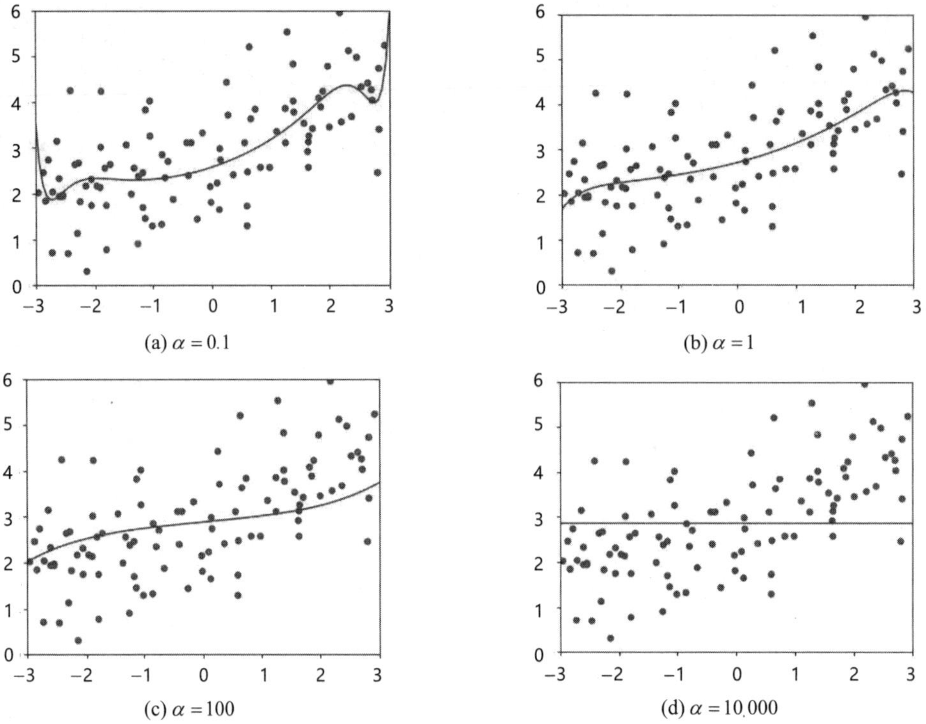

(a) $\alpha=0.1$　(b) $\alpha=1$　(c) $\alpha=100$　(d) $\alpha=10\,000$

图 2.9　对相同训练集不同 α 值的弹性回归的拟合效果对比

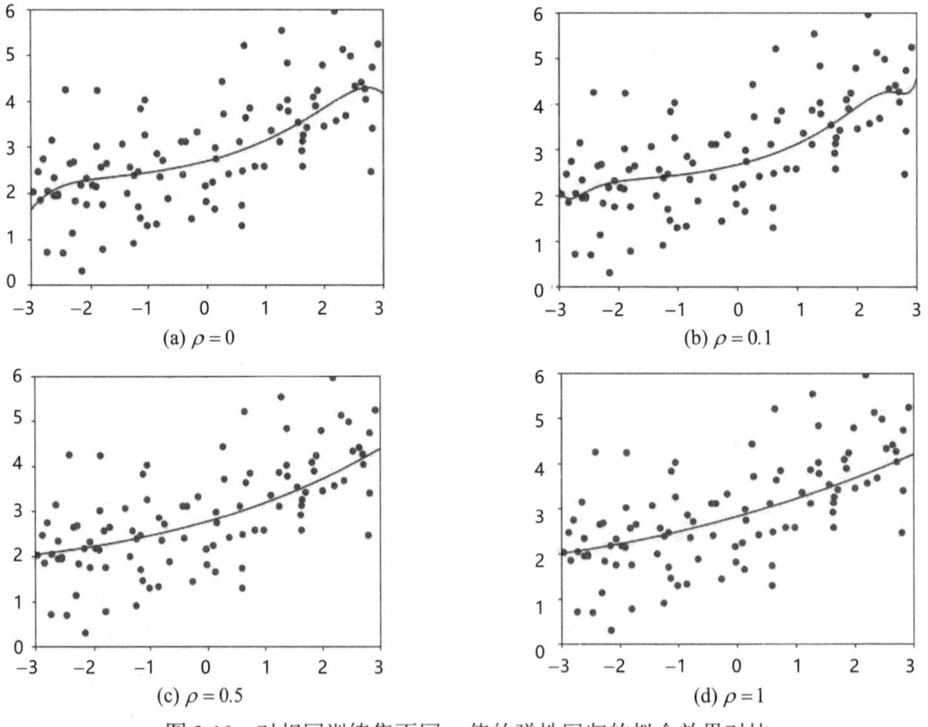

(a) $\rho=0$　(b) $\rho=0.1$　(c) $\rho=0.5$　(d) $\rho=1$

图 2.10　对相同训练集不同 ρ 值的弹性回归的拟合效果对比

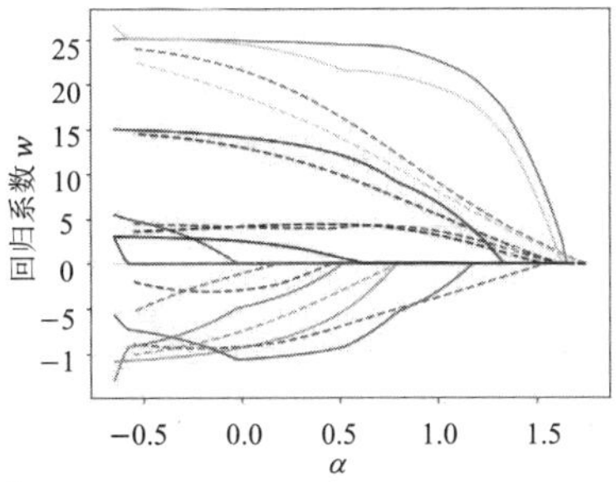

图 2.11　套索回归和弹性回归的回归系数 $\boldsymbol{w}$ 随 α 的变化情况

2.3 梯度下降算法

数值优化算法对于模型的求解非常重要，而梯度下降算法是一种非常重要的数值优化方法。本节逐一介绍梯度的概念、梯度下降算法的具体求解过程和梯度下降算法的一般分类方式。

2.3.1 梯度的概念

梯度的概念建立在导数、偏导数和方向导数的概念的基础之上。下面我们将依次介绍导数、偏导数和方向导数，最后引出梯度的概念。

定义 2.2 （导数）

若函数 $y=f(x)$ 在点 x^0 的邻域内有定义，则当自变量 x 在 x^0 处取得增量 Δx（点 $x^0+\Delta x$ 仍然在该邻域内)时，相应地，y 取得增量 $\Delta y=f(x^0+\Delta x)-f(x^0)$，如果 Δy 与 Δx 在 $\Delta x\to 0$ 时的极限存在，即有

$$\lim_{\Delta x\to 0}\frac{\Delta y}{\Delta x}=\lim_{\Delta x\to 0}\frac{f(x^0+\Delta x)-f(x^0)}{\Delta x}, \tag{2.26}$$

则称 $y=f(x)$ 在 x^0 处可导，上述极限就是 $y=f(x)$ 在 x^0 处的导数，记为 $f'(x^0)$ 或 $\left.\frac{\mathrm{d}f}{\mathrm{d}x}\right|_{x=x^0}$。

对于一元函数而言，$y=f(x)$ 在 $x=x^0$ 处的导数的几何意义，就是曲线 $y=f(x)$ 在点 $P(x^0,f(x^0))$ 处的切线的斜率值 k，即 $k=f'(x^0)$。从物理角度来看，路程对于时间的导数为速度，速度对于时间的导数为加速度。

对于多元函数来说，其几何图形为一个曲面，曲面上一点的切线有无数条，那么取哪一条切线的斜率值作为该点的导数呢？这种情况下，导数便不能再作为切线斜率来解释，由此引入偏导数的概念。

定义 2.3 (偏导数)

若多元函数 $y=f\left(x_1,x_2,\cdots,x_n\right)$ 在点 $P\left(x_1^0,x_2^0,\cdots,x_n^0\right)$ 的邻域内有定义，固定 $x_i=x_i^0\left(\forall i\in[2,3,\cdots,n]\right), y=f\left(x_1,x_2^0,\cdots,x_n^0\right)$ 可以看作关于 x_1 的一元函数，若该一元函数在 $x_1=x_1^0$ 处可导，即有

$$\lim_{\Delta x_1\to 0}\frac{f\left(x_1^0+\Delta x_1,x_2^0,\cdots x_n^0\right)-f\left(x_1^0,x_2^0,\cdots,x_n^0\right)}{\Delta x_1}=A. \tag{2.27}$$

若函数的极限 A 存在，则称 A 为函数 $y=f\left(x_1,x_2,\cdots,x_n\right)$ 在点 $P\left(x_1^0,x_2^0,\cdots,x_n^0\right)$ 处关于自变量 x_1 的偏导数，记作 $f_{x_1}\left(x_1^0,x_2^0,\cdots,x_n^0\right)$ 或 $\left.\frac{\partial f}{\partial x_1}\right|_{\left(x_1^0,x_2^0,\cdots,x_n^0\right)}$。

对于二元函数 $z=f(x,y)$ 来说，它在点 $P(x^0,y^0)$ 关于自变量 x 的偏导数 $f_x(x^0,y^0)$ 的几何意义为曲面 $z=f(x,y)$ 与平面 $y=y^0$ 的交线在点 x^0 处的导数，也就是交线在点 x^0 处的切线关于 x 轴的斜率。同理，$z=f(x,y)$ 在点 $P(x^0,y^0)$ 关于自变量 y 的偏导数 $f_y(x^0,y^0)$ 的几何意义为曲面 $z=f(x,y)$ 与平面 $x=x^0$ 的交线在点 y^0 处的切线关于 y 轴的斜率。

偏导数的物理意义表示函数在某一点处沿着某个坐标轴正方向上的变化率。例如，$f_x(x^0,y^0)$ 表示函数 $z=f(x,y)$ 在点 $P(x^0,y^0)$ 处沿着 x 轴正方向的变化率，$f_y(x^0,y^0)$ 表示函数 $z=f(x,y)$ 在点 $P(x^0,y^0)$ 处沿着 y 轴正方向的变化率。在解决实际问题时，我们不仅需要知道函数在固定点处沿着坐标轴正方向的变化率，还需要知道函数在该点沿着其他特定方向的变化率。例如，在气象学中，热空气通常向温度较低的地方流动，这就需要确定大气温度、气压沿着某些方向的变化率，因此我们需要讨论函数在固定点处沿任意指定方向的变化率的问题。由此引入了方向导数的概念，它可以用来衡量曲面上在某一点处沿着任意方向的切线斜率。

定义 2.4 (方向导数)

设函数 $y=f\left(x_1,x_2,\cdots,x_n\right)$ 在点 $P\left(x_1^0,x_2^0,\cdots,x_n^0\right)$ 的邻域 $U(P)$ 内有定义，自该点引射线 l，并设 $P'\left(x_1^0+\Delta x_1,x_2^0+\Delta x_2,\cdots,x_n^0+\Delta x_n\right)$ 为 l 上的另一点且 $P'\in U(P)$。考虑函数的增量 $f\left(x_1^0+\Delta x_1,x_2^0+\Delta x_2,\cdots,x_n^0+\Delta x_n\right)-f\left(x_1^0,x_2^0,\cdots,x_n^0\right)$ 与 P、P' 两点之间的距离为 $\rho=\sqrt{\left(\Delta x_1\right)^2+\left(\Delta x_2\right)^2+\cdots+\left(\Delta x_n\right)^2}$。当点 P' 沿着 l 趋于点 P 时，即有

$$\lim_{\rho\to 0}\frac{f\left(x_1^0+\Delta x_1,x_2^0+\Delta x_2,\cdots,x_n^0+\Delta x_n\right)-f\left(x_1^0,x_2^0,\cdots,x_n^0\right)}{\rho}=B. \tag{2.28}$$

若极限 B 存在，则称 B 为函数 $y=f\left(x_1,x_2,\cdots,x_n\right)$ 在点 $P\left(x_1^0,x_2^0,\cdots,x_n^0\right)$ 处沿方向 l 的方向导数，记作 $\left.\frac{\partial f}{\partial l}\right|_{\left(x_1^0,x_2^0,\cdots,x_n^0\right)}$。

某二元函数 $z=f(x,y)$ 在点 $P(x^0,y^0)$ 处沿 l 方向的方向导数如图 2.12 所示。

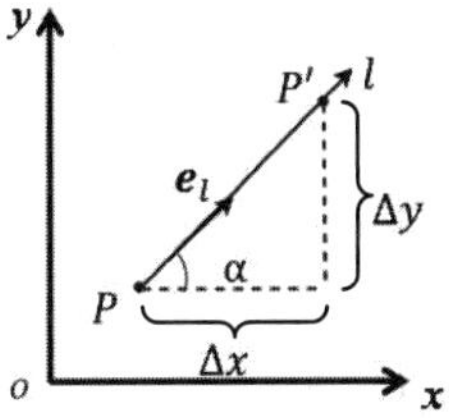

图 2.12　方向导数

假设 x 轴正方向到射线 l 的夹角为 α，即有与射线 l 同方向的单位向量 $\boldsymbol{e}_l=[\cos\alpha,\sin\alpha]^\top$，可以看到 $\Delta x=\rho\cos\alpha,\Delta y=\rho\sin\alpha$。简单来说，方向导数就是从点 P 沿着 l 方向移动 ρ 单位长度到点 P'，当自变量 x、y 从点 P 到点 P' 时，因变量 z 也会发生 Δz 的变化，即

$$\Delta z=f\left(x^0+\rho\cos\alpha,y^0+\rho\sin\alpha\right)-f\left(x^0,y^0\right). \tag{2.29}$$

当移动长度 ρ 趋于 0 时，Δz 与 ρ 的比值即为函数 $z=f(x,y)$ 在点 $P\left(x^0,y^0\right)$ 处沿方向 l 的方向导数。关于二元函数方向导数的存在及计算，我们有以下定理。

定理 2.1　(定理)

若函数 $z=f(x,y)$ 在点 $P(x^0,y^0)$ 处可微，那么函数在该点沿任一方向的方向导数都存在，且有

$$\left.\frac{\partial f}{\partial l}\right|_{\left(x^0,y^0\right)}=\frac{\partial f}{\partial x}\cos\alpha+\frac{\partial f}{\partial y}\sin\alpha, \tag{2.30}$$

其中，α 为 x 轴正方向到射线 l 的转角。

证明：

根据函数 $z=f(x,y)$ 在点 $P(x^0,y^0)$ 处可微的假定，我们可以得到

$$\begin{aligned}\Delta z&=f\left(x^0+\Delta x,y^0+\Delta y\right)-f\left(x^0,y^0\right)\\&=\frac{\partial f}{\partial x}\Delta x+\frac{\partial f}{\partial y}\Delta y+o(\rho).\end{aligned} \tag{2.31}$$

等式两边都除以 ρ，有

$$\begin{aligned}\frac{f\left(x^0+\Delta x,y^0+\Delta y\right)-f\left(x^0,y^0\right)}{\rho}&=\frac{\partial f}{\partial x}\frac{\Delta x}{\rho}+\frac{\partial f}{\partial y}\frac{\Delta y}{\rho}+\frac{o(\rho)}{\rho}\\&=\frac{\partial f}{\partial x}\cos\alpha+\frac{\partial f}{\partial y}\sin\alpha+\frac{o(\rho)}{\rho}.\end{aligned} \tag{2.32}$$

等式两边令 ρ 趋于 0，可以得到

$$\lim_{\rho\to0}\frac{f\left(x^0+\Delta x,y^0+\Delta y\right)-f\left(x^0,y^0\right)}{\rho}=\frac{\partial f}{\partial x}\cos\alpha+\frac{\partial f}{\partial y}\sin\alpha. \tag{2.33}$$

由此证明了方向导数存在且值为

$$\left.\frac{\partial f}{\partial l}\right|_{\left(x^0,y^0\right)}=\frac{\partial f}{\partial x}\cos\alpha+\frac{\partial f}{\partial y}\sin\alpha.$$

从定理 2.1 的证明过程中我们还可以推导得到

$$f_x\left(x^0,y^0\right)\cos\alpha+f_y\left(x^0,y^0\right)\sin\alpha=\left[f_x\left(x^0,y^0\right),f_y\left(x^0,y^0\right)\right]\left[\cos\alpha,\sin\alpha\right]^\top. \tag{2.34}$$

该结果说明，对于一个可微函数，在某点的任意方向的方向导数为函数在该点处偏导数的线性组合，其中系数为所选定方向的单位向量。当所求方向导数的方向与坐标轴正方向一致时，方向导数即为偏导数。

上述推断对一般多元函数依然成立。例如，若函数 $y=f\left(x_1,x_2,\cdots,x_n\right)$ 在点 $P\left(x_1^0,x_2^0,\cdots,x_n^0\right)$ 处的偏导数存在，则该函数在点 P 处沿着单位向量 $\boldsymbol{e}_1=\left[1,0,0,\cdots,0\right]^\top$ 的方向导数为

$$\left.\frac{\partial f}{\partial l}\right|_{\left(x_1^0,x_2^0,\cdots,x_n^0\right)}=\left[\frac{\partial f}{\partial x_1},\frac{\partial f}{\partial x_2},\cdots,\frac{\partial f}{\partial x_n}\right]\left[1,0,0,\cdots,0\right]^\top=\frac{\partial f}{\partial x_1}. \tag{2.35}$$

方向导数的物理意义是函数在某一点处沿某特定方向上的变化率，是一个具体的值。很显然，一个点不止有一个方向，每个方向都有其对应的方向导数，那么在求解优化问题时所需的模型参数的更新方向是什么特定方向呢?由此就引出梯度[14]的概念。

定义 2.5 (梯度)

设函数 $y=f\left(x_1,x_2,\cdots,x_n\right)$ 在平面区域 D 内具有一阶连续偏导数，定义单位矩阵 $\boldsymbol{E}\in\mathbb{R}^{n\times n},\boldsymbol{E}=\left[\boldsymbol{e}_1,\boldsymbol{e}_2,\cdots,\boldsymbol{e}_n\right]^\top$，则对于每一点 $P\left(x_1^0,x_2^0,\cdots,x_n^0\right)\in D$，都可定出一个向量

$$\frac{\partial f}{\partial x_1}\boldsymbol{e}_1+\frac{\partial f}{\partial x_2}\boldsymbol{e}_2+\cdots+\frac{\partial f}{\partial x_n}\boldsymbol{e}_n,$$

该向量称为函数 $y=f\left(x_1,x_2,\cdots,x_n\right)$ 在点 $P\left(x_1^0,x_2^0,\cdots,x_n^0\right)$ 处的梯度，记作 $\nabla f\left(x_1^0,x_2^0,\cdots,x_n^0\right)$。

以二元函数 $z=f\left(x,y\right)$ 为例，其在点 $\left(x^0,y^0\right)$ 处的梯度记作

$$\nabla f\left(x^0,y^0\right)=\frac{\partial f}{\partial x}\boldsymbol{i}+\frac{\partial f}{\partial y}\boldsymbol{j}, \tag{2.36}$$

其中，$\boldsymbol{i}=\left[1,0\right]^\top,\boldsymbol{j}=\left[0,1\right]^\top$。

若 ϕ 是 $\nabla f\left(x^0,y^0\right)$ 与自该点引出的任意射线 l 方向上的单位向量 $\boldsymbol{e}_l=\left(\cos\alpha,\sin\alpha\right)$ 之间的夹角，则由方向导数的计算公式，可得

$$
\begin{aligned}
\left.\frac{\partial f}{\partial l}\right|_{(x^0,y^0)} &= \left(\frac{\partial f}{\partial x},\frac{\partial f}{\partial y}\right)(\cos\alpha,\sin\alpha) \\
&= \left|\left(\frac{\partial f}{\partial x},\frac{\partial f}{\partial y}\right)\right||\boldsymbol{e}_l|\cos\phi \\
&= \left|\nabla f\left(x^0,y^0\right)\right|\cos\phi.
\end{aligned} \tag{2.37}
$$

依据式(2.12)可知，函数在点 $P\left(x^0,y^0\right)$ 处的方向导数可以看作梯度在射线 l 上的投影。当射线 l 的方向与梯度的方向一致时，$\cos\phi=1,\left.\frac{\partial f}{\partial l}\right|_{\left(x^0,y^0\right)}$ 取得最大值，即函数在定点处沿梯度方向的方向导数最大。简而言之，梯度的方向是函数 $z=f\left(x,y\right)$ 增长最快的方向。反之，当射线 l 的方向与梯度的方向相反时，$\cos\phi=-1,\left.\frac{\partial f}{\partial l}\right|_{\left(x^0,y^0\right)}$ 取得最小值，即函数在定点处沿梯度反方向的方向导数最小，也就是说，梯度反方向是函数 $z=f\left(x,y\right)$ 下降最快的方向。由此我们可以得到以下结论。

(1) 梯度是一个向量，既有大小又有方向。

(2) 梯度的方向是函数在该定点的方向导数取得最大值的方向，即函数值上升最快的方向。

(3) 梯度的大小是函数在该定点的方向导数的最大值。

上述结论是基于二元函数推导得出的，但对于一般多元函数同样有效。由梯度的定义可知，梯度的大小即梯度的模为

$$
\left|\nabla f\left(x_1^0,x_2^0,\cdots,x_n^0\right)\right|=\sqrt{\left(\frac{\partial f}{\partial x_1}\right)^2+\left(\frac{\partial f}{\partial x_2}\right)^2+\cdots+\left(\frac{\partial f}{\partial x_n}\right)^2}. \tag{2.38}
$$

2.3.2 梯度下降法算法

从梯度的概念可以得知，函数在一点处的梯度方向是该点函数值上升最快的方向，梯度反方向是函数值下降最快的方向。在机器学习中，模型的优化目标常常是最小化某一个目标函数，即找到目标函数的最小值。因此，对于这类问题一个比较直观的求解思路就是求目标函数在当前位置的梯度，并沿着梯度的反方向去探寻模型的解。

假设有一个可微分的二元凸函数 $z=f\left(x,y\right)$，优化目标是找到该函数的最小值点。我们可以将这个函数想象为一个盆地，我们的目标是走到该盆地的最低点。显然我们可以找到当前位置下降最快的方向，然后沿着该方向行走一段距离。到达新的位置后继续寻找对于新的位置下降最快的方向并沿该方向再走一段距离，重复上述过程最终便能走到盆地的最低点。

对应到函数中，我们需要求出给定点的梯度，然后沿着梯度的反方向更新函数参数，重复此过程直至模型稳定。若函数为凸函数，当目标函数的梯度为 0 时，参数停止更新，模型到达了函数的最小值点。而对于非凸函数，重复上述过程虽然无法保证能找到全局最优解，但一般情况下我们至少也可以找到某个局部最优解。

具体的过程如图 2.13 所示。假设从点 P_0 出发，计算出该点的梯度，沿着梯度的反方向移动一定距离到下一点 P_1。到达点 P_1 后，计算函数在该点的梯度，得到梯度的反方向为下一步的移动方向，并沿此方向再移动一定距离到下一点 P_2。重复此过程，直到满足停止条件。简单来说，梯度下降算法就是通过沿着目标函数梯度的反方向来不断更新模型参数，以探求目标函数最小值点的过程。

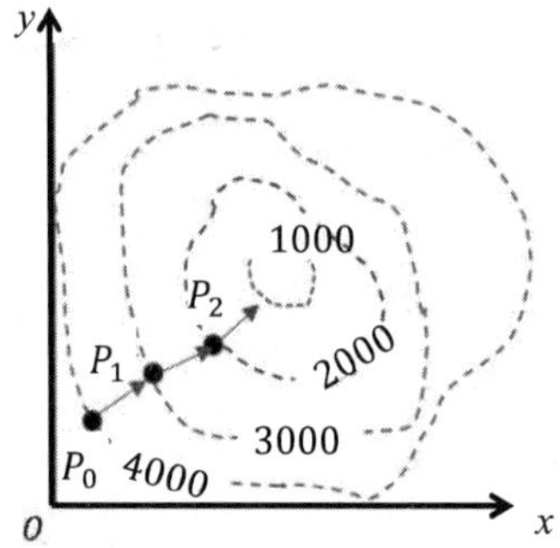

图 2.13　梯度下降原理模拟图

对于一个多元目标函数 $J(w_0, w_1, \cdots, w_n)$，其梯度为

$$\nabla J(w_0, w_1, \cdots, w_n) = \left(\frac{\partial J}{\partial w_0}, \frac{\partial J}{\partial w_1}, \cdots, \frac{\partial J}{\partial w_n}\right). \tag{2.39}$$

对于该函数，梯度下降算法的求解过程可以用如下公式表示：

$$\begin{aligned} \text{Repeat}\{ \quad & w_0 = w_0 - \eta \frac{\partial J}{\partial w_0}, \\ & w_1 = w_1 - \eta \frac{\partial J}{\partial w_1}, \\ & \quad \vdots \\ & w_n = w_n - \eta \frac{\partial J}{\partial w_n}, \} \\ \text{Until for } \forall i \in [0,1,\cdots,n], & \ \frac{\partial J}{\partial w_i} \leqslant \epsilon, \end{aligned} \tag{2.40}$$

其中，$\eta > 0$ 表示算法的迭代步长或学习率，ϵ 为算法停止更新的阈值参数。重复上述过程，不断地迭代计算当前位置目标函数的梯度，并沿着梯度的反方向进行参数更新，直至模型收敛、参数 $w_0, w_1, \cdots, w_n$ 不变则停止迭代。此时目标函数关于模型参数的梯度为零，算法达到局部最优解[15]。

在使用梯度下降算法时，为确保算法正常运行，我们需要重点考虑以下几个问题。

1. 学习率η的取值

学习率η可以理解为寻找盆地最低点场景中每一步行走的距离，其取值在梯度下降算法中至关重要。如果η太小，每次移动的距离就小，整个算法得到最优解的速度就会很慢；反之η过大，移动的距离太大，可能导致模型振荡不收敛，从而无法给出最优解。

假设目标函数$J(w)$，对其进行梯度下降操作求最小值。图 2.14 展示了学习率η的取值对算法结果的影响。η取值过小时，参数更新的程度较小，收敛过程缓慢，如图 2.14(a)所示，初始值点P_0经过第一次更新后到达点P_1，再继续更新，需要经过多次更新才能到达$J(w)$的最小值实现收敛。η取值过大时，参数更新的程度过大，可能跳出可控制区域，造成损失值爆炸不收敛的情况，如图 2.14(c)所示，初始值点$P_0\left(w^0,J\left(w^0\right)\right)$，经过一次更新到达点$P_1\left(w^1,J\left(w^1\right)\right)$，相似地在后续更新过程中，由于步长过大导致数值不断增加，从而无法收敛。因此，选择合适的学习率[16]，如图 2.14(b)所示，不仅可以减少参数迭代的次数，而且能提高运行速度，加快模型的收敛。

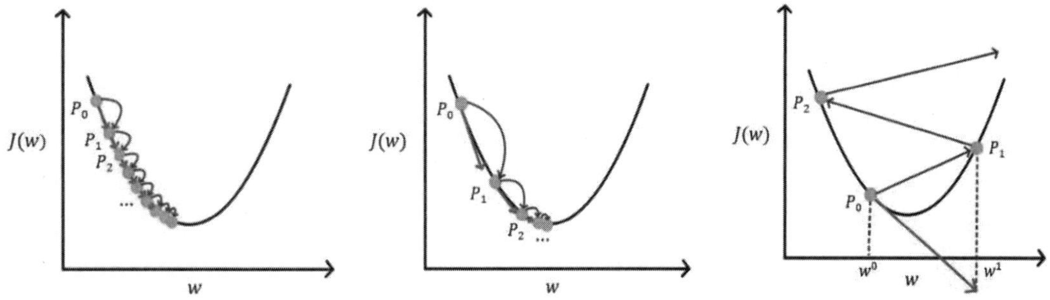

(a) η取值过小　　(b) η取值适中　　(c) η取值过大

图 2.14　学习率η取值情况

2. 参数初始值的选择

当目标函数是凸函数时，该函数梯度为零的点一定是最优解[17]。对于凸函数来说，不论初始值取到哪里，使用梯度下降算法并选定一个合适的步长，一定能找到最优解。但对于非凸函数来说，可能存在局部最小值和鞍点，设置的初始值不同，模型给出的解可能不同。因此，一般情况下，我们需要基于不同的初始值进行梯度下降操作，最后选择多次运算的结果中的最小值对应的解作为算法的输出值。

3. 梯度下降算法步骤

通过上文的介绍，我们已经对利用梯度下降算法求解优化目标的思想有了大概的了解。接下来我们将分别依据代数运算和矩阵运算的方式来描述梯度下降算法的具体步骤。

(1) 基于代数运算的梯度下降算法。

基于代数运算的梯度下降算法的具体步骤如下。

① 确定优化模型和损失函数。

以线性回归为例，假设单一样本的特征向量为 $\boldsymbol{x}=[x_1,x_2,\cdots,x_n]^\top$，优化模型为 $f(\boldsymbol{x};\boldsymbol{w})=w_0+w_1x_1+\cdots+w_nx_n$，其中 $\boldsymbol{w}=[w_0,w_1,\cdots,w_n]^\top$ 是对应样本特征的模型参数，w_0 表示与特征不相关的偏置，则增加一个特征量 $x_0=1$ 后，相应的线性回归模型可以改写为

$$f(\boldsymbol{x};\boldsymbol{w})=w_0x_0+w_1x_2+\cdots+w_nx_n=\sum_{j=0}^{n}w_jx_j\,. \tag{2.41}$$

假定样本集中样本总数为 m，用 $\boldsymbol{x}^{(i)}(\forall i\in[1,2,\cdots,m])$ 表示第 i 个样本的特征向量，$x_j^{(i)}(\forall i\in[1,2,\cdots,m])$ 表示第 i 个样本的第 j 个特征值，$\boldsymbol{y}=\left[y^{(1)},y^{(2)},\cdots,y^{(m)}\right]^\top$ 为 m 个样本的实际输出值向量，那么对于所有的样本，模型损失函数[18]可以写作

$$L(\boldsymbol{y},f(\boldsymbol{X};\boldsymbol{w}))=\frac{1}{2m}\sum_{i=1}^{m}\left(f\left(\boldsymbol{x}^{(i)};\boldsymbol{w}\right)-y^{(i)}\right)^2, \tag{2.42}$$

其中，$\boldsymbol{X}$ 表示所有样本特征向量的集合。

② 对算法参数进行初始化。

选择合适的初始值 $w_j^0(j\in[0,1,2,\cdots,n])$、学习率 η 和算法的停止参数 ϵ。

③ 计算梯度并更新参数。

对于所有的模型参数 $w_j(\forall j\in[0,1,\cdots,n])$，按照式(2.43)进行迭代更新：

$$w_j^{k+1}=w_j^k-\eta\frac{\partial L(\boldsymbol{y},f(\boldsymbol{X};\boldsymbol{w}))}{\partial w_j}, \tag{2.43}$$

其中，$w_j^k(k>0)$ 表示第 k 次迭代更新后模型参数 w_j 的对应结果。直到 $\forall j\in[0,1,\cdots,n]$，$\dfrac{\partial L(\boldsymbol{y},f(\boldsymbol{X};\boldsymbol{w}))}{\partial w_j}\leqslant\epsilon$，则终止迭代，并输出最终结果 $w_0^{k+1},w_1^{k+1},\cdots,w_n^{k+1}$。这样在线性回归中，$w_j$ 的迭代表达式为

$$w_j^{k+1}=w_j^k-\frac{\eta}{m}\sum_{i=1}^{m}\left[f\left(\boldsymbol{x}^{(i)};\boldsymbol{w}\right)-y^{(i)}\right]x_j^{(i)}. \tag{2.44}$$

(2) 基于矩阵运算的梯度下降算法。

基于矩阵运算的梯度下降算法的具体步骤如下。

① 确定优化模型和损失函数。

同样以线性回归模型为例。假设训练集中样本总数为 m，每个样本中有 n 个特征值。用向量 $\boldsymbol{w}=[w_0,w_1,\cdots,w_n]^\top$ 表示模型参数，其中 $w_j(\forall j\in[1,2,\cdots,n])$ 对应第 j 个特征的模型参数，表示与特征不相关的偏置。对于所有样本，都增加一个特征量 $x_0^{(i)}=1(\forall i\in[0,1,\cdots,m])$，令特征矩阵 $\boldsymbol{X}\in\mathbb{R}^{m\times(n+1)}$ 表示 m 个样本的各自特征向量组成的矩阵，$\mathbf{X}=\left[\boldsymbol{x}^{(1)},\boldsymbol{x}^{(2)},\cdots,\boldsymbol{x}^{(m)}\right]^\top,\boldsymbol{x}^{(i)}=\left[x_0^{(i)},x_1^{(i)},\cdots,x_n^{(i)}\right]^\top(\forall i\in[1,2,\cdots,m])$，$x_j^{(i)}(\forall j\in[0,1,\cdots,n])$ 对应第 i 个样本的第 j 个特征值。那么相应的线性回归模型可以改写为

$$f(X;w)=Xw. \tag{2.45}$$

假定模型的输出向量 $y=\left[y^{(1)},y^{(2)},\cdots,y^{(m)}\right]^\top$，其中 $y^{(i)}\left(\forall i=[1,2,\cdots,m]\right)$ 为第 i 个样本的输出，那么损失函数表达式可以改写为

$$L\left(y,f\left(X;w\right)\right)=\frac{1}{2m}\|Xw-y\|_2^2. \tag{2.46}$$

② 对算法参数进行初始化。

选择合适的初始值 w^0、学习率 η 值及算法的停止参数 ϵ。

③ 计算梯度并更新参数。

按照式(2.16)迭代更新模型的参数向量 w：

$$w^{k+1}=w^k-\eta\frac{\partial L\left(y,f\left(X;w\right)\right)}{\partial w} \tag{2.47}$$

其中，$w^k(k>0)$ 表示第 k 次迭代更新后的模型参数。直到模型参数向量的变化值 $\frac{\partial L\left(y,f\left(X;w\right)\right)}{\partial w}\leqslant\epsilon 1$，则终止迭代，并输出当前模型的参数向量 w^{k+1} 作为最终结果。同样在线性回归中，w 的迭代表达式为

$$w^{k+1}=w^k-\frac{\eta}{m}X^\top\left(Xw-y\right). \tag{2.48}$$

2.3.3 梯度下降算法分类

根据每次参数更新过程使用的样本数量，可以将梯度下降算法分为批量梯度下降法(batch gradient descent，BGD)、随机梯度下降法(stochastic gradient descent，SGD)和小批量梯度下降法(mini-batch gradient descent，MBGD)。接下来我们将基于线性回归的例子来介绍这几种梯度下降算法。

对包含 m 个样本的数据集，假设损失函数为 $L\left(y,f\left(X;w\right)\right)$，其中 $w=\left[w_0,w_1,\cdots,w_n\right]^\top$ 表示模型参数向量，$X=\left[x^{(1)},x^{(2)},\cdots,x^{(m)}\right]^\top$ 表示 m 个样本的各自特征向量组成的矩阵，令 $\hat{y}=\left[\hat{y}^{(1)},\hat{y}^{(2)},\cdots,\hat{y}^{(m)}\right]^\top$ 所有样本的模型预测值，$y=\left[y^{(1)},y^{(2)},\cdots,y^{(m)}\right]^\top$ 表示所有样本的实际输出值。

1. 批量梯度下降法

批量梯度下降法[19]使用所有样本求解平均梯度，并基于这个平均梯度来更新模型。其更新表达式为

$$w^{k+1}=w^k-\eta\frac{\partial L\left(y,f\left(X;w\right)\right)}{\partial w}=w^k-\frac{\eta}{m}X^\top\left(Xw-y\right), \tag{2.49}$$

其中，$\frac{\partial L\left(y,f\left(X;w\right)\right)}{\partial w}$ 表示损失函数在所有样本上对参数 w 进行一阶求导后的平均值。

该算法的参数更新需要使用所有样本进行平均梯度计算，对于凸优化问题，这种方式得到的梯度更新方向是最优的，因此能够极大地减少模型的迭代次数。但使用所有样本进行平均梯度计算，会导致该方法单步迭代的计算和内存消耗较大。而且对于非凸问题，这种平均梯度计算方式缺乏随机性，更容易陷入局部最优解。

2. 随机梯度下降法

随机梯度下降法[11]是指在 m 个样本中随机选择1个样本来求解梯度。例如，随机选择第 $t\left(t\leqslant m\right)$ 个样本，特征向量为 $\boldsymbol{x}^{(t)}=\left[x_0^{(t)},x_1^{(t)}\cdots,x_n^{(t)}\right]$，对应的输出向量为 $y^{(t)}$，对该样本求解损失函数 $L\left(\boldsymbol{y},f\left(\boldsymbol{x}^{(t)};\boldsymbol{w}\right)\right)$ 关于模型参数 $\boldsymbol{w}$ 的梯度。其更新表达式为

$$\boldsymbol{w}^{k+1}=\boldsymbol{w}^k-\eta\frac{\partial L\left(\boldsymbol{y},f\left(\boldsymbol{x}^{(t)};\boldsymbol{w}\right)\right)}{\partial\boldsymbol{w}}=\boldsymbol{w}^k-\eta\boldsymbol{x}^{(t)^\top}\left(\boldsymbol{x}^{(t)}\boldsymbol{w}-y^{(t)}\right),\tag{2.50}$$

其中，$\dfrac{\partial L\left(\boldsymbol{y},f\left(\boldsymbol{x}^{(t)};\boldsymbol{w}\right)\right)}{\partial\boldsymbol{w}}$ 表示第 t 个样本损失函数关于参数 $\boldsymbol{w}$ 的一阶导数。

随机梯度下降法只选择一个样本集进行梯度计算，相比批量下降算法该方法单次迭代的计算效率更高且消耗更少，并且该方法能在运行过程中增加新的样本，并基于新样本在线更新模型。因此，随机梯度下降法可以用作在线学习问题中。但由于随机梯度下降法在更新过程中依据单一样本进行更新，单个样本很难代表全体样本的整体趋势，所以该方法的训练过程很不稳定。此外，该算法准确度较低，且难以并行实现。

3. 小批量梯度下降法

小批量梯度下降法[20]是基于以上两种方法的各自优缺点进行改进的。它每次随机选取 $d(1<d<m)$ 个样本来求解梯度。假设 $\boldsymbol{X}_d=\left[\boldsymbol{x}^{(1)},\boldsymbol{x}^{(2)},\cdots,\boldsymbol{x}^{(d)}\right]$ 表示随机选取的 d 个样本的各自特征向量组成的矩阵，$\boldsymbol{y}_d=\left[y^{(1)},y^{(2)},\cdots,y^{(d)}\right]^\top$ 表示样本对应的实际输出。在随机抽取的样本集中求解损失函数 $L\left(\boldsymbol{y}_d,f\left(\boldsymbol{X}_d;\boldsymbol{w}\right)\right)$，则更新表达式为

$$\boldsymbol{w}^{k+1}=\boldsymbol{w}^k-\eta\frac{\partial L\left(\boldsymbol{y}_d,f\left(\boldsymbol{X}_d;\boldsymbol{w}\right)\right)}{\partial\boldsymbol{w}}=\boldsymbol{w}^k-\frac{\eta}{d}\boldsymbol{X}_d^\top\left(\boldsymbol{X}_d\boldsymbol{w}-\boldsymbol{y}_d\right),\tag{2.51}$$

其中，$\dfrac{\partial L\left(\boldsymbol{y}_d,f\left(\mathbf{X}_d;\boldsymbol{w}\right)\right)}{\partial\boldsymbol{w}}$ 表示损失函数在所选的 d 个样本上对参数 $\boldsymbol{w}$ 一阶导数的平均值。

小批量梯度下降法结合了批量梯度下降法和随机梯度下降法的特点。由于计算的是 d 个样本的平均梯度，所以和随机梯度下降相比，该算法有效减少了模型在训练过程中的随机性，使模型在下降过程中更加稳定；和批量梯度下降相比，该算法求解平均梯度时使用的样本数是可控的，不至于因样本数过多而引起内存溢出问题。但小批量梯度下降法在计算过程中引入了新的超参数 d，即小批量内样本的数量。d 的大小选取不当会对参数更新速度和更新次数造成影响，所以在实际应用时需要依据实际情况选择出合适的批量大小。

2.4 回归模型效果评估

回归模型效果评估的核心是利用模型预测值和实际值(真实值)之间的差异进行评估。下面简要介绍几种常见的回归模型评估指标，包括平均绝对误差(mean absolute error，MAE)、平均绝对百分比误差(mean absolute percent age error，MAPE)、均方误差(mean squared error，MSE)、均方根误差(root mean squared error，RMSE)、均方根对数误差(root mean squared log error，RMSLE)、中位绝对误差(median absolute error，MedAE)、决定系数(R squared，R^2)。

2.4.1 平均绝对误差(MAE)

MAE 计算的是模型预测值和真实值之间误差绝对值的平均值，假定样本集包含 m 个样本，每一个样本对应单一输出，向量 $\boldsymbol{y}=\left[y^{(1)},y^{(2)},\cdots,y^{(m)}\right]^\top$ 包含所有样本的实际值，向量 $\hat{\mathrm{y}}=\left[\hat{y}^{(1)},\hat{y}^{(2)},\cdots,\hat{y}^{(m)}\right]^\top$ 包含所有样本的预测值，则 MAE 的计算公式为

$$\mathrm{MAE}(\boldsymbol{y},\hat{\boldsymbol{y}})=\frac{1}{m}\sum_{i=1}^{m}\left|y^{(i)}-\hat{y}^{(i)}\right|. \tag{2.52}$$

MAE 的范围为$[0,+\infty)$，结果越接近 0，说明模型拟合效果越好；结果越大，说明模型拟合效果越差。

由于 MAE 指标含有 L_1 范数的特性，所以在计算时该方程的导数为固定值，不随误差量的增加而增加，因此这种评估方式不会偏重于优化训练数据中的奇异值。当误差值分布呈现近似拉普拉斯分布时，一般会选用该类指标对模型效果进行评估。

2.4.2 平均绝对百分比误差(MAPE)

MAPE[21]是 MAE 系列指标中的一个，它可以计算所有样本的样本误差绝对值占实际值的比例，其计算公式为

$$\mathrm{MAPE}(\boldsymbol{y},\hat{\boldsymbol{y}})=\frac{1}{m}\sum_{i=1}^{m}\frac{\left|y^{(i)}-\hat{y}^{(i)}\right|}{\left|y^{(i)}\right|}. \tag{2.53}$$

MAPE 不仅考虑了预测值和实际值的差异，还考虑了差异与实际值之间的比例。MAPE 的范围为$[0,+\infty)$，结果越接近 0，说明模型拟合效果越好；结果越大，说明模型拟合效果越差。但由于在计算过程中直接使用样本实际值作为分母，所以当实际数据中包含 0 时，该指标不能使用。

2.4.3 均方误差(MSE)

MSE 计算的是预测值和实际值之间差异平方的样本均值，其计算公式为

$$\mathrm{MSE}(\boldsymbol{y},\hat{\boldsymbol{y}})=\frac{1}{m}\sum_{i=1}^{m}\left(y^{(i)}-\hat{y}^{(i)}\right)^2. \tag{2.54}$$

MSE 的取值范围也是$[0,+\infty)$，其值越小，说明模型拟合效果越好。由于 MSE 指标含有 L_2 范数的特性，所以该方程的导数与参数大小成正比，这使模型更偏重于优化误差较大的样本的训练效果，即该指标对异常值比较敏感。当误差值分布呈现近似高斯分布时，一般会选择这类指标对模型效果进行评估。

2.4.4 均方根误差(RMSE)

RMSE[22]先计算的是预测值和实际值之间差值平方的样本均值，再计算其平方根。RMSE 的计算公式为

$$\mathrm{RMSE}(\boldsymbol{y},\hat{\boldsymbol{y}})=\sqrt{\frac{1}{m}\sum_{i=1}^{m}\left(y^{(i)}-\hat{y}^{(i)}\right)^2}. \tag{2.55}$$

RMSE 的范围仍为$[0,+\infty)$，结果越接近 0，说明模型拟合效果越好；结果越大，说明模型拟合效果越差。RMSE 在 MSE 的基础上再开方，使结果在数量级上比较直观。

2.4.5 均方根对数误差(RMSLE)

RMSLE 是基于 RMSE 的一个常用评估指标，可计算平方对数误差的均值，计算公式为

$$\mathrm{RMSLE}(\boldsymbol{y},\hat{\boldsymbol{y}})=\sqrt{\frac{1}{m}\sum_{i=1}^{m}\left[\log\left(y^{(i)}+1\right)-\log\left(\hat{y}^{(i)}+1\right)\right]^2}\ . \tag{2.56}$$

在样本规模增加时，RMSE 指标的大小会增加，但 RMSLE 指标由于对数性质，只考虑样本预测值和真实值之间的相对误差，并不会受到样本规模的影响。同样由于对数性质，当样本预测值低于实际值时，会受到较大的惩罚，也就是说，RMSLE 对预测值偏小的样本的惩罚比对预测值偏大的样本的惩罚更大。例如，一个自行车的售卖均价为 500 元，预测为 400 元的惩罚会比预测为 600 元的惩罚更大。

2.4.6 中位数绝对误差(MedAE)

MedAE[21]通过提取预测值和实际值之间的所有绝对误差的中位数来计算损失，其计

算公式为

$$\mathrm{MedAE}(\boldsymbol{y},\hat{\boldsymbol{y}})=\mathrm{median}\left(\left|y^{(1)}-\hat{y}^{(1)}\right|,\left|y^{(2)}-\hat{y}^{(2)}\right|,\cdots,\left|y^{(m)}-\hat{y}^{(m)}\right|\right). \tag{2.57}$$

从式(2.57)中可以看出，该指标使用了中位数，从而使其鲁棒性更强，适用于从对模型误差一般影响的评估。

2.4.7 决定系数(R^2)

R^2[23]用于度量因变量的变化中可由自变量解释的部分所占的比例，或者是模型对实际观测值的拟合优度。拟合优度越大，自变量对因变量的解释程度就越高。根据观察值的均值 $\overline{y}=\frac{1}{m}\sum_{i=1}^{m}y^{(i)}$，我们可以定义如下指标。

① 总平方和：

$$\mathrm{SST}=\sum_{i=1}^{m}\left(y^{(i)}-\overline{y}\right)^2.$$

② 回归平方和：

$$\mathrm{SSR}=\sum_{i=1}^{m}\left(\hat{y}^{(i)}-\overline{y}\right)^2.$$

③ 残差平方和：

$$\mathrm{SSE}=\sum_{i=1}^{m}\left(y^{(i)}-\hat{y}^{(i)}\right)^2.$$

根据 R^2 的定义，得

$$R^2(\boldsymbol{y},\hat{y})=\frac{\mathrm{SSR}}{\mathrm{SST}}=1-\frac{\mathrm{SSE}}{\mathrm{SST}}=1-\frac{\sum_{i=1}^{m}\left(y^{(i)}-\hat{y}^{(i)}\right)^2}{\sum_{i=1}^{m}\left(y^{(i)}-\overline{y}\right)^2}. \tag{2.58}$$

式(2.58)中分子部分表示预测值与实际值的平方差之和，类似于均方误差 MSE；分母部分表示实际值与均值的平方差之和，类似于方差 Var($\boldsymbol{y}$)。

R^2 通过数据的变化来表示一个模型拟合的好坏，其理论取值范围为$(-\infty,1]$。但实际应用时通常会选择拟合效果较好的曲线来计算 R^2，所以一般取值范围为$[0,1]$。R^2 值越接近 0，说明模型拟合效果越差；结果越接近 1，说明回归平方和(SSR)占总平方和(SST)的比例越大，回归线与各观测点越接近，模型拟合效果越好。一般来说，R^2 越大，表示模型拟合效果越好，但由于 R^2 反映的是拟合效果[24]，随着样本数量的增加 R^2 必然增加，所以它无法真正定量说明模型的好坏，因为模型在不同数据集下的拟合效果会有一定的差异。

习题 2

1. 列举两个现实生活中需要进行线性回归的实例。

2. 阐述一元线性回归和多元线性回归的区别。

3. 某产品的广告费用(万元)与销售额(万元)的对应关系如表 2.1 所示，请基于表中的数据构建线性回归模型，使用最小二乘法求出模型的最优参数，并预测当广告费用为 37 万元时对应的销售额大小。

表 2.1　广告费用(万元)与销售额(万元)的对应关系

广告费用/万元	25	17	31	33	35
销售额/万元	110	115	155	160	180

4. 某车间需要加工某种零件，为了利用程序控制机床，需要获取该零件上一段曲线的解析式。工作人员通过测量样件得到了这段曲线在横坐标 x_i 处所对应的纵坐标 y_i 的数值，具体如表 2.2 所示。

表 2.2　曲线的横纵坐标数据

x_i	0	2	4	6	8	10	12	14	16	18	20
y_i	0.6	2.0	4.4	7.5	11.8	17.1	23.3	31.2	39.6	49.7	61.7

请基于多项式回归求出这段曲线的因变量 y 关于自变量 x 的关系式。

5. 试简述有哪些方法可以缓解过拟合，并简要概括其实现过程及优势。

6. 请简要说明什么是共线性，它对回归分析有哪些影响？

7. 请简要说明套索回归相较于岭回归为何能进行特征选择。

8. 尝试分别用线性回归、岭回归、套索回归、弹性回归对 Boston(波士顿)房价进行预测，并比较效果(Boston 房价数据集使用 sklearn.datasets.load_boston 即可加载，取其中前 400 个数据作为训练集，后续数据作为测试集)。

9. 和最小二乘法相比，用梯度下降法求解模型参数的优势有哪些？

10. 在梯度下降算法中，学习率的取值关系到损失函数能否收敛及收敛速度的快慢。试提出一种动态调节学习率的方法，让损失函数更快地收敛到最优解。

11. 在实际应用中，损失函数对于优化参数可能是非凸函数，这意味着选取不同的初始值很可能导致模型收敛到不同的局部最优解上。试提出一种可以提高模型收敛到全局最优解的概率的解决方案。

12. 利用梯度下降法求解无约束线性规划问题 $\min_x\left(x_1^2+25x_2^2\right)$，其中 $\boldsymbol{x}=\left(x_1,x_2\right)^\top$，初始点为 $\boldsymbol{x}_0=\left(2,2\right)^\top$。

13. 已知某系统因变量和自变量之间的实际关系为 $y=2x+3$，对该系统实际采样得到 4 个样本：(0,3.1)、(1,4.9)、(2,7.3)、(3,8.9)。基于上述样本，试用线性回归模型 $f(x)=wx+b$ 拟合因变量和自变量之间的关系函数。拟合过程中，选用均方误差作为损失函数，即 $L=\frac{1}{2n}\sum_{i=1}^{n}\left[y^{(i)}-\left(b+wx^{(i)}\right)\right]^2$。假设初始值 $w=0$、$b=0$、学习率 $\eta=0.01$，请基于梯度下降算法估计参数 w 和 b，计算出前 3 次迭代后的模型参数和对应损失函数。

14. 利用梯度下降法求解 $f(x)=x^2$ 的最小值，设初始值 $x=10.0$，试编程实现梯度下降算法，并计算算法迭代 30 次的结果。

15. 试编程实现梯度下降算法，求解函数 $f(x,y)=x^2+y^2$ 的最小值。

16. 试根据所学内容比较 MSE 和 MAE 的区别，并总结在进行模型评估时应该如何选择这两种评估指标。

第 3 章

基础分类模型

分类问题，如图像分类、文本分类等，是人们在日常生活中经常遇到的一类问题，也是机器学习领域的重点研究方向[25]。在分类模型相关算法的研究上，我国学者做出了重要的贡献。例如，周志华等人设计的新型决策树学习算法，可高效地解决常见分类问题，且相关技术已成功应用于大型企业和国家重大工程。本章围绕分类问题介绍一些传统机器学习算法中常用的分类模型，包括逻辑回归模型、支持向量机、决策树模型、贝叶斯分类器等，同时还对分类模型的效果评估指标展开讨论。本章所涉及的概念和方法是开展深度学习的重要理论基础。

3.1 逻辑回归

逻辑回归是一种用于解决二分类问题的机器学习方法。本节将围绕逻辑回归逐一介绍广义线性模型、逻辑回归模型、代价函数及模型参数的求解方法。

3.1.1 广义线性模型

线性回归通过回归分析来确定因变量与自变量之间的关系，其向量形式为

$$f(\boldsymbol{x})=\boldsymbol{w}^{\top}\boldsymbol{x}+\varepsilon, \tag{3.1}$$

其中，$\boldsymbol{x}=[1,x_1,x_2,\ldots,x_n]^{\top}$ 为自变量，$\boldsymbol{w}=[w_0,w_1,w_2,\ldots,w_n]^{\top}$ 为线性回归模型的模型参数，ε 为模型的拟合误差。线性回归拟合的是输入 $\boldsymbol{x}$ 和输出 $f(\boldsymbol{x})$ 的线性关系，但当输入和

输出不是线性关系时，用线性回归模型直接拟合二者的关系，得到的拟合效果如图 3.1(a)所示。

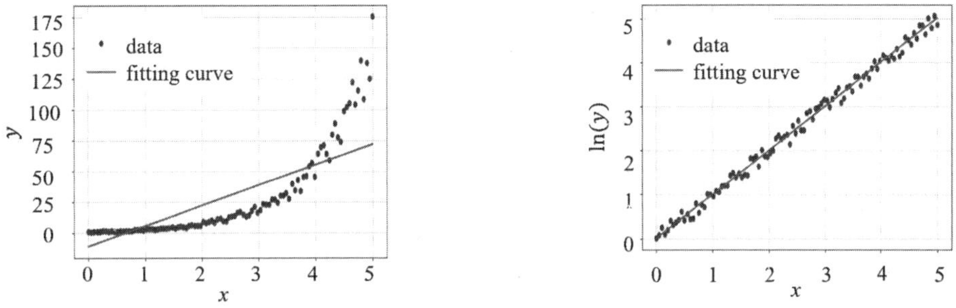

(a) 直接拟合结果　　(b) 转换后的拟合结果

图 3.1　转换前后的拟合效果对比

显然直接拟合的效果并不理想。为了提高拟合效果，我们考虑将拟合对象通过一定的变化使输入与输出之间的关系由非线性转变为线性。假设因变量在指数尺度上变化，那么我们可以将因变量的对数作为线性模型逼近的目标，即

$$\ln f(\boldsymbol{x}) = \boldsymbol{w}^{\top}\boldsymbol{x} + \varepsilon. \tag{3.2}$$

转换后的拟合结果如图 3.1(b)所示。此时的拟合效果和未转换因变量时相比有了明显的提升。虽然拟合的对象发生了改变，但我们可以基于 $\ln f(\boldsymbol{x})$ 与输入 $\boldsymbol{x}$ 之间的线性关系来间接求解 $f(\boldsymbol{x})$ 与 $\boldsymbol{x}$ 之间的非线性关系。这种转换方法可以推广到一般情况，也就是说，当因变量与自变量的关系不满足线性关系时，我们可以以某种方式对因变量进行转换，并把转换后的因变量作为线性模型逼近的目标。具体的公式为

$$g(f(\boldsymbol{x})) = \boldsymbol{w}^{\top}\boldsymbol{x} + \varepsilon, \tag{3.3}$$

其中，$g(\cdot)$表示对 $f(\boldsymbol{x})$ 的转换函数，假设 $g(\cdot)$ 为单调可微函数。将式(3.3)做一定的调整，可得

$$f(\boldsymbol{x}) = g^{-1}(\boldsymbol{w}^{\top}\boldsymbol{x} + \varepsilon). \tag{3.4}$$

式子(3.4)的模型称为广义线性模型(generalized linear model)[26]。广义线性模型可以拟合因变量与自变量之间的非线性关系。

3.1.2　逻辑回归模型

线性回归能够拟合因变量和自变量之间的线性关系。例如，使用线性回归模型可以拟合房屋价格与房屋面积的关系。但如果我们想通过房屋价格来判断房屋是否为二手房(结果为是或否)，显然此时我们需要的是分类算法而非回归模型。本节我们介绍一种常用的二分类算法——逻辑回归分析(logistic regression analysis)。

不同于线性回归中输出因变量与自变量的关系作为结果，逻辑回归模型的输出表示模型结果为正类的概率。逻辑回归模型的本质是广义线性模型，由于概率值介于 0 与 1 之间，所以模型中的 $g^{-1}(\cdot)$ 需要将 $\boldsymbol{w}^{\top}\boldsymbol{x}$ 映射到区间[0，1]中，具体的函数关系式如下。

$$p = g^{-1}\left(\boldsymbol{w}^{\top}\boldsymbol{x}\right), \tag{3.5}$$

其中， p 为模型的输出，即模型认为结果为正类的概率为 $p(0 \leqslant p \leqslant 1)$ 。如果我们把房屋判定为二手房的结果设置为正类，非二手房的结果设置为负类，若 $p > \theta$ (θ 为预先设定的阈值)，此时模型认为该房屋为二手房；否则，模型认为该房屋非二手房。

单位阶跃函数具有强大的分类能力，其函数表达式为

$$H(x) = \begin{cases} 0, & x \leqslant 0; \\ 1, & x > 0. \end{cases} \tag{3.6}$$

其函数图像如图 3.2(a)所示。显然它可以将输入数据映射到集合 $\{0,1\}$ 上，实现对输入数据的二分类。但逻辑回归模型中的 $g^{-1}(\cdot)$ 不仅要将 $\boldsymbol{w}^{\top}\boldsymbol{x}+b$ 映射到区间[0,1]中，而且为了确保算法求解顺利，要求 $g^{-1}(\cdot)$ 是单调可微的。单位阶跃函数在零点不连续，所以它不满足单调可微的条件，因此我们无法将其直接作为逻辑回归模型中的 $g^{-1}(\cdot)$ 使用。

对于 $g^{-1}(\cdot)$ ，我们希望它既能在一定程度上趋近单调阶跃函数，又不失连续可微性。针对上述特点，相关研究者提出了对数几率(logistic)函数[27]，也称为 sigmoid 函数，其函数表达式为

$$\sigma(x) = \frac{1}{1+\mathrm{e}^{-x}}. \tag{3.7}$$

sigmoid 函数的图像如图 3.2(b)所示。我们可以把 sigmoid 函数看作一种平滑后的单位阶跃函数。该函数在定义域内单调可微、任意阶可导，并且其值域刚好为 $[0,1]$，因此可将对数几率函数作为式(3.4)中的 $g^{-1}(\cdot)$ 使用。

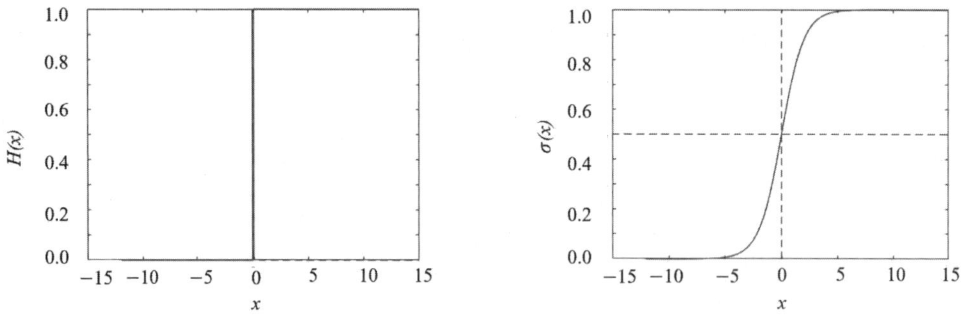

(a) 单位阶跃函数图像　　(b) 对数几率函数图像

图 3.2　单位阶跃函数与对数几率函数的函数图像

下面我们研究逻辑回归模型的输出(模型预测为正类的概率)与自变量之间的关系。将 $\hat{f}(\boldsymbol{x}) = \boldsymbol{w}^{\top}\boldsymbol{x}$ 代入式(3.7)中，有

$$p(y=1) = \sigma\left(\hat{f}(\boldsymbol{x})\right) = \frac{1}{1+\mathrm{e}^{-(\boldsymbol{w}^{\top}\boldsymbol{x})}}, \tag{3.8}$$

其中，$p(y=1)$ 表示模型预测为正类的概率。式(3.8)经过一定的化简可以得到

$$\ln \frac{p(y=1)}{1-p(y=1)} = \boldsymbol{w}^{\top}\boldsymbol{x}. \tag{3.9}$$

可以发现，式(3.9)左边为预测为正类的概率与预测为负类的概率比值的对数，预测为正类的概率与预测为负类的概率的比值 $\frac{p}{1-p}$ 反映了 $\boldsymbol{x}$ 被预测为正类的相对可能性，我们称之为“几率”，取对数可以得到对数几率 $\ln\frac{p}{1-p}$。基于上述理解，我们可以把式(3.9)写成以下形式：

$$\ln \frac{p(y=1)}{p(y=0)} = \boldsymbol{w}^{\top}\boldsymbol{x}, \tag{3.10}$$

其中，$p(y=0)$ 表示预测为负类的概率。化简式(3.9)可以得到

$$p(y=1) = \frac{1}{1+\mathrm{e}^{-\left(\boldsymbol{w}^{\top}\boldsymbol{x}\right)}}, \tag{3.11}$$

$$p(y=0) = \frac{1}{1+\mathrm{e}^{\boldsymbol{w}^{\top}\boldsymbol{x}}}. \tag{3.12}$$

3.1.3 代价函数

上一节介绍了逻辑回归模型，接下来我们一起来学习模型参数的求解方法。在统计学习中，逻辑回归模型通常采用极大似然估计法(maximum likelihood method，MLE)[28]来求解模型参数。极大似然估计的基本思想是选取使观察样本在被选总体中出现的可能性最大的模型参数，其具体表达式如下：

$$\boldsymbol{w}^{*} = \underset{\boldsymbol{w}}{\operatorname{argmax}}\, p(\mathcal{D} \mid \boldsymbol{w}), \tag{3.13}$$

其中，$\mathcal{D}$ 表示所使用的数据集，$p(\mathcal{D}\mid\boldsymbol{w})$ 称为似然函数(likelihood function)。如果给定单个样本 $\mathcal{S}=(\boldsymbol{x}_0, y_0)$，其中 $\boldsymbol{x}_0$ 为样本 $\mathcal{S}$ 的特征向量，y_0 为样本 $\mathcal{S}$ 的真实类别。设 $g(\boldsymbol{x}\mid\boldsymbol{w}) = p(y_0=1\mid\boldsymbol{x}_0,\boldsymbol{w})$ 表示正类概率，$1-g(\boldsymbol{x}\mid\boldsymbol{w}) = p(y_0=0\mid\boldsymbol{x}_0,\boldsymbol{w})$ 表示负类概率，则似然函数 $p(\mathcal{S}\mid\boldsymbol{w})$ 可以写成

$$\begin{aligned} p(\mathcal{S}\mid\boldsymbol{w}) &= g(\boldsymbol{x}_0\mid\boldsymbol{w})^{y_0}\left[1-g(\boldsymbol{x}_0\mid\boldsymbol{w})\right]^{1-y_0} \\ &= p(y_0=1\mid\boldsymbol{x}_0,\boldsymbol{w})^{y_0}\left[1-p(y_0=1\mid\boldsymbol{x}_0,\boldsymbol{w})\right]^{1-y_0}. \end{aligned} \tag{3.14}$$

一般地，如果给定包含 n 个样本的数据集 $\mathcal{D}=\{(\boldsymbol{x}_1,y_1),(\boldsymbol{x}_2,y_2),\cdots,(\boldsymbol{x}_n,y_n)\}$，则似然函数 $p(\mathcal{D}\mid\boldsymbol{w})$ 可以写成

$$p(\mathcal{D}\mid\boldsymbol{w}) = \prod_{i=1}^{n} p(y_i=1\mid\boldsymbol{x}_i,\boldsymbol{w})^{y_i}\left[1-p(y_i=1\mid\boldsymbol{x}_i,\boldsymbol{w})\right]^{1-y_i}. \tag{3.15}$$

对式(3.15)两边取对数并化简，可以得到

$$\begin{aligned}\ln p(\mathcal{D}|\boldsymbol{w}) &= \sum_{i=1}^{n}\left\{y_i \ln p(y_i=1|\boldsymbol{x}_i,\boldsymbol{w})+(1-y_i)\ln\left[1-p(y_i=1|\boldsymbol{x}_i,\boldsymbol{w})\right]\right\} \\ &= \sum_{i=1}^{n}\left\{y_i \ln \frac{p(y_i=1|\boldsymbol{x}_i,\boldsymbol{w})}{1-p(y_i=1|\boldsymbol{x}_i,\boldsymbol{w})}+\ln\left[1-p(y_i=1|\boldsymbol{x}_i,\boldsymbol{w})\right]\right\}.\end{aligned} \tag{3.16}$$

基于式(3.9)和式(3.12)对上式进行进一步化简，有

$$\ln p(\boldsymbol{w}) = \sum_{i=1}^{n}\left[y_i\left(\boldsymbol{w}^{\top}\boldsymbol{x}_i\right)-\ln\left(1+\mathrm{e}^{\boldsymbol{w}^{\top}\boldsymbol{x}_i}\right)\right]. \tag{3.17}$$

式(3.17)即为模型需要最大化的代价函数。而在代价函数的优化过程中，我们一般习惯于最小化代价函数。因此，我们将代价函数(3.17)的符号取反，得

$$J(\mathcal{D}|\boldsymbol{w}) = -\ln p(\mathcal{D}|\boldsymbol{w}) = \sum_{i=1}^{n}\left[-y_i\left(\boldsymbol{w}^{\top}\boldsymbol{x}_i\right)+\ln\left(1+\mathrm{e}^{\boldsymbol{w}^{\top}\boldsymbol{x}_i}\right)\right]. \tag{3.18}$$

此时模型参数求解由求最大值问题转换为求最小值问题，即

$$\hat{\boldsymbol{w}} = \underset{\boldsymbol{w}}{\operatorname{argmin}}\, J(\mathcal{D}|\boldsymbol{w}). \tag{3.19}$$

3.1.4 模型求解

模型参数的求解方法多种多样，这里我们使用梯度下降法求解模型参数。梯度下降法通过计算损失函数对参数的一阶偏导数来确定使损失函数下降最快的方向(梯度的反方向)，而后沿着该方向更新模型参数，经过多次迭代，可以得到模型参数的最优解。

具体的参数求解流程如下。

(1) 设置学习率为α及停止参数ϵ，损失函数的计算公式如下：

$$J(\mathcal{D}|\boldsymbol{w}) = \sum_{i=1}^{n}\left[-y_i\left(\boldsymbol{w}^{\top}\boldsymbol{x}_i\right)+\ln\left(1+\mathrm{e}^{\boldsymbol{w}^{\top}\boldsymbol{x}_i}\right)\right]. \tag{3.20}$$

(2) 计算$J(\mathcal{D}|\boldsymbol{w})$关于$\boldsymbol{w}$的一阶偏导数：

$$\frac{\partial J(\mathcal{D}|\boldsymbol{w})}{\partial \boldsymbol{w}} = \sum_{i=1}^{n}\left(-y_i+\frac{\mathrm{e}^{\boldsymbol{w}^{\top}\boldsymbol{x}_i}}{1+\mathrm{e}^{\boldsymbol{w}^{\top}\boldsymbol{x}_i}}\right)\boldsymbol{x}_i^{\top}. \tag{3.21}$$

(3) 根据计算得到的偏导数和预先设置好的学习率α更新参数：

$$\boldsymbol{w}^{k+1} = \boldsymbol{w}^{k} - \alpha\frac{\partial J(\mathcal{D}|\boldsymbol{w}^{k})}{\partial \boldsymbol{w}}, \tag{3.22}$$

其中，k为迭代次数。每次更新参数后，若$\frac{\partial J(\mathcal{D}|\boldsymbol{w}^{k})}{\partial \boldsymbol{w}} < \epsilon$或当前迭代次数等于最大迭代次数则停止迭代，并输出当前$\boldsymbol{w}^{k}$作为模型参数的结果。

3.2 支持向量机

支持向量机(support vector machines，SVM)[29]也是一种二分类模型。它基于训练集在样本空间中寻找一个能将不同类别的样本点分开的分隔超平面，并且要求所有样本点中到该超平面的距离最近的点到超平面的距离最大化。根据训练样本的特点，支持向量机可分为线性支持向量机和非线性支持向量机。当训练样本线性可分时，可以使用标准的线性支持向量机；当训练样本线性不可分时，可采用软间隔最大化方法构建线性支持向量机或使用核方法构建非线性支持向量机。接下来我们分别介绍这两种支持向量机模型。

3.2.1 线性支持向量机

对于线性可分的训练数据集，其样本空间往往存在着许多个能够将其分隔为不同类别的线性超平面。图 3.3(a)给出了一个线性可分的样本空间，图 3.3(b)中的每一条虚线都表示一个可以将样本空间分隔的线性超平面。

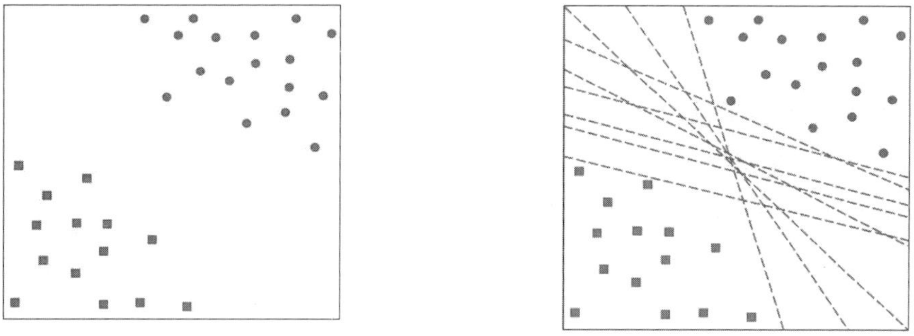

(a) (b)

图 3.3 线性可分样本与分隔超平面

线性支持向量机的学习目标是从众多线性超平面中选择最优的一个。那么，什么样的超平面才是最优的呢？SVM 算法的基本思想是，选择一个超平面，使距离该超平面最近的样本点到该超平面的距离最大化。SVM 算法的设计者认为，这样的超平面能够最大程度地分隔两类样本。

对于任意的分隔超平面 B_i，一定能找到一对与之平行的超平面 B_{i1} 和 B_{i2}，二者分别和两类样本中与 B_i 距离最近的实例相切。此时，超平面 B_{i1} 和 B_{i2} 称为 B_i 的边缘超平面(margin hyperplane)，而超平面 B_{i1} 和 B_{i2} 之间的距离称为间隔(margin)。在图 3.4 中，B_1 超平面的边缘超平面为 B_{11} 和 B_{12}，而 B_2 超平面的边缘超平面为 B_{21} 和 B_{22}。显然，B_1 超平面的间隔 Margin 1 大于 B_2 超平面的间隔 Margin 2。因此，和 B_2 相比，B_1 超平面是更好的选择。SVM 算法会最大化分隔超平面到最近的样本点的距离，这意味分隔

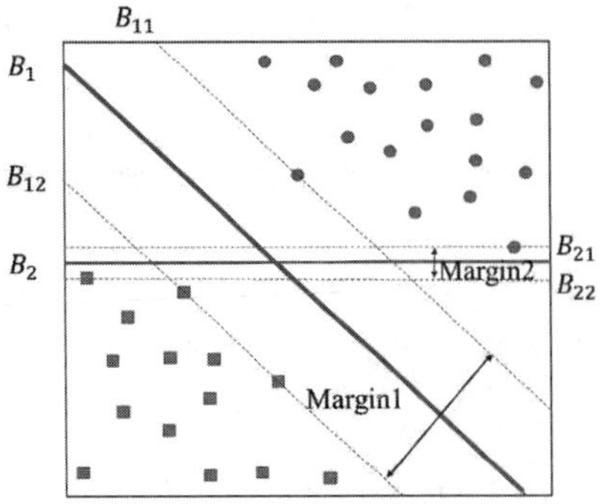

图 3.4 支持向量与超平面示意图

超平面必然位于它的两个边缘超平面的正中间，即它到任意边缘超平面的距离为间隔的一半。

在实际应用中，具有较大间隔的超平面与其他间隔较小的超平面相比具有更好的泛化能力，可以有效减小测试阶段噪声对预测结果的影响，从而提升模型的鲁棒性，防止过拟合。因此，在 SVM 算法的训练过程中，我们希望分隔超平面的间隔越大越好。

给定训练样本集 $T=\{(\boldsymbol{x}_1,y_1),(\boldsymbol{x}_2,y_2),\cdots,(\boldsymbol{x}_n,y_n)\}$，样本类别 $y_i\in\{-1,+1\}$，其中+1 表示样本为正类，−1 表示样本为负类。在样本空间中，任意用于分隔样本的超平面可以表示为

$$\boldsymbol{w}^\top\boldsymbol{x}+b=0, \tag{3.23}$$

其中，$\boldsymbol{w}=[w_1,w_2,\cdots,w_n]^\top\in\mathbb{R}^n$ 决定超平面的方向，$b\in\mathbb{R}$ 为位移项。线性超平面将样本空间分为两个部分，而训练集中的正负样本各自位于该分隔超平面的不同侧，即

$$\begin{cases}\boldsymbol{w}^\top\boldsymbol{x}_i+b>0, & y_i=+1,\\ \boldsymbol{w}^\top\boldsymbol{x}_i+b<0, & y_i=-1.\end{cases} \tag{3.24}$$

由图3.3(b)可知，这样的分隔超平面有许多个。而SVM算法的目标是找到一个最佳的分隔超平面，使距离该超平面最近的样本点到该超平面的距离最大化。

数据集 T 中任意样本 $\boldsymbol{x}_i$ 到分隔超平面 $\boldsymbol{w}^\top\boldsymbol{x}+b=0$ 的距离为

$$d_i=\frac{|\boldsymbol{w}^\top\boldsymbol{x}_i+b|}{\|\boldsymbol{w}\|}. \tag{3.25}$$

数据集 T 中所有样本到分隔超平面 $\boldsymbol{w}^\top\boldsymbol{x}+b=0$ 的最短距离为

$$d=\min d_i, i\in[1,\cdots,n]. \tag{3.26}$$

基于(3.26)，SVM 算法的目标可以改写为找到一个最佳的分隔超平面使 d 最大化。此外，在引入分隔后，为确保数据集 T 中的正负样本均得到正确的划分，可将式(3.24)改写为

$$\begin{cases}\dfrac{\boldsymbol{w}^\top\boldsymbol{x}_i+b}{\|\boldsymbol{w}\|}\geqslant d, & y_i=+1,\\[2ex] \dfrac{\boldsymbol{w}^\top\boldsymbol{x}_i+b}{\|\boldsymbol{w}\|}\leqslant -d, & y_i=-1.\end{cases} \tag{3.27}$$

式(3.27)可以解释为样本点 $\boldsymbol{x}_i$ 位于分隔超平面一侧且到分隔超平面的距离大于 d 时，样本为第一类对应标签，$y_i=+1$；样本点 x_i 位于分隔超平面另一侧且到分隔超平面的距

离大于 d 时，样本为第二类对应标签，$y_i=-1$。

这样 SVM 算法的求解目标——寻找一个最佳的分隔超平面使 d 最大化，就可以表示为如下优化方程形式

$$\begin{aligned}&\max_{\boldsymbol{w},b} \quad d,\\&\text{s.t.} \quad \begin{cases}\dfrac{\boldsymbol{w}^{\top}\boldsymbol{x}_i+b}{\|\boldsymbol{w}\|}\geqslant d, y_i=+1,\\ \dfrac{\boldsymbol{w}^{\top}\boldsymbol{x}_i+b}{\|\boldsymbol{w}\|}\leqslant -d, y_i=-1,\end{cases} \forall i\in[1,\cdots,n].\end{aligned} \tag{3.28}$$

对于式(3.28)，同时等比例缩放 $\boldsymbol{w}$ 和 b 不会改变其约束条件。因此为了简化推导，我们令 $\|\boldsymbol{w}\|d=1$，这样式(3.28)的约束条件可改写为

$$\begin{cases}\boldsymbol{w}^{\top}\boldsymbol{x}_i+b\geqslant 1, & y_i=+1,\\ \boldsymbol{w}^{\top}\boldsymbol{x}_i+b\leqslant -1, & y_i=-1,\end{cases} \forall i\in[1,\cdots,n]. \tag{3.29}$$

进一步观察，可知这个约束条件等价于

$$y_i\left(\boldsymbol{w}^{\top}\boldsymbol{x}_i+b\right)\geqslant 1, \forall i\in[1,\cdots,n]. \tag{3.30}$$

此时，分隔超平面 $\boldsymbol{w}^{\top}\boldsymbol{x}+b=0$ 的两个边缘超平面为 $\boldsymbol{w}^{\top}\boldsymbol{x}+b=-1$ 和 $\boldsymbol{w}^{\top}\boldsymbol{x}+b=1$。简化后的分隔超平面如图 3.5 所示。

能够让约束条件式(3.30)中等号成立的样本点被称为支持向量(support vector)。图 3.5 中的圆表示样本中的支持向量。平行于分隔超平面且穿过支持向量的超平面即为边缘超平面。这两个边缘超平面之间的距离为

$$\tilde{d}=\frac{\left|(b+1)-(b-1)\right|}{\|\boldsymbol{w}\|_2}=\frac{2}{\|\boldsymbol{w}\|_2}. \tag{3.31}$$

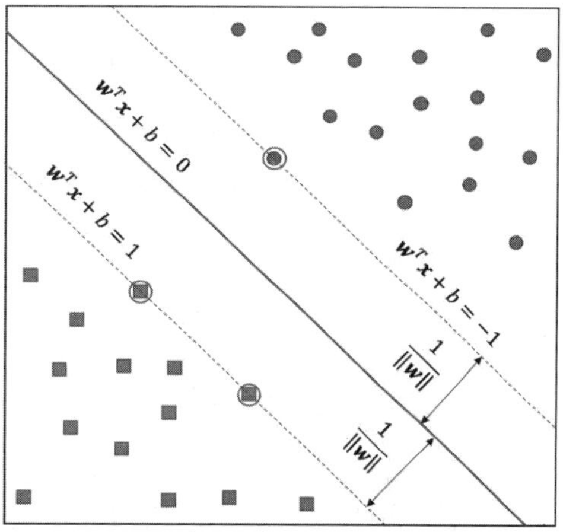

图 3.5　支持向量与分隔超平面示意图

依据上文内容，可知 $\tilde{d}=2d$，因此 $d=\dfrac{1}{\|\boldsymbol{w}\|_2}$，SVM 算法的优化方程可以改写为

$$\begin{aligned}&\max_{\boldsymbol{w},b} \quad \frac{2}{\|\boldsymbol{w}\|_2},\\&\text{s.t.} \quad y_i\left(\boldsymbol{w}^{\top}\boldsymbol{x}_i+b\right)\geqslant 1.\end{aligned} \tag{3.32}$$

这里我们将目标函数由 d 改为 $2d$，只是为了方便后续的方程优化和相关计算，这个修改并不会影响上述优化问题的解。将式(3.32)进一步等价转换为凸优化问题，即得

$$\begin{aligned}&\min_{\boldsymbol{w},b} \quad \frac{1}{2}\|\boldsymbol{w}\|_2^2,\\&\text{s.t.} \quad y_i\left(\boldsymbol{w}^{\top}\boldsymbol{x}_i+b\right)\geqslant 1.\end{aligned} \tag{3.33}$$

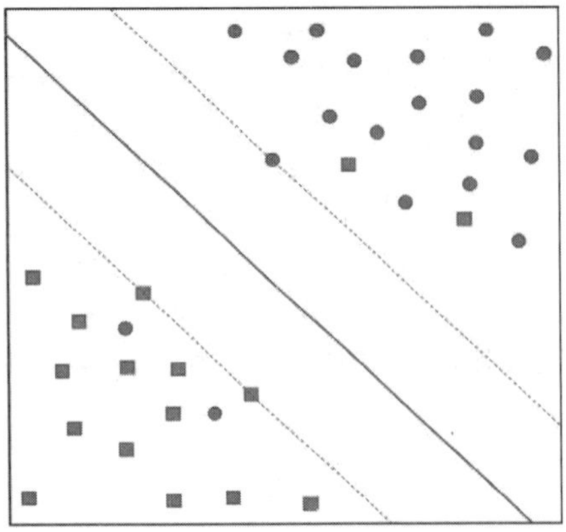

图 3.6　数据线性不可分

式(3.33)就是在训练集中训练样本线性可分的情况下，线性支持向量机的基本模型。若所面对的数据是线性不可分的，如图 3.6 所示。线性不可分意味着某些训练样本点$\left(\boldsymbol{x}_i,y_i\right)$不能满足约束条件式(3.30)。为了解决训练集中部分训练样本点不满足约束条件的问题，可以对每个样本点$\left(\boldsymbol{x}_i,y_i\right)$引入松弛变量$\xi_i\geqslant 0$，以降低约束条件的约束强度。此时的约束条件为

$$y_i\left(\boldsymbol{w}^{\top}\boldsymbol{x}_i+b\right)\geqslant 1-\xi_i,\ \forall i\in\left[1,\cdots,n\right]. \tag{3.34}$$

松弛变量的引入使模型约束条件的约束力下降，此时边缘超平面间的间隔下降，虽然这能够减少不满足约束的点的数量，但松弛变量的引入也会降低模型的分类能力。为了缓解松弛变量对模型分类能力的影响，这里将松弛变量以正则项的形式写入模型中，此时的模型改写为

$$\begin{aligned}&\min_{\boldsymbol{w},b,\xi_i} \quad \frac{1}{2}\|\boldsymbol{w}\|_2^2+C\sum_{i=1}^{n}\xi_i,\\&\text{s.t.} \quad \begin{cases}y_i\left(\boldsymbol{w}^{\top}\boldsymbol{x}_i+b\right)\geqslant 1-\xi_i\\ \xi_i\geqslant 0,\ \ i=1,2,\cdots,n,\end{cases}\end{aligned} \tag{3.35}$$

其中，$C>0$是一个平衡参数，用来平衡原始目标函数和松弛变量对约束条件的放松程度。

3.2.2　模型参数的求解

当$\xi_i=0$时，式(3.35)的模型等价于式(3.33)的模型，可以将(3.33)看作式(3.35)的特殊形式。下面我们只讨论式(3.35)对应模型的参数的求解过程。

对于线性支持向量机的参数最优化问题，我们通常使用拉格朗日乘子法进行求解。拉格朗日乘子的基本思想就是通过引入拉格朗日乘子来将包含 n 个变量和 k 个约束条件的有约束的优化问题，转换为含有$(n+k)$个变量的无约束优化问题。基于拉格朗日乘子法，我们首先需要写出有约束的优化问题对应的拉格朗日函数

$$L\left(\boldsymbol{w},b,\boldsymbol{\xi},\boldsymbol{\alpha},\boldsymbol{\mu}\right)=\frac{1}{2}\|\boldsymbol{w}\|^2+C\sum_{i=1}^{n}\xi_i-\sum_{i=1}^{n}\alpha_i\left[y_i\left(\boldsymbol{w}^{\top}\boldsymbol{x}_i+b\right)-1+\xi_i\right]-\sum_{i=1}^{n}\mu_i\xi_i, \tag{3.36}$$

其中，$\boldsymbol{\alpha}$ 和 $\boldsymbol{\mu}$ 为拉格朗日乘子，$\boldsymbol{\alpha}=\left[\alpha_1,\alpha_2,\cdots,\alpha_n\right]^{\top}$，$\forall\alpha_i\geqslant 0,\boldsymbol{\mu}=\left[\mu_1,\mu_2,\cdots,\mu_n\right]^{\top}$，$\forall\mu_i\geqslant 0$。令$L\left(\boldsymbol{w},b,\boldsymbol{\xi},\boldsymbol{\alpha},\boldsymbol{\mu}\right)$关于参数 $\boldsymbol{w}$、b、$\boldsymbol{\mu}$ 的偏导为零，可以得到

$$\begin{cases} \nabla_{w} L(\boldsymbol{w}, b, \boldsymbol{\xi}, \boldsymbol{\alpha}, \boldsymbol{\mu}) = \boldsymbol{w} - \sum_{i=1}^{n} \alpha_i y_i \boldsymbol{x}_i = 0, \\ \nabla_{b} L(\boldsymbol{w}, b, \boldsymbol{\xi}, \boldsymbol{\alpha}, \boldsymbol{\mu}) = -\sum_{i=1}^{n} \alpha_i y_i = 0, \\ \nabla_{\xi} L(\boldsymbol{w}, b, \boldsymbol{\xi}, \boldsymbol{\alpha}, \boldsymbol{\mu}) = C - \alpha_i - \mu_i = 0. \end{cases} \tag{3.37}$$

进而可以推出

$$\boldsymbol{w} = \sum_{i=1}^{n} \alpha_i y_i \boldsymbol{x}_i, \tag{3.38}$$

$$\sum_{i=1}^{n} \alpha_i y_i = 0, \tag{3.39}$$

$$C - \alpha_i - \mu_i = 0. \tag{3.40}$$

将式(3.38)~式(3.40)代入式(3.36)中，可以得到式(3.35)的对偶问题

$$\begin{aligned} \max_{\boldsymbol{\alpha}, \boldsymbol{\mu}} \quad & -\frac{1}{2} \sum_{i=1}^{n} \sum_{j=1}^{n} \alpha_i \alpha_j y_i y_j \boldsymbol{x}_i^{\top} \boldsymbol{x}_j + \sum_{i=1}^{n} \alpha_i, \\ \text{s.t.} \quad & \begin{cases} \sum_{i=1}^{n} \alpha_i y_i = 0, \\ C - \alpha_i - \mu_i = 0, i = 1, 2, \cdots, n, \\ \alpha_i \geqslant 0, \mu_i \geqslant 0, i = 1, 2, \cdots, n. \end{cases} \end{aligned} \tag{3.41}$$

不难发现，式(3.41)是一个二次规划问题[30]，我们可以基于现有的通用的算法来求解。事实上，求解二次规划问题的通用算法的复杂度往往正比于训练数据样本数，因此，当样本数较大时，可以采用序列最小优化(sequential minimal optimiation，SMO)算法等更为高效的求解方案。

基于式(3.41)解出 $\boldsymbol{\alpha}$ 和 $\boldsymbol{\mu}$ 之后，相应的 $\boldsymbol{w}^*$ 可以依据 $\boldsymbol{w}^* = \sum_{i=1}^{n} \alpha_i y_i \boldsymbol{x}_i$ 求出。若对于任意的 $\forall i \in [1, 2, \cdots, n]$ 都有 $\alpha_i = 0$，则可以推出 $\boldsymbol{w}^*$ 的元素全部为 0，这意味着当前分隔超平面的间隔为无穷大，这显然是不可能的。因此，对偶问题的结果中至少存在一个 $\alpha_j > 0$。依据 KKT(Karush-Kuhn-Tucker)条件[31][32]可以进一步推出 $\alpha_j > 0$ 对应的样本 $(\boldsymbol{x}_j, y_j)$ 为支持向量，满足 $y_j(\boldsymbol{w}^{\top} \boldsymbol{x}_j + b) = 1 - \xi_j$。进而可以得到

$$b^* = y_j - y_j \xi_j - \boldsymbol{w}^{\top} \boldsymbol{x}_j = y_j - y_j \xi_j - \left(\sum_{i=1}^{n} y_i \alpha_i \boldsymbol{x}_i \right)^{\top} \boldsymbol{x}_j, \tag{3.42}$$

这样就可以求出线性支持向量模型的模型参数 $\boldsymbol{w}^*$ 和 b^*，该组参数所组成的平面 $\boldsymbol{w}^{\mathrm{T}} \boldsymbol{x} + b = 0$ 能够很好地划分不同类别的样本。

3.2.3 非线性支持向量机

如图3.7所示，当样本空间线性不可分时，一个典型的例子如图3.7(a)所示。此时，可

以使用非线性支持向量机模型。该模型先将样本从原始空间映射到一个更高维的空间中，使样本在高维空间内线性可分，如图 3.7(b)所示。

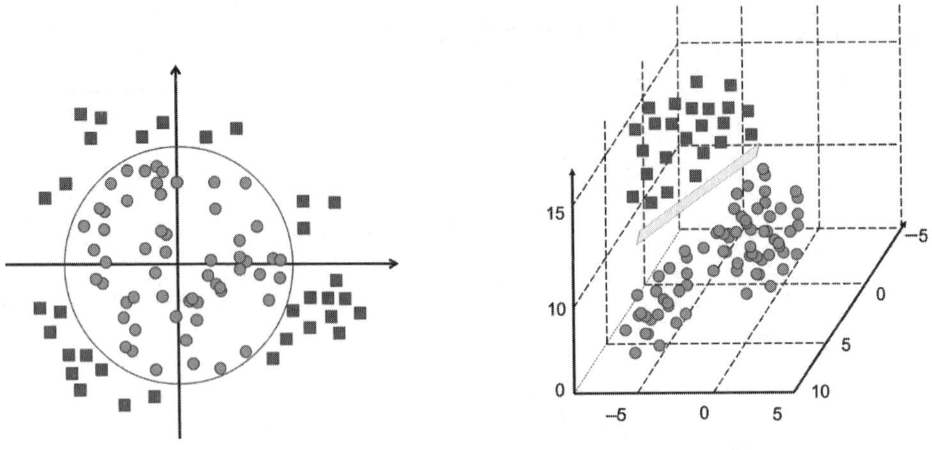

(a)　　(b)

图 3.7　非线性分类问题与核技巧展示

令 $\phi(\boldsymbol{x})$ 表示将 $\boldsymbol{x}$ 映射到高维空间内的特征向量，那么式(3.33)可以改写为如下形式

$$\begin{aligned}&\min_{\boldsymbol{w},b}\quad \frac{1}{2}\|\boldsymbol{w}\|_2^2,\\&\text{s.t.}\quad y_i\left[\boldsymbol{w}^{\top}\phi(\boldsymbol{x}_i)+b\right]\geqslant 1.\end{aligned}\tag{3.43}$$

将低维空间中线性不可分的样本数据以合适的方式映射到高维空间后，样本在高维空间内线性可分，此时的分类问题就重新转换为线性支持向量机问题。对于式(3.43)，基于拉格朗日乘子法，其对偶问题可以写作

$$\begin{aligned}&\min_{\boldsymbol{\alpha}}\quad \frac{1}{2}\sum_{i=1}^{n}\sum_{j=1}^{n}\alpha_i\alpha_j y_i y_j\phi(\boldsymbol{x}_i)^{\top}\phi(\boldsymbol{x}_j)-\sum_{i=1}^{n}\alpha_i,\\&\text{s.t.}\quad \begin{cases}\sum_{i=1}^{n}\alpha_i y_i=0,\\0\leqslant\alpha_i\leqslant C, i=1,2,\cdots,n.\end{cases}\end{aligned}\tag{3.44}$$

其中，$\phi(\boldsymbol{x}_i)^{\top}\phi(\boldsymbol{x}_j)$ 表示样本 $\boldsymbol{x}_i$ 与 $\boldsymbol{x}_j$ 映射到高维空间后二者的内积。映射后的数据空间维度较高，且映射函数一般是非线性的，因此这个数据映射的过程往往需要大量的计算消耗。观察可知，在对偶问题的求解过程中，我们实际需要的是映射函数内积后的结果 $\phi(\boldsymbol{x}_i)^{\top}\phi(\boldsymbol{x}_j)$，而非映射函数本身。为了降低计算成本，SVM 算法并未直接定义映射函数，而是采用核函数(kernel function)来近似映射函数内积的结果。

定义 3.1　(核函数)

设 $\mathcal{X}$ 为输入空间(欧式空间 $\mathcal{R}^n$ 的子集或离散集合)，$\mathcal{H}$ 为高维特征空间(希尔伯特空间)，如果存在一个从 $\mathcal{X}$ 到 $\mathcal{H}$ 的映射

$$\phi(\boldsymbol{x})\mathcal{X} \to \mathcal{H}, \tag{3.45}$$

使对所有 $\boldsymbol{x},\boldsymbol{z} \in \mathcal{X}$，函数 $K(\boldsymbol{x},\boldsymbol{z})$ 满足条件

$$K(\boldsymbol{x},\boldsymbol{z}) = <\phi(\boldsymbol{x}),\phi(\boldsymbol{z})> = \phi(\boldsymbol{x})^\top \phi(\boldsymbol{z}). \tag{3.46}$$

则称 $K(\cdot,\cdot)$ 为核函数，$\phi(\boldsymbol{x})$ 为映射函数。

值得注意的是，并非所有的函数都可以作为核函数使用，核函数的选择需要遵从 Mercer's 定理[33]，该定理的具体定义超出了本书的内容范围，请感兴趣的读者自行查阅。这里我们简单列出一些常见的核函数。

(1) 线性核函数(linear kernel)：$K(\boldsymbol{x},\boldsymbol{z}) = \boldsymbol{x}^\top \boldsymbol{z}$。

(2) 多项式核函数(polynomial kernel)：$K(\boldsymbol{x},\boldsymbol{z}) = \left(\gamma \boldsymbol{x}^\top \boldsymbol{z} + \beta\right)^p$，其中 $\gamma,\beta \in \mathbb{R}$，$p \in \mathbb{N}_+$。

(3) 高斯核函数(Gaussian kernel)：$K(\boldsymbol{x},\boldsymbol{z}) = \exp(-\gamma \| \boldsymbol{x} - \boldsymbol{z} \|)$，其中 $\gamma > 0$。

(4) S 形核函数：$K(\boldsymbol{x},\boldsymbol{z}) = \tanh\left(\gamma \boldsymbol{x}^\top \boldsymbol{z} - \beta\right)$，其中 $\gamma,\beta \in \mathbb{R}$。

通过引入核函数，式(3.44)可以改写为以下形式

$$\begin{aligned} \min_{\boldsymbol{\alpha}} \quad & \frac{1}{2}\sum_{i=1}^{n}\sum_{j=1}^{n}\alpha_i\alpha_j y_i y_j K\left(\boldsymbol{x}_i,\boldsymbol{x}_j\right) - \sum_{i=1}^{n}\alpha_i, \\ \text{s.t.} \quad & \begin{cases} \sum_{i=1}^{n}\alpha_i y_i = 0, \\ 0 \leqslant \alpha_i \leqslant C, i = 1,2,\cdots,n. \end{cases} \end{aligned} \tag{3.47}$$

基于 3.2.2 节中的求解方法，我们可以解出一组 $\boldsymbol{w}^*$ 和 b^* 从而实现对于线性不可分样本的正确划分。

3.3 决策树

本节介绍决策树算法的基本概念、决策树的基本构建流程、决策树学习特征的选择与不纯性计算，以及一种常见的决策树构建方法。

3.3.1 算法简介

决策树算法是一种常见的机器学习方法，其目标是创建一个决策树模型，该模型能从数据特征中学习决策规则，并依据学习到的决策规则来预测目标变量的类别。图 3.8 描绘了一个典型的决策树模型，我们可以看到

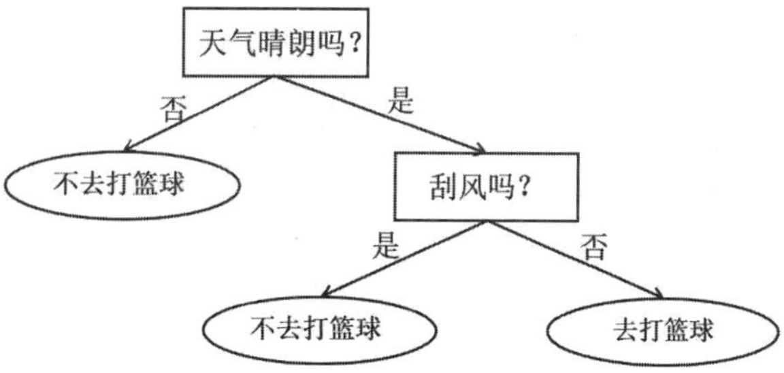

图 3.8 决策树模型

决策树模型呈树状结构。一般情况下，一棵决策树由一个根节点、若干个叶节点、若干个内部节点(又称分支节点)和连接各节点的分支构成。根节点包含了所有的样本集合，它是决策树的开始，对应于图 3.8 中的第一个长方形；内部节点表示特征(属性)，对应于图 3.8 中除根节点外的长方形，每一个内部节点都是一个判断条件，内部节点的样本会根据判断条件的结果经分支被分配到相应的子节点中；叶节点表示最终决策(划定类别)，对应于图 3.8 中的椭圆形。

从决策树的根节点到叶节点的每一条路径都有一条规则，路径上内部节点对应着规则的条件，而叶节点对应着规则的结论。我们可以将决策树理解为一场测试，决策过程中提出的每个问题都是对某个属性的“测试”，而每次测试的结果可能引出结论，也可能引出进一步的“测试”。如图 3.8 所示的决策树模型对应的规则是这样的：如果天气不晴朗，则不去打篮球；如果天气晴朗，则看是否刮风，如果刮风，则不去打篮球，如果不刮风，则去打篮球。

3.3.2 决策树的基本构建流程

决策树的节点类型有根节点、内部节点和叶节点。根节点包含了所有的样本，根节点的样本在经过内部节点后被分到子节点中。子节点若符合特定的条件，则标记为叶节点；若不符合，则需要继续划分，直到满足特定条件再被标记为叶节点为止。具体的算法流程如下。

算法 3.1 决策树的基本构建流程

输入：$\mathcal{D}_t$ 是与节点 t 相关联的训练数据集；
if 如果 $\mathcal{D}_t$ 中所有的数据都属于同一个类 y_t **then**
  标记节点 t 为 y_t 类叶节点；
else
  if 当前节点没有可用于分类的属性 **then**
    标记该节点为叶节点，对应类别为该节点上样本数最多的类；
  else
  选择可用于分类的属性为特征属性，根据特征属性生成新节点，重复本流程对新节点类型进行划分；
  end if
end if

要注意的是，算法中决策树学习的是可用于分类的属性，若决策树按照某特征(属性)所生成的新节点中类的分布与原节点的完全相等，此时的学习是没有意义的，所以我们不使用该特征对节点进行划分。

通过算法 3.1 的流程我们可以看出，决策树需要选择合适的特征作为特征属性进行学习。好的特征能够促进决策树的学习，而不好的特征可能不仅不能提高决策树性能，还会导致决策树学到噪声特征，拉低模型性能。因此，选择合适的特征对于决策树学习而言至关重要。

3.3.3 特征选择与不纯性计算

合适的特征能够有效地提高决策树的决策能力，从而提高决策树正确预测未知样本类别的能力，一般而言，决策树所学习的特征越好，其子节点的样本就越趋于同一类。也就是说，我们能够通过经划分后子节点的“纯度”来度量所选取特征的好坏。本节我们介绍一些能够辅助决策树选择好特征的不纯性度量指标，包括基尼指数(Gini index)、信息熵(information entropy)、误分率、信息增益和信息增益率。

1. 基尼指数

在决策树中，我们用基尼指数[34]来反映决策树子节点中不同类别样本分布的均衡程度，以此来反映节点的“不纯度”。假设数据集包含的样本类别总数为 c，对应的类别集合 $\mathbf{\Omega}=\{y_1,y_2,\cdots,y_c\}$，$p(y_i)$ 是样本类别为 y_i 的概率 $(\forall i\in[1,2,\cdots,c])$，则节点 X 的基尼指数 $G(X)$ 的计算公式为

$$G(X)=\sum_{i=1}^{c}p(y_i)[1-p(y_i)]=\sum_{i=1}^{c}\left[p(y_i)-p(y_i)^2\right]=1-\sum_{i=1}^{c}p(y_i)^2. \tag{3.48}$$

式(3.48)只能计算单个节点的情况，若当前节点被分成多个子节点时，我们可以使用基尼指数的加权形式来衡量被划分后的子节点纯度和，即

$$G(X)_{\text{split}}=\sum_{i=1}^{c}\frac{n_i}{n}G(X_i), \tag{3.49}$$

其中，n_i 表示子节点 X_i 的样本数目，n 表示父节点的样本数目。根据基尼指数的计算公式(3.48)，我们可以知道，当节点中各类别的样本比例一致(即均匀分布)时，基尼指数取得最大值 $1-\frac{1}{c}$，节点不纯度最大；当节点中的样本全部属于一个类别时，基尼指数为 0，节点不纯度最小。一般来说，基尼指数越大，表示信息量越大，信息越杂乱，不纯度越高；基尼指数越小，表示信息量越小，信息越规整，不纯度越低。

下面我们通过一个例子来加深对基尼指数的理解。给出一组数据如表 3.1 所示，该数据共有 8 个样本，我们需要通过决策树学习是否婚配与性别、体形和有无房产的关系。

表 3.1　8 位社会人士的相关信息

序号	性别	体形	有无房产	是否婚配
1	女	胖	无	未婚
2	女	瘦	有	已婚
3	男	胖	有	已婚

（续表）

序号	性别	体形	有无房产	是否婚配
4	女	胖	无	未婚
5	男	胖	有	已婚
6	男	瘦	有	已婚
7	男	胖	无	未婚
8	女	胖	有	已婚

尝试着用所有属性对数据进行划分，划分情况如图 3.9 所示。

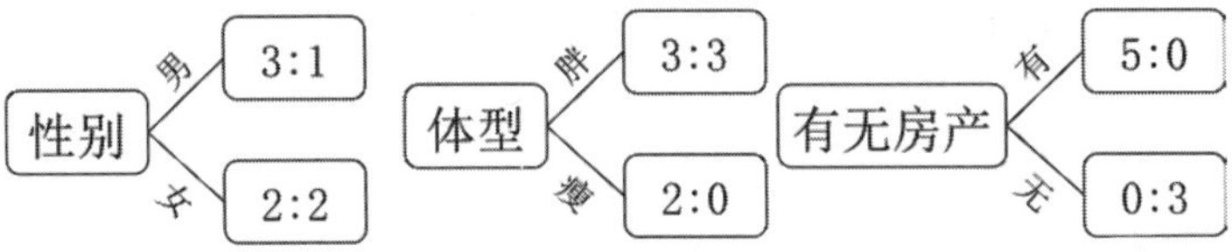

图 3.9　经不同属性划分后数据类别的分布情况

其中，方框中的比值表示经划分后已婚人士与未婚人士的人数之比。基于式(3.49)和式(3.48)计算数据，根据不同属性划分后的基尼指数，有

$$G(\text{性别})_{split}=\frac{4}{8}\times\left[1-\left(\frac{3}{4}\right)^2-\left(\frac{1}{4}\right)^2\right]+\frac{4}{8}\times\left[1-\left(\frac{2}{4}\right)^2-\left(\frac{2}{4}\right)^2\right]=\frac{7}{16},$$

$$G(\text{体形})_{split}=\frac{6}{8}\times\left[1-\left(\frac{3}{6}\right)^2-\left(\frac{3}{6}\right)^2\right]+\frac{2}{8}\times\left[1-\left(\frac{2}{2}\right)^2-\left(\frac{0}{2}\right)^2\right]=\frac{3}{8},$$

$$G(\text{有无房产})_{split}=\frac{5}{8}\times\left[1-\left(\frac{5}{5}\right)^2-\left(\frac{0}{5}\right)^2\right]+\frac{3}{8}\times\left[1-\left(\frac{0}{3}\right)^2-\left(\frac{3}{3}\right)^2\right]=0\ .$$

通过对上述 3 个属性经划分后基尼指数的数值大小的比较，我们选择最小的基尼指数对应的属性作为划分属性，即选取有无房产作为划分属性。通过图 3.9 可以看出，经属性“有无房产”划分后，子节点为同一类，经过划分后数据变“纯”了。

2. 信息熵

热力学中的热熵是表示分子状态混乱程度的物理量，数学家香农基于热熵提出了信息熵[35]。信息熵能够描述各可能事件发生的不确定性，在决策树中我们也可以用它来度量节点的“不纯度”。

假设节点 X 包含的样本类别总数为 c，对应的类别集合 $\mathbf{\Omega}=\{y_1,y_2,\cdots,y_c\}$，$p(y_i)$ 是样本类别为 y_i 的概率 $(\forall i\in[1,2,\cdots,c])$，则节点 X 的信息熵 $H(X)$ 的计算公式为

$$H(X)=-\sum_{i=1}^{c}p(y_i)\log_2 p(y_i) \tag{3.50}$$

需要注意的是，当 $p(y_i)=0$ 时，约定 $p(y_i)\log_2 p(y_i)=0$ 。当节点中的样本均匀分布在每一个类别时，信息熵取得最大值 $\log_2 c$ ，表示节点的不纯度最大。当一个节点的所有的样本都属于某一个类别时，信息熵为 0，这时该节点的不纯度最小。与基尼系数相似，一般来说，信息熵越大，表示信息量越大，不纯度越高；信息熵越小，表示信息量越小，不纯度越低。

下面我们通过一个例子来加深对信息熵的理解。这里仅对单个节点的纯度进行计算，多个节点纯度的计算同基尼指数一样使用加权求和，这里不再赘述。计算图 3.9 中属性“体形”中“胖”这个节点的信息熵，有

$$H(\text{体形}=\text{胖})=-\left(\frac{3}{3+3}\log_2\frac{3}{3+3}+\frac{3}{3+3}\log_2\frac{3}{3+3}\right)=\log_2 2=1.$$

可以看出，该节点类别均匀分布，信息商取得最大值 1，信息不纯度最大。

3. 误分率

误分率是另外一种度量节点不纯度的方法。假设节点 X 包含的样本类别总数为 c ，对应的类别集合 $\boldsymbol{\Omega}=\{y_1,y_2,\cdots,y_c\},p(y_i)$ 是样本类别为 y_i 的概率 $(\forall i\in[1,2,\cdots,c])$ ，则节点 X 的误分率 $\mathrm{Error}(X)$ 为

$$\mathrm{Error}(X)=1-\max_{y\in\Omega} p(y). \tag{3.51}$$

误分率是指当按照多数样本的类别来预测当前节点所有样本的类别时，被错误分类的样本的比例。当节点中的样本均匀地分布在每一个类别时，误差率取得最大值 $1-\frac{1}{c}$ ，节点“不纯度”最大；当样本都属于某一个类别时，误分率取得最小值 0，节点“不纯度”最小。

这里我们举例说明计算误分率的计算方法，计算图 3.9 中属性“性别”中“男”这个节点的误分率，有

$$\mathrm{Error}(\text{性别}=\text{男})=1-\max\left\{\frac{1}{4},\frac{3}{4}\right\}=1-\frac{3}{4}=\frac{1}{4}.$$

此时决策树将该节点的所有样本认定为当前节点类别数目最多的一类，即将当前节点的所有样本视为“已婚”，但样本中有 1 个样本为“未婚”，该样本也被视为“已婚”，误分率为 $\frac{1}{4}$ 。

4. 信息增益

信息熵度量的是信息的混乱程度。依据信息熵的定义式(3.50)，可以看出信息熵的大小只和变量的概率分布有关。

有时我们需要计算在某种条件下的信息熵，此时的变量由于条件的限制其概率分布会发生变化，故这里引出条件熵的概念来度量已知条件下的信息熵。条件熵表示在已知条件下某个随机变量的不确定性。具体来说，在随机变量 X 给定的条件下，随机变量 Y 的

条件熵 $H(Y|X)$ 为

$$H(Y|X)=\sum_{x\in X}p(x)H(Y|X=x), \tag{3.52}$$

其中，x 表示符合条件 X 的情况，$p(x)$ 表示 x 出现的概率，$H(Y|X)$ 表示符合条件 X 的每一种情况的 Y 的信息熵的总和。

下面介绍信息增益[36]的概念，信息增益表示的是在信息划分前后不确定性减少的程度，信息增益越大，说明信息不确定性减少越多，信息越“纯”。若按照某个条件划分信息，通过信息增益可以计算划分前后信息不确定性的减少情况。该指标有助于判断当前划分是否有利于信息变“纯”。此外，若信息有多种划分方法，此时可以依据不同划分方法下的信息增益来选择好的划分方法。具体而言，信息增益的计算方法如下：

$$\text{Gain}(D,A)=H(D)-H(D|A), \tag{3.53}$$

其中，$H(D)$ 表示划分前的信息熵，也称为经济熵；A 表示划分所依据的特征；$H(D|A)$ 表示在特征 A 条件下的信息熵(即划分后的信息熵)，也称为经济条件熵。在不同的特征条件下，信息增益 $\text{Gain}(D,A)$ 越大，说明划分后的信息越纯净。因此，我们应选信息增益最大项对应的属性进行划分操作。

同样地，我们使用表 3.1 对应的数据来说明信息增益的意义，具体流程如下。

(1) 计算原始节点经过不同属性划分后各自的信息熵，有

$$\begin{aligned}H(D|\text{性别})&=\frac{4}{8}H(D|\text{性别=男})+\frac{4}{8}H(D|\text{性别=女})\\&=\frac{4}{8}\times\left(-\frac{3}{4}log_2\frac{3}{4}-\frac{1}{4}log_2\frac{1}{4}\right)+\frac{4}{8}\times\left(-\frac{2}{4}log_2\frac{2}{4}-\frac{2}{4}log_2\frac{2}{4}\right)\\&=\frac{3}{2}-\frac{3}{8}log_2 3,\end{aligned}$$

$$\begin{aligned}H(D|\text{体形})&=\frac{6}{8}H(D|\text{体形=胖})+\frac{2}{8}H(D|\text{体形=瘦})\\&=\frac{6}{8}\times\left(-\frac{3}{6}log_2\frac{3}{6}-\frac{3}{6}log_2\frac{3}{6}\right)+\frac{2}{8}\times\left(-\frac{2}{2}log_2\frac{2}{2}-0\right)\\&=\frac{3}{4},\end{aligned}$$

$$\begin{aligned}H(D|\text{有无房产})&=\frac{5}{8}H(D|\text{有无房产=有})+\frac{3}{8}(D|\text{有无房产=无})\\&=\frac{5}{8}\times(-0-0)+\frac{3}{8}\times(-0-0)\\&=0.\end{aligned}$$

(2) 计算原始节点的信息熵，有

$$H(D)=-\left(\frac{5}{8}\log_2\frac{5}{8}+\frac{3}{8}\log_2\frac{3}{8}\right)=3-\frac{5}{8}\log_2 5-\frac{3}{8}\log_2 3.$$

(3) 计算经不同属性后各自的信息增益，有

$$\mathrm{Gain}\left(D\mid\text{性别}\right)=H\left(D\right)-H\left(D\mid\text{性别}\right)=\frac{3}{2}-\frac{5}{8}\log_2 5\approx 0.0488,$$

$$\mathrm{Gain}\left(D\mid\text{体形}\right)=H\left(D\right)-H\left(D\mid\text{体形}\right)=\frac{9}{4}-\frac{5}{8}\log_2 5-\frac{3}{8}\log_2 3\approx 0.2044,$$

$$\mathrm{Gain}\left(D\mid\text{有无房产}\right)=H\left(D\right)-H\left(D\mid\text{有无房产}\right)=3-\frac{5}{8}\log_2 5-\frac{3}{8}\log_2 3\approx 0.954.$$

通过比较不同属性后各自的信息增益，我们选取最大的信息增益对应的属性作为划分属性，即选取“有无房产”作为划分属性。可以看出，经过属性“有无房产”划分后的结果相比其他属性的划分结果，信息明显更“纯”。

5. 信息增益率

信息增益能够很好地反映信息划分前后不确定性变化的程度，但其结果往往偏向于类别多的特征。例如，图 3.9 对应的数据如果按照序号来分类，则每个人一类，所有叶节点内的样本均属同一类，节点“纯度”高，信息增益数值大，但这样的决策树是不具有泛化能力的，它无法实现对于新样本的有效预测。为了解决这一问题，研究人员提出了信息增益率的概念[37]，其具体定义如下

$$\mathrm{Gain\ radio}\left(D\mid A\right)=\frac{\mathrm{Gain}\left(D\mid A\right)}{\mathrm{IV}\left(A\right)},\tag{3.54}$$

其中，$\mathrm{IV}\left(A\right)$被称为属性 A 的固有值(intrinsic value)，属性 A 的类别数目越多，$\mathrm{IV}\left(A\right)$越大。这样，式(3.54)就表示为信息增益与划分所依据属性的固有值的比值。另外，$\mathrm{IV}\left(A\right)$的计算公式如下

$$\mathrm{IV}\left(A\right)=-\sum_{a=1}^{v}\frac{\left|D^a\right|}{\left|D\right|}\log_2\frac{\left|D^a\right|}{\left|D\right|},\tag{3.55}$$

其中，$\left|D\right|$表示信息划分前的样本的个数，v 表示在条件 A 下划分后的属性 A 的类别总数，$\left|D^a\right|$表示在条件 A 下划分后属性 A 的第 a 类的样本个数。

接下来，我们同样使用表 3.1 对应的数据，来说明信息增益率的意义，具体计算流程如下。

(1) 计算不同属性后各自的固有值，有

$$\mathrm{IV}\left(\text{性别}\right)=-\left(\frac{4}{8}\log_2\frac{4}{8}+\frac{4}{8}\log_2\frac{4}{8}\right)=1,$$

$$\mathrm{IV}\left(\text{体形}\right)=-\left(\frac{6}{8}\log_2\frac{6}{8}+\frac{2}{8}\log_2\frac{2}{8}\right)=2-\frac{3}{4}\log_2 3,$$

$$\mathrm{IV}\left(\text{有无房产}\right)=-\left(\frac{5}{8}\log_2\frac{5}{8}+\frac{3}{8}\log_2\frac{3}{8}\right)=3-\frac{5}{8}\log_2 5-\frac{3}{8}\log_2 3.$$

(2) 计算不同属性对应的信息增益与属性固有值的比值，以得到信息增益率

$$\mathrm{Gain\ radio}\left(D\mid\text{性别}\right)=\frac{\mathrm{Gain}\left(D\mid\text{性别}\right)}{\mathrm{IV}\left(\text{性别}\right)}\approx 0.048795,$$

$$\text{Gain radio}\left(D\mid\text{体形}\right)=\frac{\text{Gain}\left(D\mid\text{体形}\right)}{\text{IV}\left(\text{体形}\right)}\approx 0.251990,$$

$$\text{Gain radio}\left(D\mid\text{有无房产}\right)=\frac{\text{Gain}\left(D\mid\text{有无房产}\right)}{\text{IV}\left(\text{有无房产}\right)}=1.$$

与信息增益一样，这里我们选取最大信息增益率对应的属性作为划分属性，即选取“有无房产”作为划分属性，这和之前分析的结果一样。不过需要注意的是，信息增益率同样是存在问题的，它偏向于选择类别数目少的特征。现实生活中我们常常将信息增益与信息增益率搭配使用，具体可以参考 3.3.4 节 C4.5 算法。

3.3.4 C4.5 算法

C4.5 算法是一种常见的决策树构建方法，该算法依据信息增益和信息增益率选择合适的特征供决策树学习，具体的算法流程如下。

算法 3.2 C4.5 算法

输入：训练数据集 $\mathcal{D}$，特征集(属性集)F 和阈值 $\in$；

if $\mathcal{D}$ 中所有实例属于同一类 C_k **then**

  置 T 为单节点树，并将 C_k 作为该节点的类，返回 T;

else

  if $F=\varnothing$ **then**

    置 T 为单节点树，将 $\mathcal{D}$ 中样本数目最多的一类 C_k 作为该节点的类，返回 T;

  else

    计算 F 中各特征对应的信息增益，淘汰低于平均值的信息增益对应的特征。计算剩下特征对应的信息增益率，选择信息增益率最大的特征作为划分条件，并将其信息增益率记作 F_{Gr}；

    if $F_{\text{Gr}}<\varepsilon$ **then**

      置 T 为单节点树，并将 $\mathcal{D}$ 中实例数最大的类 C_k 作为该节点的类，返回 T;

    else

      基于划分条件对当前节点进行划分，并依据本算法对新生成的子树类型进行进一步确定;

    end if

  end if

end if

输出：决策树 T。

C4.5 算法的基本思路：首先就当前节点计算各特征对应的信息增益，并计算所有属性对应信息增益的平均值，然后淘汰小于该平均值的信息增益对应的特征。接下来，计算剩余特征对应的信息增益率，若最大的信息增益率小于所设阈值 $\in$，则结束划分；否则将最大

信息增益率对应的特征作为划分条件划分当前节点，对新生成的节点重复上述过程。

3.4 贝叶斯分类

贝叶斯分类是一类以贝叶斯定理为基础的分类算法的总称。本节介绍贝叶斯定理等相关数学概念、贝叶斯决策理论、极大似然估计，以及朴素和半朴素两种贝叶斯分类器。

3.4.1 相关数学概念

贝叶斯决策理论(Bayesian decision theory)是基于概率论进行决策的方法。在了解贝叶斯决策理论之前，我们首先需要理解概率论中的几个基本概念，包括条件概率、全概率定理、贝叶斯定理。

1. 条件概率

条件概率(conditional probability)是概率论中的一个重要的概念，表示某事件已经发生的条件下另一事件发生的概率。后验概率(posterior probability)就是一种典型的条件概率。对于条件概率我们有以下定理。

定理 3.1 (条件概率公式)

设 A 和 B 是样本空间 S 中的两个事件，且 $p(A)>0$，那么在事件 A 发生的条件下，事件 B 发生的概率为

$$p(B\mid A)=\frac{p(A,B)}{p(A)}. \tag{3.56}$$

条件概率公式的文氏图如图 3.10 所示，图中以几何图形形式展示了条件概率公式的实际作用。

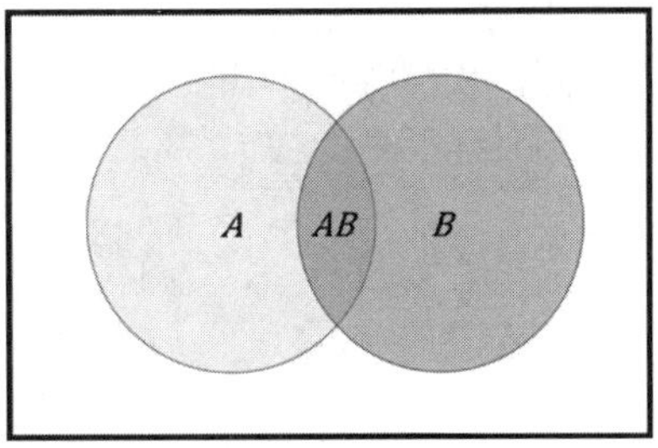

图 3.10 事件 A 和 B 的文氏图

2. 全概率定理

全概率定理(law of total probability)把一个复杂事件的概率求解问题，转换为不同情况下发生的简单事件的概率求和问题。具体而言，在很多实际问题中，概率 $p(A)$ 可能不易

直接求得，但很容易找到样本空间 S 的某种完备划分 $\{B_1,B_2,\cdots,B_n\}$，且已知 $p(B_i)$ 和 $p(A|B_i)$，那么此时就可以通过全概率公式求出 $p(A)$。以图 3.11 为例，样本空间 S 被划分为 $\{B_1,B_2,B_3,B_4,B_5,B_6\}$，在每一次试验中，事件 $\{B_1,B_2,B_3,B_4,B_5,B_6\}$ 中有且仅有一个事件发生。

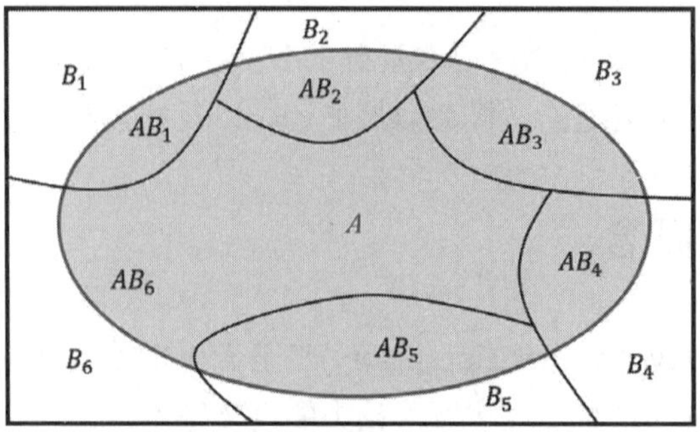

图 3.11　全概率公式文氏图

那么，在试验中事件 A 发生的概率为

$$p(A)=p(AB_1)+p(AB_2)+p(AB_3)+p(AB_4)+p(AB_5)+p(AB_6). \tag{3.57}$$

由条件概率公式可知，对于 $p(AB_i)(\forall i\in[1,2,3,4,5,6])$，有

$$p(AB_i)=p(B_i)p(A|B_i). \tag{3.58}$$

将式(3.58)代入式(3.57)中，可以得到

$$p(A)=\sum_{i=1}^{6}p(B_i)p(A|B_i). \tag{3.59}$$

拓展到更一般的情况，可以得到如下的全概率定理。

定理 3.2　(全概率定理)

设试验 E 的样本空间为 S，把样本空间 S 划分为 $\{B_1,B_2,\cdots,B_n\}$，在每一次试验中，事件 $\{B_1,B_2,\cdots,B_n\}$ 中有且仅有一个事件发生，且 $p(B_i)>0(\forall i=[1,2,...,n])$，这样 $\{B_1,B_2,\cdots,B_n\}$ 就为 S 的一个完备事件组。那么在试验 E 中，事件 A 发生的概率为

$$p(A)=\sum_{i=1}^{n}p(B_i)p(A|B_i). \tag{3.60}$$

式(3.60)称为全概率公式。

由条件概率公式(3.56)，可以进一步推导出如下乘法公式

$$p(AB)=p(A)p(B|A)=p(B)p(A|B). \tag{3.61}$$

这样根据乘法公式就可以得到贝叶斯公式，具体内容如下。

3. 贝叶斯定理

定理 3.3 (贝叶斯定理)

设试验 E 的样本空间为 S，把样本空间 S 划分为 $\{B_1,B_2,\cdots,B_n\}$，且 $\{B_1,B_2,\cdots,B_n\}$ 构成一个完备事件组。A 为试验 E 中的事件，$p(A)>0$，那么在 A 发生的条件下，事件 $B_i\left(\forall i\in[1,2,\cdots,n]\right)$ 发生的概率为

$$p(B_i|\ A)=\frac{p(A|B_i)p(B_i)}{p(A)}. \tag{3.62}$$

式(3.62)称为贝叶斯公式。

结合贝叶斯公式(3.62)和全概率公式(3.60)，我们可以得到

$$p(B_i\mid A)=\frac{p(A\mid B_i)p(B_i)}{p(A)}=\frac{p(A\mid B_i)p(B_i)}{\sum_{j=1}^{n}p(A\mid B_j)p(B_j)}. \tag{3.63}$$

3.4.2 贝叶斯决策理论

贝叶斯决策理论是指在贝叶斯定理等相关概率框架下进行决策的方法。对分类任务来说，贝叶斯决策理论主要研究在相关概率已知的理想条件下，如何基于概率值和误判损失来选择最佳的类别标记。

假设某多分类任务中的类别集合为 $\Omega=\{y_1,y_2,\cdots,y_c\}$，$c$ 为类别总数。任意样本 $\mathcal{S}=\{(x,y)\}$. 由属性向量 $\boldsymbol{x}=[x_1,x_2,\cdots,x_d]^\top$ 和样本的真实类别 y 组成 $(y\in\Omega)$。

在贝叶斯决策理论中，一种最直观的想法是最小化总体分类错误率，这样只需要基于属性向量尽可能地减小每个样本的分类错误即可。对于一般的分类问题，最小化分类错误的贝叶斯分类器可以写作

$$\hat{y}=\underset{y_i\in\Omega}{\operatorname{argmax}}\ p(y_i|\ \boldsymbol{x}), \tag{3.64}$$

其中，$\hat{y}$ 表示模型的输出结果。也就是说，最小化分类错误的贝叶斯分类器的求解目标是基于每一个样本的属性向量 $\boldsymbol{x}$，选择使后验概率最大的类别标记作为模型的结果输出。基于贝叶斯公式和全概率公式，式(3.64)中的目标方程可以改写为

$$p(y_i\mid\boldsymbol{x})=\frac{p(\boldsymbol{x}\mid y_i)p(y_i)}{\sum_{j=1}^{c}p(\boldsymbol{x}\mid y_j)p(y_j)}=\frac{p(\boldsymbol{x}\mid y_i)p(y_i)}{p(\boldsymbol{x})}, \tag{3.65}$$

其中，分母 $p(\boldsymbol{x})$ 是用于归一化的证据因子；$p(y_i)$ 是类别 y_i 的先验概率，$\sum_{i=1}^{c}p(y_i)=1$；$p(\boldsymbol{x}\mid y_i)$ 为样本 $\mathcal{S}$ 相对于类别 y_i 的类条件概率(class-conditional probability)，或称为似然(likelihood)。

这样，由先验概率 $p(y_i)$、证据因子 $p(\boldsymbol{x})$ 和每个类中样本分布的类条件概率 $p(\boldsymbol{x}|y_i)$ 可以得到后验概率 $p(y_i|\boldsymbol{x})$，然后根据最大后验概率进行决策，这种方式称为**最小错误率贝叶斯决策**。基于最小错误率贝叶斯决策进行分类的分类器称为最小错误率贝叶斯分类器。需要注意的是，一般证据因子与类别标记无关，因此最小错误率贝叶斯分类器的分类准则为

$$\hat{y} = \underset{y_i \in \Omega}{\operatorname{argmax}}\, p(y_i|\boldsymbol{x}) = \underset{y_i \in \Omega}{\operatorname{argmax}} \left\{ p(\boldsymbol{x}|y_i) p(y_i) \right\}. \tag{3.66}$$

依据式(3.66)，可以看到，后验概率估计问题被转换为先基于训练数据估计先验概率 $p(y_i)$ 和类条件概率 $p(\boldsymbol{x}|y_i)$，而后基于这两种概率分布推出当前使错误率最小化的类别标签。

但最小错误率贝叶斯决策并未考虑错误判决带来的“风险”，或者说没有考虑某种判决带来的损失。在同一问题中，不同的判决可能产生不同的风险。例如，在病理诊断中判断细胞是否为癌细胞时，有两种可能的错误判决：①正常细胞错判为癌细胞；②癌细胞错判为正常细胞。这两种误判带来的风险并不相同。情况①会给健康人带来不必要的精神负担；情况②会使患者错失进一步检查和治疗的机会，造成更加严重的后果。显然，误判②带来的风险大于误判①。

所以在实际应用中，仅仅考虑错误率最小是不够的，还需要考虑各种误判带来的损失，或称为风险。这种在判决中考虑决策风险的决策方式称为**最小风险贝叶斯决策**。

令 λ_{ij} 表示真实标记为 y_i 的样本 $\mathcal{S}$ 被分类模型决策为 y_j 时所带来的损失，一般而言，误判损失函数 λ_{ij} 为 $0-1$ 损失函数，其定义如下

$$\lambda_{ij} = \begin{cases} 0, & i = j, \\ 1, & \text{其他}. \end{cases} \tag{3.67}$$

这样，样本 $\mathcal{S}$ 分类为 y_i 类的期望损失(expected loss)，称为条件风险(conditional risk)定义如下

$$R(y_i|\boldsymbol{x}) = \sum_{j=1}^{c} \lambda_{ij} p(y_j|\boldsymbol{x}). \tag{3.68}$$

最小风险贝叶斯决策通过最小化每个样本下的条件风险 $R(y_i|x)$ 来使总体风险的期望最小化。由此可推出最小风险贝叶斯决策的决策规则为

$$\hat{y} = \underset{y_i \in \Omega}{\operatorname{argmin}}\, R(y_i|\boldsymbol{x}). \tag{3.69}$$

显然，在使用 $0-1$ 损失函数作为误判损失函数时，最小风险贝叶斯决策退化为最小错误率贝叶斯决策。具体而言，最小风险贝叶斯决策的基本流程如下。

算法 3.3　最小风险贝叶斯决策

通过训练数据：

　　得到状态先验概率 $p(y_i), i = 1, 2, \cdots, c$；

　　得到类条件概率分布 $p(x|y_i), i = 1, 2, \cdots, c$.

利用贝叶斯公式，得到输入 $\boldsymbol{x}$ 的后验概率：

$$p(y_i \mid \boldsymbol{x}) = \frac{p(\boldsymbol{x} \mid y_i)p(y_i)}{\sum_{j=1}^{c} p(\boldsymbol{x} \mid y_j)p(y_j)}.$$

根据误判损失函数和后验概率计算条件风险：

$$R(y_i \mid x) = \sum_{j=1}^{c} \lambda_{ij} p(y_j \mid x).$$

If $R(y_k \mid x) = \min R(y_i \mid \boldsymbol{x})(i = 1, 2, \cdots, c)$ **then**

return $\hat{y} = y_k$.

end if

3.4.3 极大似然估计

由前面的内容可知，最小错误率贝叶斯决策和最小风险贝叶斯决策的计算都需要获得后验概率 $p(y_i| \boldsymbol{x})(\forall i \in [1,2,\cdots,c])$。而在实际场景中，后验概率通常是很难直接获得的。因此，如何基于已有训练样本估计后验概率 $p(y_i| \boldsymbol{x})$ 是贝叶斯决策中需要重点解决的问题。依据贝叶斯公式，估计后验概率 $p(y_i| \boldsymbol{x})$ 的问题可以转换为如何基于训练数据 $\mathcal{D}$ 来估计先验概率 $p(y_i)$ 和类条件概率(即似然) $p(x| y_i)$ 的问题。

先验概率 $p(y_i)$ 表示样本空间中的各类样本所占的比例。根据大数定律，当训练集包含充足的独立同分布的样本时，$p(y_i)$ 可以通过各类样本出现的频率来进行估计。

而类条件概率 $p(\boldsymbol{x}| y_i)$，它的求解涉及关于样本 $\mathcal{S}$ 所有属性的联合概率，所以直接根据样本出现的频率来估计将会比较困难。因此，类条件概率 $p(\boldsymbol{x} \mid y_i)$ 的一种常用估计策略是先假设其服从某种概率分布，再基于训练样本集对概率分布的相关参数进行估计。常见的参数估计方法有极大似然估计(maximum likelihood estimation，MLE)和贝叶斯估计(Bayes estimation，BE)等。本节重点介绍基于极大似然估计的概率分布参数的估计方法。

对于含有 c 个类别的分类问题，其类别集合为 $\boldsymbol{\Omega} = \{y_1, y_2, \cdots, y_c\}$。给定数据集 $\mathcal{D} = \{(\boldsymbol{x}_1, y_1), (\boldsymbol{x}_2, y_2), \cdots, (\boldsymbol{x}_n, y_n)\}$，其中 $\boldsymbol{x}_i \in \mathbb{R}^d$ $(\forall i \in [1,2,\cdots,n])$ 为数据集 $\mathcal{D}$ 中第 n 个样本的属性向量，y_i 为其对应的真实类标记。假设类别 $y(y \in \boldsymbol{\Omega})$ 的概率密度函数 $p(\boldsymbol{x}| y)(\boldsymbol{x} \in \mathcal{D})$ 的形式已知，表征该函数的参数未知，记为 $\boldsymbol{w}$。从类别 y 中抽取 N 个相对独立的样本，概率密度函数 $p(\boldsymbol{x}| y)$ 的估计目标是从这 N 个样本中推断出相关参数 $\boldsymbol{w}$ 的估计值 $\hat{\boldsymbol{w}}$。

为了强调 $p(\boldsymbol{x}| y)$ 与参数 $\boldsymbol{w}$ 的关联性，常把概率密度函数写成 $p(\boldsymbol{x}| y,\boldsymbol{w})$。例如，如果已知某一个类别 y 的概率密度函数 $p(\boldsymbol{x}| y)$ 服从高斯分布(即正态分布) $\mathcal{N}(\boldsymbol{\mu},\Sigma)$，则未知参数 $\boldsymbol{w}$ 包含了表征高斯函数的均值 $\boldsymbol{\mu}$ 和协方差 $\boldsymbol{\Sigma}$ 的全部信息。对参数 $\boldsymbol{w}$ 的估计，实质上就是对高斯分布的均值 $\boldsymbol{\mu}$ 和协方差矩阵 $\boldsymbol{\Sigma}$ 的估计。

接下来，我们给出似然函数的定义，然后从似然函数出发，学习极大似然估计的原理。从 y 类中抽取 N 个样本组成新的样本集 $\mathcal{D}_N = \{(\boldsymbol{x}_1, y), (\boldsymbol{x}_2, y), \cdots, (\boldsymbol{x}_N, y)\}$，它们的概率密度函数为 $p(\boldsymbol{x}_k| y,\boldsymbol{w})$，简写为 $p(\boldsymbol{x}_k| \boldsymbol{w})(\forall k \in [1,2,\cdots,N])$。假设样本独立同分布，则参

数 $\boldsymbol{w}$ 对于样本集 $\mathcal{D}_N$ 的似然函数可表示为

$$p\left(\mathcal{D}_N \mid \boldsymbol{w}\right)=p\left(\boldsymbol{x}_1,\boldsymbol{x}_2,\cdots,\boldsymbol{x}_N \mid \boldsymbol{w}\right)=\prod_{k=1}^{N} p\left(\boldsymbol{x}_k \mid \boldsymbol{w}\right). \tag{3.70}$$

式(3.70)是在参数 $\boldsymbol{w}$ 下观测到的样本集 $\mathcal{D}_N$ 的联合概率分布。对 $\boldsymbol{w}$ 进行极大似然估计，就是去寻找能最大化似然函数 $p\left(\mathcal{D}_N \mid \boldsymbol{w}\right)$ 的参数值 $\hat{\boldsymbol{w}}$，即

$$\hat{\boldsymbol{w}}=\underset{\boldsymbol{w}}{\operatorname{argmax}}\, p\left(\mathcal{D}_N \mid \boldsymbol{w}\right). \tag{3.71}$$

如图 3.12 所示是参数 $\boldsymbol{w}$ 为一维时的极大似然估计示意图。当参数 $\boldsymbol{w}=\hat{\boldsymbol{w}}$ 时，$p\left(\mathcal{D}_N \mid \boldsymbol{w}\right)$ 取值最大，那么 $\hat{\boldsymbol{w}}$ 就是 $\boldsymbol{w}$ 的极大似然估计。

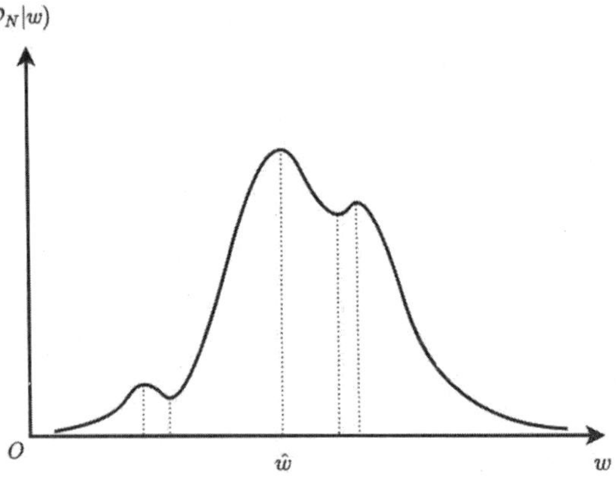

图 3.12　$\boldsymbol{w}$ 为一维时的极大似然估计

为了便于分析，我们可消除似然函数(3.70)中的连乘操作，一般会对似然函数两边取对数，得

$$L(\boldsymbol{w})=\ln p\left(\mathcal{D}_N \mid \boldsymbol{w}\right)=\sum_{k=1}^{N} \ln p\left(\boldsymbol{x}_k \mid \boldsymbol{w}\right). \tag{3.72}$$

这样，式(3.71)可改写为

$$\hat{\boldsymbol{w}}=\underset{\boldsymbol{w}}{\operatorname{argmax}}\, L(\boldsymbol{w})=\underset{\boldsymbol{w}}{\operatorname{argmax}} \sum_{k=1}^{N} \ln p\left(\boldsymbol{x}_k \mid \boldsymbol{w}\right). \tag{3.73}$$

当 $L(\boldsymbol{w})$ 为凸函数时，依据凸优化相关原理，$\boldsymbol{w}$ 的极大似然估计值 $\hat{\boldsymbol{w}}$ 可基于如下微分方程求出

$$\frac{\partial L(\boldsymbol{w})}{\partial \boldsymbol{w}}=0. \tag{3.74}$$

另外需要注意的是，基于极大似然估计来估计类条件概率时，其结果的准确性在很大程度上取决于算法假设的概率分布是否与真实的概率分布相似。因此，极大似然估计的使用效果，比较考验使用者对相关任务对应数据分布的理解。

3.4.4　朴素贝叶斯分类器

在机器学习中，朴素贝叶斯分类器(naive Bayes classifier)是以贝叶斯定理为基础的概

率分类器。它假设对分类结果来说，样本所有的属性条件之间相互独立，这一假设被称为属性条件独立性假设。在此假设条件下，所有样本属性的联合概率 $p(\boldsymbol{x}|y)$ 可以改写为单个属性值估计的条件概率 $p(x_i|y)(\forall i\in[1,2,\cdots,d])$ 的乘积，其中 d 为单一样本包含的属性值的数目。也就是说，假设样本 $\mathcal{S}$ 的属性向量 $\boldsymbol{x}=[x_1,x_2,\cdots,x_d]^\top\in\mathbb{R}^d$，其中 x_i 为该样本的第 i 个属性值，且属性值之间相互独立同分布，这样属性值对应的条件概率 $p(y|\boldsymbol{x})$ 可以改写为

$$p(y|\boldsymbol{x})=\frac{p(y)p(\boldsymbol{x}|y)}{p(\boldsymbol{x})}=\frac{p(y)}{p(\boldsymbol{x})}\prod_{i=1}^{d}p(x_i|y). \tag{3.75}$$

对于给定样本，证据因子 $p(\boldsymbol{x})$ 与类标记 y 无关，可以视作一个常数。因此，似然函数 $p(y|\boldsymbol{x})$ 与属性值对应的条件概率 $p(x_i|y)$ 呈正比关系式，即

$$p(y|\boldsymbol{x})\propto p(y)\prod_{i=1}^{d}p(x_i|y). \tag{3.76}$$

式(3.76)称为朴素贝叶斯概率模型。朴素贝叶斯分类器是基于上述概率模型和相应的决策规则进行分类的。不同的朴素贝叶斯分类器的差异主要在于其对应的决策规则各不相同。例如，基于最大后验概率决策准则的分类器的分类过程是：对于给定的样本属性 $\boldsymbol{x}$，利用贝叶斯定理求出最大后验概率，最大后验概率对应的类标记即为模型的输出结果，具体公式为

$$\hat{y}=\arg\max_{y\in\boldsymbol{\Omega}} p(y)\prod_{i=1}^{d}p(x_i|y). \tag{3.77}$$

由朴素贝叶斯分类器的概率模型(3.76)可知，分类器求解的关键步骤是求出先验概率 $p(y)$ 和每个属性值对应的条件概率 $p(x_i|y)$。

对于离散属性的数据，假设训练集 $\mathcal{D}$ 中的总样本个数为 C，若类标记为 y 的数据对象的个数为 C_y，则可以得到类先验概率 $p(y)$ 为

$$p(y)=\frac{C_y}{C} \tag{3.78}$$

若训练集 $\mathcal{D}$ 中的类标记为 y 且第 i 个属性值为 x_i 的样本个数为 C_{y,x_i}，则可以得到对应的条件概率 $p(x_i|y)$ 为

$$p(x_i|y)=\frac{p(x_i,y)}{p(y)}=\frac{C_{y,x_i}}{C_y}. \tag{3.79}$$

对于连续属性，我们需要假设其先验概率 $p(y)$ 服从某种分布，如高斯分布 $p(y)\sim\mathcal{N}(\mu,\sigma^2)$，其中 μ 和 σ^2 分别是类标记 y 在训练样本中出现的期望和方差。这样 $p(y)$ 可以表示为

$$p(y)=\frac{1}{\sqrt{2\pi\sigma}}\exp\left[-\frac{\left(x_i-\mu\right)^2}{2\sigma^2}\right]. \tag{3.80}$$

此外，我们假设其属性值 x_i 的类条件概率 $p\left(x_i|\ y\right)$ 也服从高斯分布，即 $p\left(x_i|\ y\right)\sim\mathcal{N}\left(\mu_{y,x_i},\sigma_{y,x_i}^2\right)$，其中 μ_{y,x_i} 和 σ_{y,x_i}^2 分别是 y 类别样本在第 i 个属性值的期望和方差。这样 $p\left(x_i|\ y\right)$ 可以表示为

$$p\left(x_i\mid y\right)=\frac{1}{\sqrt{2\pi}\sigma_{y,x_i}}\exp\left[-\frac{\left(x_i-\mu_{y,x_i}\right)^2}{2\sigma_{y,x_i}^2}\right]. \tag{3.81}$$

值得注意的是，在实际求解中，由于样本空间有限，可能会出现训练集并未包含所有属性值的情况。例如，在抛硬币试验中，用“1”表示正面，“0”表示反面，若实验 3 次得到的样本集为 $\{1,1,1\}$，并没有出现属性“0”，此时直接统计可得 $p\left(0\right)=0$。显然该结果是不合理的，我们不能因为某属性不在训练集中就认为该属性的概率为 0。上述问题一般称为零概率问题。

为避免因训练样本不充分而导致的零概率问题，在实际应用中通常采用拉普拉斯平滑(laplacian smoothing)法[38]。该方法会对样本集中所有可能类别的统计次数先进行加一操作，而后再用它们进行概率估计。具体来说，假设训练集 $\mathcal{D}$ 中所有可能出现的类别数为 N，N_i 表示第 i 个属性可能的取值数目，则式(3.78)和式(3.79)经过拉普拉斯平滑后得到

$$\hat{p}(y)=\frac{C_y+1}{C+N}, \tag{3.82}$$

$$\hat{p}\left(x_i\mid y\right)=\frac{C_{y,x_i}+1}{C_y+N_i}. \tag{3.83}$$

朴素贝叶斯分类器容易实现，在样本集中存在异常值时，朴素贝叶斯分类器也具有鲁棒性。这是因为在从样本数据中估计后验概率时，样本集中的异常值会被平均。但朴素贝叶斯分类模型建立在属性条件独立性假设之上，这一假设在实际应用中很难被满足。对于属性相关性较小的样本，模型能获得较为理想的分类结果；但是当样本中的属性相关性较大时，模型分类效果往往会降低。

3.4.5 半朴素贝叶斯分类器

在朴素贝叶斯中，采用了属性独立性假设来降低条件概率 $p\left(x_i\mid y\right)$ 的计算难度。但这一假设在实际应用中往往难以被满足。当属性之间并非相互独立而是存在依赖关系时，朴素贝叶斯概率模型的分类效果会大大降低。但若在分类模型中考虑属性的相关性，又会陷入完全联合概率计算的问题之中，这将会急剧增加模型计算的复杂度和时间消耗。为了平衡和缓解上述两种问题，相关研究者提出半朴素贝叶斯分类器[39]。该模型会适当放松属性条件的独立性假设，适当考虑部分属性之间存在的相互依赖关系。这种做法，既能弥

补朴素贝叶斯概率模型在实际应用时强假设难以被满足的缺陷，也不会造成过大的计算消耗。

在半朴素贝叶斯分类器中，最常见的假设是假定每个属性最多只依赖于一个其他属性。这个被依赖的属性称为超父(super-parent)属性，这一策略也被称为独依赖估计(one dependent estimator，ODE)。在 ODE 中，样本属性向量的似然函数为

$$p(y|\boldsymbol{x}) \propto p(y)\prod_{i=1}^{d} p(x_i|y, pa_i), \tag{3.84}$$

其中，pa_i 为属性 x_i 的超父属性。将式(3.84)朴素贝叶斯分类器的决策公式(3.76)比较，可以看到，ODE 的主要变化是将属性值对应的条件概率 $p(x_i|y)$ 修改为属性 x_i 依赖于类别 y 和超父属性 pa_i 的条件概率。

因此，在半朴素贝叶斯分类器中，求条件概率 $p(x_i|y)$ 的问题就转换为求每个属性的超父属性的问题。下面介绍两种常用的确定超父属性的方法。

1. 超父独依赖估计

超父独依赖估计(super-parent one dependent estimator，SPODE)假设所有的属性都依赖于同一个属性，即超父属性只有一个，然后通过交叉验证等模型选择的方法来确定超父属性。如图 3.13(a)所示，其中节点 y 表示输出变量 y，节点 x_i 表示属性 x_i $(\forall i \in [1,2,\cdots,n])$，可以发现，每一个属性都与属性 x_1 有依赖关系，所以 x_1 就是超父属性。作为对比的朴素贝叶斯分类器的属性依赖关系如图 3.13(b)所示，可以看到，朴素贝叶斯中的每一个属性都是相互独立的，属性之间没有依赖关系。

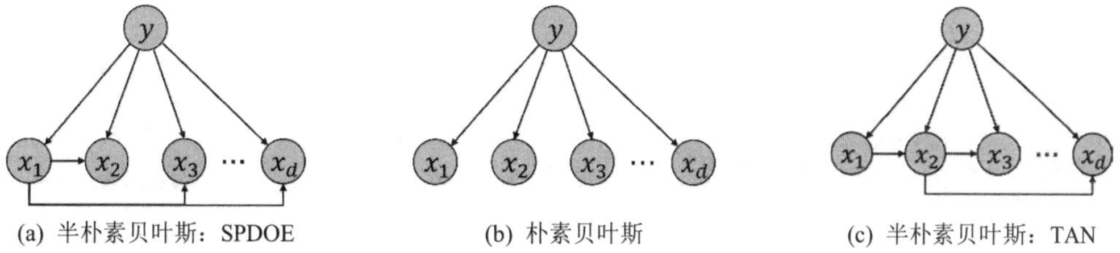

图 3.13　不同分类器的属性依赖关系

2. 树扩展型朴素贝叶斯

树扩展型朴素贝叶斯(tree augmented naive Bayes，TAN)在最大加权生成树算法的基础上，通过某种规则将属性间的依赖关系描述为图 3.13(c)所示的树结构，其具体的生成规则如下。

(1) 计算任意两个属性之间的条件互信息(conditional mutual information，CMI)。

互信息通常用来度量两个随机变量之间的依赖程度，互信息值越大，说明离散变量之间的相关性越高。一般地，两个离散随机变量 Y 和 Z 的互信息可以定义为

$$I(Y;Z) = \sum_{y \in Y}\sum_{z \in Z} p(y,z)\log\frac{p(y,z)}{p(y)p(z)}. \tag{3.85}$$

在分类器中，属性之间的关联性建立在其所属样本的类别确定的条件下，在给定第三个变量的条件下两个离散变量之间的互信息称为条件互信息。例如，在确定输出类别 $\hat{y}$ 的情况下，属性 x_i 和 x_j 之间的互信息为

$$I\left(x_i,x_j\mid \hat{y}\right)=\sum_{x_i,x_j\in\mathcal{D};y\in\boldsymbol{\Omega}} p\left(x_i,x_j\mid y\right)\log\frac{p\left(x_i,x_j\mid y\right)}{p\left(x_i\mid y\right)p\left(x_j\mid y\right)} \tag{3.86}$$

(2) 以属性为节点，以条件互信息为边构建完全图。

以属性作为节点，任意两个节点 x_i 和 x_j 之间的边的权重设置为属性对 x_i 和 x_j 之间的条件互信息 $I\left(x_i,x_j\mid \hat{y}\right)$。

(3) 构建最大加权生成树(maximum weighted spanning tree)。

将各属性对之间的 CMI 进行降值排序，在不产生环路的前提下找到完全图的最大加权生成树，即将每个节点根据连接规则进行连接。具体连接规则如下：①能够连接所有的节点；②边的权重(CMI)总和最大；③所需边的个数最少。此时构建的图为无向图，即节点间的边是没有方向的。

(4) 确定边的方向，构建有向图。

选择任意一个属性节点作为最大加权树的根节点，由根节点引出的方向为属性节点之间边的方向，如图 3.13(c)中的属性 x_2 为根节点。

(5) 加入类别节点 $\hat{y}$。为每一个属性节点增加从类别节点到每个属性节点的有向边，如图 3.13(c)中的输出节点 y 指向属性节点 $x_i\left(\forall i\in[1,2,\cdots,n]\right)$ 的 n 条有向边。

由最大加权生成树的构造规则可以看出，其只保留了条件互信息值大的属性对。也就是说，TAN 将与某一属性有着最强依赖关系的属性作为超父属性。

3.5 分类模型效果评估

同回归模型一样，分类模型也有相应的指标来评估模型效果的好坏，其核心是利用模型分类结果与真实类别的差异来进行评估。本节简单介绍如下几种常见的分类模型评估指标。

(1) 一级指标：TP(true positive，真正)、FP(false positive，假正)、TN(true negative，真负)、FN(false negative，假负)；

(2) 二级指标：准确率(accuracy，ACC)、精确率(precision)、灵敏度(sensitivity)、特异度(specificity)；

(3) 三级指标：F_1 分数(F_1-score)、接受者操作特征(receiver operating characteristic，ROC)曲线。

3.5.1 一级指标

以二分类混淆矩阵举例，假设样本类别为正类(positive)和负类(negative)，分别记作 P

和 N 。当分类模型预测结果正确时，记为 T (true)；当分类结果错误时，记为 F (false)。根据预测的情况，可以得到以下 4 个一级指标。

(1) TP：真实类别为 positive，预测结果为 positive，预测正确；

(2) FP：真实类别为 positive，预测结果为 negative，预测错误；

(3) TN：真实类别为 negative，预测结果为 negative，预测正确；

(4) FN：真实类别为 negative，预测结果为 positive，预测错误。

将这 4 个指标的值进行统计，并呈现在表格中，即可得到如图 3.14 所示的矩阵形式。该矩阵就是混淆矩阵，也称为误差矩阵，它通过矩阵形式将样本的真实类别和分类模型的预测类别两个标准进行汇总。显然，模型预测越准确效果越好。对应到混淆矩阵中，即 TP 和 TN 的值越大，模型效果越好；与之相反，若 FP 和 FN 的值越大，则模型的效果越差。

混淆矩阵		真实值	
		Positive	Negative
预测值	Positive	TP	FP
	Negative	FN	TN

图 3.14　混淆矩阵

3.5.2　二级指标

混淆矩阵内包含的所有一级指标，均会随着样本规模的增加而增大。为了避开这种样本规模对评估指标的影响，我们可以考虑通过计算一级指标各自的占比来进行效果评估。基于这种方法可以得到 4 个二级指标：准确率、精确率、灵敏度、特异度，如图 3.15 所示。

混淆矩阵		真实值		
		Positive	Negative	
预测值	Positive	TP	FP	精确率（正类）$\frac{TP}{TP+FP}$
	Negative	FN	TN	精确率（反类）$\frac{TP}{FN+TN}$
		灵敏度 $\frac{TP}{TP+FN}$	特异度 $\frac{TN}{FP+TN}$	准确率 $\frac{TP + TN}{TP + FP + TN + FN}$

图 3.15　二级指标与一级指标的关系图

1. 准确率

准确率表示计算模型分类准确的样本数占样本总数的比例，具体公式为

$$\mathrm{ACC}=\frac{\mathrm{TP}+\mathrm{TN}}{\mathrm{TP}+\mathrm{FP}+\mathrm{TN}+\mathrm{FN}}. \tag{3.87}$$

准确率能判断总体的正确率，但当数据集内不同类别的样本比例不均衡时，该指标

会失效。例如，在一个二分类样本中，如果负类样本占99%，正类样本占1%，那么即使分类模型将所有的样本都预测为负类，也能得到99%的准确率。显然这种结果不是我们想要的。所以准确率一般只适用于样本分类均衡的情况下对分类模型效果进行的评估。

2. 精确率

精确率分为正类精确率(positive predictive value，PPV)和负类精确率(negative predictive value，NPV)，分别表示分类模型预测结果为正类样本中真实正类的比例和预测结果为负类样本中真实负类的比例。其计算公式为

$$\begin{aligned} \text{PPV} &= \frac{\text{TP}}{\text{TP}+\text{FP}}, \\ \text{NPV} &= \frac{\text{TN}}{\text{FN}+\text{TN}}. \end{aligned} \tag{3.88}$$

若未明确指出，精确率通常是指正类精确率。

3. 灵敏度

灵敏度也称为召回率(recall)，是针对真实值为正类的样本而言的，表示实际值为正类的样本中被预测为正类的比例。其计算公式为

$$\text{sensitivity} = \frac{\text{TP}}{\text{TP}+\text{FN}}. \tag{3.89}$$

4. 特异度

特异度是针对真实值为负类样本而言的，表示实际值为负类的样本中被预测为负类的比例。其计算公式为

$$\text{specificity} = \frac{\text{TN}}{\text{FP}+\text{TN}}. \tag{3.90}$$

灵敏度和特异度在医学诊断中较为常用，灵敏度表示患病病例被正确诊断的几率，灵敏度越高相应的漏诊率越小；特异度表示正常病例被正确诊断的几率，特异度越高相应的误诊率越小。理想情况下，灵敏度和特异度这两个指标越高，模型效果越好。

3.5.3 三级指标

对一级指标进行比率运算，可以将混淆矩阵中的统计个数转换为数值为0~1的比率指标，这就有效避免了样本规模对衡量指标的影响。而在二级指标的基础上，我们又可以衍生出一些更高层的分类模型效果评估指标，我们将这些指标称为三级指标，主要包括 F_1 分数和接受者操作特征曲线等。

1. F_1 分数

F_1 分数又称为平衡 F 分数(balanced F score)，它是精确率和灵敏度(召回率)的调和平

均数，具体计算公式为

$$F_1\text{-score} = \frac{2}{\frac{1}{\text{NPV}} + \frac{1}{\text{sensitivity}}} = 2 \times \frac{\text{NPV} \times \text{sensitivity}}{\text{NPV} + \text{sensitivity}}. \tag{3.91}$$

理想情况下，精确率越大和灵敏度越高，说明模型效果越好，但在实际应用中，精确率和灵敏度往往是相互制约的。因此，在实际的应用场景中需要综合考虑这两个指标。例如，在病理诊断中，应该在保证精确率的情况下，尽量提高灵敏度。此时就可以利用三级指标 F_1 分数来对模型效果进行评估。

2. 接受者操作特征曲线

接受者操作特征曲线是以假正率(false positive rate，FPR)为横轴、以真正率(true positive rate，TPR)为纵轴构建出的一条曲线。其中，假正率表示实际值为负类的样本被错误地预测为正类的概率，真正率表示实际值为正类的样本被正确地预测为正类的概率，也就是二级指标灵敏度 sensitivity。FPR 和 TPR 的计算如下：

$$\text{FPR} = \frac{\text{FP}}{\text{FP} + \text{TN}} = 1 - \text{specificity}, \tag{3.92}$$

$$\text{TPR} = \frac{\text{TP}}{\text{TP} + \text{FN}} = \text{sensitivity}. \tag{3.93}$$

对某个分类模型来说，在进行样本测试时可以通过式(3.92)和式(3.93)得到一个 FPR-TPR 对，即对应 ROC 平面上的一个点(FPR，TPR)，通过调整分类模型的阈值参数，多次测试后，就能得到一条从$(0,0)$到$(1,1)$的曲线，如图 3.16 所示。这条曲线就称为该分类模型的 ROC 曲线。

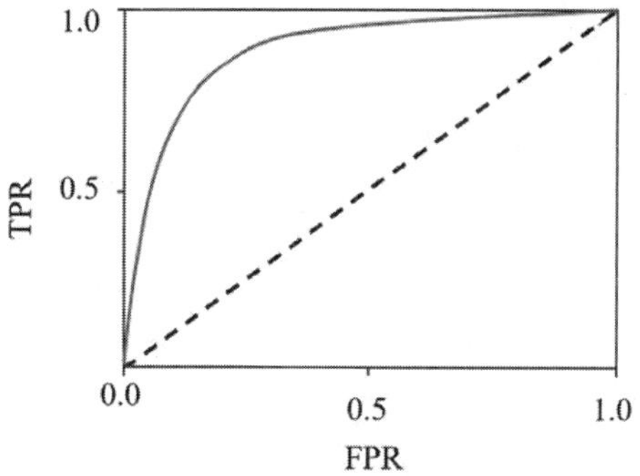

图 3.16　ROC 曲线

以二分类模型举例，假设阈值为T，大于T的值归为正类，小于T的值归为负类。调整阈值到最大，即所有的数据都被归为负类，分类模型输出无正类，此时 $\text{FP} = \text{TP} = 0$，于是可以得到在最大阈值下，FPR-TPR 对的值对应在 ROC 平面上的坐标为$(0,0)$；调整阈值到最小，即所有的数据都被归为正类，分类模型输出无负类，此时 $\text{TN} = \text{FN} = 0$，于是可以得到在最小阈值下，FPR-TPR 对的值对应在 ROC 平面上的坐标为$(1,1)$。图 3.16 中的虚线表示纯随机分类模型的 ROC 曲线，作为参考，分类模型的 ROC 曲线离这条曲线的距离越远说明模型性能越好，即曲线越靠近 ROC 平面左上角越好。

习题 3

1. 简述逻辑回归和线性回归的联系和区别。
2. 编程实现逻辑回归算法的基本求解框架。
3. 决策树算法的优势和劣势分别是什么？
4. 证明对于不含冲突数据的训练集，必存在与训练集一致的决策树。
5. 讨论支持向量机如何解决多分类问题。
6. 编程实现支持向量机算法。
7. 思考为什么在实际的机器学习应用中经常假设样本数据服从高斯分布？
8. 编程实现朴素贝叶斯分类器。
9. 阐述混淆矩阵的概念和作用。
10. 阐述 ROC 曲线的原理，与直接使用灵敏度和特异度相比，ROC 曲线的优势有哪些？

第 4 章

人工神经网络基础

人工智能是国家战略的重要内容，是国际竞争的焦点和经济发展的新引擎。近年来，我国人工智能进入快速发展的阶段，并在多个领域取得重要成果，部分领域的关键核心技术已实现突破，具有全球影响力。国家陆续出台了多项政策，鼓励人工智能行业发展与创新，《关于支持建设新一代人工智能示范应用场景的通知》《关于加快场景创新以人工智能高水平应用促进经济高质量发展的指导意见》及《新型数据中心发展三年行动计划(2021—2023 年)》等产业政策对我国人工智能的发展起到了推波助澜的作用。人工神经网络是一种对人脑神经认知机制的模拟[40]，是人工智能连接主义的基础。随着深度学习的兴起，神经网络再次成为人工智能的研究热点，大量新的理论与算法被提出，且广泛应用于计算机视觉、自然语言处理等诸多领域。

本章围绕人工神经网络介绍深度学习的基础知识，具体包括人工神经网络基础结构、神经网络的向量化表示、常用激活函数、常见损失函数及针对人工神经网络的训练算法：正向传播和反向传播；最后介绍目前常见的深度学习平台的基本思想和工作原理。本章是深度学习的知识基础与核心章。

4.1 人工神经网络基础结构

本节按照从简单到复杂、从细节到整体的方式介绍人工神经网络的基础结构。

4.1.1 人工神经元

生物学中的神经元，即神经细胞，是神经系统最基本的结构和功能单位，具有接收

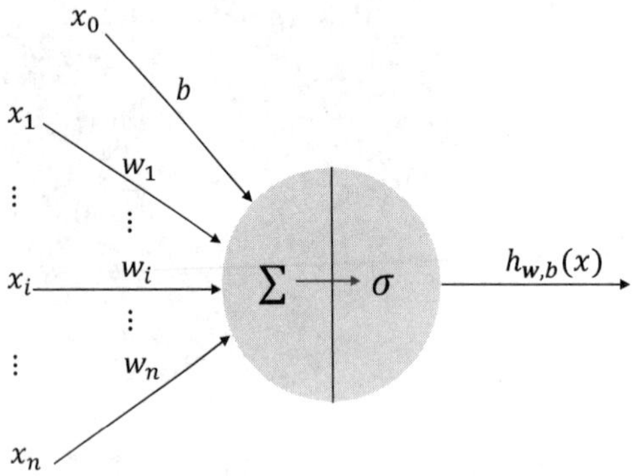

图 4.1　人工神经元模型

整合输入信号并生成输出信号的作用。而人工神经网络中的神经元正是受生物神经元的启发构建的[41]。

人工神经元是人工神经网络的基本单元，能够对一个或多个输入信号进行加权求和，并将结果通过激活函数处理后传输给其他神经元。如图 4.1 所示为一个典型的人工神经元模型[42]。

图 4.1 中，$x_1,x_2,\cdots,x_n$ 表示输入数据，b 表示偏置，$w_1,w_2,\cdots,w_n$ 表示神经元对相应输入信号添加的权值，f 代表激活函数。这样人工神经元的输出可以写作

$$h_{\boldsymbol{w},b}(\boldsymbol{x})=f\left(\boldsymbol{w}^{\top}\boldsymbol{x}+b\right), \tag{4.1}$$

其中，$\boldsymbol{w}=\left[w_1,w_2,\cdots,w_n\right]^{\top}$，$\boldsymbol{x}=\left[x_1,x_2,\cdots,x_n\right]^{\top}$。激活函数 $f(\cdot)$ 一般为非线性函数，它能够赋予人工神经元拟合非线性函数的能力，进而大大提升模型的整体表征能力。下面以 sigmoid 函数为例介绍激活函数的具体作用。sigmoid 函数的表达式为

$$f(x)=\sigma(x)=\frac{1}{1+\mathrm{e}^{-x}}. \tag{4.2}$$

由函数表达式可知，sigmoid 函数可以将加权求和后的结果压缩到 $[0,1]$ 区间，这在一定程度上赋予了人工神经元非线性表征的能力。

4.1.2　单层神经网络

单层神经网络中只有一个计算层，即输出层，而网络的输入层中并不参与计算，只进行数据的传输。弗兰克·罗森布拉特(Frank Rosenblatt)在 1957 年提出的感知机就是一个典型的单层神经网络。其本质是一个二元的线性分类器。它的输入向量(特征向量)是 $\boldsymbol{x}\in\mathbb{R}^n$，输出空间是 $y=\{+1,-1\}$。对于线性可分的数据集，感知机的目的是找到一个超平面将正样本和负样本分开。它将输入数据经过计算层得到的输出 y 与 0 进行比较来完成分类，这个过程可用如下分段函数表示

$$y=\operatorname{sign}\left(\boldsymbol{w}^{\top}\boldsymbol{x}+b\right)=\begin{cases}-1, \boldsymbol{w}^{\top}\boldsymbol{x}+b<0,\\ +1, \boldsymbol{w}^{\top}\boldsymbol{x}+b\geqslant 0.\end{cases} \tag{4.3}$$

其中，$\operatorname{sign}(\cdot)$ 为符号函数。感知机可以将输入数据进行归类，具体效果如图 4.2 所示。

一般情况下，单层神经网络的结构如图 4.3 所示。其中，输入为 $x_1,x_2,\cdots,x_n$，输出为 $a_1^1,a_2^1,\cdots,a_{n_1}^1$，$f_1$ 表示当前层的激活函数，样本的真实标签为 $y_1,y_2,\cdots,y_{n_1}$，最终模型的输出值和真实标签数据均放入目标函数 $\mathcal{L}$ 中进行误差评估。图 4.3 中共有 n_1 个神经元，任意第 j 个 $\left(j\in[1,2,\cdots,n_1]\right)$ 神经元的输出值 a_j^1 可以根据下式求得

$$a_j^l = f_1\left(z_j^l\right) = f_1\left(w_{j,1}^l x_1 + w_{j,2}^l x_2 + L + w_{j,n}^l x_n + b_j^l\right), \tag{4.4}$$

其中，z_j^1为中间变量，$w_{j,\cdot}^1$表示与第j个输出相关的权值，b_j^1是第j个神经元的偏置量。

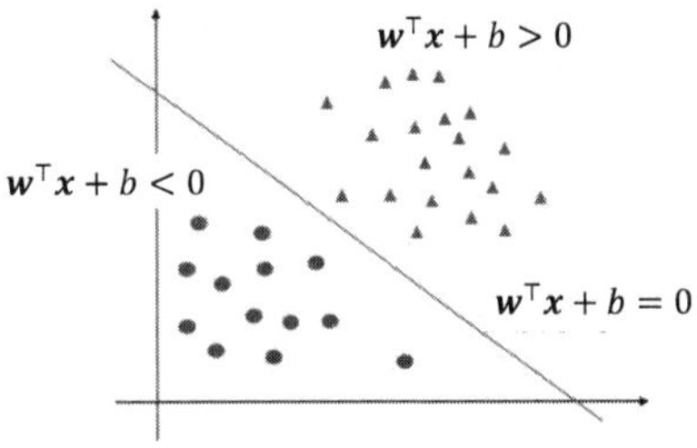

图 4.2　感知机的分类效果

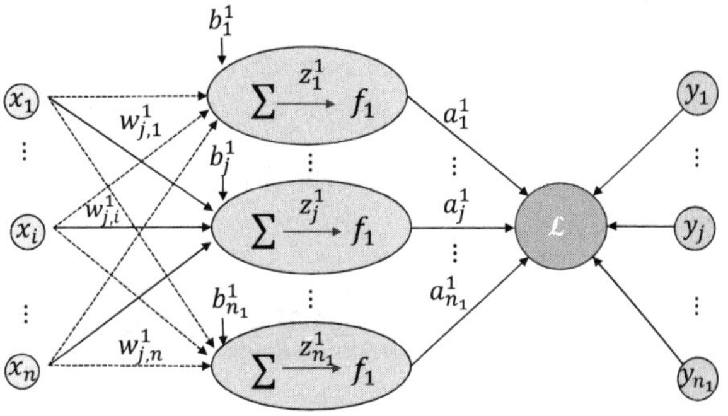

图 4.3　单层神经网络结构

4.1.3　多层神经网络

单层神经网络只有一个计算层，因此在神经元有限的情况下模型的表征能力不足。为了克服这种局限性，研究者们进一步设计了多层神经网络模型。与单层神经网络相比，多层神经网络拥有两个以上的计算层。典型的多层神经网络的结构如图4.4所示，它由输入层、隐藏层和输出层组成，这里的隐藏层是指除输入层和输出层外的所有中间层。

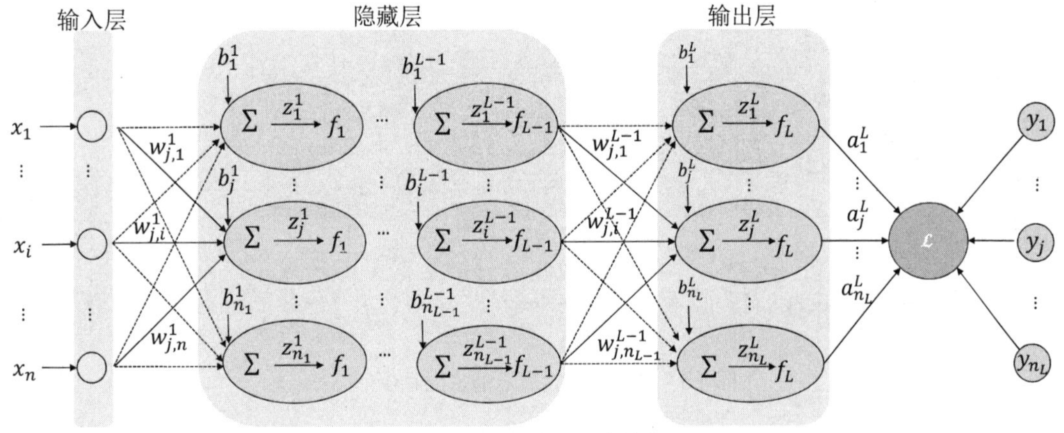

图 4.4　多层神经网络结构

图 4.4 包含了 1 个输入层，1 个输出层和$L-1$个隐藏层。输出层和隐藏层均为计算层，因此该网络的层数为L。对于任意第l层$\left(l \in [1,2,\cdots,L]\right)$神经元，其输入为$a_1^{l-1}, a_2^{l-1}, \cdots, a_{n_{l-1}}^{l-1}$，输出为$a_1^l, a_2^l, \cdots, a_{n_l}^l$，显然输出的第$i$个元素$a_i^l$可以根据下式求得

$$a_i^l = f_l\left(z_i^l\right) = f_l\left(w_{i,1}^l a_1^{l-1} + w_{i,2}^l a_2^{l-1} + \cdots + w_{i,n_{l-1}}^l a_{n_{l-1}}^{l-1} + b_i^l\right), \tag{4.5}$$

其中，z_i^l 为中间变量，w_i^l 表示与第 l 层的第 i 个神经元相关的输入的权值，b_i^l 是第 l 层的第 i 个神经元的偏置量，f_l 表示第 l 层的激活函数。

多层神经网络可以在不同的维度上对输入信号进行抽象表征，表征向量的维度取决于当前计算层的神经元个数。和单层神经网络相比，多层神经网络引入了隐藏层，这大大提高了模型的表征能力。以分类问题为例，单层神经网络对输入信号的表征能力不足，其特征提取的过程可能会损失较多的有用信息。而隐藏层的引入能够减少模型在特征提取过程中的信息损失，提升模型的表征能力，进而更好地识别不同类别样本之间的差异。

4.2 神经网络的向量化表示与主要函数

本节讨论神经网络的向量化表示，并介绍几种常见的激活函数及损失函数。

4.2.1 神经网络的向量化表示

多层神经网络模型中所有隐藏层和输出层神经元的输出都可以依据式(4.5)进行求解。但通常一个神经网络中神经元的数量非常庞大，式(4.5)中的形式不利于模型的表达和并行化计算。因此，这里我们使用向量化的方式对图 4.4 中的模型进行表示，结果如图 4.5 所示。

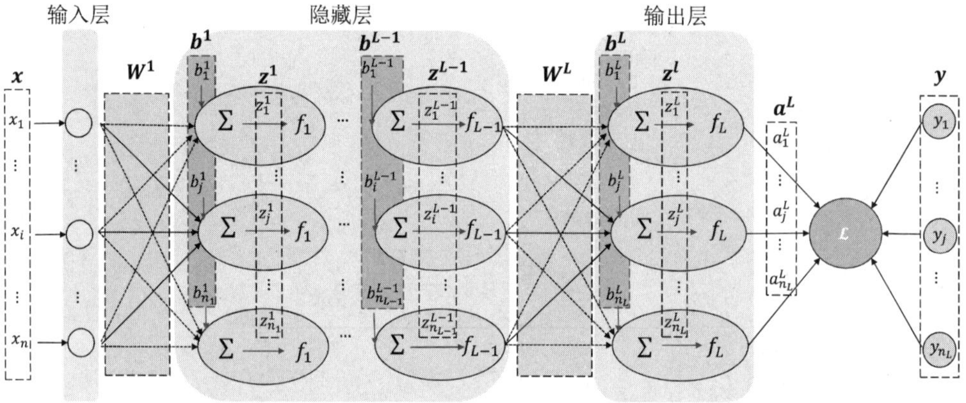

图 4.5　基于向量化表示的多层神经网络

在图 4.5 中，神经网络有 L 层，其输入特征 $\boldsymbol{x}$、样本标签 $\boldsymbol{y}$、第 l 层的偏置量 $\boldsymbol{b}^l$、第 l 层加权求和后的中间变量 $\boldsymbol{z}^l$ (称为净输入)及第 l 层的输出 $\boldsymbol{a}^l\left(\forall l\in[1,2,\cdots,L]\right)$ 都可以用向量来表示。与此同时，第 l 层的权值可以用矩阵 $\boldsymbol{W}^l$ 来表示，那么，该网络中任意一层的输出都可以抽象地表示为

$$\boldsymbol{a}^l=f_l\left(\boldsymbol{z}^l\right)=f_l\left(\boldsymbol{W}^l\boldsymbol{a}^{l-1}+\boldsymbol{b}^l\right). \tag{4.6}$$

设第 l 层的神经元个数为 n_l，相应地第 $l-1$ 层的神经元个数为 n_{l-1}，则

$$\boldsymbol{W}^l=\begin{bmatrix} w_{1,1}^l & w_{1,2}^l & \cdots & w_{1,\ n_{l-1}}^l \\ w_{2,1}^l & w_{2,2}^l & \cdots & w_{2,\ n_{l-1}}^l \\ \vdots & \vdots & & \vdots \\ w_{n_l,1}^l & w_{n_l,2}^l & \cdots & w_{n_l,\ n_{l-1}}^l \end{bmatrix}\in\mathbb{R}^{n_l\times n_{l-1}},\ \boldsymbol{b}^l=\begin{bmatrix} b_1^l \\ b_2^l \\ \vdots \\ b_{n_l}^l \end{bmatrix},\ z^l=\begin{bmatrix} z_1^l \\ z_2^l \\ \vdots \\ z_{n_l}^l \end{bmatrix},\ \boldsymbol{a}^l=\begin{bmatrix} a_1^l \\ a_2^l \\ \vdots \\ a_{n_l}^l \end{bmatrix}.$$

对于第一层其输入 $\boldsymbol{a}^0=\boldsymbol{x}$ 。

4.2.2 常用激活函数

激活函数一般为非线性函数，它的引入可以大大提升人工神经网络模型对数据的表征能力[43]。在神经网络模型中，激活函数的输入值可以是向量、矩阵，甚至张量，此时激活函数将独立作用于输入数据的每一个元素之上。常见的激活函数有如下几种。

1. sigmoid 函数

$$\sigma(x)=\frac{1}{1+\mathrm{e}^{-x}}. \tag{4.7}$$

sigmoid 函数，又称为 logistic 函数，可以将输入数据压缩至 $[0,1]$ 区间，它常常用于二分类任务中，其输出值可以看作二分类任务中不同类别的概率。图4.6展示了sigmoid函数的具体形状。

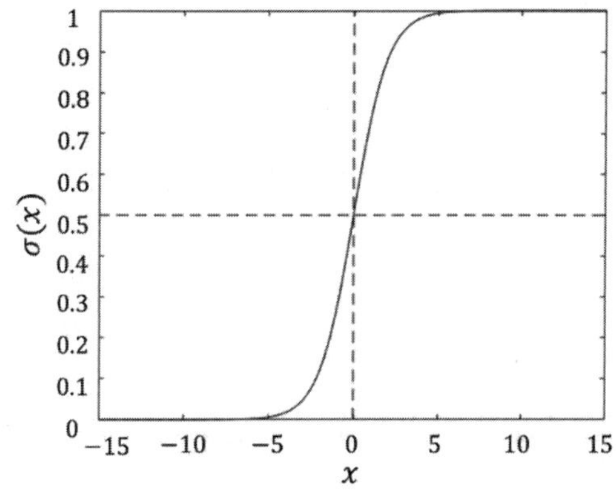

图 4.6 sigmoid 函数

从 sigmoid 函数的形状可以看出，该函数会对绝对值小于 1 的数据进行近似线性地表征，并对绝对值较大的输入数据进行非线性的压缩。此外，简单推导一下可知，sigmoid 函数的导数为

$$\frac{\mathrm{d}\,\sigma(x)}{\mathrm{d}x}=\sigma(x)\left[1-\sigma(x)\right].$$

2. tanh 函数

$$\tanh(x)=\frac{e^{x}-e^{-x}}{e^{x}+e^{-x}}. \tag{4.8}$$

tanh 函数，又称为双曲正切函数，它可以将输入数据压缩至$[-1,1]$区间。和 sigmoid 函数一样，它也可用于二分类任务的输出层。tanh 函数的具体形状如图 4.7 所示。

总体上，tanh 函数的形状和 sigmoid 函数相似，只是输出值的区间不同。实际上，tanh 函数可以看作一个放大平移后的 sigmoid 函数，即

$$\tanh(x)=2\sigma(2x)-1.$$

推导可知，tanh 函数的导数为

$$\frac{\mathrm{d}\tanh(x)}{\mathrm{d}x}=1-\tanh(x)^{2}.$$

3. ReLU 函数

$$\mathrm{ReLU}(x)=\max(0,x). \tag{4.9}$$

ReLU(rectified linear unit)函数[44]是目前深度学习中较为常用的激活函数，ReLU 函数的具体形状如图 4.8 所示。

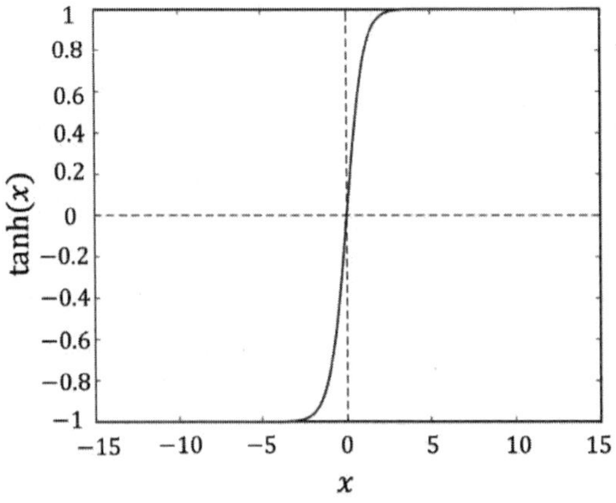

图 4.7　tanh 函数

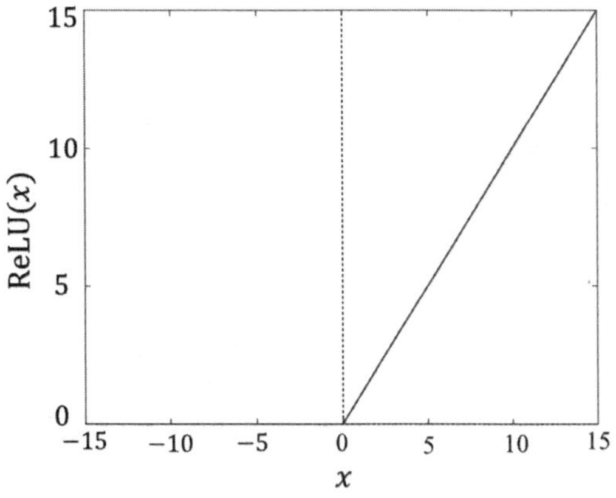

图 4.8　ReLU 函数

它在零点可微但不可导，为了计算方便，我们强制其在零点的导数为 0，这样 ReLU 函数的导数可以近似写作

$$\frac{\mathrm{d}\,\mathrm{ReLU}(x)}{\mathrm{d}x}=\begin{cases}1, & x>0,\\ 0, & x\leqslant 0.\end{cases}$$

相比 sigmoid 和 tanh 函数，ReLU 函数的计算更为简单高效。但是 ReLU 函数同样存在缺陷。当学习率过大或由于其他原因导致隐藏层中某个使用 ReLU 激活函数的神经元的输入全部为负值时，该神经元无法被激活(即输出值为 0)，那么此后这个神经元自身参数

的梯度也将为 0，换句话说，该神经元永远无法被激活，这种现象被称为死亡 ReLU 问题 (dying ReLU problem)。

4. softplus 函数

$$\sigma(x) = \ln\left(1 + e^{x}\right). \tag{4.10}$$

softplus 函数可以替代 ReLU 函数使用，其最大的优势是该函数连续可导，softplus 函数的具体形状如图 4.9 所示。

相应地，softplus 函数的导数可以写作

$$\frac{\mathrm{d}\,\mathrm{softplus}(x)}{\mathrm{d}x} = \frac{1}{1 + e^{-x}} = \sigma(x).$$

5. Leaky-ReLU 函数

$$\text{Leaky-ReLU}(x) = \max(\alpha x, x), \tag{4.11}$$

其中，$\alpha > 0$。Leaky-ReLU 函数是 ReLU 函数的变种[45]，它并未直接将负值全部置为零，相反它赋予负值一个非常小的非负斜率 α，这就有效克服了死亡 ReLU 问题，同时也保留了 ReLU 函数简单高效的优点。

Leaky-ReLU 函数的具体形状如图 4.10 所示。

相应地，Leaky-ReLU 函数的导数可以近似写作

$$\frac{\mathrm{d}\,\text{Leaky-ReLU}(x)}{\mathrm{d}x} = \begin{cases} 1, & x > 0, \\ \alpha, & x \leqslant 0. \end{cases}$$

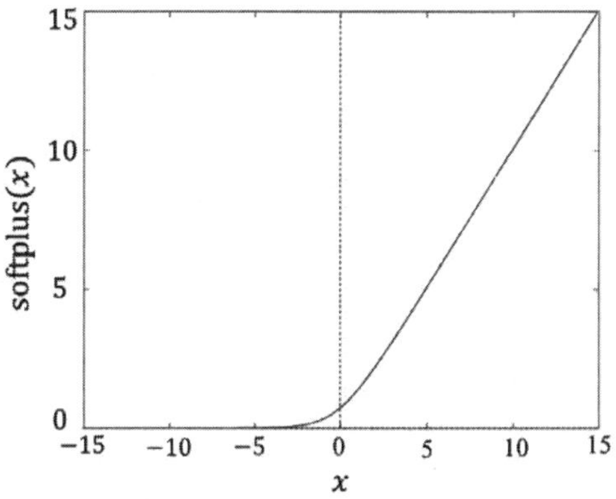

图 4.9　softplus 函数

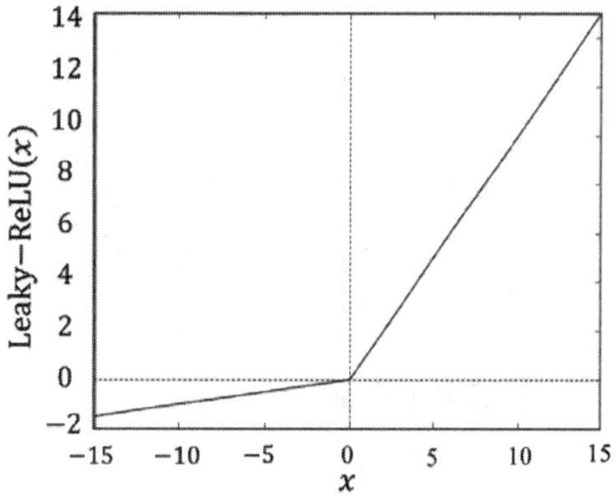

图 4.10　Leaky-ReLU 函数

6. softmax 函数

$$\mathrm{softmax}(\boldsymbol{x}) = \frac{e^{x_i}}{\sum_i e^{x_i}}. \tag{4.12}$$

softmax 函数多用于分类问题的输出层。若在输出层直接使用 $\max(\boldsymbol{x})$ 函数，可以输出最大值，但该函数不可导，无法直接用作激活函数。而 softmax 函数会将输出值压缩到 $[0,1]$ 范围，且小的输入值对应的输出较小而大的输入值对应的输出较大，所有元素的输出值的和为 1。这样 softmax 函数可以看作一种软化的 $\max(\cdot)$ 函数，它往往要与交叉熵损失函数一起使用来避免数值溢出的问题。

4.2.3 常见损失函数

损失函数 $\mathcal{L}$ 可以衡量模型输出值和样本标签 $\boldsymbol{y}$ 之间的相似程度。图 4.5 所示的模型中，$\mathcal{L}$ 所在的圆圈即为损失函数。一般而言，损失函数 $\mathcal{L}$ 的值总是大于 0 的。模型输出和样本标签的相似程度越高，$\mathcal{L}$ 的值就越接近于 0。一些文献中会将统计所有样本损失值的函数称为代价函数，将统计单个样本损失的函数称为损失函数。但这种定义方式还未达成共识，在本书中我们将其统称为损失函数。下面我们介绍几个人工神经网络模型中常见的损失函数。

1. 均方差损失函数

$$\mathcal{L}_{\text{MSE}}=\frac{1}{N}\sum_{N}^{i=1}\left(y_i-\hat{y}_i\right)^2. \tag{4.13}$$

均方差损失函数(mean squared error，MSE)本质上是模型输出值和样本标签之间差值的 L_2 范数，它是连续可导的。依据 L_2 范数的性质可知，均方差损失函数对模型输出和样本标签之间的差值较大的异常点比较敏感。而在损失函数中除以 N 是为了避免模型损失随训练数据增加而增大的情况。

2. 平均绝对误差损失函数

$$\mathcal{L}_{\text{MAE}}=\frac{1}{N}\sum_{N}^{i=1}\left|y_i-\hat{y}_i\right|. \tag{4.14}$$

平均绝对误差损失函数(mean absolute error，MAE)本质上是模型输出值和样本标签差值的 L_1 范数。相对于均方差损失函数，平均绝对误差损失函数对于少数异常点的敏感程度较低，但是该函数在零点不可导。

3. 分位数损失函数

$$\mathcal{L}_{\text{quant}}=\frac{1}{N}\sum_{i=1}^{N}\mathbb{I}_{\hat{y}_i\geqslant y_i}\left(1-\gamma\right)\left|y_i-\hat{y}_i\right|+\mathbb{I}_{\hat{y}_i<y_i}\gamma\left|y_i-\hat{y}_i\right|, \tag{4.15}$$

其中，$\gamma\in[0,1]$；$\mathbb{I}_{(\cdot)}$ 表示指示函数，其下标为指示函数的判断条件，当条件满足时指示函数的输出为 1，否则为 0。观察可知，当 $\gamma=0.5$ 时，分位数损失(quantile loss)等价于平均绝对误差损失；当 $\gamma>0.5$ 时，使用分位数损失函数低估会比高估带来更大的损失；当 $\gamma<0.5$ 时，高估会比低估带来更大的损失。因此，和平均绝对误差损失相比，分位数损失能够调节模型对高估或低估情况的偏好。上述 3 种损失函数的形状如图 4.11 所示。

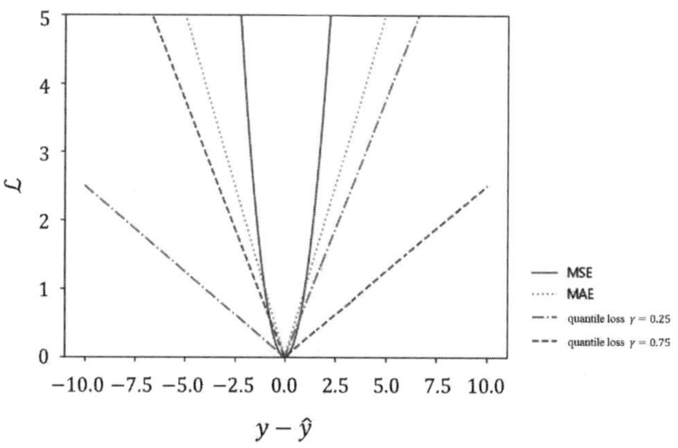

图 4.11　损失函数：MSE、MAE、quantile loss

4. 交叉摘损失函数

对二分类问题

$$\mathrm{NLL}(x,y)=\mathcal{L}_{\text{cross entropy}}=-\sum_{i=1}^{N} y_i\log\left(\hat{y}_i\right)+\left(1-y_i\right)\log\left(1-\hat{y}_i\right), \tag{4.16}$$

对多分类问题

$$\mathrm{NLL}(x,y)=\mathcal{L}_{\text{cross entropy}}=-\sum_{i=1}^{N}\sum_{k=1}^{K} y_i^k\log\left(\hat{y}_i^k\right), \tag{4.17}$$

其中，K 表示当前数据的类别总数，$\log(\cdot)$ 表示以 e 为底的对数。交叉熵损失函数(cross entropy loss)常用于分类问题，当模型输出接近于真实标签时，损失值低，反之则高。例如，当真实标签为 1，模型输出为 0.2 时，代入交叉熵损失函数中有 $-\left[\left(1\times\log(0.2)\right)\right]\approx 0.69$；若模型输出也为 1，则交叉熵损失函数输出为 0。

4.3 正向传播与反向传播

正向传播与反向传播是人工神经网络模型训练的核心流程。本节具体介绍这两种核心流程的基本概念和实现方式。

4.3.1 正向传播

正向传播是指信号经过输入层、隐藏层、输出层，逐层计算并最后将模型输出交由损失函数来进行误差评估的过程。正向传播有 3 个核心公式，分别如下

$$\boldsymbol{z}^l=\boldsymbol{W}^l\boldsymbol{a}^{l-1}+\boldsymbol{b}^l, \tag{4.18}$$

$$\boldsymbol{a}^l=f_l\left(\boldsymbol{z}^l\right), \tag{4.19}$$

$$C=\mathcal{L}\left(\boldsymbol{a}^L,\boldsymbol{y}\right), \tag{4.20}$$

其中，上标$(\cdot)^l$表示该参数属于网络的第l层($l\in[1,2,\cdots,L]$，L表示模型的最后一层，即输出层)，$f_l(\cdot)$为第l层的激活函数，$\boldsymbol{a}^L$为模型的输出值，$\boldsymbol{y}$为真实标签，$C=\mathcal{L}\left(\boldsymbol{a}^L,\ \boldsymbol{y}\right)$为模型的损失函数。

4.3.2 反向传播

反向传播是指从损失函数基于链式法则，从后向前逐层求导，进而得到损失函数关于每个权重及偏置的导数，并对权重和偏置等相关参数进行更新的过程。在进行反向传播推导之前，我们先一起来看几个求导运算所需的基本数学公式。

定理 4.1 (复合函数求导的链式法则)

设$z=f(y)$，$y=g(x)$，则有

$$\frac{dz}{dx}=\frac{dz}{dy}\frac{dy}{dx}.$$

定理 4.2 (多元复合函数求导的链式法则)

设$z=f(x,y)$，$x=g(t)$，$y=h(t)$，则有

$$\frac{\partial z}{\partial t}=\frac{\partial z}{\partial x}\frac{dx}{dt}+\frac{\partial z}{\partial y}\frac{dy}{dt}.$$

定理 4.3 (标量对知許求导的链式法则)

设$z=f(\boldsymbol{Y})$，$\boldsymbol{Y}=\boldsymbol{AX}+\boldsymbol{B}$，其中，$\boldsymbol{A}\in\mathbb{R}^{m\times n}$，$\boldsymbol{X}\in\mathbb{R}^{n\times p}$，$\boldsymbol{B}$、$\boldsymbol{Y}\in\mathbb{R}^{m\times p}$，$z\in\mathbb{R}$，则有

$$\frac{\partial z}{\partial \boldsymbol{X}}=\boldsymbol{A}^\top\frac{\partial z}{\partial \boldsymbol{Y}}.$$

设$z=f(\boldsymbol{Y})$，$\boldsymbol{Y}=\boldsymbol{XA}+\boldsymbol{B}$，其中，$\boldsymbol{X}\in\mathbb{R}^{m\times n}$，$\boldsymbol{A}\in\mathbb{R}^{n\times p}$，$\boldsymbol{B}$、$\boldsymbol{Y}\in\mathbb{R}^{m\times p}$，$z\in\mathbb{R}$，则有

$$\frac{\partial z}{\partial \boldsymbol{X}}=\frac{\partial z}{\partial \boldsymbol{Y}}\boldsymbol{A}^\top.$$

下面我们依据上述链式法则来进行反向传播的推导。为了简便，在此我们先引入一个中间变量$\boldsymbol{\delta}^L$，其定义如下

$$\boldsymbol{\delta}^L=\frac{\partial C}{\partial \boldsymbol{z}^L}=\frac{\partial C}{\partial \boldsymbol{a}^L}\frac{\partial \boldsymbol{a}^L}{\partial \boldsymbol{z}^L}=\nabla_{\boldsymbol{a}^L}C\odot f'_L\left(\boldsymbol{z}^L\right), \tag{4.21}$$

其中，$\odot$表示矩阵的对应元素相乘。于是，对于倒数第二层，我们可以推出

$$\begin{aligned}\boldsymbol{\delta}^{L-1}&=\frac{\partial C}{\partial \boldsymbol{z}^{L-1}}=\frac{\partial C}{\partial \boldsymbol{z}^L}\frac{\partial \boldsymbol{z}^L}{\partial \boldsymbol{a}^{L-1}}\frac{\partial \boldsymbol{a}^{L-1}}{\partial \boldsymbol{z}^{L-1}}\\&=\boldsymbol{\delta}^L\frac{\partial\left(\boldsymbol{W}^L\boldsymbol{a}^{L-1}+\boldsymbol{b}^L\right)}{\partial \boldsymbol{a}^{L-1}}\frac{\partial f_{L-1}\left(\boldsymbol{z}^{L-1}\right)}{\partial \boldsymbol{z}^{L-1}}\\&=\boldsymbol{W}^{L^\top}\boldsymbol{\delta}^L\odot f'_{L-1}\left(\boldsymbol{z}^{L-1}\right).\end{aligned} \tag{4.22}$$

相似地，对于倒数第三层，我们有

$$\boldsymbol{\delta}^{L-2}=\boldsymbol{W}^{L-1^{\top}}\boldsymbol{\delta}^{L-1}\odot f'_{L-2}\left(\boldsymbol{z}^{L-2}\right). \tag{4.23}$$

依据上述公式使用归纳法可得，对于第 $\forall l\in[1,2,\cdots,L-1]$ 层，我们有

$$\boldsymbol{\delta}^{l}=\frac{\partial C}{\partial \boldsymbol{z}^{l}}=\boldsymbol{W}^{l+1^{\top}}\boldsymbol{\delta}^{l+1}\odot f_l'\left(\boldsymbol{z}^{l}\right). \tag{4.24}$$

因此，依据链式法则，我们可以进一步推导出损失函数 C 关于 $\boldsymbol{W}^l$ 和 $\boldsymbol{b}^l$ 的导数

$$\frac{\partial C}{\partial \boldsymbol{W}^{l}}=\frac{\partial C}{\partial \boldsymbol{z}^{l}}\frac{\partial \boldsymbol{z}^{l}}{\partial \boldsymbol{W}^{l}}=\delta^{l}\left(\boldsymbol{a}^{l-1}\right)^{\top}, \tag{4.25}$$

$$\frac{\partial C}{\partial \boldsymbol{b}^{l}}=\frac{\partial C}{\partial \boldsymbol{z}^{l}}\frac{\partial \boldsymbol{z}^{l}}{\partial \boldsymbol{b}^{l}}=\boldsymbol{\delta}^{l}. \tag{4.26}$$

依据式(4.21)、式(4.24)～式(4.26)，我们可以推导出模型中所有参数关于损失函数的梯度。因此，这 4 个公式是反向传播的核心公式。在求得各参数的梯度之后，我们可以依据下式更新模型参数

$$\boldsymbol{W}^{l}=\boldsymbol{W}^{l}-\frac{\alpha}{m}\sum_{i=1}^{m}\frac{\partial C\left(\boldsymbol{x}^{i},y^{i}\right)}{\partial \boldsymbol{W}^{l}}, \tag{4.27}$$

$$\boldsymbol{b}^{l}=\boldsymbol{b}^{l}-\frac{\alpha}{m}\sum_{i=1}^{m}\frac{\partial C\left(\boldsymbol{x}^{i},y^{i}\right)}{\partial \boldsymbol{b}^{l}}, \tag{4.28}$$

其中，α 为参数更新的学习率；m 为更新模型参数使用的样本数，即批量大小。总而言之，使用反向传播算法的人工神经网络的训练流程如算法 4.1 所示。

算法 4.1 反向传播算法的人工神经网络的训练过程

输入：对训练集 $D=\{x^i,y^i\}_{i=1}^N$ 进行预处理，并将其划分为若干个 mini-batch，单个 mini-batch 中的样本数为 m；设定学习率 α、网络层数 L、神经元数目 $n_l(0\leqslant l\leqslant L)$、训练迭代次数 T 等超参；对模型参数 $\boldsymbol{W},\boldsymbol{b}$ 进行初始化。

Repeat $t\in[1,\cdots,T]$

选取某个 **mini-batch**，对它的每个训练样本 $\boldsymbol{x}$：令 $\boldsymbol{a}^0=\boldsymbol{x}$，然后执行下列步骤。

- 前向传播：对 $l\in[1,\cdots,L]$ 逐层计算，即

  $z^l=W^l\boldsymbol{a}^{l-1}+\boldsymbol{b}^l,$

  $\boldsymbol{a}^l=f_l(z^l).$

- 反向传播计算输出层的误差 δ^L：

  $\delta^L=\nabla_{\boldsymbol{a}^L}C\cdot f_L'(z^L).$

- 反向传播计算每一层的误差：对每个 $l=L-1,\cdots,1$，计算

  $\delta^l=(\boldsymbol{W}^{l+1})^{\top}\delta^{l+1}\cdot f_l'(z^l).$

参数更新：对于每一个 $l = L-1,\cdots,1$ 更新权重的偏置；

$$\boldsymbol{W}^l \to \boldsymbol{W}^l - \frac{\alpha}{m}\sum_{\boldsymbol{x}}\delta^l(\boldsymbol{a}^{l-1})^\top,$$

$$\boldsymbol{b}^l \to \boldsymbol{b}^l - \frac{\alpha}{m}\sum_{\boldsymbol{x}}\delta^l.$$

输出：$\boldsymbol{W}, \boldsymbol{b}$。

在这个算法流程中，$\boldsymbol{W}$ 和 $\boldsymbol{b}$ 为模型的主要参数，训练前需要进行初始化。而模型中还存在一些不参与训练的可调节参数，一般我们称之为超参。上述模型中的超参包括学习速率 α 、批量大小 m 、神经网络的层数 L 、每层神经元的数目 $[n_1, n_2, \cdots, n_L]$ 、各计算层的激活函数 $f_1(\cdot), f_2(\cdot), \cdots, f_L(\cdot)$ 、损失函数 C 、算法的迭代次数 T 等。这里我们先简单介绍一下这几种超参的具体含义。

1. 学习率

学习率是在反向传播中对权重和偏置进行更新时使用的一个超参，它的一般取值为 $[10^{-6},1]$ 。提高学习率可以加快权重和偏置的更新速度，但学习率过大又会导致模型振荡难以收敛。而当学习率过小时，参数的更新速度减慢，迭代次数增加，这无疑会增加模型的计算消耗。因此，对于人工神经网络而言选择一个合适的学习率非常重要。

2. 批量大小

批量大小是单次训练中模型使用的样本数。依据批量大小 m 的不同，反向传播算法中的梯度下降又可进一步划分为批量梯度下降($m = N$)、随机梯度下降($m = 1$)[46]和小批量梯度下降($1 < m < N$)3 种形式。其中，小批量梯度下降是人工神经网络训练中最为常见的形式。一般而言，批量大小不会影响模型反向传播中梯度值的期望值，但会影响梯度的方差。批量大小 m 越大，相应模型梯度的方差就越小，这样训练过程就越稳定，此时我们可以相应地选择比较大的学习率来提高训练速度。而批量大小 m 越小，模型梯度的方差就越大，模型越不稳定，但这样的模型更不容易陷入某个比较差的局部最优解中。因此，批量大小 m 的选择需要依据训练数据和模型的实际情况进行权衡。

3. 迭代次数

人工神经网络模型的训练过程往往包含内外两层循环。具体来说，训练集中的样本会被划分为多个批次，每批使用训练集中的一小部分样本来进行反向传播，并对模型参数进行一次更新。每训练一个批次的样本并对模型参数完成一次更新，就对应着一次内循环(iteration)。而所有批次内的所有数据都用于训练后，就完成了一次外循环(epoch)。模型的迭代次数是模型内、外循环次数的乘积。在实践中，我们可以利用模型在训练集和验证集上的误差变化来选择合适的迭代次数。当模型在训练集和验证集上的误差都比较小且变化平缓时，可以认为当前迭代次数合适。而当验证集误差先降低后升高时，表明当前的迭代次数过大，需要降低迭代次数来避免出现过拟合的情况。

4. 人工神经网络的层数

人工神经网络输入层和输出层之间的所有中间层都为隐藏层，因此神经网络的层数主要取决于隐藏层的个数。隐藏层的主要功能是进行输入数据的表征和信息提取。通常情况下，隐藏层的层数越多，训练集的误差就越小。但是隐藏层的层数过多，又会导致模型出现过拟合的现象，即验证集的误差远高于训练集。在实践中，隐藏层的层数可以通过观察训练集和验证集的误差变化情况来进行调整。

5. 各层神经元的个数

实验表明，神经元的个数太少，会导致神经网络的学习表征能力较低，无法解决复杂问题；而神经元的个数太多，又可能引起过拟合现象。在实践中，我们也可以通过观察训练集和验证集的误差变化情况来调整模型中各层神经元的个数。

6. 激活函数

激活函数赋予神经网络模型拟合非线性函数的能力。依据数据的具体情况，选择合适的激活函数能够极大地提升人工神经网络模型的效能。在上文中已简述了几种常见的激活函数，这里不再赘述。

4.4 深度学习平台简介

近年来，深度学习已经在人工智能领域掀起了数次浪潮。在此期间，深度学习的相关技术不断突破创新，社会各界对深度学习算法的需求大大增加。深度学习的应用和部署需要满足三大条件，即大数据、高算力和算法运行软件框架。但是，如果要求每个企业或高校都拥有掌握上述三大条件的专业人才，毫无疑问门槛过高。为降低深度学习的准入门槛，提升算法的普适性，相关研究机构和公司设计了大量功能全面的深度学习软件框架平台，常见的包括 TensorFlow、Keras、Pytorch、MXNet、Theano、Caffe 和 CNTK 等。其中，TensorFlow 和 Pytorch 是目前用户群体最广泛，同时也是深度学习社区内最受欢迎的两大计算平台。对于深度学习的新人来说，我们建议掌握其中一到两款深度学习平台即可。本节从计算图构建角度简单介绍上述平台的设计原理。

从图论的观点来看，计算图(computational graph)是一个有向无环图，它是由多个节点和节点之间的连接线共同构成的。

假设我们有一个简单的人工神经网络模型，它的输入为 $\boldsymbol{x} \in \mathbb{R}^n$，输出为 $\hat{y} \in \mathbb{R}$，$y \in \mathbb{R}$ 是输入 $\boldsymbol{x}$ 对应的标签数据，模型的正向传播式可以写作

$$\hat{y} = \sigma(\boldsymbol{a}) = \sigma(\boldsymbol{W} \cdot \boldsymbol{x} + b). \tag{4.29}$$

模型的代价函数为 0.5 乘预测值与真实标签之间差值的平方，即

$$\mathcal{L} = \frac{1}{2}\mathrm{e}^2 = \frac{1}{2}(y - \hat{y})^2. \tag{4.30}$$

该人工神经网络对应的计算图如图 4.12 所示。

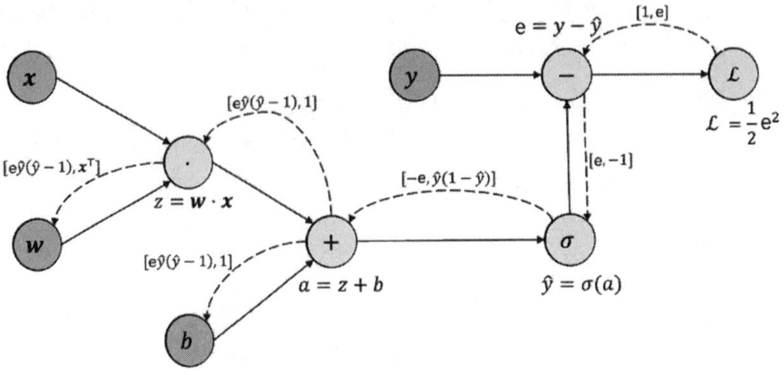

图 4.12　基于计算图训练人工神经网络

图 4.12 中的圆形表示节点，其中，深色节点为变量节点，用于存储模型的输入数据和其他参数变量；浅色节点为运算节点，用于执行某种基于变量节点的运算操作。无论是变量节点还是运算节点都有其对应的节点值。节点之间使用有向边连接(图 4.12 中的实线)，有向边从父节点指向子节点。图 4.12 中，“.”节点执行向量点积计算，两个变量节点 $\boldsymbol{w}$ 和 $\boldsymbol{x}$ 经过“.”节点后得到 $\boldsymbol{w}\cdot\boldsymbol{x}=\boldsymbol{w}^{\top}\boldsymbol{x}$；“+”节点会将自身父节点的值相加；“$\sigma$”节点对自身父节点施加 sigmoid 激活函数；“−”节点会计算自身两个父节点的节点值的差值；最后“$\mathcal{L}$”为当前计算图的代价函数节点，计算结果为模型输出和数据标签差值平方的一半。

从人工神经网络的角度来说，图 4.12 中节点之间的实线表示数据的正向传播，而相应的虚线表示计算图中数据的反向传播过程。在计算图中，沿正向传播的是变量节点的节点值或运算节点完成相关运算后的输出值。沿虚线传播的是一个二元组，其中第一个元素为结果节点(代价函数节点)关于当前节点的雅克比矩阵，而第二个元素表示当前节点对父节点的雅克比矩阵。在计算图反向传播过程中，结果节点对自己的雅克比矩阵为 1，而依据链式法则可知，结果节点对其他任意当前节点的雅克比矩阵为该节点接收到的所有二元组内两个值乘积的和。当前节点对父节点的雅克比矩阵可以基于雅克比矩阵的定义进行求解。雅克比矩阵的定义如下。

定义 4.1　(雅克比矩阵)

设 $\boldsymbol{f}(\boldsymbol{x})\in\mathbb{R}^m,\boldsymbol{x}\in\mathbb{R}^n$，且 $\boldsymbol{f}(\boldsymbol{x})=\left[f_1(\boldsymbol{x}),f_2(\boldsymbol{x}),\cdots,f_m(\boldsymbol{x})\right]^{\top}$，其中 $i\in[1,\cdots,m],f_i(\boldsymbol{x})\in\mathbb{R}$，则相应的雅克比矩阵为

$$\boldsymbol{J}_{\boldsymbol{f}}(\boldsymbol{x})=\begin{bmatrix}\dfrac{\partial f_1(\boldsymbol{x})}{\partial x_1} & \cdots & \dfrac{\partial f_1(\boldsymbol{x})}{\partial x_n}\\ \vdots & & \vdots\\ \dfrac{\partial f_m(\boldsymbol{x})}{\partial x_1} & \cdots & \dfrac{\partial f_m(\boldsymbol{x})}{\partial x_n}\end{bmatrix}.$$

这里我们先以点积节点为例来看一下 $\boldsymbol{w}\cdot\boldsymbol{x}$ 关于 $\boldsymbol{w}$ 的雅克比矩阵：

$$J_z(\boldsymbol{w})=\left[\frac{\partial\sum_{i=1}^{n}w_ix_i}{\partial w_1},\cdots,\frac{\partial\sum_{i=1}^{n}w_ix_i}{\partial w_n}\right]=\left[x_1,\cdots,x_n\right]=\boldsymbol{x}^{\top}.$$

雅克比矩阵是一阶偏导数以一定方式排列成的矩阵，显然在计算图中，由于结果节点的代价函数为标量，结果节点对其他任意节点的雅克比矩阵可以看作结果节点关于当前节点导数的转置。因此，人工神经网络训练过程的正向和反向传播完全可以基于计算图来实现。

下面我们标准神经网络中的某个乘法节点为例，介绍该节点是如何完成正向和反向传播的相关计算的。假设计算图中 $\boldsymbol{z}$ 节点为执行 $\boldsymbol{z}=\boldsymbol{W}\boldsymbol{x}\in\mathbb{R}^m$ 的矩阵乘法节点，其父节点为 $\boldsymbol{W}\in\mathbb{R}^{m\times n}$ 和 $\boldsymbol{x}\in\mathbb{R}^n$ 。正向传播的过程中当前节点只需要接收父节点传入的矩阵并完成矩阵乘法操作即可。而在反向传播中，需要更新父节点 $\boldsymbol{W}$ 内的参数。因此，对当前节点的反向传播过程需要计算 $\boldsymbol{z}$ 节点关于父节点 $\boldsymbol{W}$ 的雅克比矩阵。计算过程可以严格按照雅克比矩阵的定义来进行，即

$$\boldsymbol{z}=\begin{bmatrix}z_1\\ \vdots\\ z_m\end{bmatrix}=\boldsymbol{W}\boldsymbol{x}=\begin{bmatrix}w_{1,1}&\cdots&w_{1,n}\\ \vdots&&\vdots\\ w_{m,1}&\cdots&w_{m,n}\end{bmatrix}\begin{bmatrix}x_1\\ \vdots\\ x_n\end{bmatrix}=\begin{bmatrix}\sum_{i=1}^{n}w_{1,i}x_i\\ \vdots\\ \sum_{i=1}^{n}w_{m,i}x_i\end{bmatrix}.$$

依据雅克比矩阵的定义，得

$$\mathbf{J}_{\mathbf{z}}(\boldsymbol{W})=\begin{bmatrix}\frac{\partial\sum_{i=1}^{n}w_{1,i}x_i}{\partial w_{1,1}}&\cdots&\frac{\partial\sum_{i=1}^{n}w_{1,i}x_i}{\partial w_{1,m}}&\cdots&\frac{\partial\sum_{i=1}^{n}w_{1,i}x_i}{\partial w_{n,1}}&\cdots&\frac{\partial\sum_{i=1}^{n}w_{1,i}x_i}{\partial w_{n,m}}\\ \vdots&&\vdots&&\vdots&&\vdots\\ \frac{\partial\sum_{i=1}^{n}w_{m,i}x_i}{\partial w_{1,1}}&\cdots&\frac{\partial\sum_{i=1}^{n}w_{m,i}x_i}{\partial w_{1,m}}&\cdots&\frac{\partial\sum_{i=1}^{n}w_{m,i}x_i}{\partial w_{n,1}}&\cdots&\frac{\partial\sum_{i=1}^{n}w_{m,i}x_i}{\partial w_{n,m}}\end{bmatrix}$$

$$=\begin{bmatrix}\boldsymbol{x}^{\top}&\cdots&\mathbf{0}\\ \vdots&&\vdots\\ \mathbf{0}&\cdots&\boldsymbol{x}^{\top}\end{bmatrix}.$$

显然 $\boldsymbol{J}_{\boldsymbol{Z}}(\boldsymbol{W})\in\mathbb{R}^{m\times mn}$ ，结果节点关于当前节点的雅克比矩阵为 $J_{\mathcal{L}}(\boldsymbol{z})\in\mathbb{R}^{1\times m}$ 。这样，当前节点在反向传播中的输出为一个二元组 $\left[J_{\mathcal{L}}(\boldsymbol{z}),J_z(\boldsymbol{W})\right]$ 。将上述二元组的两个元素进行矩阵相乘即可得到结果节点关于 $\boldsymbol{W}$ 节点的雅克比矩阵 $J_{\mathcal{L}}(\boldsymbol{W})\in\mathbb{R}^{1\times mn}$ 。将该雅克比矩阵的形状重新调整为参数 $\boldsymbol{W}$ 的形状后，就可以使用梯度下降法中的参数更新方式来完成参数的更新了。

实际上，对于计算图的构建就是要定义节点和节点之间的连接关系，并且在每个节点内部完成当前节点的正向传播中的输出值和反向传播中雅克比矩阵的计算。最后将正向

输出值和反向雅克比矩阵二元组依据节点之间的连接关系进行传播与更新。这就是基于计算图来训练人工神经网络的基本流程。目前绝大多数深度学习平台是基于该思路来编程实现的。

习题 4

1. 设计一个包含两个神经元的单层神经网络模型，要求该模型输出层使用 sigmoid 作为激活函数，请自由调整模型参数使模型能够近似完成与(AND)操作(即模型输入为$[0,0]$或$[0,1]$或$[1,0]$时，输出为 0；模型输入为$[1,1]$时，输出为 1)。

2. 设计一个包含两个神经元的单层神经网络模型，要求该模型输出层使用 sigmoid 作为激活函数，请自由调整模型参数使模型能够近似完成或(OR)操作(即模型输入为$[1,1]$或$[0,1]$或$[1,0]$时，输出为 1；模型输入为$[0,0]$时，输出为 0)。

3. 设计一个包含 3 个神经元的两层神经网络模型，要求该模型所有神经元均使用 sigmoid 作为激活函数，请设计模型结构并自由调整模型参数，使模型能够近似完成异或(XOR)操作(模型输入为$[1,1]$或$[0,0]$，输出为 0；模型输入为$[0,1]$或$[1,0]$时，输出为 1)。

4. 用 Python 绘制出 sigmoid 函数及其导数的图像，观察其特点，并思考其作为激活函数的优缺点。

5. 使用 Python 绘制出 ReLU 函数及其导数的图像，观察其特点，并思考其作为激活函数的优缺点。

6. 假设模型输入为$\boldsymbol{x} \in \mathbb{R}^2$，对应标签为$y \in \mathbb{R}$，模型没有隐藏层，只有一个包含单个神经元的输出层，设输出层权重矩阵$\boldsymbol{W} \in \mathbb{R}^{2\times1}$，偏置为$b \in \mathbb{R}$，输出层激活函数为 ReLU 函数，模型损失函数为均方差损失函数，试求出反向传播算法中权重矩阵$\boldsymbol{W}$的梯度。

7. 在基于小批量的梯度下降算法中，迭代次数和批次的关系是什么？假设训练集样本总数为 10000，批大小为 500，外循环迭代次数为 20，那么迭代次数和批次大小分别为多少？

8. 有时增加人工神经网络的层数或增加各层神经元的个数反而会使测试误差增大，试分析其原因。

9. 使用梯度下降算法却无法求得问题最优解的常见原因有哪些？

10. ReLU 函数作为模型的激活函数时，可能会出现神经元坏死的现象(常称为死亡 ReLU 问题)，请简述原因，并尝试给出解决办法。

11. 分类问题多采用 softmax 激活函数结合交叉熵损失函数的结构，若输出层使用 ReLU 激活函数结合均方差损失函数，是否适用于这类分类问题？请分析原因。

第 5 章 人工神经网络优化

在新一轮人工智研究与应用的浪潮中，人工智能的发展被纳入我国的国家战略。2017 年人工智能被首次写入政府工作报告，2018 年 4 月我国教育部印发的《高等学校人工智能创新行动计划》中明确提出“支持高校完善人工智能的学科体系，加大人工智能领域人才培养力度，为我国新一代人工智能持续发展提供人才储备和战略支持”。近年来，在国家相关战略的指引下，我国的人工智能相关技术取得了长足的进步，同时也为该领域培养了大量技术人才。相关数据表明，我国在深度学习相关领域的高质量论文发表数量及该领域的顶尖人才数量方面均位居全球第二位，且和第一位之间的差距在不断减小。在人工智能的相关研究中，人工神经网络的优化是一个非常重要的研究方向，探索提升人工神经网络模型性能的方法具有重要的实践意义。本章对人工神经网络的特点和主要问题展开讨论，探究模型优化表征能力提升方法，优化算法改进方法、模型效果评估与泛化能力提升方法。本章阐述实现人工神经网络实际应用与优化的主要关键技术，是深度学习算法研究的基础与核心章。

5.1 人工神经网络的特点和主要问题

本节从高维优化空间的特性及相关实践经验的总结等角度来阐述人工神经网络模型的主要特点。

(1) 人工神经网络模型往往参数众多，模型在高维空间中对数据特征进行表征和优化。而高维数空间中导数为零的点多为鞍点[鞍点是指导数为零但并非局部最小值(或最大值)的驻点]。这是因为对于局部最小值点 $f(\boldsymbol{x}^*)$，函数在该点沿着任意方向移动一段极小的距离后得到的新的函数值必须大于等于 $f(\boldsymbol{x}^*)$。某一个导数为零的点 $f(\boldsymbol{x})$ 沿任意维度移动一段极小的距离后得到点 $f(\boldsymbol{x}+\tau\boldsymbol{v})$，假设点 $f(\boldsymbol{x}+\tau\boldsymbol{v})\geqslant f(\boldsymbol{x})$ 的概率为 p，此时若 $\boldsymbol{x}\in\mathbb{R}^n$，那么 $f(\boldsymbol{x})$ 是局部最小值的概率为 p^n。显然，当数据维度 n 较大时，导数为零的点多为鞍点。

(2) 由于人工神经网络参数众多，这使单个参数对损失函数值的影响较小，因此局部最小值附近通常是一个较平坦的区域，这样的局部最小值称为平坦最小值；与之相反的是尖锐最小值。

(3) 人工神经网络模型中的局部最小值之间往往具有等价性。随着网络规模的增大，网络陷入较差的局部最小值的概率会大大降低，而模型的大部分局部最小值在验证集或者测试集中的表现往往非常接近。因此，对于大规模人工神经网络模型，不必过度追求全局最优解。

优化训练人工神经网络所面临的主要问题，简单归结起来可以分为两类。其一，模型的优化表征能力不足，无法依据数据找到一个较好的局部最优解。其二，人工神经网络模型的泛化能力不足，即模型能够表征当前的训练数据但是对未训练数据的适应能力不足，预测或分类误差较大。下文依据人工神经网络自身的特点，重点探讨人工神经网络对上述两个主要问题的优化和改进方法。

5.2 模型优化表征能力提外方法

为提升模型的优化和表征能力，我们可以从如下 5 个方面出发来进一步改进模型：①模型的规模提升与结构选择；②数据预处理；③模型参数初始化；④模型结构优化；⑤模型的超参设定。

5.2.1 模型的规模提升与结构选择

为提高人工神经网络模型的表征能力，最直观的想法就是增大模型的规模，即增加模型的神经元个数或增加模型层数。早在 20 世纪末，霍尼克(Hornik)等人就证明了只要拥有足够多的神经元，双层神经网络就能够以任意精度逼近一切连续函数[47]。但在实际的应用中我们很难确定解决问题所需的神经元数量，且浅层高维人工神经网络的实现相对比较困难。因此，相较于构造浅层大规模神经网络，构造深层人工神经网络才是更好的选择。大量实验也证明了这个观点，使用等量的参数，深层人工神经网络往往比浅层大规模神经网络具有更强的表征能力。

另外，我们也可以通过数据的具体情况来选择不同的结构以提升人工神经网络模型的表征能力。例如，卷积神经网络(convolutional neural networks，CNN)比较适合处理图像数据，循环神经网络(recurrent neural networks，RNN)更善于处理序列数据等[48]。关于上述神经网络的特性会在第 6 章和第 7 章中具体描述。

尽管通过增加层数，构建深层人工神经网络能够有效提升模型的表征能力。但实验表明，深层人工神经网络往往比浅层大规模神经网络更难训练。这主要是由梯度消失和梯度爆炸问题造成的。依据反向传播算法训练人工神经网络时，反向传播的核心是计算出各层的误差项，因此，对输出层我们有

$$\boldsymbol{\delta}^L = \frac{\partial C}{\partial \boldsymbol{z}^L} = \frac{\partial C}{\partial \boldsymbol{a}^L}\frac{\partial \boldsymbol{a}^L}{\partial \boldsymbol{z}^L}. \tag{5.1}$$

相应地，第 l 层的误差项可以写作

$$\boldsymbol{\delta}^l = \frac{\partial C}{\partial \boldsymbol{z}^l} = \frac{\partial C}{\partial \boldsymbol{z}^L}\frac{\partial \boldsymbol{z}^L}{\partial \boldsymbol{a}^{L-1}}\frac{\partial \boldsymbol{a}^{L-1}}{\partial \boldsymbol{z}^{L-1}}\cdots\frac{\partial \boldsymbol{z}^{l+1}}{\partial \boldsymbol{a}^l}\frac{\partial \boldsymbol{a}^l}{\partial \boldsymbol{z}^l}. \tag{5.2}$$

在式(5.2)中，$\frac{\partial \boldsymbol{a}^i}{\partial \boldsymbol{z}^i}$ 为各层激活函数的导数。若该导数小于 1，则随着网络层数的增加，式(5.2)中的误差项 $\boldsymbol{\delta}^l$ 会以指数形式衰减，靠近输入层的误差项甚至会接近于 0，这种现象称为**梯度消失**。梯度消失会导致人工神经网络不同层的学习速度差异很大。具体表现为网络中靠近输出层的学习速度快，而靠近输入层的隐藏层学习速度慢，甚至会出现训练了很久之后模型前几层的权值仍和初始值相差不大的情况。同样地，若激活函数的导数大于 1，则随着网络层数的增加，式(5.2)中的 $\boldsymbol{\delta}^l$ 会以指数形式增大，这种现象称为**梯度爆炸**。梯度爆炸会导致模型崩溃，训练过程无法正常进行。一般而言，梯度爆炸多出现在深层网络中参数的初始值过大的情况下。

此外，梯度消失和梯度爆炸的产生都与神经网络的结构和激活函数的选择有关。如果激活函数选择不合适，如在深层网络中大量使用 sigmoid 或 tanh 作为激活函数，此时模型就很容易出现梯度消失的问题。图 5.1 和图 5.2 分别给出了在[−10,10]区间，sigmoid 函数和 tanh 函数的导数变化情况。从图中可以看出，在零点 sigmoid 函数的导数取得最大值 0.25，同时 tanh 函数的导数也取得最大值 1。对于其他点 sigmoid 和 tanh 函数的梯度均小于 1。因此，如果我们在神经网络模型中大量选择 sigmoid 函数或 tanh 函数作为激活函数，就很容易导致梯度消失的问题。

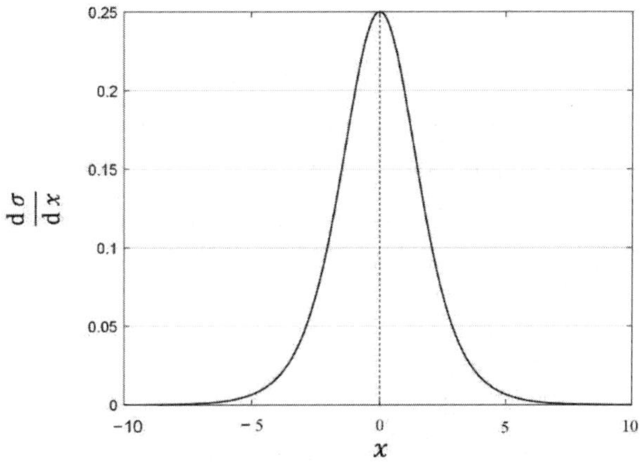

图 5.1　sigmoid 函数的导数变化情况

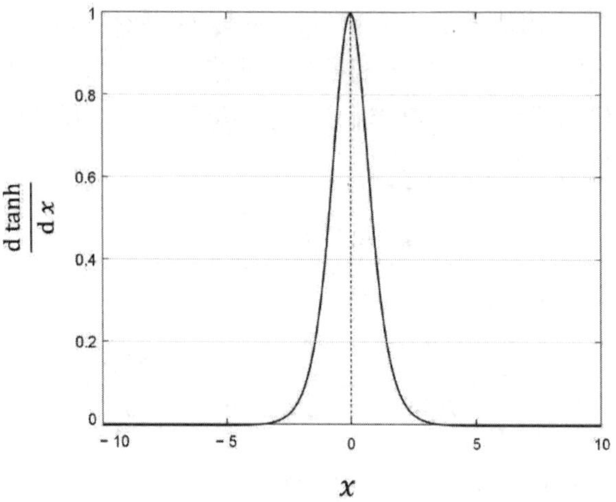

图 5.2　tanh 函数的导数变化情况

为解决梯度消失和梯度爆炸问题，我们有如下几种常见手段。

1. 梯度裁剪与梯度压缩

梯度裁剪(gradient clipping)方案是针对梯度爆炸问题设计的。其基本思路是对梯度的幅值设置一个阈值，更新梯度时如果梯度的绝对值超过这个阈值，那么就强制令其幅值等于该阈值。这样可以有效防止梯度爆炸，但此时模型更新的方向不再是梯度的反方向，这也可能引起模型振荡乃至不收敛。

此外，参数正则化可以起到压缩梯度的作用，在一定程度上也能缓解梯度爆炸。常见的正则化方法包括 L_1 正则化和 L_2 正则化。这些正则化方法我们将在 5.4 章节中进行阐述。

2. 选择合适的激活函数与模型优化

ReLU 函数对正数的导数恒等于 1，因此在深层人工神经网络中使用 ReLU 激活函数可以有效减少梯度消失和梯度爆炸问题。对于任意输入，ReLU 函数通过一次数值比较就可以迅速给出其导数，所以它的计算效率很高。虽然存在死亡 ReLU 的问题，但是目前它仍然是常用的激活函数之一。

我们还可以通过一些逐层归一化的方式来缓解梯度消失和梯度爆炸的问题，如批量归一化、层归一化等方式。针对这些方法的原理和实现细节，我们会在后续内容中进行介绍。此外，使用一些特殊的人工神经网络结果也能有效缓解梯度消失和梯度爆炸的问题，如残差网络、循环神经网络中常用的门控结构等，这些结构的具体实现和相关原理将在第 7 章中详尽介绍。

3. 逐层预训练与微调

此方法源自 Hinton 在 2006 年发表的一篇论文。其基本思想是使用逐层“预训练”(pre-training)的方式来训练模型[49]。具体来说，每次只训练一层神经元，将上一个隐藏层的输出作为输入，而将当前层的输出作为下一层的输入，逐层完成整个模型的预训练；在预训练完成后，再使用预训练的结果作为模型参数的初始值对整个网络进行二次训练，这个二次训练的过程也被称为“微调”(fine-tunning)。此方法有一定的优点，但由于操作复杂，目前应用较少。

5.2.2 数据预处理

一般而言，数据集中不同维度特征的实际含义和度量单位各不相同，因此这些特征取值的分布范围也往往差异很大。有些特征的取值范围很小，如人的身高在 0.5m 到 3.2m 之间；而有些特征的取值范围很大，如个体年收入从 0 元到几十万元甚至更多。若直接使用原始数据输入模型，取值较大的样本特征将会在训练中起主导作用，而取值较小的特征对模型的影响微乎其微。虽然人工神经网络可以通过调整参数来适应不同特征的取值范围，但是这样无疑会降低模型的训练效率。因此，与许多传统机器学习方法一样，在数据输入模型之前，我们需要对其进行预处理，将各维度的特征归一化到同一个区间中。

归一化的方法有很多种，这里介绍几种在人工神经网络中经常使用的方法。

1. 最大最小值归一化

最大最小值归一化(min-max normalization)是一种非常简单的归一化方法，通过缩放将每一个特征的取值范围归一化到某个特定的范围[a, b]内(常见的选择有[0, 1]或[−1, 1]。假设有 N 个样本 $\left\{\boldsymbol{x}^{(n)}\right\}_{n=1}^{N}$，对于任意第 i 维特征 $x_i^{(n)}$，进行最大最小值归一化后，有

$$\hat{x}_i^{(n)}=\frac{x_i^{(n)}-\min_n\left(x_i^{(n)}\right)}{\max_n\left(x_i^{(n)}\right)-\min_n\left(x_i^{(n)}\right)}(b-a)+a, \tag{5.3}$$

其中，$\min_n\left(x_i^{(n)}\right)$ 和 $\max_n\left(x_i^{(n)}\right)$ 分别是特征 x_i 在所有样本上的最小值和最大值。

2. 标准化

标准化(standardization)源于统计学的标准分数。该方法使处理后的特征数据符合标准正态分布，即对于任意维度的特征，标准化后其均值都为 0，方差都为 1。假设有 N 个样本 $\left\{\boldsymbol{x}^{(n)}\right\}_{n=1}^{N}$，对于任意第 i 维特征 $x_i^{(n)}$，我们先计算它的均值和方差

$$\mu=\frac{1}{N}\sum_{n=1}^{N}x_i^{(n)}, \tag{5.4}$$

$$\sigma^2=\frac{1}{N}\sum_{n=1}^{N}\left(x_i^{(n)}-\mu\right)^2. \tag{5.5}$$

然后，将特征 $x_i^{(n)}$ 减去均值并除以标准差，得到新的第 i 维特征值

$$\hat{x}_i^{(n)} = \frac{x_i^{(n)} - \mu}{\sigma}. \tag{5.6}$$

3. 白化

白化(whitening)也叫球化，是一种重要的预处理方法，它可以降低数据特征之间的冗余性和相关性。输入数据经过白化处理后，所有特征具有相同的方差，且特征之间的关联性降低。我们可以通过主成分分析(principal component analysis，PCA)方法或零相位成分分析(zero-phase component analysis，ZCA)等方法来实现白化。PCA 算法的具体内容详见 10.2.1 节，对于 ZCA 算法感兴趣的读者请查阅相关资料进行学习。

5.2.3 模型参数初始化

人工神经网络的训练是基于梯度下降算法进行的，这个训练过程要求我们在训练开始前给每一个可训练参数(模型中的权值和偏置)赋一个初始值。由于我们的优化模型是非凸的，所以这个初始值的选取十分关键。这里我们简单介绍 3 种常用的参数初始化方式。

1. 预训练初始化(pre-trained initialization)

使用已经在大规模数据集上进行过训练的模型的参数来初始化当前模型。这种方式常用于图像处理相关任务中最初几层神经元的初始化过程。

2. 固定值初始化

基于已有经验选择一些特殊的固定值来完成模型的初始化。例如，在人工神经网络中我们常常将偏置量的初始值设为 0。

3. 随机初始化

使用某种方式生成随机数，而后用这些随机数来初始化模型参数。在感知机和 logistic 回归等传统模型中，我们往往将模型参数全部初始化为 0。但是这种做法用在神经网络模型的训练过程中会引起一些问题。因为如果参数都为 0，在一次前向传播后，所有的隐藏层神经元的输出都相同，相应地，反向传播的导数值也相同，这样就会导致神经元丧失对输入信号的区分能力。一般这种现象称为对称权重现象。显然使用随机的初始值可以有效避免这种现象的发生。

在实际应用中，给人工神经网络参数选取一个合适的随机初始化方式是非常重要的。一般而言，参数初始化的数值区间应该根据神经元的性质进行差异化的设置。例如，如果一个神经元的输入值的维度很高，则它的每个输入对应的权重就应该小一些，以避免神经元的输出过大(当激活函数为 ReLU 函数时)或过饱和(当激活函数为 sigmoid 函数或 tanh 函数时)。

人工神经网络模型中常用的参数随机初始化方法有以下两种。

(1) 高斯分布初始化。

使用一个期望为 0 和方差为σ^2(如$\sigma = 0.1$)的高斯分布$\mathcal{N}\left(0,\sigma^2\right)$来产生随机数进行模型参数的初始化。

(2) 均匀分布初始化。

在一个给定的区间$[-r,r]$内采用均匀分布(uniform distribution)来产生随机数并用它们初始化模型参数。超参数r的值可以依据神经元的数量进行自适应调整。此时初始值的期望为 0，方差为σ^2，而$r=\sqrt{3\sigma^2}$。

对于上述两种方法，方差的选择都非常重要。如果方差太小，则可能导致神经元的输入过小，在经过多层传播后逐渐消失，也可能会使模型中的 sigmoid 和 tanh 等激活函数失去非线性表征的能力；但如果方差值太大，则可能导致神经元输出过大，从而使模型难以训练。另外，对于 sigmoid 和 tanh 等激活函数来说，参数的初始值太大会导致激活函数长期饱和，相应的导数值长期接近于 0。

4. 动态初始化方法

相关研究发现，在初始化深层人工神经网络时，一个较好的初始化策略是保持每个神经元输入和输出的方差一致，并根据神经元的数量来自动地选择方差，这样模型更容易训练。这里我们简单介绍 3 种常用的动态初始化方法。

(1) Xavier 初始化。

Xavier 初始化可以根据每层的神经元数量来自动计算初始化参数的方差，它主要是针对使用 sigmoid 和 tanh 激活函数的神经网络。为简化推导过程，我们先假设任意第l层的一个神经元的激活函数为线性函数$f(\boldsymbol{x})=\boldsymbol{x}$，且其输出为$\boldsymbol{a}^l$，其接收的前一层$n_{l-1}$个神经元输出的信号为$a_i^{l-1}$，$1\leqslant i\leqslant n_{l-1}$，这样，我们有

$$\boldsymbol{a}^l=\sum_{i=1}^{n_{l-1}}\boldsymbol{w}_i^l a_i^{l-1}, \tag{5.7}$$

其中，$\boldsymbol{w}_i^l$为当前神经元的权值参数。

假设$\boldsymbol{w}_i^l$和a_i^{l-1}的均值都为 0，并且互相独立，且单层神经元上特征的方差相同，即$\mathrm{var}[\boldsymbol{x}^l]=\mathrm{var}[\boldsymbol{x}_i^l]$，那么$\boldsymbol{a}^l$的均值为

$$E\left[\boldsymbol{a}^l\right]=E\left[\sum_{i=1}^{n_{l-1}}\boldsymbol{w}_i^l a_i^{l-1}\right]=\sum_{i=1}^{n_{l-1}}E\left[\boldsymbol{w}_i^l\right]E\left[a_i^{l-1}\right]=0, \tag{5.8}$$

$\boldsymbol{a}^l$的方差为

$$\mathrm{var}\left[\boldsymbol{a}^l\right]=\mathrm{var}\left[\sum_{i=1}^{n_{l-1}}\boldsymbol{w}_i^l a_i^{l-1}\right]=\sum_{i=1}^{n_{l-1}}\mathrm{var}\left[\boldsymbol{w}_i^l\right]\mathrm{var}\left[a_i^{l-1}\right]=n_{l-1}\mathrm{var}\left[\boldsymbol{w}_i^l\right]\mathrm{var}\left[a_i^{l-1}\right]. \tag{5.9}$$

也就是说，输出信号的期望不变，但输入信号的方差在经过该神经元后被放大或缩

小了 $n_{l-1}\text{var}\left[\boldsymbol{w}_i^l\right]$ 倍。为了使在经过多层网络后，信号不被过分放大或过分缩小，我们应尽可能保持每个神经元的输入和输出的方差一致，于是需要使 $n_{l-1}\text{var}\left[\boldsymbol{w}_i^l\right]=1$，即

$$\text{var}\left[\boldsymbol{w}_i^l\right]=\frac{1}{n_{l-1}}. \tag{5.10}$$

在反向传播中，第 $l-1$ 层中该神经元对应的误差信号可以表示为

$$\boldsymbol{\delta}^{l-1}=\sum_{i=1}^{n_l}\boldsymbol{w}_i^l\delta_i^l. \tag{5.11}$$

同理，我们可以推出 $\boldsymbol{\delta}^{l-1}$ 的方差为

$$\text{var}\left[\boldsymbol{\delta}^{l-1}\right]=\text{var}\left[\sum_{i=1}^{n_l}\boldsymbol{w}_i^l\delta_i^l\right]=\sum_{i=1}^{n_l}\text{var}\left[\boldsymbol{w}_i^l\right]\text{var}\left[\delta_i^l\right]=n_l\,\text{var}\left[\boldsymbol{w}_i^l\right]\text{var}\left[\delta_i^l\right]. \tag{5.12}$$

我们同样需要使 $n_l\,\text{var}\left[\boldsymbol{w}_i^l\right]=1$，即

$$\text{var}\left[\boldsymbol{w}_i^l\right]=\frac{1}{n_l}. \tag{5.13}$$

作为折中，同时考虑信号在前向和反向传播中都不被放大或缩小，可以设置

$$\text{var}\left[\boldsymbol{w}_i^l\right]=\frac{2}{n_{l-1}+n_l}. \tag{5.14}$$

在计算出参数的方差后，我们可以通过高斯分布或均匀分布来随机初始化参数。当采用高斯分布来随机初始化参数时，连接权重 $\boldsymbol{w}_i^l$ 可以按 $\mathcal{N}\left(0,\frac{2}{n_{l-1}+n_l}\right)$ 的高斯分布进行初始化。

当采用区间为 $[-r,r]$ 的均匀分布来初始化 $\boldsymbol{w}_i^l$，并满足 $\text{var}\left[\boldsymbol{w}_i^l\right]=\frac{2}{n_{l-1}+n_l}$ 时，r 的取值为 $r=\sqrt{\frac{6}{n_{l-1}+n_l}}$。

在人工神经网络中，神经元的参数和输入的幅值通常比较小，处于 sigmoid 和 tanh 激活函数的线性区间。因此，我们可以将二者近似看作线性函数，使用Xavier方法来进行参数初始化。sigmoid 函数线性区间的斜率为 0.25，因此对包含 sigmoid 函数的神经元进行 Xavier 初始化时，初始化分布的标准差为 $4\sqrt{\frac{2}{n_{l-1}+n_l}}$；而对包含 tanh 函数的神经元进行 Xavier 初始化时，初始化分布的标准差为 $\sqrt{\frac{2}{n_{l-1}+n_l}}$。

(2) He 初始化。

当神经元使用ReLU作为激活函数时，从概率角度来说有一半神经元的输出为0，因此其分布的方差可近似为使用线性恒等激活函数时的一半，即 $\mathrm{var}\left[\boldsymbol{a}^l\right]=0.5n_{l-1}\,\mathrm{var}\left[\boldsymbol{w}_i^l\right]\mathrm{var}\left[a_i^{l-1}\right]$。这样，只考虑前向传播时，参数 $\boldsymbol{w}_i^l$ 的理想方差为

$$\mathrm{var}\left[\boldsymbol{w}_i^l\right]=\frac{2}{n_{l-1}}, \tag{5.15}$$

其中，n_{l-1} 是第 $l-1$ 层神经元个数。

因此当使用 ReLU 激活函数时，若采用高斯分布来初始化参数 $\boldsymbol{w}_i^l$，则其方差为 $\frac{2}{n_{l-1}}$；若采用区间为 $[-r,r]$ 的均匀分布来初始化参数 $\boldsymbol{w}_i^l$，则 $r=\sqrt{\frac{6}{n_{l-1}}}$。这种初始化方法称为 He 初始化。

(3) 正交初始化。

正交初始化是将权重向量 $\boldsymbol{W}^l$ 初始化为正交矩阵的初始化方法，即初始化后 $(\boldsymbol{W}^l)^\top\boldsymbol{W}^l=I$。具体实现过程如下：

① 用均值为 0、方差为 1 的高斯分布 $\mathcal{N}(0,1)$ 产生随机数并初始化一个矩阵；

② 对该矩阵进行奇异值分解得到两个正交矩阵，并使用其中之一作为权重矩阵。

正交初始化的优势在于它使误差项在反向传播中具有范数保持性(norm-preserving)。为简化推导，我们假设某人工神经网络模型的激活函数均为恒等函数，即对于任意的 $l\in[1,\cdots,L]$，$f_l(\boldsymbol{x})=\boldsymbol{x}$。这样，在反向传播中误差项的计算公式 $\boldsymbol{\delta}^{l-1}=(\boldsymbol{W}^l)^\top\boldsymbol{\delta}^l$，在使用正交初始化后会满足

$$\left\|\boldsymbol{\delta}^{l-1}\right\|_2^2=\left\|\left(\boldsymbol{W}^l\right)^\top\boldsymbol{\delta}^l\right\|_2^2=\left\|\boldsymbol{\delta}^l\right\|_2^2.$$

这种范数保持性可以大大减少模型梯度消失或梯度爆炸的可能性。而如果我们使用均值为 0、方差为 $\frac{1}{n}$ 的高斯分布来生成随机权重矩阵，则 $n\to\infty$ 时上述范数保持性条件成立。

5.2.4 模型结构优化

从 5.2.2 节可以看到，对人工神经网络的输入数据进行归一化处理，有助于降低模型的训练难度，提升模型的训练效率。我们将这种数据归一化的方法应用到人工神经网络模型中，对模型隐藏层的输入进行逐层归一化，通过这种方式来改善优化地形、加快训练、减小参数变化对其他层输入分布的影响。接下来，我们重点介绍 3 种常用的网络模型逐层归一化方法。

1. 批量归一化

批量归一化(batch normalization，BN)是一种深度神经网络中常用的结构优化方法，

它能够加速神经网络训练、提高模型的收敛性和稳定性。一般人工神经网络模型前向传播的核心公式为

$$\boldsymbol{a}^l = f_l\left(\boldsymbol{z}^l\right) = f_l\left(\boldsymbol{W}^l \boldsymbol{a}^{l-1} + \boldsymbol{b}^l\right), \tag{5.16}$$

其中，$\boldsymbol{z}^l$ 为第 l 层的净输入。随着训练的进行，每一层网络的输入数据的分布都会随前一层网络参数的变化而发生改变，这种输入分布的变化会影响模型的学习速度。通常我们将这种数据分布的改变称为内部协变量偏移(internal covariate shift)，BN 的提出主要就是为了解决这个问题[50]。

深层神经网络之所以训练速度缓慢，往往是因为模型每层的净输入的分布随着训练过程逐渐发生偏移，进而使反向传播时低层神经网络出现梯度消失问题。BN 则是通过标准化的方法，把每层神经网络净输入的分布强行拉回到均值为 0、方差为 1 的标准正态分布上，从而大大加快了模型的训练速度。这个针对净输入 $\boldsymbol{z}^l$ 的标准化过程可以写作

$$\hat{z}^l = \frac{z^l - \mu}{\sqrt{\sigma^2 + \epsilon}}, \tag{5.17}$$

其中，$\boldsymbol{\mu} = E\left[\boldsymbol{z}^l\right]$ 表示批量归一化前训练使用的小批量样本对应的第 l 层净输入的期望，$\boldsymbol{\sigma}^2 = \mathrm{var}\left(\boldsymbol{z}^l\right)$ 为相应的方差，$\epsilon > 0$ 是一个很小的常数，用于确保分母不等于 0。$\boldsymbol{z}^l$ 为向量。因此，这里的期望和方差是针对向量的每一个元素进行独立求解的。假设当前的批量大小为 m，$\boldsymbol{z}^l = \left[z_1, \cdots, z_{n_l}\right]^\top$ (n_l 为第 l 层神经元的个数)，那么当前小批量净输入的期望和方差如下

$$\boldsymbol{\mu} = E\left[\boldsymbol{z}^l\right] = \frac{1}{m}\sum_{i=1}^{m} \boldsymbol{z}^{(l,i)},$$

$$\boldsymbol{\sigma}^2 = \mathrm{var}\left(\boldsymbol{z}^l\right) = \frac{1}{m}\sum_{i=1}^{m}\left(\boldsymbol{z}^{(l,i)} - \boldsymbol{\mu}\right) \odot \left(\boldsymbol{z}^{(l,i)} - \boldsymbol{\mu}\right),$$

其中，$\boldsymbol{z}^{(l,i)}$ 表示小批量中第 i 个样本对应的第 l 层的净输入。为了减少净输入标准化对模型整体表征能力的影响，BN 结构中额外引入了两个可训练参数 $\boldsymbol{\gamma} \in \mathbb{R}^{n_l}$ 和 $\boldsymbol{\beta} \in \mathbb{R}^{n_l}$，这样第 l 层的净输入可以进一步改写为

$$\tilde{\boldsymbol{z}}^l = \boldsymbol{\gamma} \odot \hat{\boldsymbol{z}}^l + \boldsymbol{\beta}, \tag{5.18}$$

其中，$\boldsymbol{\gamma} \odot \hat{\boldsymbol{z}}^l$ 用于改变模型净输入的方差，$\boldsymbol{\beta}$ 为偏置量。因此原始神经网络中的偏置 $\boldsymbol{b}^l$ 可以省略。值得注意的是，可训练参数 $\boldsymbol{\gamma}$ 和 $\boldsymbol{\beta}$ 的引入，使模型保留了不对净输入进行批量归一化的可能性。当可训练参数 $\boldsymbol{\gamma} = \sqrt{\boldsymbol{\sigma}^2 + \epsilon}$ 和 $\boldsymbol{\beta} = \boldsymbol{\mu}$ 时，相当于模型未包含 BN 结构。

包含 BN 结构的网络的训练过程如算法 5.1 所示。

算法 5.1 包含 BN 结构的网络的训练过程

输入：对训练集 $D = \{x^i, y^i\}_{i=1}^N$ 进行预处理，并将其划分为若干个 mini-batch，单个 mini-batch 中的样本数为 m；设定学习率 α、网络层数 L、神经元数目 n_l、训练迭代次数 T 等超参；对模型参数 $\boldsymbol{W}, \boldsymbol{\beta}, \boldsymbol{\gamma}$ 进行初始化。

Repeat $t\in[1,\cdots,T]$

选取某个 **mini-batch**，对它的每个训练样本 $\boldsymbol{x}$：令 $\boldsymbol{a}^0=\boldsymbol{x}$，然后执行下列步骤。

- 前向传播：对 $l\in[1,\cdots,L]$ 逐层计算，即

  $z^l=W^l\boldsymbol{a}^{l-1}$；

  依据批量一化求 z^l 对应的 $\tilde{z}^l$；

  用 $\tilde{z}^l$ 替代 z^l 代入激活函数 $\boldsymbol{a}^l=f_l(\tilde{z}^l)$

- 反向传播：对 $l=L,L-1,\cdots,1$，计算 $\mathrm{d}\boldsymbol{W}^l,\mathrm{d}\beta^l,\mathrm{d}\gamma^l$.

参数更新：对 $l\in[1,\cdots,L]$ 更新权利和偏置，即

$$\boldsymbol{W}^l\leftarrow\boldsymbol{W}^l-\frac{a}{m}\sum_{\boldsymbol{x}}\mathrm{d}\boldsymbol{W}^l,$$

$$\beta^l\leftarrow\beta^l-\frac{a}{m}\sum_{x}\mathrm{d}\beta^l,$$

$$\gamma^l\leftarrow\gamma^l-\frac{a}{m}\sum_{x}\mathrm{d}\gamma^l.$$

输出：$\boldsymbol{W},\boldsymbol{\beta},\boldsymbol{\gamma}$。

对包含批量归一化结构的人工神经网络的预测过程，可以用指数加权平均的方式求净输入的期望和方差。关于指数加权平均算法的具体描述见 5.3 节。最后，需要注意的是，当训练模型为 RNN 等动态结构网络，或模型的批量大小很小，或数据的方差较大时，请慎用 BN 结构。

2. 层归一化

对于 BN 结构，当模型的批量大小很小时，依据当前批求出的期望和方差不能充分反映训练数据的全局统计特征，而 RNN 等动态结构网络模型中不同样本的长度可能不同，这些因素都可能导致 BN 结构不再适用。这些情况下可以考虑使用层归一化(layer normalization，LN)方法。LN 和 BN 从方法上非常类似，都是通过计算期望和方差来完成净输入的标准化，只是 BN 是依据同一个小批量中的所有样本来计算期望和方差的，而 LN 是用一层中所有神经元的净输出来计算期望和方差的。这样在 LN 结构中，第l层神经元净输入的期望和方差为

$$\mu^l=\frac{1}{n_l}\sum_{i=1}^{n_l}z_i^l,$$

$$\sigma^{l^2}=\frac{1}{n_l}\sum_{i=1}^{n_l}\left(z_i^l-\mu\right)^2, \tag{5.19}$$

其中，n_l 为第 l 层神经元的数目，z_i^l 表示第 l 层净输入的第 i 个元素。LN 针对净输入的标准化过程可以写作

$$\hat{\boldsymbol{z}}^l=\frac{\boldsymbol{z}^l-\boldsymbol{\mu}^l}{\sqrt{\sigma^{l^2}+\epsilon}}. \tag{5.20}$$

接下来和 BN 相似，LN 结构也引入了两个可训练参数 $\gamma\in\mathbb{R}^{n_l}$ 和 $\beta\in\mathbb{R}^{n_l}$，于是第 l 层

的净输入可以改写为

$$\tilde{z}^l = \gamma \odot \hat{z}^l + \beta . \tag{5.21}$$

LN 的训练过程和 BN 十分相似，这里不再赘述。

3. 权重归一化

BN 与 LN 结构都是对模型净输入进行的归一化操作，而权重归一化(weight normalization，WN)是对人工神经网络的连接权重进行的归一化操作[51]。由于在许多人工神经网络结构中权重是共享的，这样的情况下权重的数量比网络的神经元数量更少，此时进行权重归一化有利于减小计算开销。具体而言，权重归一化首先需要对权重进行再参数化(reparameterization)，权重矩阵 $\boldsymbol{W}^l$ 的任意第 i 行 $\left(i \in [1,\cdots,n_l]\right)$ 记作 $\boldsymbol{W}_{i,}^l$，它的再参数化为

$$\boldsymbol{W}_{i,}^l = \frac{\boldsymbol{v}_i^l}{\left\|\boldsymbol{v}_i^l\right\|} a_i^l . \tag{5.22}$$

其中，a_i^l 为引入的新参数，可以用来表示 $\boldsymbol{W}_{i,}^l$ 的模长；$\boldsymbol{v}_i^l$ 也是新引入的参数，$\frac{\boldsymbol{v}_i^l}{\left\|\boldsymbol{v}_i^l\right\|}$ 可以用来表示 $\boldsymbol{W}_{i,}^l$ 的方向。这样再参数化后对于任意的 $\boldsymbol{W}_{i,}^l$，其模长和方向不再耦合，实践表明这种方式可以加速模型的收敛。

5.2.5 模型的超参设定

深度学习模型往往需要调控一些超参来优化算法的表现。在模型的训练和验证过程中，通过观察监测指标(如损失值和准确率等)来判断当前模型的状态，进而调整超参以提升模型性能是非常重要的。常见的超参数有以下几种。

1. 学习率

学习率即优化算法更新网络参数时使用的步长大小。对于人工神经网络，选择一个合适的学习率非常重要。常见学习率的取值范围是[10^{-6}, 1]。在实践中，我们可以逐个数量级地进行尝试，如 0.01、0.00、0.0001，直到找到一个合适的学习率，使模型的训练过程能够快速收敛，且不易陷入某个较差的局部最优解。但如果在整个训练过程中使用固定的学习率，这样合适的数值往往需要大量实验才能找到，这无疑增加了模型的训练成本和计算消耗。事实上，在训练开始时设置一个较大的学习率，可以提高梯度下降算法的优化速度，且能够防止模型陷入较差的局部最优解；而在模型迭代一段时间后使用一个较小的学习率，可以有效减少损失函数在最小值附近的振荡，保障模型的收敛性。因此，与固定的学习率相比，随着迭代次数的增加逐渐衰减的学习率是一种非常有效的优化策略，这样既可以提高训练效率，又可以兼顾优化算法的稳定性。常用的学习率衰减方法有分段常数衰减、指数衰减、自然指数衰减、余弦衰减等。

(1) 分段常数衰减(piecewise constant decay)。该方式的基本思想是在事先定义好的训

练次数区间上，设置不同的学习率常数。开始设置一个较大的学习率，之后逐渐调小。分段函数中区间间隔的设置需要根据样本量调整，一般样本量越大，区间间隔应该越小。这类方法根据区间长度是否固定又可以分为固定步长衰减和多步长衰减。前者是每隔固定步数衰减一次，后者是根据设定的不同区间来更新学习率。

(2) 指数衰减(exponential decay)。该方式中学习率的大小和训练次数指数相关。这种衰减方式简单直接，收敛速度快，是最常用的学习率衰减方式。其更新规则如下

$$\alpha_t = \alpha_0 \gamma^t . \tag{5.23}$$

其中，α_0为初始学习率，$\gamma < 1$为衰减率，t为迭代步数。

(3) 自然指数衰减(natural exponential decay)。它与指数衰减方式相似，不同之处在于它的衰减底数是 e，故而其收敛的速度更快，一般用于相对比较容易训练的网络，便于较快地得到训练结果。其更新规则如下

$$\alpha_t = \alpha_0 \mathrm{e}^{-\gamma t} . \tag{5.24}$$

(4) 余弦衰减(cosine decay)。该方式采用余弦函数来设计方程从而完成学习率的衰减。其更新规则如下

$$\alpha_t = 0.5\alpha_0 \left(1 + \cos\frac{t\pi}{T}\right). \tag{5.25}$$

几种学习率衰减方式的对比图如图 5.3 所示。

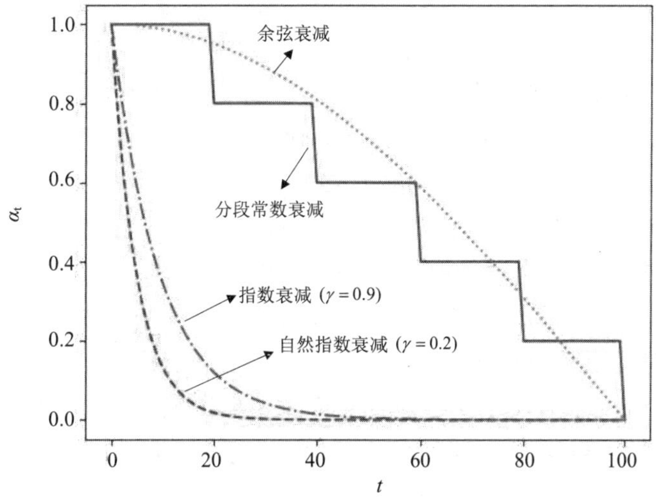

图 5.3　4 种常见的学习率衰减方式对比

2. 批量大小

批量大小即为梯度下降法中求平均梯度所需要的样本数。批量大小m越大，相应模型梯度的方差就越小，换句话说，单次训练得到的梯度的反方向就越接近于梯度下降的最优方向，这样训练过程就越稳定。此外，在一定范围内增大批量大小m有助于提高内存的利

用率，提高矩阵计算的并行化程度，同时也能减少内循环次数。但是如果持续增大批量大小 m 也可能会带来一些负面的影响。例如，增大批量大小会导致单次计算平均梯度的时间增加；过大的批量大小 m 可能导致内存不足，引起训练算法崩溃；随着批量大小 m 的增大，它对于梯度计算准确率提升的帮助越来越小。而过小的批量大小虽然可以提高模型的泛化能力，但是又可能导致模型难以收敛。因此对于批量大小 m 的选择，需要依据数据的实际情况进行权衡。此外，为了有效利用内存提高计算效率，批量大小 m 多为 2 的幂，如 32、64、128 等。

3. 迭代次数

由于人工神经网络模型的训练过程往往包含内外两层循环，所以模型的迭代次数是由两个超参内循环迭代次数和外循环迭代次数共同构成的。使用一个小批量数据对模型进行一次参数更新的过程称为一个内循环；而使用训练集中的全部样本对模型进行一次完整训练的过程称为一个外循环。假设训练集中共有 N 个样本，一次内循环使用的样本批量大小为 m，此时一个外循环内包含的内循环次数通常可以直接计算得到，即内循环迭代次数为 $\lfloor N/m+1 \rfloor$。

外循环的次数必须进行预先设定。一般而言，外循环迭代次数越大，模型对于训练数据的拟合程度就越高。其设定的基本原则是，当训练误差可以接受且测试误差和训练误差相差较小时，可认为当前迭代次数合适；当测试误差先变小后变大时则说明出现过拟合，需要减小迭代次数。

4. 优化器

优化器(optimizer)即完成模型迭代优化和参数更新的算法工具。目前我们主要介绍了以小批量梯度下降为代表的梯度下降算法。除该方法外还有动量法、AdaGrad、RMSprop、Adam 等一阶优化器，牛顿法、共轭梯度法、拟牛顿法等二阶优化器。这些方法各有优劣，我们将在后面章节中介绍。

此外，网络层数、每层神经元个数、激活函数、损失函数等均为模型的重要超参。关于它们的参数选择，我们会在相关原理阐述部分进行介绍，这里不再赘述。

对于某些超参数，当超参数数值太大时，会发生过拟合。例如，中间层隐藏单元的数量，增加数量能提高模型的容量，但容易发生过拟合。对于某些超参数，当超参数数值太小时，也会发生过拟合。例如，最小的权重衰减系数允许为零，此时学习算法具有最大的有效容量，反而容易过拟合。对超参数的选择需要了解贝叶斯误差(最低可能误差)、训练误差、验证误差和测试误差之间的关系。

当训练误差与贝叶斯误差相差较大时，可以通过使用更大的网络、训练更长时间、改变优化算法(SGD→Adam)、修改网络结构(如添加残差块[52]、跳跃连接、采用 RNN)、修改超参等方式解决。当验证误差与训练误差相差较大时，可以通过正则化(如权重衰减)、使用更大的训练集合、修改网络结构、修改超参等方式解决。当测试误差较大时，可能是因为模型过拟合或欠拟合，此时可以通过增加迭代次数、正则化[52]、数据增强等方法解决；也有可能是因为训练集与真实数据差别太大，此时可以适当拓展训练集数据。总而言之，对于各超参数的选择需要依情况而定，正确地选择每个超参将会大大提升训练模型的质量。

5.3 优化算法改进方法

优化算法对于深度学习十分重要，一个好的优化算法有助于提升模型的优化表征能力。一方面，训练一个复杂的深度学习模型可能需要数小时、数日，甚至数周的时间，而好的优化算法将极大地提升模型的训练效率，进而使我们可以在时间和资源有限的情况下选择更大的模型。另一方面，理解各种优化算法的原理及其中超参的含义将有助于我们更有针对性地进行调参，从而使深度学习模型的表现更好。鉴于优化算法的重要性，这里我们将其作为一个单独的子章节进行讲解。

5.3.1 指数加权平均

在介绍优化算法之前，我们先来认识一下指数加权平均算法。指数加权平均(exponentially weighted moving average)可视为一种加权移动平均算法，具体来说就是数值的加权系数随时间呈指数式递减，越靠近当前时刻的数值加权系数越大，这样确定权重系数后就可以计算加权平均值作为算法的输出。具体而言，指数加权平均的求解公式如下

$$v_t = \beta v_{t-1} + (1-\beta)\theta_t, \tag{5.26}$$

其中，$0<\beta<1$ 为超参数，θ_t 表示 t 时刻的变量(如某地 t 时刻的气温)，这样 v_t 就是该变量的指数加权平均。我们可以对 v_t 展开如下

$$\begin{aligned}
v_t &= \beta v_{t-1} + (1-\beta)\theta_t \\
&= (1-\beta)\theta_t + (1-\beta)\beta\theta_{t-1} + \beta^2 v_{t-2} \\
&= (1-\beta)\theta_t + (1-\beta)\beta\theta_{t-1} + (1-\beta)\beta^2\theta_{t-2} + \beta^3 v_{t-3} \\
&\cdots \\
&= (1-\beta)\theta_t + (1-\beta)\beta\theta_{t-1} + (1-\beta)\beta^2\theta_{t-2} + \cdots + (1-\beta)\beta^n\theta_{t-n} + \beta^{n+1}v_{t-n-1}.
\end{aligned}$$

从上面的式子中可以看出，加权系数随时间呈指数下降。若令 $n=1/(1-\beta)$，那么此时 $(1-1/n)^n=\beta^{1/(1-\beta)}$。当 $\beta\to 1$ 时，$\beta^{1/(1-\beta)}=\lim\limits_{n\to\infty}\left(1-\dfrac{1}{n}\right)^n=\dfrac{1}{\mathrm{e}}$。在数学中常以 $\dfrac{1}{\mathrm{e}}$ 作为一个临界值，小于该值的加权系数可以忽略不计。这样我们可以在近似中忽略所有 $n>1/(1-\beta)$ 的系数项。因此，在实际应用中，我们常常将 y_t 看作对最近 $1/(1-\beta)$ 个时间步的 θ_t 值的加权平均。而且，离时间 t 越近的 θ_t 获得的权重越大(越接近 1)。较传统的平均法来说，指数移动加权平均不需要保存所有的历史数据且计算消耗更低。

为保证算法的有效性，指数加权平均一般初始化 $v_0=0$ 。这样在时间步 t 我们得到

$$v_t=(1-\beta)\sum_{i=1}^{t}\beta^{t-i}=1-\beta^t. \tag{5.27}$$

将过去各时间步小批量随机梯度的权值相加，我们可以推出

$$(1-\beta)\sum_{i=1}^{t}\beta^{t-i}=1-\beta^t. \tag{5.28}$$

若直接使用式(5.24)来计算指数加权平均，算法在初始阶段的结果往往与理想均值存在较大的偏差。例如，$t=1$ 时，此时只有一个变量 θ_1 ，理想的均值应该直接为当前变量，但 $v_1=(1-\beta)\theta_1$ ，显著小于理想均值。为了解决这种初期算法输出偏小的情况，我们可以利用式(5.25)对指数加权平均的计算公式进行简单的修正，即

$$v_t=\frac{1}{1-\beta^t}\left[\beta v_{t-1}+(1-\beta)\theta_t\right]. \tag{5.29}$$

当 t 较小时，式(5.26)的分母可以很好地放大当前的数值，而当 t 较大时，分母趋于 1 对当前结果几乎不产生影响。这种方式称为带偏差修正的指数加权平均。

5.3.2 基于动量的梯度下降法

在之前的章节中我们介绍了使用梯度下降法来训练模型的基本流程。简单来说，梯度下降法基于一小批样本来计算平均梯度，而后沿着平均梯度的反方向更新模型参数。这种方法在接近局部最优解时，由于平坦最小值的存在，其收敛速度往往很慢。并且当一个小批量内包含的样本数较少时，依据它们计算出的平均梯度具有很大的随机性。换句话说，小批样本得出的平均梯度往往和整个训练集计算出的最优梯度值存在较大差异。若直接用小批样本的平均梯度来更新模型参数，往往会使模型的整体损失呈现振荡下降的态势。虽然可以通过增加批量大小的方式来提高模型训练的稳定性，但这种方式带来的计算消耗很大。为了在尽量不增加计算消耗的情况下，提高模型的训练速度，显然我们可以利用指数加权平均算法来进行梯度估计。

动量(momentum)梯度下降方法正是利用指数加权平均的思路而设计产生的。它不直接使用梯度值来更新模型的参数，而是引入一个新的变量 $\boldsymbol{v}_t$ ，且任意时刻的 $\boldsymbol{v}_t$ 都是当前所有历史梯度的指数加权平均，即

$$\boldsymbol{v}_t=\beta\boldsymbol{v}_{t-1}+(1-\beta)\boldsymbol{g}_t, \tag{5.30}$$

其中，t 表示第 t 次迭代，$\boldsymbol{g}_t$ 表示模型可训练参数的梯度，β 为动量因子 $(0<\beta<1)$，通常设为 0.9。一般而言，我们初始化 $\boldsymbol{v}_0=\mathbf{0}$ 。这样实际更新的梯度方向相当于是最近 t 次迭代内梯度的加权平均 $\left(t\approx 1/(1-\beta)\right)$，而非仅仅取决于当前小批量中的样本。若最近 t 次迭代内梯度的方向越接近，动量法的加速效果就越明显；若最近 t 次迭代内梯度的方向彼此差异较大，动量法又可以起到增加稳定性的作用。将式(5.30)应用到人工神经网络的训练过程中，就得到基于动量法的人工神经网络训练流程，如算法 5.2 所示。

算法 5.2 基于动量法的人工神经网络训练流程

输入： 对训练集 $D=\{x^i,y^i\}_{i=1}^N$ 进行预处理，并将其划分为若干个 mini-batch，单个 mini-batch 中的样本数为 m；设定学习率 α、网络层数 L、神经元数目 $n_l(0\leqslant l\leqslant L)$、训练迭代次数 T 等超参；对模型参数 $\boldsymbol{W},\boldsymbol{b},\boldsymbol{V}_{\text{dw}},\boldsymbol{V}_{\text{d}b}$ 进行初始化。

Repeat $t\in[1,\cdots,T]$

选取某个 **mini-batch**，对它的每个训练样本 $\boldsymbol{x}$：令 $\boldsymbol{a}^0=\boldsymbol{x}$，然后执行下列步骤。

- 前向传播：对 $l=1,2,\cdots,L$ 逐层计算，即

$$z^l=W^l\boldsymbol{a}^{l-1}+\boldsymbol{b}^l,$$

$$\boldsymbol{a}^l=f_l(z^l).$$

- 反向传播：对 $l=L,L-1,\cdots,1$ 计算 $\text{d}\boldsymbol{W}^l,\text{d}\boldsymbol{b}^l$。

参数更新：对 $l=L,L-1,\cdots,1$ 更新权重和偏置，即

$$\boldsymbol{V}_{\text{dw}}^l\leftarrow\beta\boldsymbol{V}_{\text{dw}}^l+(1-\beta)\frac{1}{m}\sum_{\boldsymbol{x}}\text{d}\boldsymbol{W}^l,$$

$$\boldsymbol{V}_{\text{d}b}^l\leftarrow\beta\boldsymbol{V}_{\text{d}b}^l+(1-\beta)\frac{1}{m}\sum_{\boldsymbol{x}}\text{d}\boldsymbol{b}^l,$$

$$\boldsymbol{W}^l\leftarrow\boldsymbol{W}^l-\alpha\boldsymbol{V}_{\text{dw}}^l,$$

$$\boldsymbol{\beta}^l\leftarrow\boldsymbol{\beta}^l-\alpha\boldsymbol{V}_{\text{d}b}^l.$$

输出： $\boldsymbol{W},\boldsymbol{b}$。

5.3.3 AdaGrad & RMSprop 算法

学习率是人工神经网络训练过程中非常重要的超参。在标准的梯度下降算法中，我们需要在算法启动前选定一个合适的学习率，而后在每次迭代中都使用这个相同的学习率来更新模型参数。但事实上，参数在不同维度上的收敛速度存在差异，使用一个相同的学习率来更新所有的参数可能会对模型的训练速度带来一些负面的影响。为缓解这种负面影响，杜奇(Duchi)等研究者提出了 AdaGrad(adaptive gradient，自适应梯度)算法[54]。它的基本思想是依据模型各参数的平方值之和的平方根，独立自适应地调节各参数对应的学习率。具体来说，该算法可以表示为

$$\begin{cases}\boldsymbol{s}_t=\boldsymbol{s}_{t-1}+\boldsymbol{g}_t\odot\boldsymbol{g}_t,\\ \boldsymbol{\theta}_t=\boldsymbol{\theta}_{t-1}-\dfrac{\alpha}{\sqrt{\boldsymbol{s}_t+\epsilon}}\boldsymbol{g}_t,\end{cases}\tag{5.31}$$

其中，t 表示第 t 次迭代，$\boldsymbol{\theta}_t$ 为模型参数，$\boldsymbol{g}_t$ 表示 $\boldsymbol{\theta}_t$ 的梯度，$\boldsymbol{s}_t$ 为状态变量，α 为学习率，$\epsilon>0$ 表示一个非常小的常量，如 10^{-4}。另外，式(5.28)中平方根和除法操作均为对应元素操作。一般而言，我们初始化 $\boldsymbol{s}_0=\boldsymbol{0}$。但相关实验表明，从训练开始阶段，累计梯度的平方可能会导致梯度过早地衰减，因此在深度学习的训练过程中，AdaGrad 算法的效果并不是总能优于梯度下降算法的。

受 AdaGrad 算法和指数加权平均的启发，Hinton 于 2012 提出了均方根传递 RMSprop (root mean square propagation，均方根传递)算法[55]。它的基本思想是使用指数加权平均的方式来替代 AdaGrad 算法中对梯度平方的累积。由于 AdaGrad 算法根据所有梯度平方的累积来收缩学习率，这可能会使学习率的衰减过快，从而降低优化算法的性能。而 RMSprop 算法使用指数加权平均来替代累积计算，可以大大减弱久远历史数据的影响，使其学习率的衰减速度放缓，这更有利于算法在非凸空间中寻找更好的局部最优解。具体来说，该算法可以表示如下

$$\begin{cases} \boldsymbol{s}_t = \beta \boldsymbol{s}_{t-1} + (1-\beta)\boldsymbol{g}_t \odot \boldsymbol{g}_t, \\ \boldsymbol{\theta}_t = \boldsymbol{\theta}_{t-1} - \dfrac{\alpha}{\sqrt{\boldsymbol{s}_t + \epsilon}} \boldsymbol{g}_t, \end{cases} \tag{5.32}$$

RMSprop 算法和 AdaGrad 算法的其他参数完全一致，只是借鉴动量法引入了一个动量因子 $\beta(0<\beta<1)$，通常设为 0.9。在 AdaGrad 算法中，状态变量 $\boldsymbol{s}_t$ 是截止第 t 次迭代所有小批量随机梯度 $\boldsymbol{g}_t$ 按元素平方后累加求和。而 RMSprop 算法将这些梯度的平方按指数加权平均的方式进行计算。如此一来，自变量每个元素的学习率在迭代过程中就不再一直降低(或不变)。目前，RMSprop 算法已被证明是一种有效且实用的深度神经网络优化算法，也是深度学习从业者经常采用的优化方法之一。基于 RMSprop 算法的人工神经网络训练流程如算法 5.3 所示。

算法 5.3 基于 RMSprop 算法的人工神经网络训练流程

输入：对训练集 $D=\{x^i, y^i\}_{i=1}^N$ 进行预处理，并将其划分为若干个 mini-batch，单个 mini-batch 中的样本数为 m；设定学习率 α、网络层数 L、神经元数目 $n_l(0 \leqslant l \leqslant L)$、训练迭代次数 T 等超参；对模型参数 $\boldsymbol{W}, \boldsymbol{b}, \boldsymbol{S}_{\mathrm{d}w}, \boldsymbol{S}_{\mathrm{d}b}$ 进行初始化。

Repeat $t \in [1, \cdots, T]$

选取某个 **mini-batch**，对它的每个训练样本 $\boldsymbol{x}$：令 $\boldsymbol{a}^0 = \boldsymbol{x}$，然后执行下列步骤。

- 前向传播：对 $l = 1, 2, \cdots, L$ 逐层计算，即

$$z^l = W^l \boldsymbol{a}^{l-1} + \boldsymbol{b}^l,$$
$$\boldsymbol{a}^l = f_l(z^l).$$

- 反向传播：对 $l = L, L-1, \cdots, 1$ 计算 $\mathrm{d}\boldsymbol{W}^l, \mathrm{d}\boldsymbol{b}^l$。

参数更新：对 $l = L, L-1, \cdots, 1$ 更新权重和偏置，即

$$V_{\mathrm{d}w}^l \leftarrow \frac{1}{1-\beta_1^t}\left[\beta_2 V_{\mathrm{d}w}^l + (1-\beta_1)\left(\frac{1}{m}\sum_{\boldsymbol{x}} \mathrm{d}\boldsymbol{W}^l\right)\right],$$

$$V_{\mathrm{d}b}^l \leftarrow \frac{1}{1-\beta_1^t}\left[\beta_2 V_{\mathrm{d}b}^l + (1-\beta_1)\left(\frac{1}{m}\sum_{\boldsymbol{x}} \mathrm{d}\boldsymbol{b}^l\right)\right],$$

$$S_{\mathrm{d}w}^l \leftarrow \frac{1}{1-\beta_2^t}\left[\beta_2 S_{\mathrm{d}w}^l + (1-\beta_2)\left(\frac{1}{m}\sum_{\boldsymbol{x}} \mathrm{d}\boldsymbol{W}^l\right)^2\right],$$

$$S_{\mathrm{db}}^{l} \leftarrow \frac{1}{1-\beta_2^t}\left[\beta_2 \boldsymbol{S}_{\mathrm{db}}^{l} + (1-\beta_2)\left(\frac{1}{m}\sum_{\boldsymbol{x}} \mathrm{d}\boldsymbol{b}^l\right)^2\right],$$

$$W \leftarrow \boldsymbol{W}^l - \alpha \frac{\boldsymbol{V}_{\mathrm{d}W}^l}{\sqrt{S_{\mathrm{dw}}^l + \epsilon}},$$

$$\beta \leftarrow \beta^l - \alpha \frac{\boldsymbol{V}_{\mathrm{dw}}^l}{\sqrt{S_{\mathrm{db}}^l + \epsilon}}.$$

输出：$\boldsymbol{W}, \boldsymbol{b}$。

5.3.4 Adam 算法

Adam 算法(adaptive moment estimation algorithm，自适应性运动估计算法)是金曼(Kingma)等研究者于 2014 年提出的一种学习率自适应优化算法。该算法可以看作 RMSprop 算法和动量法的融合。其基本思想是像动量法一样使用任意 t 时刻梯度的指数加权平均来确定变量的更新方向，像 RMSprop 算法一样利用任意 t 时刻梯度平方的指数加权平均来独立自适应地调节各参数对应的学习率。基于 Adam 算法的人工神经网络训练流程如算法 5.4 所示。

算法 5.4 基于 Adam 算法的人工神经网络训练流程

输入：对训练集 $D=\{x^i, y^i\}_{i=1}^N$ 进行预处理，并将其划分为若干个 mini-batch，单个 mini-batch 中的样本数为 m；设定学习率 α、网络层数 L、神经元数目 $n_l(0 \leqslant l \leqslant L)$、训练迭代次数 T 等超参；对模型参数 $\boldsymbol{W}, \boldsymbol{\beta}, \gamma$ 进行初始化。

Repeat $t \in [1, \cdots, T]$

选取某个 **mini-batch**，对它的每个训练样本 $\boldsymbol{x}$：令 $\boldsymbol{a}^0 = \boldsymbol{x}$，然后执行下列步骤。

- 前向传播：对 $l=1,\cdots,L$ 逐层计算，即

  $z^l = W^l \boldsymbol{a}^{l-1}$

  依据批量归一化求 z^l 对应的 $\tilde{z}^l$；

  用 $\tilde{z}^l$ 替代 z^l 代入激化函数求 $\boldsymbol{a}^l = f_l(\tilde{z}^l)$ 对应的 $\tilde{z}^l$.

- 反向传播：对 $l = L, L-1, \cdots, 1$ 计算 $\mathrm{d}\boldsymbol{W}^l, \mathrm{d}\beta^l, \mathrm{d}\gamma^l$.

参数更新：对 $l \in [1, \cdots, L]$ 更新权重和偏置，即

$$W^l \leftarrow W^l - \frac{a}{m}\sum_x \mathrm{d}W^l$$

$$\beta^l \leftarrow \beta^l - \frac{a}{m}\sum_x \mathrm{d}\beta^l$$

$$\gamma^l \leftarrow \gamma^l - \frac{a}{m}\sum_x \mathrm{d}\gamma^l$$

输出：$\boldsymbol{W}, \boldsymbol{\beta}, \boldsymbol{\gamma}$。

具体来说，该算法可以写作

$$\begin{cases} \boldsymbol{v}_t = \beta_1 \boldsymbol{v}_{t-1} + (1-\beta_1)\boldsymbol{g}_t, \\ \boldsymbol{s}_t = \beta_2 \boldsymbol{s}_{t-1} + (1-\beta_2)\boldsymbol{g}_t \odot \boldsymbol{g}_t, \end{cases} \tag{5.33}$$

其中，t表示第t次迭代，$\boldsymbol{g}_t$表示模型可训练参数的梯度，β_1和β_2均为动量因子，通常$\beta_1 = 0.9$，$\beta_2 = 0.999$。

一般我们将$\boldsymbol{v}_0$和$\boldsymbol{s}_0$都初始化为 0。需要注意的是，Adam 算法中$\boldsymbol{v}_t$和$\boldsymbol{s}_t$的更新均使用了指数加权平均算法。依据该方法自身的特点，在开始阶段(当t较小时)，$\boldsymbol{v}_t$和$\boldsymbol{s}_t$的结果会与理想值之间存在较大的偏差。和式(5.26)一样，我们可以对式(5.30)的结果进行偏差修正，即

$$\begin{cases} \hat{\boldsymbol{v}}_t = \dfrac{1}{1-\beta_1^t}\left[\beta_1 \boldsymbol{v}_{t-1} + (1-\beta_1)\boldsymbol{g}_t\right], \\ \hat{\boldsymbol{s}}_t = \dfrac{1}{1-\beta_2^t}\left[\beta_2 \boldsymbol{s}_{t-1} + (1-\beta_2)\boldsymbol{g}_t \odot \boldsymbol{g}_t\right]. \end{cases} \tag{5.34}$$

Adam 算法一般使用式(5.31)中偏差修正后的变量$\hat{\boldsymbol{v}}_t$和$\hat{\boldsymbol{s}}_t$来更新模型，即

$$\boldsymbol{\theta}_t = \boldsymbol{\theta}_{t-1} - \frac{\alpha \hat{\boldsymbol{v}}_t}{\sqrt{\hat{\boldsymbol{s}}_t} + \epsilon}, \tag{5.35}$$

其中，α是学习率，$\epsilon > 0$是为了防止分母为 0 而添加的常量，如$\epsilon = 10^{-4}$。

5.3.5 近似梯度计算

上述优化方法都是在梯度下降法的基础上进行改进的，本质上都是基于一阶导数来进行模型参数的更新与优化的。因此，这些方法都属于一阶优化算法。接下来，我们重点介绍几种常见的基于二阶导数信息的优化算法。

1. 牛顿法

对于一阶优化方法想要优化的目标函数$f(\boldsymbol{\theta})$，在点$\boldsymbol{\theta}_0$处进行一阶泰勒展开，可得

$$f(\boldsymbol{\theta}) \approx f(\boldsymbol{\theta}_0) + (\boldsymbol{\theta} - \boldsymbol{\theta}_0)^\top \boldsymbol{g}, \tag{5.36}$$

其中，$\boldsymbol{g}$为$f(\boldsymbol{\theta})$在$\boldsymbol{\theta}_0$处的梯度值。通过计算一阶泰勒展开可以得到目标函数在$\boldsymbol{\theta}_0$周边局部区域的线性近似。一阶优化算法的基本思想是使用这种线性近似代替原始函数来完成模型参数的更新，即沿着线性近似函数梯度的反方向来更新模型参数。

对于二阶可导的目标函数，我们也可以使用二阶导数来指导调节模型参数的更新。首先，我们需要将目标函数在$\boldsymbol{\theta}_0$处做二阶泰勒展开

$$f(\boldsymbol{\theta}) \approx f(\boldsymbol{\theta}_0) + (\boldsymbol{\theta} - \boldsymbol{\theta}_0)^\top \boldsymbol{g} + \frac{1}{2}\left[(\boldsymbol{\theta} - \boldsymbol{\theta}_0)^\top \boldsymbol{H} (\boldsymbol{\theta} - \boldsymbol{\theta}_0)\right], \tag{5.37}$$

其中，$\boldsymbol{g}$仍为$f(\boldsymbol{\theta})$在$\boldsymbol{\theta}_0$处的梯度值，$\boldsymbol{H}$是点$\boldsymbol{\theta}_0$的 Hessian(黑塞)矩阵，Hessian 矩阵为

$f(\boldsymbol{\theta})$二阶偏导数组成的矩阵，其定义为

$$\boldsymbol{H}\left(f(\boldsymbol{\theta})\right)_{i,j}=\frac{\partial^2 f(\boldsymbol{\theta})}{\partial\theta_i\partial\theta_j}. \tag{5.38}$$

基于二阶泰勒展开，目标函数的局部信息可以通过一个二阶函数来近似。和一阶线性近似函数不同，二阶近似函数天然存在最小值点。当 Hessian 矩阵正定时，对上述二阶泰勒展开式关于$\boldsymbol{\theta}$求导，并令导数为 0，可以求出该近似二阶函数的最优解，即

$$\begin{aligned}\boldsymbol{\theta}^*&=argmin_{\boldsymbol{\theta}}f(\boldsymbol{\theta}_0)+(\boldsymbol{\theta}-\boldsymbol{\theta}_0)^\top\boldsymbol{g}+\frac{1}{2}\left[(\boldsymbol{\theta}-\boldsymbol{\theta}_0)^\top\boldsymbol{H}(\boldsymbol{\theta}-\boldsymbol{\theta}_0)\right]\\&=\boldsymbol{\theta}_0-\boldsymbol{H}\left(f(\boldsymbol{\theta}_0)\right)^{-1}\nabla_{\boldsymbol{\theta}}f(\boldsymbol{\theta}_0).\end{aligned} \tag{5.39}$$

接下来，我们可以利用这个最优解来更新模型参数，这就是牛顿法的基本思路。具体来说，我们首先需要计算Hessian矩阵，这里的Hessian矩阵必须是正定的，否则我们无法使用牛顿法。然后对 Hessian 矩阵求逆，计算二次近似函数的最优解，并依据该最优解来更新模型参数。这里的 Hessian 矩阵也称为牛顿步长，它等价于一阶优化方法中的学习率α。一般而言，人工神经网络实际需要优化的目标函数并非标准二次函数，采用牛顿法难以一步直接求得原目标函数的全局最优解。这种情况下，我们需要迭代上述过程。具体来说，牛顿法的更新过程如下

$$\boldsymbol{\theta}_t=\boldsymbol{\theta}_{t-1}-\boldsymbol{H}\left(f(\boldsymbol{\theta}_{t-1})\right)^{-1}\nabla_{\boldsymbol{\theta}}f(\boldsymbol{\theta}_{t-1}). \tag{5.40}$$

算法的每一步都对当前位置进行二阶泰勒展开并求出对应二阶近似函数的最小值，而后依据最小值更新模型参数，这样不断迭代直至算法收敛或找到可以接受的局部最优解为止。

大量实验表明，一般情况下该方法比梯度下降法收敛更快，且它的下降路径会更符合真实的最优下降路径。因为 Hessian 矩阵利用了二阶偏导数信息，从而使参数更新更加高效，它描述了损失函数的局部曲率，在曲率较小时能大步长更新，曲率较大时小步长更新，这可以在一定程度上解决梯度下降法在更新过程中的振荡问题。采用牛顿法，在选择方向时，不仅考虑梯度，还考虑梯度的变化程度。梯度下降法在每次前进时都选择坡度下降最快的方向(即梯度的反方向)，而牛顿法不仅会选择坡度下降最快的方向，还会进一步调节单步迈出的步长。牛顿法比梯度下降法更具全局思想，所以收敛速度更快。

牛顿法的主要缺点有两个：一是 Hessian 矩阵求逆的计算消耗较大；二是牛顿法存在鞍点问题。人工神经网络的高度非线性会导致其优化目标函数相对于模型参数通常是非凸的，而这种非凸性又会导致 Hessian 矩阵非正定。这样在靠近鞍点处，牛顿法可能会朝错误的方向进行更新。相关研究表明，随着数据维度的增加，高维空间中的鞍点数量激增，这也是牛顿法难以代替梯度下降法用于大型人工神经网络训练的一个重要原因。

2. 共轭梯度法

共轭梯度法是介于梯度下降法和牛顿法之间的一种方法，它在一定程度上克服了梯

度下降法在平缓区域收敛速度慢的问题[56]，但又不用像牛顿法那样需要求解 Hessian 矩阵的逆，它仅利用一阶导数信息、存储量小、稳定性高，并且不需要外部参数。

梯度下降法每次迭代都将当前位置的梯度的反方向作为参数的更新方向，并使用学习率来确定更新过程中算法在该更新方向上前进的步长。步长的选择有以下几种方式：

(1) 选择一个小的常数作为步长。

(2) 选择一个小的常数作为初始步长，并随迭代次数的增加对步长进行衰减。

(3) 使用线搜索策略，该策略会在搜索方向(即梯度反方向)上选取能使目标函数 $f\left(\boldsymbol{\theta}-\alpha\nabla_{\boldsymbol{\theta}}f\left(\boldsymbol{\theta}\right)\right)$ 最小化的步长 α 。

尽管线搜索策略比使用固定学习率策略更优，但是算法朝最优目标值前进的路线仍然非常曲折。其原因在于，假设我们沿着上一次搜索方向 $\boldsymbol{g}_{t-1}$ 进行线搜索，并在函数 $f\left(\boldsymbol{\theta}-\alpha\boldsymbol{g}_{t-1}\right)$ 极小处停止搜索，这意味着在终止处在 $\boldsymbol{g}_{t-1}$ 方向的方向导数为 0，即

$$\nabla_{\boldsymbol{\theta}}f\left(\boldsymbol{\theta}\right)^{\top}\boldsymbol{g}_{t-1}=\boldsymbol{g}_{t}^{\top}\boldsymbol{g}_{t-1}=0. \tag{5.41}$$

使用线搜索后前后两次下降方向是正交的，这意味着我们每次梯度更新并未考虑到上一次更新中线搜索方向上的进展，这显然会延缓梯度更新的速度。

在共轭梯度法中，我们通过寻找一个和上次更新的梯度方向共轭的搜索方向来解决上述问题。与梯度下降法不同，共轭梯度法的每一次搜索方向不仅由当前梯度方向决定，也与前一次更新的搜索方向有关。当共轭梯度法沿着当前搜索方向求极小值时，不会影响在之前方向取得的极小值，即不会舍弃之前方向上的进展。对于第**t**次迭代，搜索方向 $\boldsymbol{d}_t$ 满足

$$\boldsymbol{d}_t=\nabla_{\boldsymbol{\theta}}f\left(\boldsymbol{\theta}_t\right)+\beta_t\boldsymbol{d}_{t-1}, \tag{5.42}$$

其中，系数 β_t 用于控制先前方向对 $\boldsymbol{d}_t$ 的贡献。如果 $\boldsymbol{d}_{t-1}^{\top}\boldsymbol{H}\boldsymbol{d}_t=0$ ($\boldsymbol{H}$是 Hessian 矩阵)，此时称 $\boldsymbol{d}_{t-1}$ 与 $\boldsymbol{d}_t$ 共轭。我们可以选择合适的 β_t 来确保这种共轭属性，常见的 β_t 的计算方式如下。

① 弗莱彻·里夫斯(Fletcher·Reeves)

$$\beta_t=\frac{\nabla_{\boldsymbol{\theta}}f\left(\boldsymbol{\theta}_t\right)^{\top}\nabla_{\boldsymbol{\theta}}f\left(\boldsymbol{\theta}_t\right)}{\nabla_{\boldsymbol{\theta}}f\left(\boldsymbol{\theta}_{t-1}\right)^{\top}\nabla_{\boldsymbol{\theta}}f\left(\boldsymbol{\theta}_{t-1}\right)}. \tag{5.43}$$

② 波拉克·里比埃(Polak·Ribière)

$$\beta_t=\frac{[\nabla_{\boldsymbol{\theta}}f\left(\boldsymbol{\theta}_t\right)-\nabla_{\boldsymbol{\theta}}f\left(\boldsymbol{\theta}_{t-1}\right)]^{\top}\nabla_{\boldsymbol{\theta}}f\left(\boldsymbol{\theta}_t\right)}{\nabla_{\boldsymbol{\theta}}f\left(\boldsymbol{\theta}_{t-1}\right)^{\top}\nabla_{\boldsymbol{\theta}}f\left(\boldsymbol{\theta}_{t-1}\right)}. \tag{5.44}$$

可以证明，当前搜索方向 $\boldsymbol{d}_t$ 与先前所有的搜索方向 $\boldsymbol{d}_0,\cdots,\boldsymbol{d}_{t-1}$ 是满足两两共轭的。一旦确定了每一次迭代的搜索方向就可以在这个方向上执行线搜索确定每一次迭代的步长。

共轭梯度法只需要计算和存储目标函数的梯度值，与牛顿法相比，它的存储量大大减小，因此共轭梯度法更适合求解大规模问题。同时，共轭梯度法改善了梯度下降法收敛

速度慢的问题，但实验表明其收敛速度仍然明显慢于牛顿法。

对于深层神经网络或其他深度学习模型来说，其目标函数往往是非凸的，此时共轭梯度法仍然适用，但是需要做一些简单的修改，在此不展开介绍，感兴趣的读者可以自行查阅相关资料。

3. 拟牛顿法

对于高维数据，Hessian 矩阵求逆带来的巨大计算量，可能导致牛顿法无法运行。为了克服这个问题，拟牛顿法(quasi-Newton methods)在牛顿法的基础上做出了一系列的改进。此类方法的基本思想是构造正定对称矩阵来近似 Hessian 矩阵，使用近似矩阵执行参数的更新。不同的构造方式产生不同的拟牛顿法，常用的拟牛顿法包括 DFP(Davidon-Fletcher-Powell)、BFGS(Broyden-Fletcher-Goldfarb-Shanno)、L-BFGS(Limited memory BFGS)等。拟牛顿法只需要使用一阶导数，不需要真正计算 Hessian 矩阵及其逆矩阵，这大大减少了算法的计算消耗，因此能够应用在高维数据处理中。

构造 Hessian 矩阵的近似矩阵需要满足一定的条件——拟牛顿条件(也称拟牛顿方程或割线条件)。该条件为构造近似矩阵提供了理论指导。

回顾牛顿法，首先对目标函数在任一点 $\boldsymbol{\theta}_{k+1}$ 处进行二阶泰勒展开得到近似函数

$$f(\boldsymbol{\theta}) \approx f(\boldsymbol{\theta}_{k+1}) + (\boldsymbol{\theta}-\boldsymbol{\theta}_{k+1})^{\top} \nabla f(\boldsymbol{\theta}_{k+1}) + \frac{1}{2}\left[(\boldsymbol{\theta}-\boldsymbol{\theta}_{k+1})^{\top} \nabla^2 f(\boldsymbol{\theta}_{k+1})(\boldsymbol{\theta}-\boldsymbol{\theta}_{k+1})\right]. \tag{5.45}$$

然后对近似函数两边同时求导，得到

$$\nabla f(\boldsymbol{\theta}) \approx \nabla f(\boldsymbol{\theta}_{k+1}) + \boldsymbol{H}_{k+1}(\boldsymbol{\theta}-\boldsymbol{\theta}_{k+1}). \tag{5.46}$$

令 $\boldsymbol{\theta}=\boldsymbol{\theta}_k$，代入式(5.42)并移项整理，可得

$$\boldsymbol{g}_{k+1}-\boldsymbol{g}_k \approx \boldsymbol{H}_{k+1}(\boldsymbol{\theta}_{k+1}-\boldsymbol{\theta}_k). \tag{5.47}$$

通过引入变量 $\boldsymbol{s}_k=\boldsymbol{\theta}_{k+1}-\boldsymbol{\theta}_k$ 和 $\boldsymbol{y}_k=\boldsymbol{g}_{k+1}-\boldsymbol{g}_k$，并将式(5.43)进行整合后，可得

$$\boldsymbol{y}_k \approx \boldsymbol{H}_{k+1}\boldsymbol{s}_k. \tag{5.48}$$

使用 Hessian 矩阵的逆矩阵形式可以将式(5.44)改写为

$$\boldsymbol{s}_k \approx \boldsymbol{H}_{k+1}^{-1}\boldsymbol{y}_k. \tag{5.49}$$

若存在矩阵 $\boldsymbol{B}$ 或矩阵 $\boldsymbol{D}$ 使下列等式中的任意一个等式成立

$$\boldsymbol{y}_k = \boldsymbol{B}_{k+1}\boldsymbol{s}_k, \tag{5.50}$$

$$\boldsymbol{s}_k = \boldsymbol{D}_{k+1}\boldsymbol{y}_k. \tag{5.51}$$

那么，矩阵 $\boldsymbol{B}$ 和矩阵 $\boldsymbol{D}$ 分别是 $\boldsymbol{H}$ 和 $\boldsymbol{H}^{-1}$ 的近似矩阵。式(5.46)和式(5.47)即为拟牛顿条件，二者相互等价。

基于拟牛顿条件我们就可以构造 Hessian 矩阵或其逆矩阵的近似矩阵。下面简单介绍其中一种近似矩阵构造方法——BFGS 算法。该算法的核心是求得 Hessian 矩阵的近似矩阵。目前，BFGS 算法已经成为求解无约束非线性优化问题的流行方法，它的核心迭代更新公式如下

$$B_{k+1}=B_k+\frac{y_k y_k^\top}{y_k^\top s_k}-\frac{B_k s_k s_k^\top B_k}{s_k^\top B_k s_k},\tag{5.52}$$

在初始状态，令 $B_0=I$，其中 I 为与 Hessian 矩阵具有相同形状的单位矩阵。这样依据式(5.48)不断迭代更新就可以逐渐逼近我们想要的 Hessian 矩阵。但式(5.52)得到的是 Hessian 矩阵的近似矩阵，而执行参数更新需要用到 Hessian 矩阵的逆矩阵，因此还需要对得到的近似矩阵进行求逆操作。为优化计算过程，在 BFGS 算法中使用了 Sherman-Morrison 公式，将式(5.52)转换成近似矩阵的逆矩阵的更新公式

$$D_{k+1}=B_{k+1}^{-1}=\left(I-\frac{s_k y_k^\top}{y_k^\top s_k}\right)B_k^{-1}\left(I-\frac{y_k s_k^\top}{y_k^\top s_k}\right)+\frac{s_k s_k^\top}{y_k^\top s_k}.\tag{5.53}$$

完整的 BFGS 算法步骤如下。

初始化条件：$k=0$，任意选择初始点 θ_0，$g_0=\nabla_\theta f(\theta_0)$，令近似矩阵 $D_0=I$，设置精度阈值 ε。

(1) 确定搜索方向：$d_k=-D_k g_k.$。

(2) 利用线搜索得到当前搜索步长 α_k，$s_k=\alpha_k d_k.$，执行更新 $\theta_{k+1}=\theta_k+s_k$。

(3) 计算 $g_{k+1}=\nabla_\theta f(\theta_{t+1})$，若 $\|g_{k+1}\|<\varepsilon$，算法结束。

(4) 计算 $y_k=g_{k+1}-g_k$，并更新近似矩阵 D_{k+1}。

(5) 令 $k\leftarrow k+1$，重复步骤(2)~(4)。

5.4 模型效果评估与泛化能力提外方法

在构建模型后，如何评估模型效果及提升模型的泛化能力，是深度学习领域里的重要研究方向，本节介绍模型的效果评估策略与泛化能力提升方法。

5.4.1 训练集、验证集、测试集划分

人工神经网络的主要任务就是从数据中学习和构建模型，在这个学习与构建的过程中一般需要用到三类数据，分别为训练集、验证集和测试集。

在训练过程中，模型首先会对训练集中的每个样本进行拟合，并将拟合结果与样本标签进行比较，然后依据比较的结果，调优模型参数，逐渐降低拟合误差。为提升模型对实际数据的表征能力，我们需要在训练集中包含尽可能多的样本。训练完成后，我们可以基于验证集中的数据对模型结构和超参进行调节。验证集的数据不可用于模型的训练。为了完成模型结构和超参的有效调节，我们希望验证集能够给出对训练集上拟合模型的无偏估计，因此验证集必须和训练集同分布。为了确保二者同分布，它们往往在同一个整体数据集上进行随机划分而得到。

在基于验证集完成模型调优后，我们需要测试集来完成最终模型效果的测试。因此

测试集的数据应该由真实的应用场景产生，或者测试集数据的概率分布应与真实场景中数据生成的概率分布一致，只有这样测试集才具有实际意义。测试集的产生有两种常见方式，一种方式是直接从真实应用场景中采集而来。此时，测试集对实际应用具有测试意义，但可能存在测试集分布与验证集分布有所差异的现象。这种情况下，只能通过收集扩充训练集和验证集的数据来解决。另一种方式是对同一个数据集随机划分出 3 个部分，分别作为训练集、验证集和测试集。这样确保了三者具有相同的数据分布，但此时测试集数据的概率分布必须与真实场景中数据生成的概率分布一致，否则这个测试集的测试结果对实际应用就没有太多帮助。

如果基于同一组数据来划分训练集、验证集和测试集，其划分比例会受数据集的规模大小的影响。对于一般的中小规模数据集可以使用 60%:20%:20%或 70%:20%:10%或 80%:10%:10%等常见比例划分训练集、验证集和测试集。而对于大规模数据(样本数百万级以上)，我们可以采用 98%:1%:1%的比例来划分数据集，以确保更多的数据能够用于模型训练之中。

5.4.2 欠拟合与过拟合

机器学习算法的主要目标是利用模型对数据进行表征与拟合。训练阶段算法学习的目的并非仅仅对有限训练集内的数据进行正确的预测，而是希望模型能够对真实应用阶段的测试样本进行正确的预测。

一般而言，模型对训练集数据的预测误差称为训练误差，它反映了模型对训练样本的拟合程度。训练误差越小，模型对训练样本的拟合程度就越高。若训练误差较大，则说明模型的优化表征能力不足，这种情况通常称为欠拟合(underfitting)。模型对验证集数据的误差称为验证误差，验证误差和训练误差的差异反映了模型的泛化能力。当模型的训练误差较小，但验证误差较大时，模型的泛化能力不足，这种情况通常称为过拟合[57](overfitting)。本质上过拟合和欠拟合都是模型学习能力与数据复杂度之间失配的结果。欠拟合常常在模型学习能力不足而数据复杂度较高的情况下出现；与之相反，过拟合常常在相对数据而言，模型的规模过大且学习能力较强的情况下出现。过拟合时模型学习捕捉的不仅仅是与模型任务相关的“一般规律”，而且将训练集内部无助于提升模型泛化能力的噪声信息也学习到了模型之中。

欠拟合出现的原因主要是模型复杂度过低、表征能力不足。在 5.2 节和 5.3 节中，我们已经对模型的拟合表征能力提升策略进行了讨论，这里不再赘述。过拟合出现的原因包括训练集中的样本数量太少，选取的样本数据不足以反映实际的数据应用规则；训练数据中噪声较高(如样本标签错误等)，使模型将部分噪声误认为是有效特征，从而降低了模型的泛化能力；训练集和验证集的数据分布不一致；参数太多，模型复杂度过高；模型训练的迭代次数过多(overtraining)等。过拟合的解决方案有正则化、丢弃法(dropout)、提前停止法[88](early stopping)等，这些内容会在后面逐一介绍。图 5.4 中的线段为对真实数据进行线性拟合的结果。

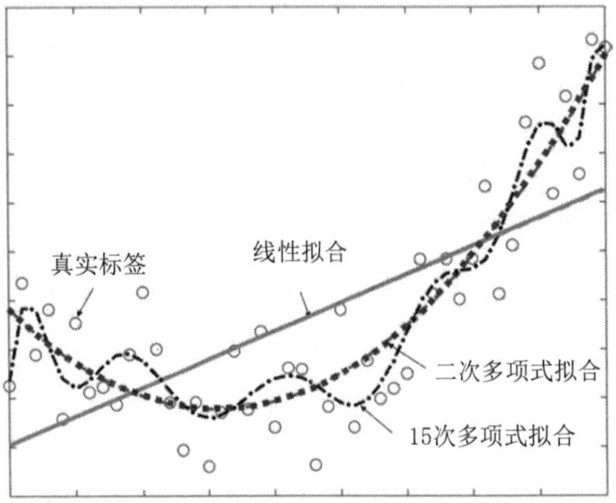

图 5.4　欠拟合与过拟合

显然线性模型能力不足无法对数据进行有效表征，这就是一种典型的欠拟合情况。当我们使用 15 次多项式进行数据拟合时，可以看到模型不仅仅捕捉了数据的整体趋势信息，还对数据中由于噪声引起的局部变化进行了拟合，这实际上不利于我们对真实数据的预测，这种情况就是典型的过拟合。当我们使用二次多项式进行拟合时，模型很好地捕捉到了样本数据的总体趋势，且未过分关注数据的局部细节信息，此时的模型是恰到好处的。

5.4.3　正则化

正则化(regularization)是机器学习中对模型引入额外信息，防止过拟合并提高模型泛化性能的一类方法的统称。深度学习模型中一种常见的正则化方法是在目标函数中加入额外的正则项来对参数过拟合的情况进行惩罚。

在介绍正则化之前，我们先来一起认识一下常见的范数。

定义 5.1　(范数)

设 X 是数域 F 上的线性空间，且对于 X 的任一个向量 $\boldsymbol{x}$，在线性空间 X 上的范数是一个实值函数 $p:\mathbb{R}^n \to \mathbb{R}$，满足以下条件。

- 正定性：对于任意的 $\boldsymbol{x} \in X$，$p(\boldsymbol{x}) \geqslant 0$，当且仅当 $\boldsymbol{x} = \boldsymbol{0}$ 时，$p(\boldsymbol{x}) = 0$；
- 齐次性：对于任意的 $\boldsymbol{x} \in X$ 和标量 s，$p(s\boldsymbol{x}) = |s|\, p(\boldsymbol{x})$；
- 三角不等式：对于任意的 $\boldsymbol{x}$、$\boldsymbol{y} \in X$，都有 $p(\boldsymbol{x}+\boldsymbol{y}) \leqslant p(\boldsymbol{x}) + p(\boldsymbol{y})$。

满足上述条件的数学表达式称为范数。常用的范数包括 L_2 范数、L_1 范数、$L_p(0<p<1)$ 范数、无穷范数(L_∞ 范数)等。

对于任意的向量 $\boldsymbol{x} \in \mathbb{R}^n$，各种常用范数的定义如下。

(1) L_2 范数

$$L_2(\boldsymbol{x}) = \|\boldsymbol{x}\|_2 = \sqrt{\sum_{i=1}^{n} x_i^2}\ . \tag{5.54}$$

(2) L_1 范数

$$L_1(\boldsymbol{x}) = \|\boldsymbol{x}\|_1 = \sum_{i=1}^{n} |x_i|\ . \tag{5.55}$$

(3) L_p 范数 $(0<p<1)$

$$L_p(\boldsymbol{x})=\|\boldsymbol{x}\|_p=\left(\sum_{i=1}^{n}x_i^p\right)^{\frac{1}{p}}. \tag{5.56}$$

(4) L_∞ 范数

$$L_\infty(\boldsymbol{x})=\|\boldsymbol{x}\|_\infty=\lim_{p\to\infty}\left(\sum_{i=1}^{n}x_i^p\right)^{\frac{1}{p}}=\max|x_i|. \tag{5.57}$$

在深度学习中，常使用 L_1 范数和 L_2 范数作为优化正则项，这样原始优化问题可以改写为

$$\boldsymbol{\theta}^*=\arg\min_{\boldsymbol{\theta}}\frac{1}{N}\sum_{n=1}^{N}\mathcal{L}\left(y^{(n)},f\left(\boldsymbol{x}^{(n)};\boldsymbol{\theta}\right)\right)+\lambda L_q(\boldsymbol{\theta}), \tag{5.58}$$

其中，$\mathcal{L}(\cdot)$ 为原始损失函数，N 为训练集中的样本数，$f(\cdot)$ 为训练的人工神经网络模型，$\boldsymbol{\theta}$ 为其参数，q 的取值为 1 或 2 分别代表 L_1 范数和 L_2 范数，λ 为正则化系数。

当 $q=2$ 时，式(5.58)和第 2 章中介绍的岭回归相似，L_2 范数正则项的引入可理解为对模型参数 $\boldsymbol{\theta}$ 的压缩，这样有助于提升模型的稳定性和泛化能力。例如，在人工神经网络中压缩模型各层的权重参数，可以有效缓解模型对数量级较大参数的过分偏重，进而减少过拟合。当 $q=1$ 时，和第 2 章中介绍的套索回归相似，L_1 范数正则项的引入不仅仅能够压缩模型参数 $\boldsymbol{\theta}$，同时 L_1 范数的自身特性会使参数稀疏化，进而实现对输入特征的筛选。此外，还有一种折中的正则化方法，即同时加入 L_1 和 L_2 正则项，该方法称为弹性网络正则化(elasticnet regularization)，此时

$$\boldsymbol{\theta}^*=\arg\min_{\boldsymbol{\theta}}\frac{1}{N}\sum_{n=1}^{N}\mathcal{L}\left(y^{(n)},f\left(\boldsymbol{x}^{(n)};\boldsymbol{\theta}\right)\right)+\lambda_1L_1(\boldsymbol{\theta})+\lambda_2L_2(\boldsymbol{\theta}). \tag{5.59}$$

从自身属性上看，弹性网络正则化和弹性网络回归相似，L_1 范数正则项的引入有助于模型实现参数稀疏化和特征选择，而 L_2 范数正则项可以修正 L_1 范数项在面对高度互相关特征时表现出的不稳定问题。

5.4.4 丢弃法

为了解决过拟合问题，另一种常用思路是采用集成算法(ensemble learning)，即训练多个模型，通过一定的策略将它们结合在一起来完成学习任务。虽然这种方式能够有效提升算法的泛化能力和准确性，但是基于多个模型进行训练和测试无疑增加了算法的复杂度和时间消耗。丢弃法(Dropout 法)是一种可以有效缓解过拟合的方法，它可以看作一种集成算法，但在模型的训练和验证过程中该算法并未引入过多额外的计算和内存消耗。

顾名思义，Dropout 法会在人工神经网络的训练过程中按照一定的概率暂时随机丢弃一部分神经元(同时丢弃该神经元的所有连接)。这种暂时随机丢弃部分神经元后再来训练

模型的方式可以防止模型过分倚重少数神经元，因此在一定程度上缓解了过拟合的发生程度。丢弃法一般是针对神经元进行随机丢弃的，但是也可以扩展到对神经元之间的连接进行随机丢弃。对于任意一层神经网络：$\boldsymbol{a}^l = f\left(\boldsymbol{W}^l\boldsymbol{a}^{l-1} + \boldsymbol{b}^l\right)$，训练阶段对该层神经网络的所有神经元使用丢弃法，这样可以得到

$$\tilde{\boldsymbol{a}}^l = \boldsymbol{a}^l \odot \boldsymbol{r}^l = f\left(\boldsymbol{W}^l\boldsymbol{a}^{l-1} + \boldsymbol{b}^l\right) \odot \boldsymbol{r}^l, \tag{5-60}$$

其中，$f(\cdot)$是激活函数，$\boldsymbol{r}^l \in \{0,1\}^{n_l}$是丢弃掩码(dropout mask)，其维度和该层神经元的个数n_l相同，每一个元素都由概率为p的伯努利分布随机生成。p称为丢弃概率，是Dropout 操作的超参数，通常$p = 0.5$。从集成学习的角度来看，若我们对一个神经网络中的所有N个神经元使用Dropout法，那么模型的训练过程理论上可以生成2^N个不同的子网络。而在模型的测试阶段，我们不进行Dropout操作，这样模型的输出可以看作2^N个不同的子网络的集成学习。因此，Dropout 操作能够提升模型的泛化能力。

由于在模型的测试阶段，我们不进行 Dropout 操作，为确保模型的训练和测试阶段每层神经元输出的信号的量级不变，一种思路是我们对每层的输出值都乘$1-p$，另一种思路是在训练阶段对每层神经元的输出都乘$\dfrac{1}{1-p}$。此时，训练阶段Dropout操作不改变输出的期望，因此这种情况下我们不需要在测试阶段对模型神经元的输出进行额外的操作。

图5.5左侧描述了一个简单的神经网络，其中，输入个数为4，隐藏单元个数为5，且隐藏单元$a_i^1 = (1,2,3,4,5)$的计算表达式为

$$a_i^1 = f\left(w_{i\,1}^1 x_1 + w_{i\,2}^1 x_2 + w_{i\,3}^1 x_3 + w_{i\,4}^1 x_4 + b_i^1\right), \tag{5-61}$$

其中，$f(\cdot)$是激活函数，$x_1,\cdots,x_4$是输入，$w_{i\,1}^1,\cdots,w_{i\,4}^1$为隐藏单元$i$的权重参数，$b_i^1$为偏差参数。

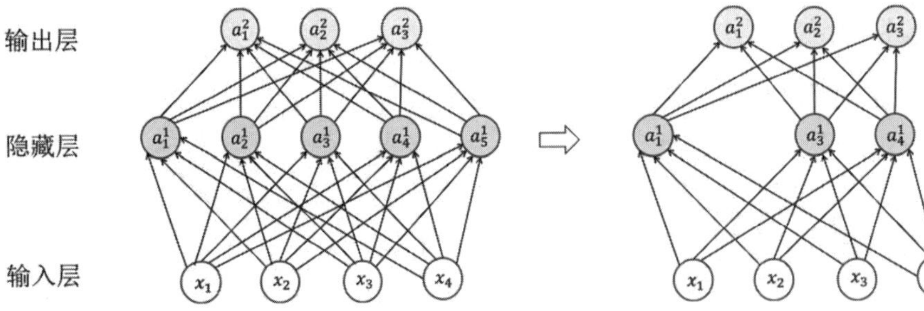

图5.5　对人工神经网络进行 Dropout 操作示例

接下来我们一起来学习当对该隐藏层使用第二种 Dropout 操作时网络的变化情况。设丢弃概率为p，那么有p的概率a_i^1会被清零，有$1-p$的概率a_i^1会保留并除以$1-p$来进行幅值拉伸。这样随机变量r_i^1为0和1的概率分别为p和$1-p$。使用Dropout操作后，我们计算新的隐藏单元为

$$\tilde{a}_i = \frac{r_i^1 a_i^1}{1-p}.$$

由于 $\boldsymbol{E}\left(r_i^1\right)=1-p$，所以

$$\boldsymbol{E}\left(\tilde{a}_i\right)=\frac{\boldsymbol{E}\left(r_i^1\right)a_i^1}{1-p}=a_i^1, \tag{5.52}$$

即 Dropout 不改变神经元输出值的期望。

对图 5.5 左侧的神经网络隐藏层使用 Dropout 法，一种可能的结果如图 5.5 右侧所示，其中 a_2^1 和 a_5^1 被清零。这时该层输出值的计算不再依赖 a_2^1 和 a_5^1，而在反向传播中与这两个隐藏单元相关的权重的梯度均为 0。由于在训练中隐藏层神经元的丢弃是随机的，即 $a_1^1,\cdots,a_5^1$ 都有可能被清零。这样输出层的计算无法过度依赖 $a_1^1,\cdots,a_5^1$ 中的任意一个神经元，这在训练模型过程中无疑起到了正则化的作用，可以用来应对过拟合。

Dropout 正则化策略，在训练阶段为网络引入随机性或噪声以防止过拟合，在测试阶段则要消除这种随机性以提高模型泛化能力。实际上，批量归一化也属于这种策略。当使用 BN 训练模型时，相同的数据点可能出现在不同的小批量中，对于单个数据点，在训练过程中该点会被如何正则化具有一定的随机性(不同小批量计算得到的均值和方差不同，使用BN调整后的数据也会不同)。但是在测试过程中，可通过基于指数滑动平均等策略统计全局信息来抵消这种随机性，以提高模型的泛化能力。在实践中，当使用 BN 训练人工神经网络时，一般无须再引入 Dropout 操作，这是因为仅使用 BN 就能给网络带来足够的正则化效果。然而，Dropout操作可以通过改变丢弃概率参数来调整正则化的强度，而BN并没有这种控制机制。

5.4.5 提前停止法

提前停止(early stopping)法是一种人工神经网络中常见的正则化方法。该方法的核心思路是在模型的训练过程中每隔一段时间检测一次模型的验证误差。当验证集上的误差不再下降时则提前停止迭代。换言之，提前停止法是通过控制迭代次数来防止模型过拟合的。

具体来说，在人工神经网络的训练过程中，我们可以通过调节外循环次数来防止过拟合。如果外循环次数太少，模型对于训练数据的学习不够充分，则有可能发生欠拟合，此时适当增加外循环次数有助于提升模型的拟合能力。但如果外循环次数太多，模型不仅仅会对训练数据中的有效特征进行学习，而且可能学习到训练数据中的噪声属性，此时就发生了过拟合。随着外循环次数的增加，模型在训练集上的表现往往越来越好，但在验证集上的误差往往呈现 U 形趋势，即当外循环次数增加到一定程度时，验证误差不再下降，反而逐渐上升。针对这种趋势，我们可以采用提前停止法来进行优化。其主要步骤如下：

(1) 将原始的训练数据集划分成训练集和验证集；

(2) 只在训练集上进行训练，每一次外循环结束后计算模型在验证集上的误差；

(3) 当模型在验证集上的误差不再下降时停止训练；

(4) 依据验证误差的变化情况，确定模型的最终参数。

这种做法很符合直观感受，因为验证集误差都不再下降了，再继续训练也是无益的。但该做法的重点是如何判断验证集误差不再下降呢？实际问题的数据空间非常复杂，验证集误差常常会发生局部振荡，而非严格的U形变化。例如，在某次外循环后验证集误差提高了，但是在随后的迭代中该误差有可能再次下降，所以根据一两次的连续迭代来判断验证集误差是否不再下降是不可取的。一般的做法是，在训练的过程中，记录到目前为止最好的验证集误差。当接下来连续多次(如5次)外循环的验证集误差都没有低于最佳误差时，则可以认为模型在验证集上的误差不再下降了。此时停止迭代并选择历史最低误差对应的参数作为模型的最终参数。

5.4.6 误差分析

在完成数据收集工作后，我们一般将数据集按照一定的比例分为训练集、验证集和测试集。其中，训练集是用来训练模型参数的数据集合，模型在训练集上的误差通常称为训练误差(training error)。训练误差和贝叶斯误差(在现有特征集上，任意可以基于特征输入进行随机输出的分类器所能达到最小误差，在一般任务中可以简单认为是基于当前数据人类专家能达到的水平)之间的差距为当前模型相对于最优模型的偏置。这部分偏置可以通过提高模型的规模和优化求解能力来提升。具体包括模型的规模提升与结构选择；数据预处理；参数的初始化；模型结构优化；模型的超参设定；优化算法改进等。

验证集常常用来进行模型结构和超参选择。模型在验证集上的误差通常称为验证误差(validation error)。若出现模型的验证误差远大于训练误差的情况，如训练误差为1.5%而相应的验证误差为15%，由于训练集和验证集的数据分布一致，那么此时模型的方差较大。针对这种情况，可以通过提高模型的泛化能力的相关方法来解决，具体包括在代价函数中加入 L_1 范数或 L_2 范数正则项、丢弃法、批量归一法、提前停止法等。在理想状态下，我们希望模型的验证误差接近于训练误差。

测试集用于评估模型的最终效果，模型在测试集上的误差通常称为测试误差(test error)。测试误差和验证误差之间的差异反映了测试数据分布与训练和验证数据分布的差异。当测试误差远大于验证误差时，我们需要重新收集训练数据，确保训练数据与测试集同分布。另外，我们可以通过进一步提升模型的泛化能力来减小二者之间的差距。

习题5

1. 人工神经网络常用的输入数据预处理方法有哪些？ 请分别简述你对这些方法的理解。

2. 人工神经网络常用的网络权重初始化的方法有哪些？ 请分别简述你对这些方法的

理解。

3. 神经网络的训练过程中是否可以将参数全部初始化为 0？请简述原因。

4. 梯度消失和梯度爆炸的原因是什么？

5. 简述什么是欠拟合，欠拟合发生时常用的解决办法有哪些？

6. 简述什么是过拟合，过拟合发生时常用的解决办法有哪些？

7. 在人工神经网络中，每个参数是否可以有不同的学习率？如果有可能，请举例说明；如果不可能，请解释原因。

8. 写出 AdaGrad 算法的核心方程，并简单阐述你对它的理解。

9. 写出 RMSprop 算法的核心方程，并简单阐述你对它的理解。

10. 写出三类常用的学习率衰减方法(请写出学习率随外循环次数衰减的计算公式)。

11. 归一化可以对输入数据、神经网络每一层的净输入，甚至神经网络的权重矩阵进行，请各简述两种对神经网络每一层的净输入进行归一化的方法，并写出核心公式。

第 6 章

卷积神经网络

尽管我们可以将图片展开作为向量，而后输入多层全连接人工神经网络模型中进行数据处理，但全连接网络并没有考虑图片中像素的空间分布，距离远近不同的各像素将会得到完全一致的对待。此外，使用全连接网络处理图像往往会引入大量的参数，这不利于网络的优化和训练。

2012 年之后，随着计算能力的提升和海量数据的支持，深度学习技术再次走到台前并快速发展。在此背景下，针对图像数据处理和计算机视觉的卷积神经网络应运而生。在这个重要的深度学习模型研究领域产生了诸多影响深远的研究成果。例如，2012 年 6 月谷歌研究人员杰夫·迪恩(Jeff Dean)和华人学者吴恩达从 YouTube 视频中提取了 1000 万个未标记的图像，训练一个由 16000 个计算机处理器组成的庞大神经网络，该方法在没有给出任何识别信息的情况下，通过深度学习算法准确地识别出了猫科动物的照片；2016 年，在人工智能顶级学术会议 CVPR(Conference on Computer Vision and Pattern Recognition，国际计算机视觉与模式识别会议)上，年轻的中国学者何恺明博士提出的“残差网络”(ResNet)概念，时至今日仍被诸多研究人员广泛借鉴使用。该模型使深度学习算法在图像分类任务领域上首次超越了人类的水平。此外，该领域也涌现出了一大批优秀的学者，如周志华、吴恩达、李飞飞、何恺明和贾扬清等。本章针对图像数据挖掘任务，介绍卷积神经网络及其经典模型。本章是深度学习理论与应用的重点章。

6.1 卷积神经网络基础

卷积神经网络(convolutional neural networks，CNNs 或 ConvNets)是非常重要的一类深

度学习框架，被广泛应用于图像处理和图像分析工作中。与全连接人工神经网络相似，卷积神经网络也由神经元组成，每个神经元具有可学习的权重和偏置参数。不同的是，在处理图像输入时，全连接人工神经网络往往需要将图像展成向量进行处理，这种方式忽略了像素之间的距离关系，不能充分利用像素的空间分布信息。而卷积神经网络能够直接从图像中学习特征，从而保留了像素之间的联系和图像的局部信息，同时卷积神经网络使用了参数共享方式，极大地减少了模型的参数数量。

本节首先介绍卷积神经网络的两种基本操作——卷积运算和池化操作，然后给出完整的卷积神经网络结构，最后从正向传播和反向传播两个方面介绍网络的训练和参数更新过程。

6.1.1 卷积运算

在卷积神经网络中，图像常常以二维像素矩阵或三维张量的形式输入。常见的输入图像类型有二值图像、灰度图像、RGB(red green blue)图像等。其中，二值图像又称黑白图像，其像素值为 0 或 255，0 代表黑色，255 代表白色，此类图像为单通道图像(每个像素点只用一个数值表示颜色)；灰度图像，像素值取值范围为[0, 255]，通常显示为黑色与白色之间不同程度的灰度，这类图像也是单通道图像；RGB 图像，又称彩色图像，由红色、绿色和蓝色 3 个通道组成，每个像素点由取值范围为[0, 255]的 3 个数值表示相应通道的色彩亮度，0 表示该通道颜色的最低亮度，255 表示该通道颜色的最高亮度。

卷积运算是提取图像特征的一种重要手段，通过卷积核(kernel)或过滤器(filter)实现与图像进行点积加和运算。这里卷积核是一个小尺寸(如 3×3)的二维矩阵，矩阵内的每一个元素代表一个像素位置的对应权重，如图 6.1 所示。当输入图像为单通道时，过滤器等同于卷积核；当输入图像为多通道(通道数为 n，且 n>1)时，一个过滤器由 n 个不同的卷积核组成。在部分书籍材料中，会将过滤器完全等同于卷积核，而本书为了方便描述，在处理多通道输入时会对过滤器和卷积核加以区分，这里卷积核是指由参数构成的二维矩阵，而过滤器是由 n 个(n 为通道数)不同的卷积核组成的三维张量。多通道输入的过滤器如图 6.2 所示，图中输入为彩色图像，有红、绿、蓝 3 个通道，具体来说是 3 个 6×6 的矩阵，图的上方是两个不同的过滤器，每个过滤器由 3 个不同的卷积核组成。

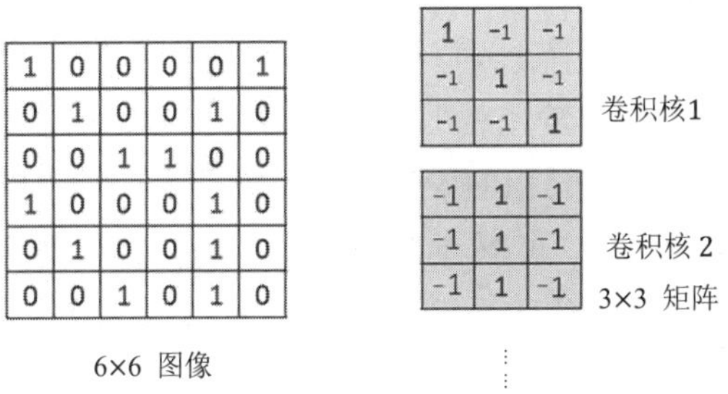

图 6.1 卷积核

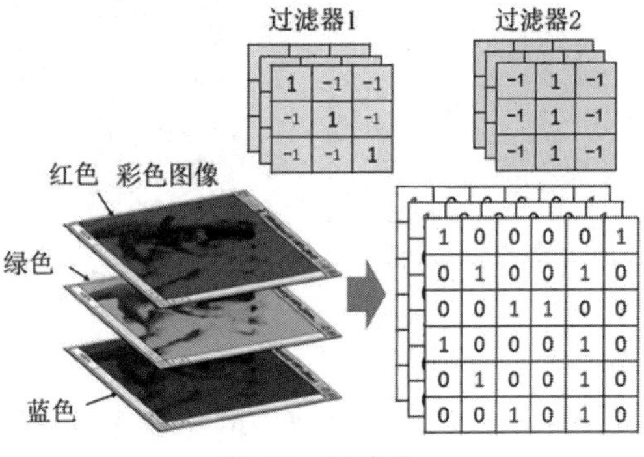

图 6.2 过滤器

对于单通道输入，卷积神经网络中的卷积操作流程如图 6.3 所示。卷积核以恒定步长(stride)在图像矩阵上滑动，当卷积核滑动到一个新的位置时，卷积核的权重参数会与当前所在位置对应的像素值进行相乘，乘积的结果再求和，就得到该区域经过卷积运算后的输出值。完成上述操作后，继续按照既定步长滑动卷积核并重复卷积核与图像点的相乘求和操作，直至完成对整张图片所有像素点的卷积操作。图 6.4 展示了一次更为完整的卷积操作过程。

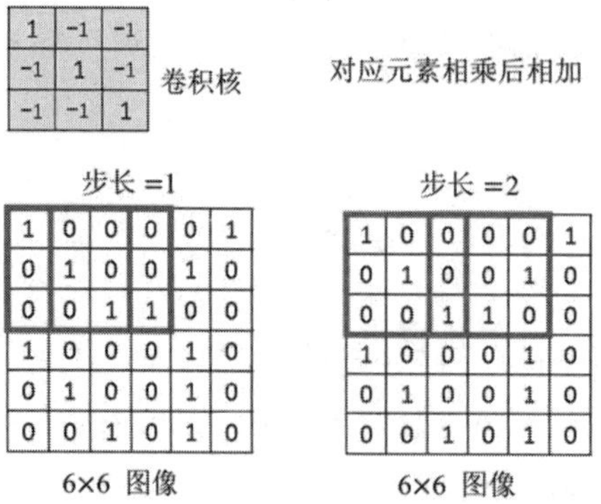

图 6.3　卷积操作流程

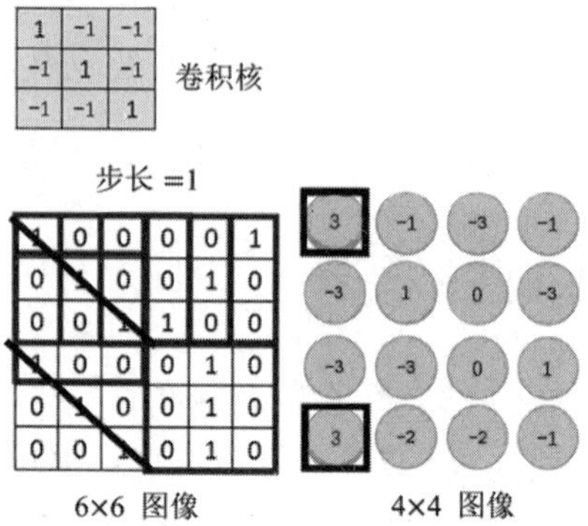

图 6.4　卷积操作实例

输入的是一个6×6的单通道图像，卷积核的尺寸大小为3×3。卷积核以步长 1 从图像矩阵的左上角开始，从左到右、从上到下滑动，从而得到一个4×4大小的输出矩阵，输出矩阵的每个像素值都由输入图像的 1 个3×3区域(又称感受野)与卷积核相应的点相乘后再相加求和得出。例如，图中输入图像左上角以斜线为对角线的3×3区域经过卷积后，得到输出图像左上角的标注元素；输入图像左下角以斜线为对角线的3×3区域经过卷积后，得到了输出图像左下角的标注元素。

观察图 6.4 所示的卷积操作实例可知，直接对图像进行卷积操作时，输入图像中心的像素点会被扫描多次，而边缘和角落的像素点被扫描的次数远少于中心像素点被扫描的次数，这可能导致图像边界处的信息丢失，也会使输出图像的尺寸发生缩减。为了解决这些问题，一般会在卷积操作前对输入图像进行填充(padding)，即在图像边界上填充一些 0 值。如图 6.5 所示，输入的是一个6×6的图像，在图像周围填充一圈 0，得到一个8×8的矩阵。对这个8×8的矩阵进行卷积操作后，输出的是一个6×6的矩阵。这种先填充后卷积的操作，不仅能使输出矩阵的尺寸与输入矩阵的尺寸一致，而且尽可能保留了原图的边界信息。

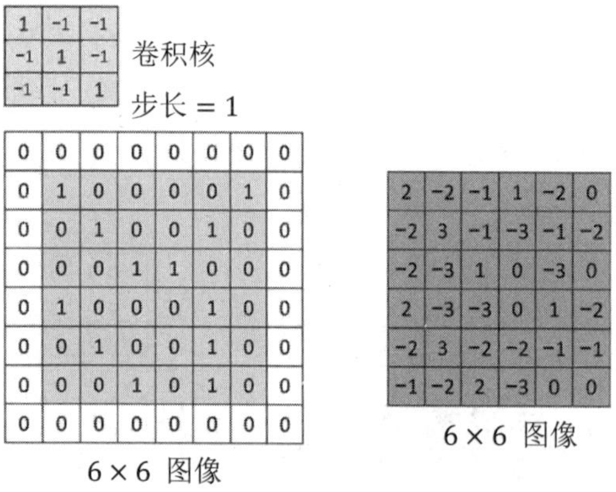

图 6.5　图像填充

总的来说，卷积神经网络中的卷积操作大体上分为两种。一种是有效卷积(valid

convolution)。这种方式不进行填充操作，直接对图进行卷积。若输入图像的形状为 $H \times W$，卷积核的移动步长为 s，那么卷积后输出图像的形状 $H' \times W'$ 可以表示为

$$H' \times W' = \left\lfloor \frac{H-f}{s}+1 \right\rfloor \times \left\lfloor \frac{W-f}{s}+1 \right\rfloor. \tag{6.1}$$

其中，$\lfloor \cdot \rfloor$ 符号表示向下取整操作。

另一种是同形卷积(same convolution)。这种方式在卷积操作前对输入图像进行填充，填充的层数一般根据卷积核的大小确定。若卷积核大小为 $f \times f$(f 一般为单数)，输入图像的形状为 $H \times W$，同形卷积在图像周围填充的层数 p 为

$$p = \frac{f-1}{2}. \tag{6.2}$$

于是输出图像的形状也为 $H \times W$，与输入一致。实际上，无论是哪种卷积形式，若输入图像的形状为 $H \times W$，卷积核的移动步长为 s，填充层数为 p，那么卷积后输出图像的形状 $H' \times W'$ 均可表示为

$$H' \times W' = \frac{H+2p-f}{s}+1 \times \frac{W+2p-f}{s}+1. \tag{6.3}$$

对于多通道输入，过滤器包含的卷积核个数应与输入的通道数相同。进行卷积操作时，单个过滤器的每个卷积核会在相应的通道上进行卷积操作，然后该过滤器将经过不同卷积核卷积得到的结果相加后输出，图 6.6 展示了多通道卷积的基本过程。图中输入的是一个三通道的彩色图像，经过填充后，使用一个包含 3 个卷积核的过滤器对输入进行卷积，然后将不同通道的卷积结果相加，得到相应位置输出的值。总的来说，使用一个过滤器进行卷积后，最终可得到一个单通道的输出；使用多个过滤器进行卷积，多个过滤器输出的结果会进行堆叠，得到一个多通道输出，输出的通道数与使用的过滤器个数相同。

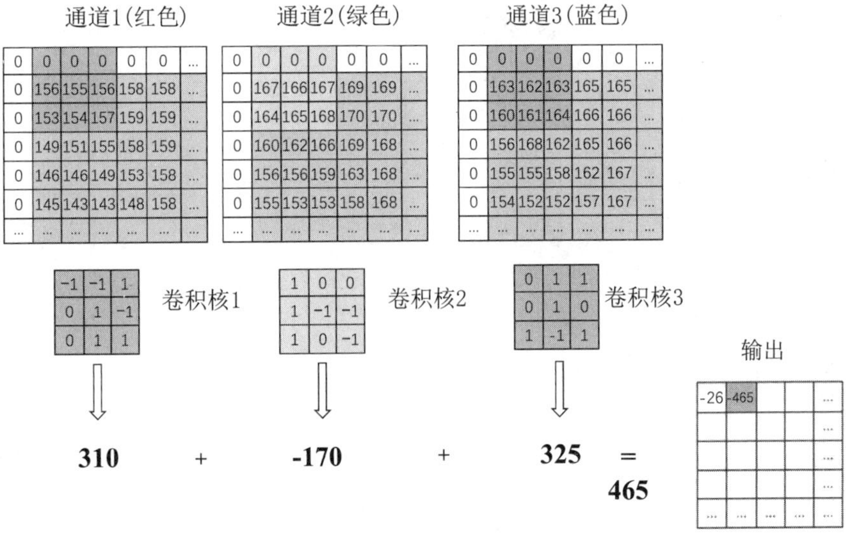

图 6.6 多通道卷积

6.1.2 池化操作

在处理图像时，常使用下采样(或降采样)来缩小图像。池化就是一种对图像的下采样操作，它降低了图像的分辨率，但又保留了分类所需的图像特征，印证了输入数据的空间不变性(图像经过平移、扭曲、旋转等操作后，其特征仍然能够被识别和提取)。在卷积神经网络中进行池化操作时，往往将图像矩阵细分为一组相邻不重叠的小区域(如 2×2)，并对每个区域内的所有元素进行取平均值或取最大值操作，最终通过这些方式完成区域数值抽样。根据区域元素处理的方式，我们可以将池化操作分为以下两种。

(1) 平均池化：使用区域内所有元素的平均值作为该区域的输出值，如图 6.7 所示。

(2) 最大池化：使用区域内所有元素的最大值作为该区域的输出值，如图 6.8 所示。

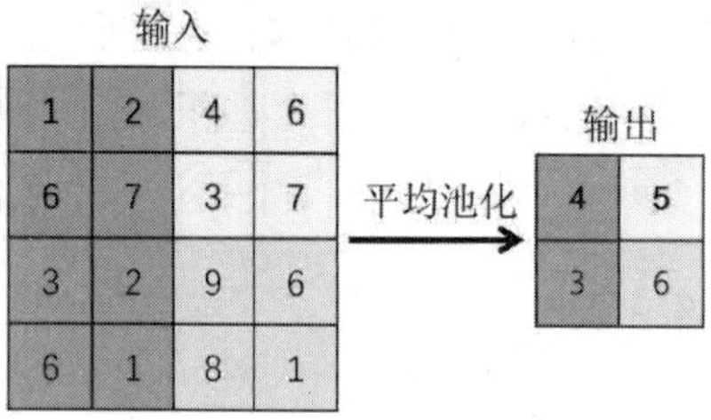

图 6.7　平均池化

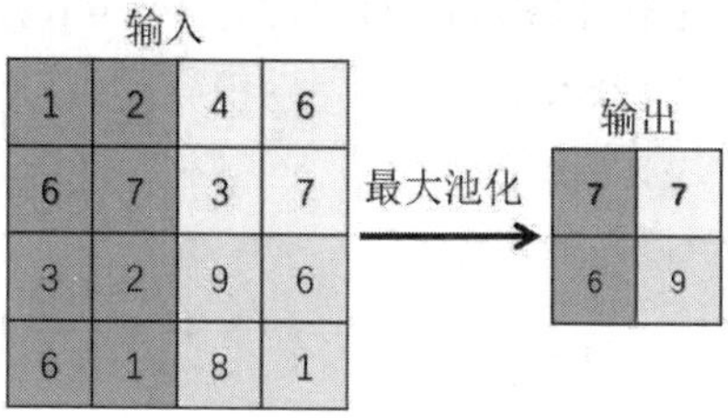

图 6.8　最大池化

对图像进行频域分析时，图像频谱的高频部分对应图像的细节和纹理，低频部分对应图像的背景。图 6.9 给出了平均池化和最大池化在实际应用中的效果对比。平均池化具有区域内所有元素的信息，取平均值又降低了池化后图像的对比度，所以常用来保留图像的背景信息；最大池化则常用于提取图像的特征纹理。通过池化操作，不仅能增加空间不变的鲁棒性，还能有效地减少计算成本。

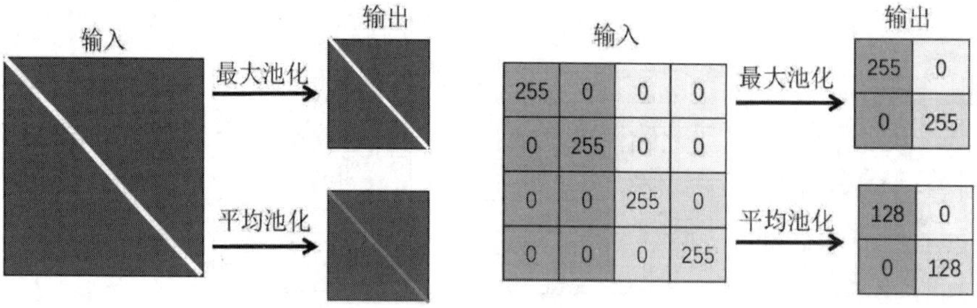

图 6.9　平均池化和最大池化的效果对比

6.1.3 卷积神经网络构成

卷积神经网络主要由卷积层、池化层和全连接层堆叠而成，卷积神经网络的常见网络结构如图 6.10 所示，一个典型的卷积神经网络实例如图 6.11 所示。

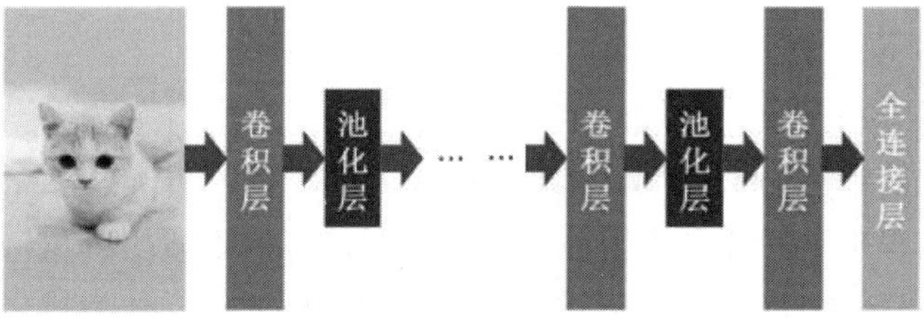

图 6.10　卷积神经网络结构

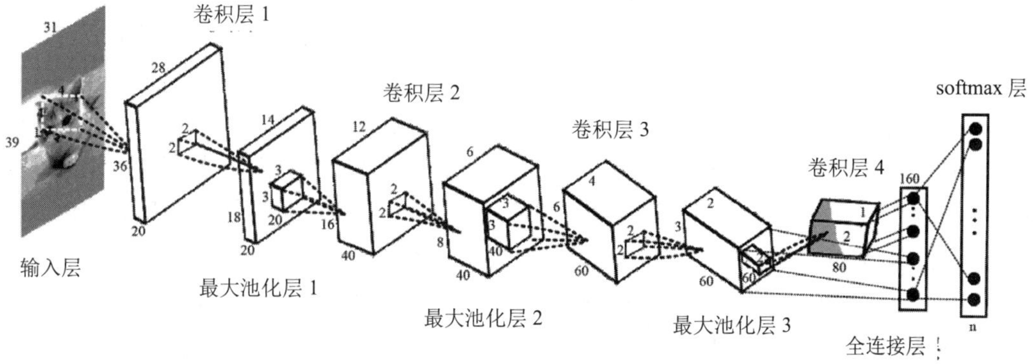

图 6.11　卷积神经网络实例

在实际应用场景中，输入卷积神经网络的图像多为多通道图像，图像尺寸记作 $C \times H \times W$ 。其中，C 表示图像的通道数，H 表示图像像素矩阵的高，W 表示图像像素矩阵的宽。

卷积层是卷积神经网络的基础，在网络中常作为特征提取器，提取区分不同类别图像的特征，卷积层的输出也称为特征图。卷积层一般包含多个过滤器，这些过滤器对输入图像进行卷积操作，从而实现特征提取。由于卷积操作实质上是矩阵的点乘，经过卷积层得到的特征图只是输入的线性组合。而在现实生活中，许多实际问题的求解是非线性的。为了增强卷积神经网络的表达能力，在卷积操作后，往往将其输出与偏置量求和并输入激活函数(非线性函数)中，再由激活函数对特征图进行非线性变换。这个过程不仅不会改变特征图的尺寸，还赋予了模型非线性表征的能力。本书第 5 章中讲述的激活函数均可以在卷积神经网络中使用。

池化层一般接在激活函数后面，用于降低特征图的空间分辨率，保留必要的特征，以达到空间不变的效果。另外，池化层还能有效地减少网络中的参数量，降低整体的计算复杂度。

全连接层通常置于卷积神经网络的末端，模型在全连接层前已经对图像做了大量卷积和池化处理，在输入全连接层前需要对图像进行展平操作，即将二维矩阵转换为一维向量，最后将特征向量送入全连接层，由全连接层通过 softmax 等函数将特征向量映射为目标输出，这里的目标输出可以是分类任务中各类别的概率，也可以是拟合任务中的预测值。

6.1.4 反向传播

本节介绍卷积神经网络的反向传播过程。依据图 6.10 可知，这个过程主要包括全连接层、池化层、卷积层中的梯度求解和反向传播。这里全连接层的反向传播和第 4 章的相关内容一致，不再赘述。本节重点关注池化层和卷积层的反向传播操作。

1. 池化层

为了便于读者理解，这里通过举例来阐述池化层的梯度反向传播原理。图 6.7 和图 6.8 分别为池化层进行平均池化和最大池化的正向传播示意图。

对于平均池化操作，池化核每滑动一个区域，就选取该区域内所有元素的平均值作为该区域的池化输出，而后该池化输出将传入下层网络参与模型后续的正向传播过程。由于平均池化过程中并未引入参数，所以在反向传播中无须进行导数计算。在反向传播过程中，池化层需要将传入的梯度值继续向上层传播。由于正向传播时池化区域内所有元素均参与了该区域的均值求解过程，因此在梯度的反向传播的过程中，参与池化输出均值计算的所有旧像素位置均应参与到梯度的回传工作中。为了确保反向传播过程中池化层传输的梯度总量不变，这里需要对反向传播的梯度值进行同样的均值计算，具体传播过程示例如图 6.12 所示。

对于最大池化操作，池化核每滑动一个区域，就选取该区域内的最大值作为该区域的池化输出，而后该池化输出进入下层网络参与正向传播。和平均池化一样，这个过程未引入参数，因此在反向传播中无须进行导数计算。但在反向传播过程中，该池化层同样需要将传入的梯度值继续向上层传播。而最大池化层正向传播过程中只有被选中区域的最大值参与了下层的计算，因此在梯度的反向传播的过程中，也只有区域最大值位置参与梯度的反向传播，具体传播过程示例如图 6.13 所示。

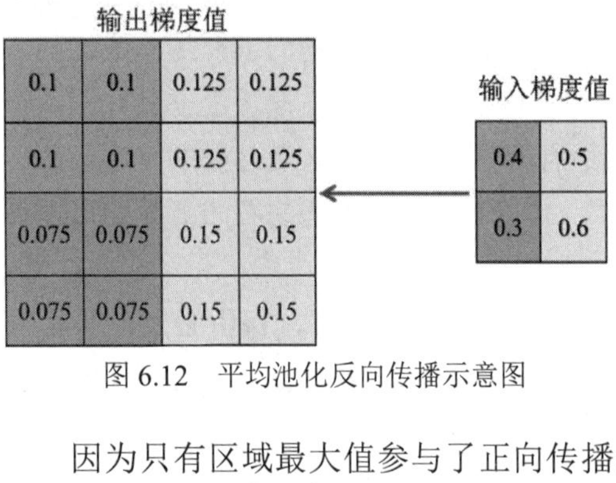

图 6.12　平均池化反向传播示意图

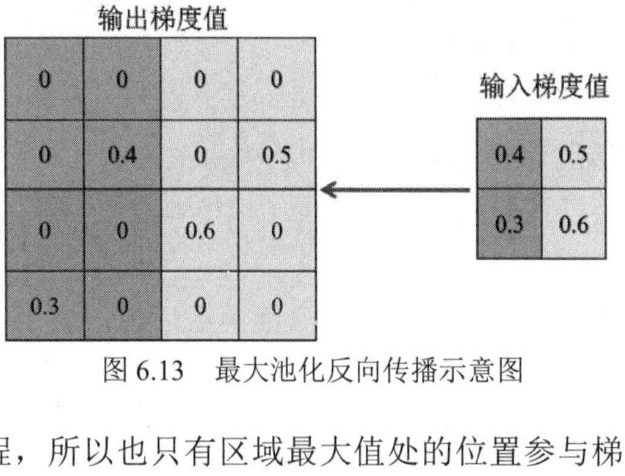

图 6.13　最大池化反向传播示意图

因为只有区域最大值参与了正向传播过程，所以也只有区域最大值处的位置参与梯度的反向传播，除区域最大值外的位置的传播梯度为 0，但这并不会对反向传播梯度的总量产生影响，且通过对这些位置补零来实现尺寸的转变也不会改变梯度的回传通道。

2. 卷积层

为了便于阐述，我们使用一个小型样例来描述卷积层的正向传播和反向传播过程。设某一卷积层的输入为 $\boldsymbol{A}^{l-1} \in \mathbb{R}^{C^{l-1} \times H^{l-1} \times W^{l-1}}$，输出为 $\boldsymbol{A}^{l} \in \mathbb{R}^{C^{l} \times H^{l} \times W^{l}}$，其中 l 代表当前结构

在当前网络中的第 l 层。设最终的损失函数为$\mathcal{L}$，则在卷积神经网络中，卷积层正向传播的核心式为

$$\boldsymbol{A}^l=\sigma\left(\boldsymbol{Z}^l\right)=\sigma\left(\boldsymbol{A}^{l-1}\times\boldsymbol{W}^l+\boldsymbol{b}^l\right),\tag{6.4}$$

其中，“×”表示卷积操作，$\boldsymbol{W}^l\in\mathbb{R}^{C^{l-1}\times f^l\times f^l}$为第 l 层的某个滤波器，$\boldsymbol{b}^l\in\mathbb{R}^{C^l}$为该滤波器对应的偏置向量。

对于卷积神经网络，反向传播的推导核心是，在已知$\boldsymbol{\delta}^l\left(\boldsymbol{\delta}^l=\dfrac{\partial\mathcal{L}}{\partial\boldsymbol{Z}^l}\right)$的情况下，求解$\boldsymbol{\delta}^{l-1}\left(\boldsymbol{\delta}^{l-1}=\dfrac{\partial\mathcal{L}}{\partial\boldsymbol{Z}^{l-1}}\right)$与$\boldsymbol{\delta}^l$的关系式。

为了便于说明，我们假设$\boldsymbol{A}^{l-1}\in\mathbb{R}^{1\times3\times3}$，$\boldsymbol{W}^l\in\mathbb{R}^{1\times2\times2}$采用步长为 1 的有效卷积操作，这样可以推知第$l+1$层的输出为$\boldsymbol{A}^l\in\mathbb{R}^{1\times2\times2}$

为了进一步简化推导，我们忽略偏置向量$\boldsymbol{b}^l$，且不再额外设置激活函数$\sigma(\cdot)$，即$\boldsymbol{A}^l=\boldsymbol{Z}^l$，这样，$\boldsymbol{A}^l=\sigma\left(\boldsymbol{Z}^l\right)=\sigma\left(\boldsymbol{A}^{l-1}\times\boldsymbol{W}^l\right)$的元素形式可以写作

$$\begin{bmatrix}z_{11}^l & z_{12}^l\\ z_{21}^l & z_{22}^l\end{bmatrix}=\begin{bmatrix}a_{11}^{l-1} & a_{12}^{l-1} & a_{13}^{l-1}\\ a_{21}^{l-1} & a_{22}^{l-1} & a_{23}^{l-1}\\ a_{31}^{l-1} & a_{32}^{l-1} & a_{33}^{l-1}\end{bmatrix}\times\begin{bmatrix}w_{11}^l & w_{12}^l\\ w_{21}^l & w_{22}^l\end{bmatrix}.\tag{6.5}$$

更进一步，我们可以将$\boldsymbol{Z}^l$写成

$$\boldsymbol{Z}^l=\begin{bmatrix}z_{11}^l & z_{12}^l\\ z_{21}^l & z_{22}^l\end{bmatrix}=\begin{bmatrix}\sum_{i=1}^{2}\sum_{j=1}^{2}w_{ij}^l a_{ij}^{l-1} & \sum_{i=1}^{2}\sum_{j=1}^{2}w_{i,j}^l a_{i,j+1}^{l-1}\\ \sum_{i=1}^{2}\sum_{j=1}^{2}w_{i,j}^l a_{i+1,j}^{l-1} & \sum_{i=1}^{2}\sum_{j=1}^{2}w_{i,j}^l a_{i+1,j+1}^{l-1}\end{bmatrix}.\tag{6.6}$$

此时的$\boldsymbol{\delta}^l$可以写成

$$\boldsymbol{\delta}^{l-1}=\frac{\partial\mathcal{L}}{\partial\boldsymbol{Z}^{l-1}}=\frac{\partial\mathcal{L}}{\partial\boldsymbol{A}^{l-1}}\frac{\partial\boldsymbol{A}^{l-1}}{\partial\boldsymbol{Z}^{l-1}}=\frac{\partial\mathcal{L}}{\partial\boldsymbol{A}^{l-1}}=\begin{bmatrix}\dfrac{\partial\mathcal{L}}{\partial a_{11}^{l-1}} & \dfrac{\partial\mathcal{L}}{\partial a_{12}^{l-1}} & \dfrac{\partial\mathcal{L}}{\partial a_{13}^{l-1}}\\ \dfrac{\partial\mathcal{L}}{\partial a_{21}^{l-1}} & \dfrac{\partial\mathcal{L}}{\partial a_{22}^{l-1}} & \dfrac{\partial\mathcal{L}}{\partial a_{23}^{l-1}}\\ \dfrac{\partial\mathcal{L}}{\partial a_{31}^{l-1}} & \dfrac{\partial\mathcal{L}}{\partial a_{32}^{l-1}} & \dfrac{\partial\mathcal{L}}{\partial a_{33}^{l-1}}\end{bmatrix}.\tag{6.7}$$

结合式(6.6)，可以推出

$$
\begin{cases}
\dfrac{\partial \mathcal{L}}{\partial a_{11}^{l-1}} = \dfrac{\partial \mathcal{L}}{\partial z_{11}^{l}} \dfrac{\partial z_{11}^{l}}{\partial a_{11}^{l-1}} = \delta_{11}^{l} w_{11}^{l}, \\
\dfrac{\partial \mathcal{L}}{\partial a_{12}^{l-1}} = \dfrac{\partial \mathcal{L}}{\partial z_{11}^{l}} \dfrac{\partial z_{11}^{l}}{\partial a_{12}^{l-1}} + \dfrac{\partial \mathcal{L}}{\partial z_{12}^{l}} \dfrac{\partial z_{12}^{l}}{\partial a_{12}^{l-1}} = \delta_{11}^{l} w_{12}^{l} + \delta_{12}^{l} w_{11}^{l}, \\
\dfrac{\partial \mathcal{L}}{\partial a_{13}^{l-1}} = \dfrac{\partial \mathcal{L}}{\partial z_{12}^{l}} \dfrac{\partial z_{12}^{l}}{\partial a_{13}^{l-1}} = \delta_{12}^{l} w_{12}^{l}, \\
\dfrac{\partial \mathcal{L}}{\partial a_{21}^{l-1}} = \dfrac{\partial \mathcal{L}}{\partial z_{11}^{l}} \dfrac{\partial z_{11}^{l}}{\partial a_{21}^{l-1}} + \dfrac{\partial \mathcal{L}}{\partial z_{21}^{l}} \dfrac{\partial z_{21}^{l}}{\partial a_{21}^{l-1}} = \delta_{11}^{l} w_{21}^{l} + \delta_{21}^{l} w_{11}^{l}, \\
\dfrac{\partial \mathcal{L}}{\partial a_{22}^{l-1}} = \dfrac{\partial \mathcal{L}}{\partial z_{11}^{l}} \dfrac{\partial z_{11}^{l}}{\partial a_{22}^{l-1}} + \dfrac{\partial \mathcal{L}}{\partial z_{12}^{l}} \dfrac{\partial z_{12}^{l}}{\partial a_{22}^{l-1}} + \dfrac{\partial \mathcal{L}}{\partial z_{21}^{l}} \dfrac{\partial z_{21}^{l}}{\partial a_{22}^{l-1}} + \dfrac{\partial \mathcal{L}}{\partial z_{22}^{l}} \dfrac{\partial z_{22}^{l}}{\partial a_{22}^{l-1}} \\
\qquad = \delta_{11}^{l} w_{22}^{l} + \delta_{12}^{l} w_{21}^{l} + \delta_{21}^{l} w_{12}^{l} + \delta_{22}^{l} w_{11}^{l}, \\
\dfrac{\partial \mathcal{L}}{\partial a_{23}^{l-1}} = \dfrac{\partial \mathcal{L}}{\partial z_{12}^{l}} \dfrac{\partial z_{12}^{l}}{\partial a_{23}^{l-1}} + \dfrac{\partial \mathcal{L}}{\partial z_{22}^{l}} \dfrac{\partial z_{22}^{l}}{\partial a_{23}^{l-1}} = \delta_{12}^{l} w_{22}^{l} + \delta_{22}^{l} w_{12}^{l}, \\
\dfrac{\partial \mathcal{L}}{\partial a_{31}^{l-1}} = \dfrac{\partial \mathcal{L}}{\partial z_{21}^{l}} \dfrac{\partial z_{21}^{l}}{\partial a_{31}^{l-1}} = \delta_{21}^{l} w_{21}^{l}, \\
\dfrac{\partial \mathcal{L}}{\partial a_{32}^{l-1}} = \dfrac{\partial \mathcal{L}}{\partial z_{21}^{l}} \dfrac{\partial z_{21}^{l}}{\partial a_{32}^{l-1}} + \dfrac{\partial \mathcal{L}}{\partial z_{22}^{l}} \dfrac{\partial z_{22}^{l}}{\partial a_{32}^{l-1}} = \delta_{21}^{l} w_{22}^{l} + \delta_{22}^{l} w_{21}^{l}, \\
\dfrac{\partial \mathcal{L}}{\partial a_{33}^{l-1}} = \dfrac{\partial \mathcal{L}}{\partial z_{22}^{l}} \dfrac{\partial z_{22}^{l}}{\partial a_{33}^{l-1}} = \delta_{22}^{l} w_{22}^{l},
\end{cases}
\tag{6.8}
$$

经过整理，可以得到

$$
\boldsymbol{\delta}^{l-1} = \frac{\partial \mathcal{L}}{\partial \boldsymbol{Z}^{l-1}} = \begin{bmatrix} 0 & 0 & 0 & 0 \\ 0 & \delta_{11}^{l} & \delta_{12}^{l} & 0 \\ 0 & \delta_{21}^{l} & \delta_{22}^{l} & 0 \\ 0 & 0 & 0 & 0 \end{bmatrix} \times \begin{bmatrix} w_{22}^{l} & w_{21}^{l} \\ w_{12}^{l} & w_{11}^{l} \end{bmatrix} = \boldsymbol{Q}^{l} \times \textbf{rot}\ 180^{\circ}\left(\boldsymbol{W}^{l}\right), \tag{6.9}
$$

其中，$\boldsymbol{Q}^l$ 表示在 $\boldsymbol{\delta}^l$ 的外围增添一层 0 元素构成的矩阵，$\textbf{rot}\ 180^{\circ}\left(\boldsymbol{W}^{l}\right)$ 表示将卷积核 $\boldsymbol{W}^l$ 逆时针旋转 180° 而形成的新矩阵。若激活函数存在，即 $\boldsymbol{A}^l=\sigma\left(\boldsymbol{Z}^l\right)$，由于激活函数本质上是对矩阵中的每个元素进行单独操作的，此时可以推出

$$
\boldsymbol{\delta}^{l-1} = \frac{\partial \mathcal{L}}{\partial \boldsymbol{Z}^{l-1}} = \boldsymbol{Q}^{l} \times \textbf{rot}\ 180^{\circ}\left(\boldsymbol{W}^{l}\right) \odot \sigma'\left(\boldsymbol{Z}^{l-1}\right), \tag{6.10}
$$

其中，$\sigma'\left(\boldsymbol{Z}^{l-1}\right)$ 表示激活函数关于净输入 $\boldsymbol{Z}^{l-1}$ 的导数，$\odot$ 表示对应元素相乘。由于深度学习中的卷积蕴含了零值填充操作，所以 $\boldsymbol{\delta}^{l-1}$ 与 $\boldsymbol{\delta}^l$ 的关系式可以写作

$$
\boldsymbol{\delta}^{l-1} = \boldsymbol{\delta}^{l} \times \textbf{rot}\ 180^{\circ}\left(\boldsymbol{W}^{l}\right) \odot \sigma'\left(\boldsymbol{Z}^{l-1}\right). \tag{6.11}
$$

在上述求解过程中，卷积操作中零值填充的具体方式需要视具体情况而定。

6.2 经典的卷积神经网络模型

本节为大家介绍几种比较经典的卷积神经网络模型，包括 AlexNet、VGG 网络、GoogleNet[59]、ResNet[52]和 DenseNet[60]。

6.2.1 AlexNet

为了完成复杂性较大的对象识别任务以解决图像分类问题，Alex Krizhevsky 等人提出了一种全新的网络 AlexNet。下面详细介绍该网络。

1. 网络结构

AlexNet 的输入为彩色图像，即输入的通道数为 3。在网络的前向传播中网络会对输入进行卷积、池化等一系列处理，最终经由 softmax 层输出当前样本属于 1000 个类别中各自类别的概率，具体的网络结构如图 6.14 所示。

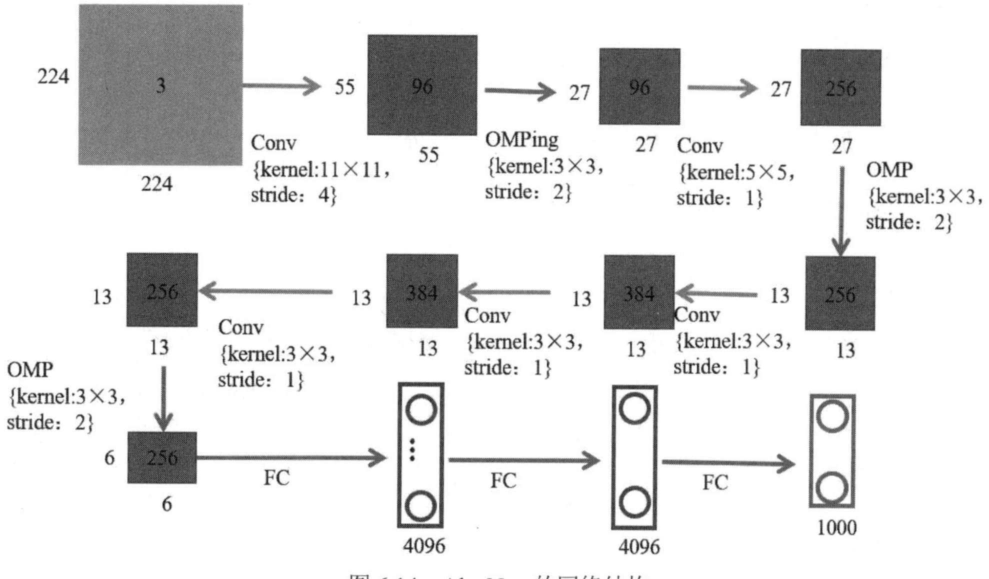

图 6.14 AlexNet 的网络结构

具体来说，图 6.14 中 Conv 表示卷积操作，OMP(overlapping max pool)表示带有重叠的最大池化操作，FC 表示全连接网络。输入与各特征图谱的尺寸和通道数分别标注在其边界与内部，最后三层全连接层的维度标注在其下方。下面我们从激活函数、池化层设计、数据增强、多 GPU 并行训练等角度深入分析 AlexNet 的网络结构。

2. 激活函数

对于激活函数，AlexNet 的选择不同于以往其他的模型。在 AlexNet 出现之前，tanh 函数与 sigmoid 函数常作为标准的神经元激活函数。由于 AlexNet 模型较大，模型参数量大，为防止训练时发生过拟合现象，该网络选用 ReLU 函数代替了传统的标准激活函数，以缓解梯度消失问题，并加快其在大数据集上的学习速度。需要注意的是，当输入为正无穷时，ReLU 的结果也为正无穷；当输入为正数时，ReLU 无法限制其输出。由于 AlexNet 模型较大，所涉及的计算复杂多样，网络中间层的输出可能过大，这无疑会增加模型后续的运算负担。为了解决这个问题，AlexNet 借鉴了生物神经网络的侧抑制功能(被激活的神经元会抑制周围神经元)，在 ReLU 的基础上做了进一步改进，神经元经过 ReLU 激活后都需要进行“归一化”处理，这样不仅可以减小网络的计算负担，还能提高网络的泛化能力。AlexNet 模型的局部响应归一化(local response normalization，LRN)的具体公式如下

$$b_{(x,y)}^{i}=\frac{a_{(x,y)}^{i}}{\left[k+\alpha\sum\limits_{j=\max\left(0,\frac{i-n}{2}\right)}^{\min\left(N-1,\frac{i+n}{2}\right)}\left(a_{(x,y)}^{i}\right)^{2}\right]^{\beta}},\tag{6.12}$$

其中，α、β 为预先设定好的参数，$a_{(x,y)}^{i}$ 代表输入经由第 i 个过滤器卷积和激活函数 ReLU 相应处理后输出的第 x 行第 y 列的变量，n 表示局部归一化选取的通道个数，N 表示过滤器总个数。分母中的求和符号表示对一个点同方向的前个通道 $\frac{n}{2}$ (最小为第 0 个通道)和后 $\frac{n}{2}$ 个通道(最大为第 $d-1$ 个通道)的点的平方求和，这里参与求和的点共 $n+1$ 个。在 AlexNet 的验证集中通常令 $k=2$， $n=5$， $a=10^{-4}$，且 $\beta=0.75$。

3. 池化层设计

传统池化层的池化窗口尺寸和步长相等，因此相邻池化窗口之间没有重叠部分。而 AlexNet 所提出的重叠池化中，池化层的池化窗口尺寸大于池化步长，所以相邻池化窗口之间有重叠部分。AlexNet 的设计者认为，重叠覆盖部分的最大池化层能够提取更为丰富的特征，并且能够在一定程度上防止模型过拟合，提高模型的性能。

4. 数据增强

AlexNet 采用了两种数据增强方式以防止模型训练时过拟合。第一种数据增强方式为人工扩大数据集，即对原始训练数据集中的所有数据图像进行平移、水平反射和随机裁剪操作，从而将原始数据集的数量扩大一定倍数。通过人工扩大数据集的方式确实可以防止模型过拟合，但同时也会使训练数据产生高度的相互依赖。因此，AlexNet 在每次测试时都会选取经同一张图像平移、水平反射和随机裁剪产生的 10 张图像进行预测，在网络中的 softmax 层上取这 10 张图像预测结果的平均值作为原始图像的预测结果。第二种数据增强方式为改变训练图像的 RGB 通道强度，对数据集进行二次增强。具体做法是，对每张图像利用 PCA(principal components analysis，主成分分析)算法对 RGB 像素值进行颜色扰动，从而改变主要颜色的亮度，以达到扩增数据集的目的。

5. 多 GPU 并行训练

AlexNet 包含 120 多万个训练实例，65 万多个神经元，需要计算的参数超过 6000 万。单一的 GPU(central processing unit，中央处理器)已经无法满足对如此大规模的网络模型进行快速计算要求，因此，AlexNet 的设计者对网络进行了改进，将其分为了上、下两个部分，两个部分的网络结构完全一致，将两个部分分别交给不同的 GPU 并行训练，从而解决了单块 GPU 内存不够的问题，大大提升了训练速度。双 GPU 并行训练的结构如图 6.15 所示。

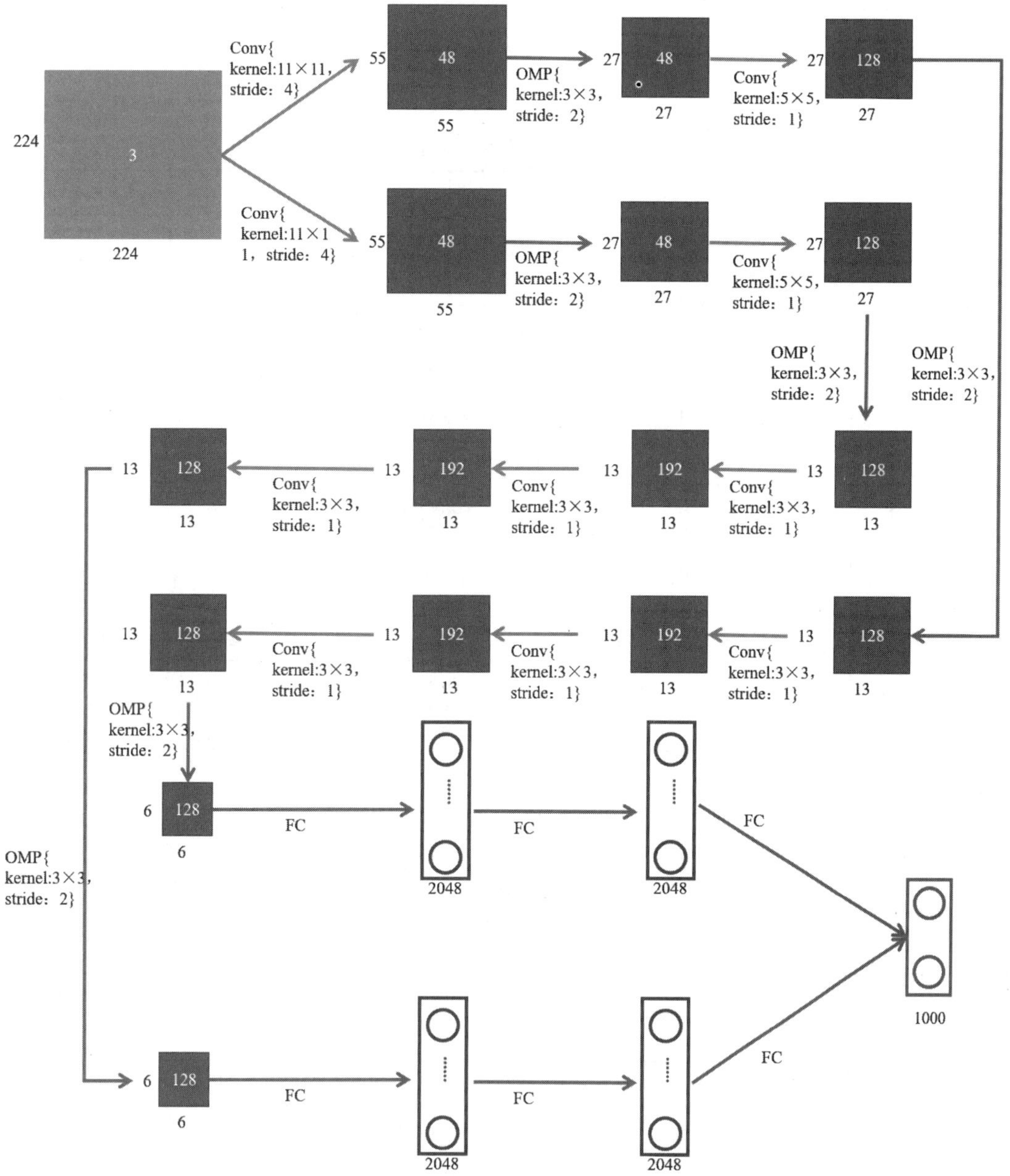

图 6.15　双 GPU 并行训练的结构

6.2.2 VGG 网络

随着卷积神经网络的发展，人们开始逐渐尝试加深网络层数以得到更高的性能。VGG 网络(visual geometry group network)正是基于此尝试而产生的网络，相比于 AlexNet，VGG 具有更深的层数和更优的性能。下面我们从结构、性能等方面对 VGG 网络进行介绍。

1. 网络结构

VGG 有多个系列，不同系列的网络结构如表 6.1 所示。其中，conv3-64 表示使用 64 个 3×3 的卷积核，卷积的步长固定 1，填充为 1；max pool 表示使用 2×2 的最大池化，步长为 2；FC-4096 表示具有 4096 个神经元的全连接层；LRN 代表局部响应归一化。

表 6.1 VGG 网络不同系列的网络结构

ConvNet 设置					
A	A-LRN	B	C	D	E
11 层	11 层	13 层	16 层	16 层	19 层
输入：224×224 的 RGB 图像					
conv3-64	conv3-64	conv3-64	conv3-64	conv3-64	conv3-64
	LRN	**conv3-64**	conv3-64	conv3-64	conv3-64
max pool					
conv3-128	conv3-128	conv3-128	conv3-128	conv3-128	conv3-128
		conv3-128	conv3-128	conv3-128	conv3-128
max pool					
conv3-256	conv3-256	conv3-256	conv3-256	conv3-256	conv3-256
conv3-256	conv3-256	conv3-256	conv3-256	conv3-256	conv3-256
			conv3-256	**conv3-256**	conv3-256
					conv3-256
max pool					
conv3-512	conv3-512	conv3-512	conv3-512	conv3-512	conv3-512
conv3-512	conv3-512	conv3-512	conv3-512	conv3-512	conv3-512
			conv3-512	**conv3-512**	conv3-512
					conv3-512
max pool					
conv3-512	conv3-512	conv3-512	conv3-512	conv3-512	conv3-512
conv3-512	conv3-512	conv3-512	conv3-512	conv3-512	conv3-512
			conv3-512	**conv3-512**	conv3-512
					conv3-512

(续表)

max pool
FC-4096
FC-4096
FC-1000
softmax

注：表中 conv 为 convolution 缩写。

为了简洁，表中未显示每层卷积层和全连接层后跟随的 ReLU 激活函数。架构 C 中的 1×1 卷积层是一种在不影响卷积层的感受野的情况下有效降低模型参数数目的方法。

由表 6.1 可以发现，除 A-LRN 设置外，网络中未使用 LRN。因为在实验中，LRN 并未提高网络在大规模视觉识别挑战(large scale visual recognition challenge，ILSVRC)数据集上的性能，但会消耗计算机的内存和增加计算时间，所以只在 A-LRN 设置中使用了一层 LRN。

2. 小尺寸卷积核的使用

VGG 网络的一个特点是使用了大量小尺寸的卷积核。VGG 网络的设计者认为，通过将多个 3×3 尺寸的卷积层堆叠在一起，能够达到大尺寸卷积层的有效感受野。同时，小尺寸的卷积层还能有效地减少网络的参数量。例如，设计者发现图像经过 3 层 3×3 的卷积层组成的卷积块和经过一层 7×7 的卷积层所输出的效果是相同的(卷积步长为 1，填充层数为 0)，也就是说，3 次 3×3 的卷积的感受野与一次 7×7 卷积的感受野大小相同，但两者参数量不同。

若设输入和输出的通道数均为 C，则 3 层 3×3 的卷积层组成的卷积块其参数量为 $3\times3^2\times C^2=27C^2$；而一个 7×7 的卷积层其参数量为 $1\times7^2\times C^2=49C^2$。明显地，与一次大尺寸卷积在具有相同感受野的情况下，小尺寸卷积的多次堆叠所需的参数量更少。

3. 网络训练参数初始化

由于深度网络的梯度不稳定，错误的初始化会阻碍网络的学习。对于深层网络参数的初始化，VGG 网络的设计者使用了以下方法：先训练浅层网络，即对网络配置 A 使用随机初始化进行训练，并保存网络参数；再训练较为深层的网络类型 $(\mathrm{B}\sim\mathrm{E})$，此时，将已训练好的网络 A 的相应参数用于初始化浅层网络(前四层)及最后的 3 个全连接层，中间的网络则进行随机初始化训练。这种方式大大降低了网络模型的训练难度。

4. 性能展示

表 6.2 展示了不同系列的 VGG 网络的性能，其中 $S\in[256：512]$表示在训练时对图片尺寸进行范围内的随机抖动。从表 6.2 中可以看出，VGG 网络的准确率随着深度的增加而提高。

表 6.2 VGG 网络的性能

网络配置	图片尺寸		验证 top-1 错误率(%)	验证 top-5 错误率(%)
	训练(S)	测试(Q)		
A	256	256	29.6	10.4
A-LRN	256	256	29.7	10.5
B	256	256	28.7	9.9
C	256	256	28.1	9.4
	384	384	28.1	9.3
	[256：512]	384	27.3	8.8
D	256	256	27.0	8.8
	384	384	26.8	8.7
	[256：512]	384	25.6	8.1
E	256	256	27.3	9.0
	384	384	26.9	8.7
	[256：512]	384	25.5	8.0

6.2.3 GoogleNet(Inception)

AlexNet 与 VGG 网络都试图通过增加网络层数来提高网络的性能。然而，伴随着网络层数的增加，网络的参数数目也随之增加，这无疑会增大模型的计算负担。此外，在训练数据集有限的前提下，网络参数过多会导致模型过拟合。为了避免网络层数较多所产生的负面影响，如何在单层网络中提取到更多输入数据的特征信息成了新的研究热点。为解决上述问题，相关研究者提出了 Inception[59]模块。

1. Inception 模块

通常来说，卷积神经网络的卷积层和池化层的内核参数(如卷积核感受野、移动步长等)一经选择就保持不变，但不同大小的卷积核感受野不同，不同感受野所提取的特征信息也是不同的，这种单一的操作方法对于感受野的选择十分敏感，错误的参数设定可能会极大地降低模型性能。

针对这一问题，Christian Szegedy 等人提出了 Inception 模块。他们将不同内核参数的同种或不同种操作集成在一起，组装成一个整体的网络模块，然后使用此类网络模块进行网络的搭建。

如图 6.16 所示，Inception 模块利用不同大小的卷积核和池化单元对网络的输入数据进行特征提取，然后通过滤波连接器将所有单元的输出拼接为一个整体，作为下层网络的输入。相较于传统神经网络结构，Inception 模块将全连接结构转换为稀疏连接结构，即在特征图层中进行不同尺度的卷积后再聚合输出。该方法可以提取到更加丰富的特征信息并将相关性较强的特征集成在一起，降低冗余特征对结果的影响，从而提高网络性能。然而，随着网络的逐级加深，5×5卷积和池化单元会导致网络参数急剧增加，各层网络输出的特征图层过厚，这很可能使计算机由于内存不足而崩溃。

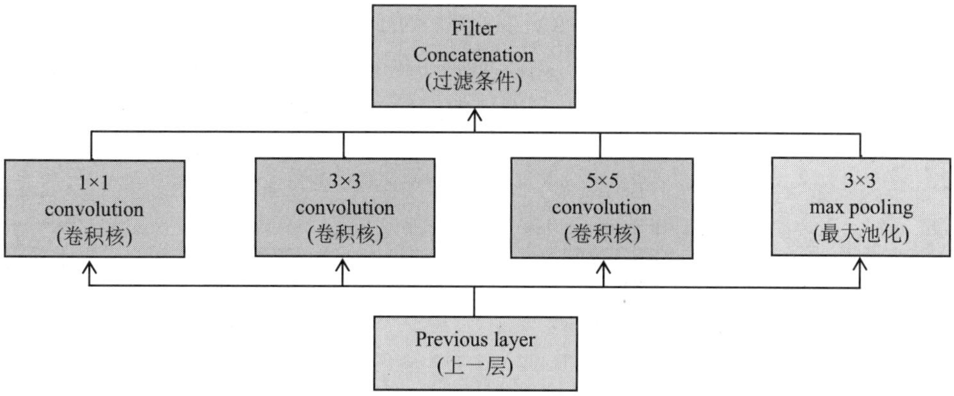

图 6.16　初代 Inception 结构

大量的内存占用主要是卷积操作的参数过多造成的，为了减少卷积参数，研究者设计了如图 6.17 所示的降维处理后的 Inception 结构模块。

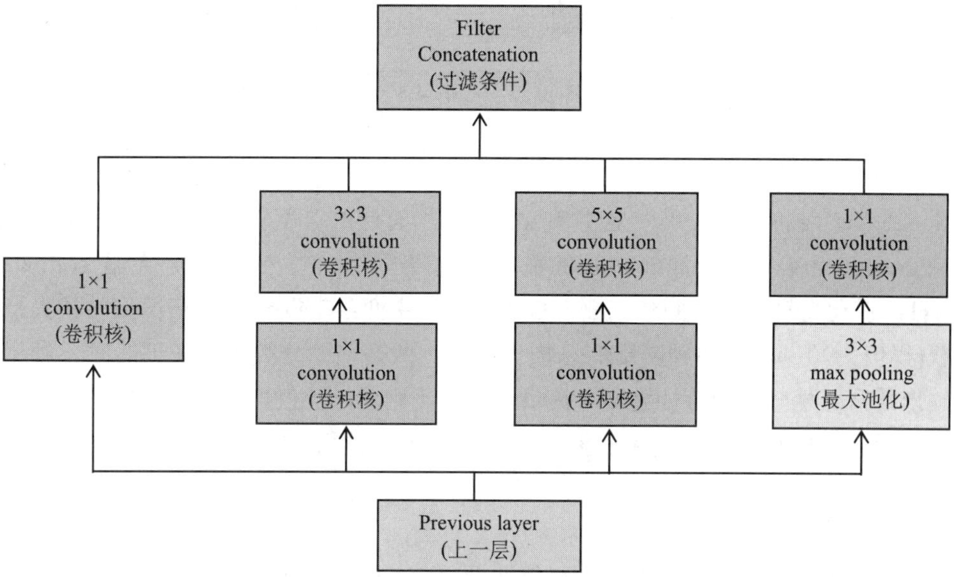

图 6.17　降维处理后的 Inception 结构

相比于初代的 Inception 结构，该模块在对输入数据进行相应卷积之前，会对输入数据预先进行降维，即利用1×1卷积核减少输入数据的通道数，然后送入后续的卷积核中。此外，图 6.17 中的所有卷积核后都接有非线性激活单元，因此新增的1×1卷积核串联原始操作单元可以提升模型的非线性表征能力，从而进一步丰富该层网络的特征图层。增加1×1卷积核优化后的Inception模块不仅消除了初代Inception模块计算量巨大的弊端，而且进一步提高了网络的整体表征能力。

2. GoogleNet 结构

不同于普通模型，GoogleNet 使用平均池化层替换了传统的全连接层，进一步减少了网络参数，降低了因模型参数过多而引发过拟合的可能性。另外，平均池化层不同于全连接层对输入有严格的尺寸要求，这也增强了网络的普适性。完整的 GoogleNet 结构如图 6.18 所示，图中的 Inception 为降维处理后的 Inception 结构。

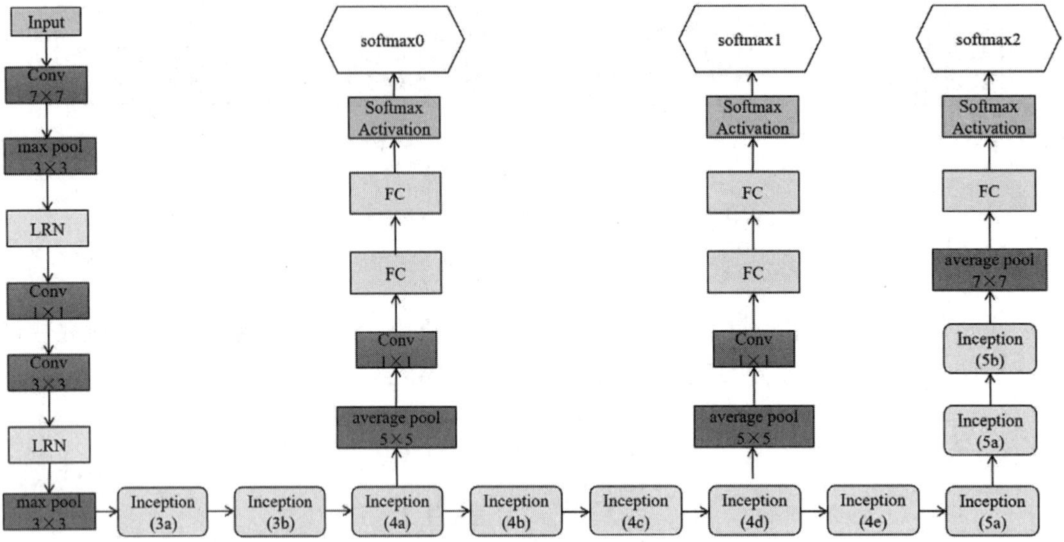

图 6.18　GoogleNet 结构

GoogleNet 结构较深，单一地将梯度传播回所有层的难度较大，为此，GoogleNet 在网络中 Inception(4a)和 Inception(4d)的输出处增加了两个额外的辅助分类器 softmax0 与 softmax1，以此来解决梯度回传问题。GoogleNet 中两条辅助分类支路得到的损失最终会被加权(权值为 0.3)后添加到网络的总损失之中。两条辅助分类支路在训练时，利用浅层网络输出的区分性较强的特征为网络提供额外的正则化，不仅增加了传回给各层网络的梯度信号，而且迫使网络在浅层就偏重于学习对分类识别更有益的特征。

6.2.4　ResNet

理论上随着网络层数的增加，网络能够学习到的特征也更加丰富。但实践表明，网络的层数并非越深越好，过深的网络容易引起梯度消失、梯度爆炸和模型退化等问题。这些问题使神经网络模型随着自身层数的增加而性能会趋于饱和，而后往往会出现网络性能下降的情况。

梯度消失或梯度爆炸问题在一定程度上已经通过标准初始化和中间的归一化层等方法改善。对于退化问题，当使用某种网络深度可以取得最优解时，继续堆叠网络增加层数。理论上新增的网络层只需要进行恒等映射，就可以保持网络整体性能不变。但实验表明，对于传统神经网络结构，我们很难在新增网络层数内实现恒等映射，因此因不断增加网络深度而带来的网络退化问题难以避免。

为了解决上述问题，何恺明等研究者提出如图 6.19 所示的残差学习网络[52](residual network，ResNet)的概念。

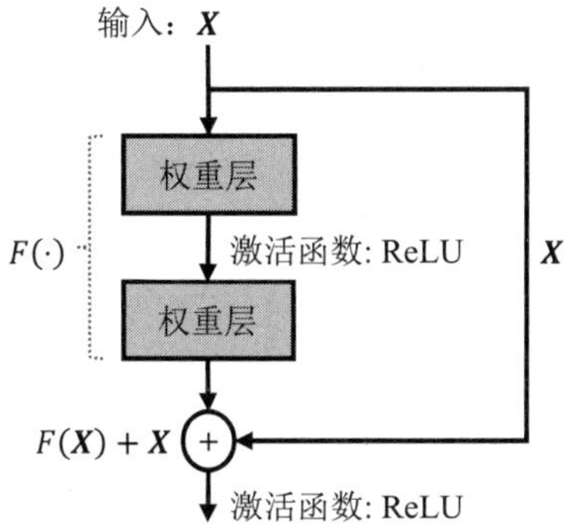

图 6.19　残差学习的网络模块

设网络模块的输入和输出分别为 $\boldsymbol{X}$ 和 $\boldsymbol{Y}$ ，这样一般网络模块从输入到输出的映射关系可以表示为 $\boldsymbol{Y}=F\left(\boldsymbol{X}\right)$ 。而 ResNet 在原本网络的基础上增加了一条从输入直达输出的“捷径”，即把网络输入和网络模块的输出进行求和作为模型最后的输出。此时网络的输出为

$$\boldsymbol{Y}=F(\boldsymbol{X})+\boldsymbol{X}. \tag{6.13}$$

一般神经网络模型需要学习的是从输入数据 $\boldsymbol{X}$ 到目标特征 $\boldsymbol{Y}$ 的之间映射关系。而 ResNet 不同，该模型学习的是目标特征与输入数据之间的残差 $F\left(\boldsymbol{X}\right)=\boldsymbol{Y}-\boldsymbol{X}$ 。这样做的优点是，当学到的残差为 $F\left(\boldsymbol{X}\right)=\boldsymbol{Y}-\boldsymbol{X}=0$ 时，ResNet 实质上完成的就是恒等映射。在恒等映射中，相较于一般网络要学习的 $F\left(\boldsymbol{X}\right)=\boldsymbol{X}$ ，ResNet 学习的目标是残差为 $F\left(\boldsymbol{X}\right)=0$，这大大降低了学习的难度。此外，ResNet 中“捷径”的引入很好地解决了深层网络中梯度消失的问题。设损失函数为 $\mathcal{L}$ ，损失函数关于残差模块中输出值 $\boldsymbol{Y}$ 的梯度已知为 $\frac{\partial \mathcal{L}}{\partial \boldsymbol{Y}}$，那么依据反向传播算法，损失函数关于残差模块中输入值 $\boldsymbol{X}$ 的梯度为

$$\frac{\partial \mathcal{L}}{\partial \boldsymbol{X}}=\frac{\partial \mathcal{L}}{\partial \boldsymbol{Y}}\left[\frac{\partial F\left(\boldsymbol{X}\right)}{\partial \boldsymbol{X}}+1\right]. \tag{6.14}$$

由式(6.14)可知，即使残差模块的权重层出现了梯度消失的情况，即 $\frac{\partial F\left(\boldsymbol{X}\right)}{\partial \boldsymbol{X}}\approx 0$ ，损失函数关于残差模块中输入值 $\boldsymbol{X}$ 的梯度将等于损失函数关于残差模块中输出值 $\boldsymbol{Y}$ 的梯度，而不会像普通网络结构一样由于梯度消失导致模型参数更新失效。此外，式(6.14)中 1 的存在，使高层的梯度能够直接回传到底层，这也提高了计算效率，减轻了模型训练负担，这也是 $F\left(\boldsymbol{X}\right)=0$ 的学习难度更小的主要原因之一。

需要注意的是，当 $F\left(\boldsymbol{X}\right)$ 与 $\boldsymbol{X}$ 的尺寸不一致时，二者无法直接求和，此时需要对 $\boldsymbol{X}$

做一定的处理使其与 $F(\boldsymbol{X})$ 的尺寸一致。常见的处理方法有两种：一种做法是通过填充 0 来增加维度使 $\boldsymbol{X}$ 与 $F(\boldsymbol{X})$ 的尺寸一致；另一种做法是对 $\boldsymbol{X}$ 进行线性投影(实际上是通过卷积实现的维度转换，这里可以等价于线性投影)，使二者尺寸一致。此时的网络块输出为

$$Y = F(\boldsymbol{X}) + \mathbf{W}_S \boldsymbol{X}, \tag{6.15}$$

其中，$\boldsymbol{W}_S$ 为投影矩阵。实验证明，线性投影的做法效果更好，故一般 $\boldsymbol{X}$ 与 $F(\boldsymbol{X})$ 的尺寸不一致时会采用线性投影方法。当二者的尺寸相同时，也可以使用线性投影，但设计者的实验表明恒等映射就有很好的效果，为了减少参数数量，一般只在尺寸不一致时使用线性投影操作。

表 6.3 给出了不同层数的 ResNet 对应的网络结构。为了方便表示，表中省略了批量归一化层 BN 和激活函数。

表 6.3　不同层数的 ResNet 对应的网络结构

层类型	输出尺寸	18 层	34 层	50 层	101 层	152 层
conv1	112×112	7×7, 64, 步长=2				
conv2_x	56×56	3×3, max pool, 步长=2				
		$\begin{bmatrix} 3\times3 & 64 \\ 3\times3 & 64 \end{bmatrix}\times2$	$\begin{bmatrix} 3\times3 & 64 \\ 3\times3 & 64 \end{bmatrix}\times3$	$\begin{bmatrix} 1\times1 & 64 \\ 3\times3 & 64 \\ 1\times1 & 256 \end{bmatrix}\times3$	$\begin{bmatrix} 1\times1 & 64 \\ 3\times3 & 64 \\ 1\times1 & 256 \end{bmatrix}\times3$	$\begin{bmatrix} 1\times1 & 64 \\ 3\times3 & 64 \\ 1\times1 & 256 \end{bmatrix}\times3$
conv3_x	28×28	$\begin{bmatrix} 3\times3 & 128 \\ 3\times3 & 128 \end{bmatrix}\times2$	$\begin{bmatrix} 3\times3 & 128 \\ 3\times3 & 128 \end{bmatrix}\times4$	$\begin{bmatrix} 1\times1 & 128 \\ 3\times3 & 128 \\ 1\times1 & 512 \end{bmatrix}\times4$	$\begin{bmatrix} 1\times1 & 128 \\ 3\times3 & 128 \\ 1\times1 & 512 \end{bmatrix}\times4$	$\begin{bmatrix} 1\times1 & 128 \\ 3\times3 & 128 \\ 1\times1 & 512 \end{bmatrix}\times84$
conv4_x	14×14	$\begin{bmatrix} 3\times3 & 256 \\ 3\times3 & 256 \end{bmatrix}\times2$	$\begin{bmatrix} 3\times3 & 256 \\ 3\times3 & 256 \end{bmatrix}\times6$	$\begin{bmatrix} 1\times1 & 256 \\ 3\times3 & 256 \\ 1\times1 & 1024 \end{bmatrix}\times6$	$\begin{bmatrix} 1\times1 & 256 \\ 3\times3 & 256 \\ 1\times1 & 1024 \end{bmatrix}\times23$	$\begin{bmatrix} 1\times1 & 256 \\ 3\times3 & 256 \\ 1\times1 & 1024 \end{bmatrix}\times36$
conv5_x	7×7	$\begin{bmatrix} 3\times3 & 512 \\ 3\times3 & 512 \end{bmatrix}\times2$	$\begin{bmatrix} 3\times3 & 512 \\ 3\times3 & 512 \end{bmatrix}\times3$	$\begin{bmatrix} 1\times1 & 512 \\ 3\times3 & 512 \\ 1\times1 & 2048 \end{bmatrix}\times3$	$\begin{bmatrix} 1\times1 & 512 \\ 3\times3 & 512 \\ 1\times1 & 2048 \end{bmatrix}\times3$	$\begin{bmatrix} 1\times1 & 512 \\ 3\times3 & 512 \\ 1\times1 & 2048 \end{bmatrix}\times3$
	1×1	average pool，1000-维 FC，softmax				
复杂度 (FLOPs)		1.8×10^9	3.6×10^9	3.8×10^9	7.6×10^9	11.3×10^9

图 6.20 对比了普通网络(plain)和未引入额外参数的 ResNet 在 ImageNet 数据集上的表现。

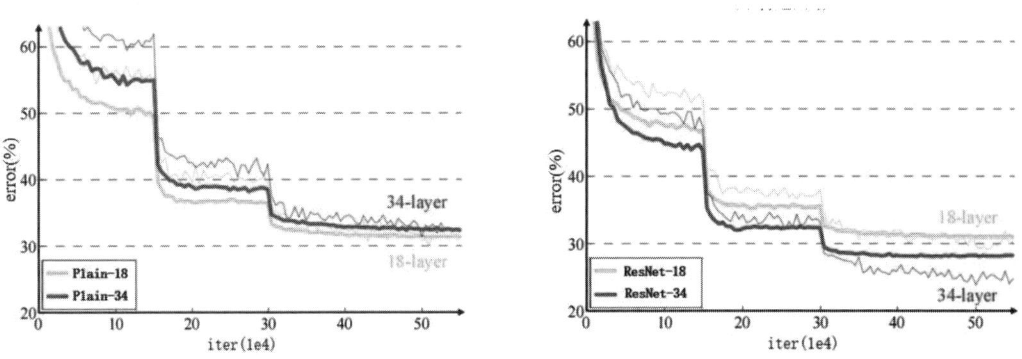

(a)普通网络　　(b)ResNet

图 6.20　普通网络和 ResNet 在 ImageNet 数据集上的对比

图 6.21 中对比了 VGG 网络、34 层的普通网络(plain)和 34 层的残差网络 ResNet。可以看出，残差模块使网络更容易被训练，残差模块的加入，使网络很好地克服了深度网络的退化问题。

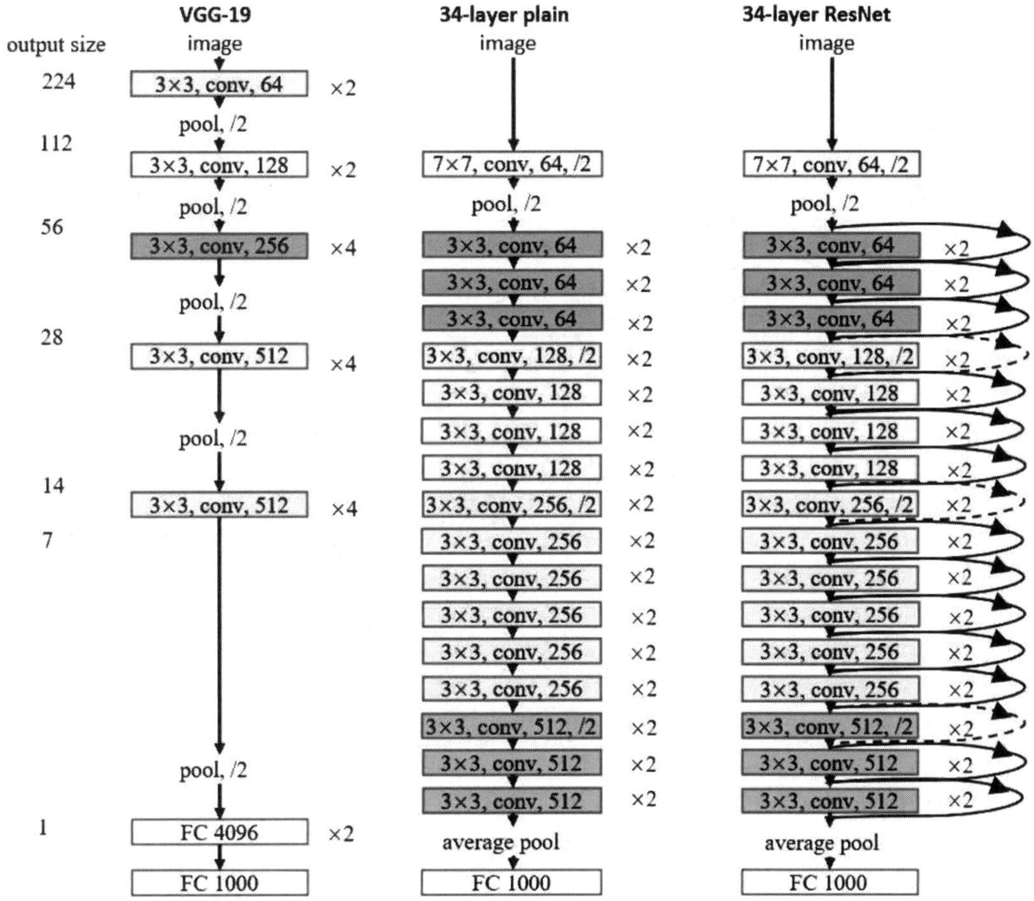

图 6.21　VGG 网络、普通网络和 ResNet 结构对比

6.2.5 DenseNet

增加网络深度可以提升网络提取特征的能力，但网络过深又会增大梯度传播的难度，并且还可能导致退化问题。ResNet通过短接路径(shortcut)巧妙地解决了这些问题。受到 ResNet 的启发，研究人员又提出了一种对特征多次复用的新式结构 DenseNet，它的网络结构如图 6.22 所示。

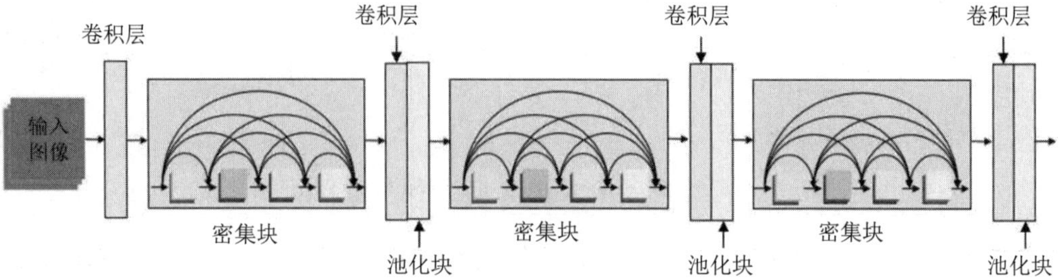

图 6.22　DenseNet 的网络结构

从图中可知，DenseNet 往往可以拆分为多个依次连接的密集块(dense block)，每个密集块内部的连接机制如图 6.23 所示。

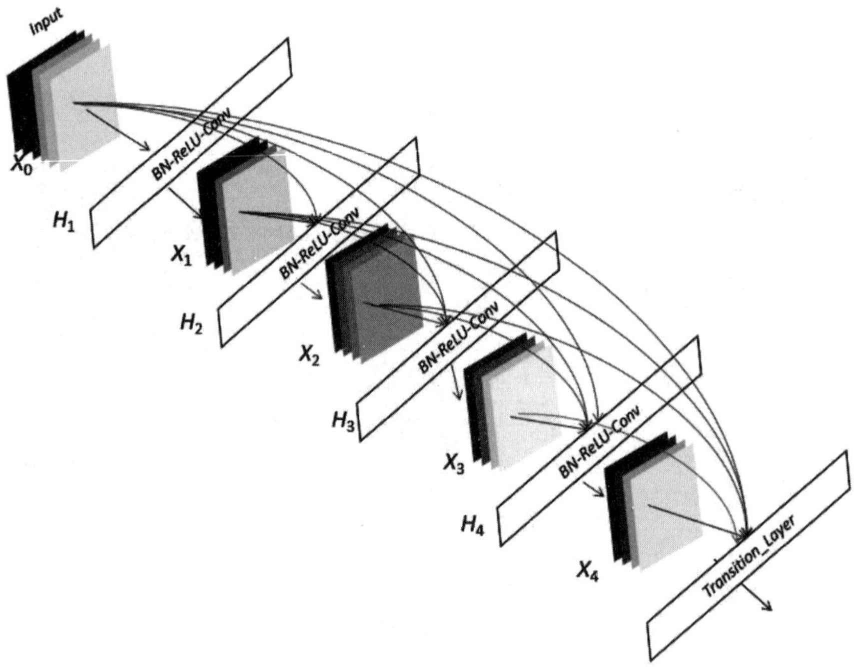

图 6.23　增长率 $k=4$ 的五层密集块

1. 网络结构

观察图 6.23 可知，DenseNet 的密集块的连接方式更加密集。不同于 ResNet 中将相邻层输出元素进行对应相加的连接方式，DenseNet 的密集块会将每一层的输出连接到后续所有层，且层与层之间并非直接叠加而是采用维度拼接的方式组合在一起。对于一个 L 层网络构成的密集块，这种密集连接方式使它内部共包含 $L+L-1+\cdots+1=\frac{L(L+1)}{2}$ 条不同的连接路径。针对密集块内的每层网络而言，该层之前所有层的特征图都将作为本层的输入；该层输出的特征图也会作为后续所有层网络的输入。需要注意的是，密集块内不同层的特征图谱需要相互拼接，因此必须保持各层特征图谱的大小一致。

图 6.23 为一个包含 5 层网络密集块的内部结构，其中输入图片为 X_0，第 i 层的输出为 X_i，网络层数为 $L=5$，$H_i(\cdot)$ 表示非线性操作组合(i 为层数索引)。具体包括 BN (batch normalization，批次归一化)、ReLU 激活函数和 3×3 卷积操作。密集块中每层输出的特征图谱的通道数均为 k，这里 k 又称为 DenseNet 的增长率，是 DenseNet 的重要超参。

2. 过渡层

假定 DenseNet 当前密集块输入的特征图谱通道数为 k_0，每层输出的特征图谱通道数为 k，则第 L 层输入特征图谱的通道数为 $k_0+(L-1)\times k$。由于特征重用，所以每层的输入特征图谱较多，但每层仅有 k 个特征是当前层独有的。随着密集块深度的增加，密集块后面层数的特征图谱通道数也随之增加，为了减小计算负担，DenseNet 在不同密集块之间添加了过渡层以统一不同密集块之间的特征图谱尺寸。过渡层由 BN 层、1×1 卷积层和 2×2 平均池化层构成。

3. 维度叠加的好处

在传统网络中，即使某些特征在浅层结构中已经被提取，深层结构若想使用也必须使用卷积再次提取，如图 6.24 所示。而 DenseNet 中浅层结构提取的特征全部直接在维度上拼接后输送给深层结构，因此已经被提取过的所有特征在二次使用时不需要重新提取，如图 6.25 所示，深层结构可以直接使用浅层结构提取的特征。因此 DenseNet 在深层结构中真正需要的卷积数目少于传统的深层网络，其参数量相较于传统的深层网络也有一定缩减。

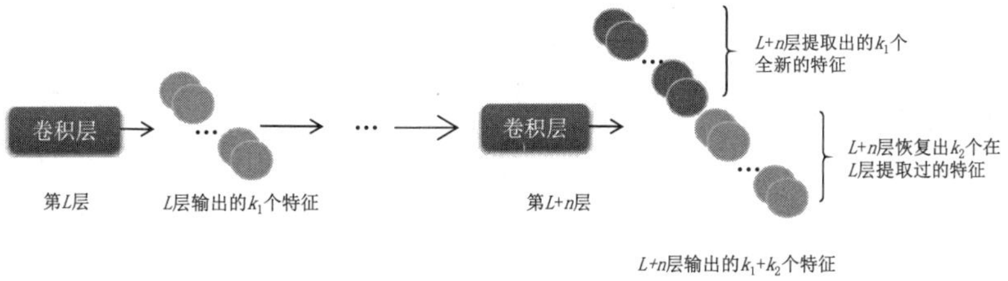

图 6.24　传统深层网络部分结构

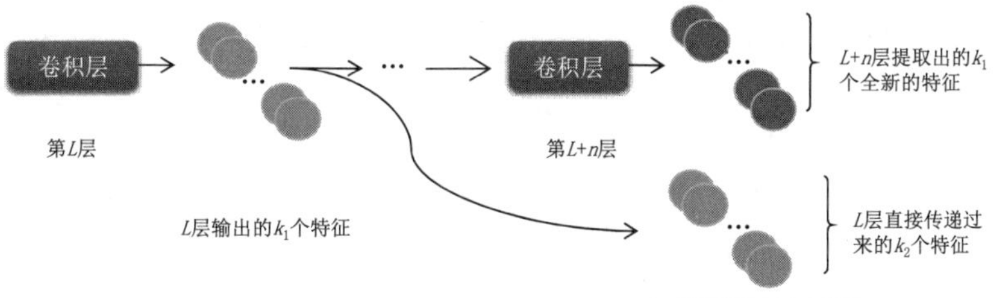

图 6.25　DenseNet 部分结构(本图中仅将第 L 层输出传送给第 $L+n$ 层)

此外，维度拼接使训练过程中误差信号很容易回传给浅层结构，从而实现最终分类层对浅层结构的直接监管。DenseNet 中的每层结构都可以直接从损失函数和原始输入数据中获取梯度信号，从而预防了深层网络的梯度消失问题。

相较于传统神经网络，ResNet 通过新增的短接路径(或称为单位函数)将梯度从深层结构直接传播回浅层结构。但将单位函数与非线性转换函数求和来获得本层结构的输出会阻碍信息在网络中的流动。DenseNet 对 ResNet 的这一弊端进行了优化，它利用通道拼接的操作将前层所有特征图谱堆叠为单一张量，从而避免了求和操作，进一步改善了层与层之间的信息流动。

6.2.6 SqueezeNet

深度卷积神经网络的相关研究大多集中在提高准确率上，而 SqueezeNet 的设计者将目光转向了减少参数数目这一重要课题上，并据此提出了一种新的网络结构——SqueezeNet。该网络在 ImageNet 数据集上达到与 AlexNet 相当的精度但参数量更少。下面具体介绍 SqueezeNet。

SqueezeNet 的基本模块为 fire 模块，如图 6.26 所示。

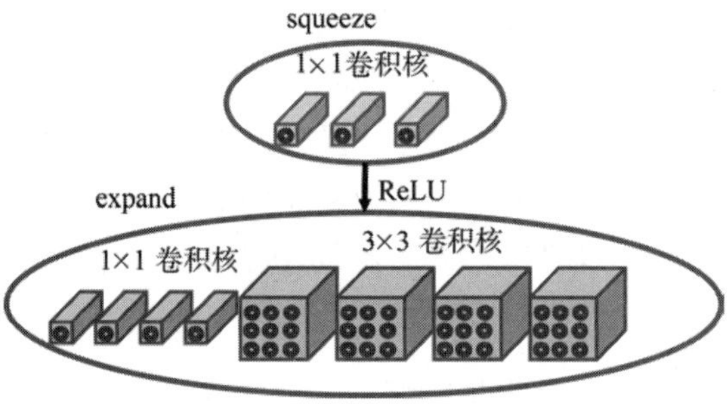

图 6.26　fire 模块结构

fire 模块由 squeeeze 层和 expand 层组成。squeeeze 层包含 1×1 的卷积核(滤波器个数为 $s_{1\times1}$)，expand 层包含 1×1 的卷积核(滤波器个数为 $e_{1\times1}$)和 3×3 的卷积核(滤波器个数为 $e_{3\times3}$)。设计者设定 $s_{1\times1} < e_{1\times1} + e_{3\times3}$，这样有利于控制输送到 3×3 卷积核的输入的通道数。图 6.26 中 $s_{1\times1} = 3, < e_{1\times1} = 4, e_{3\times3} = 4$ 。最后 expand 层中的 1×1 卷积核和 3×3 卷积核的输出按通道维度拼接作为 expand 层的输出。fire 模块具体的输入输出维度变化如图 6.27 所示。

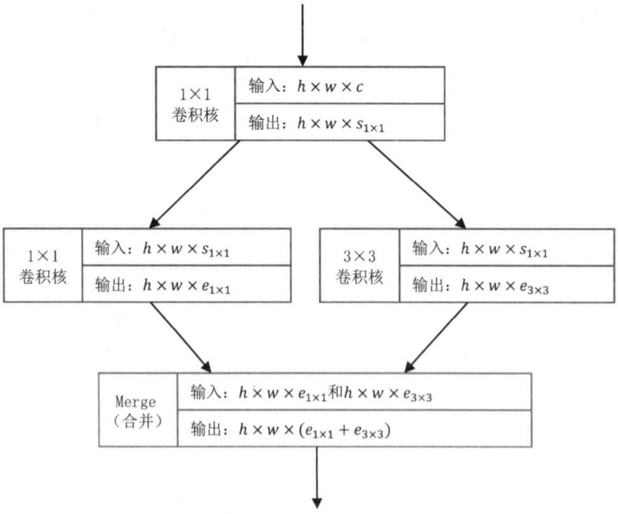

图 6.27　fire 模块具体的输入输出情况

SqueezeNet 保证模型性能不下降的同时有两种减少参数数目的策略，分别如下。

(1) 使用 1×1 卷积核代替 3×3 卷积核。显然 1×1 卷积核相比于 3×3 卷积核具有更少的参数。

(2) 减少输入到 3×3 卷积核的通道数。3×3 卷积核相比于 1×1 卷积核具有更多的参数，一方面要减少 3×3 卷积核的使用，另一方面也要减少 3×3 卷积核输入的通道数。

SqueeezeNet 的架构尺寸如表 6.4 所示。

表 6.4　SqueezeNet 的架构尺寸

网络层类型	输出尺寸	滤波器(非 fire 模块)尺寸/步长	深度	$S_{1\times1}$	$e_{1\times1}$	$e_{3\times3}$
输入图片	224×224×3					
conv1	111×111×96	7×7/2×(×96)	1			
max pool1	55×55×96	3×3/2	0			
fire2	55×55×128		2	16	64	64
fire3	55×55×128		2	16	64	64
fire4	55×55×256		2	32	128	128
max pool4	27×27×256	3×3/2	0			
fire5	27×27×256		2	32	128	128
fire6	27×27×384		2	48	192	192
fire7	27×27×384		2	48	192	192
fire8	27×27×512		2	64	256	256
max pool8	13×13×512	3×3/2	0			
fire9	13×13×512		2	64	256	256
conv10	13×13×1000	3×3/1×(×1000)	1			
average pool10	1×1×1000	13×13/1	0			

习题 6

1. 简述卷积神经网络是如何实现权值共享的。

2. 假设某模型卷积层输入通道数为 3，使用尺寸为 5×5 的卷积核进行卷积操作，输出通道数为 16，请问该层网络包含多少个可训练参数？

3. 请计算 64×64 的特征图卷积后的大小，假设卷积核大小为 $(3,3)$，步长为 2，使用有效卷积操作进行计算。

4. 一个卷积神经网络可以简单表示如下：

输入层：$28\times28\times3$ (3 位通道数)。

卷积层 1：卷积核 5×5，卷积核数目 6，$p=2$，$s=1$。

池化层 1：池化核 2×2，$p=0$，$s=2$。

卷积层 2：卷积核5×5，卷积核数目16，$p=0$，$s=1$。

池化层 2：池化核2×2，$p=0$，$s=2$。

将输出做变形为向量。

全连接层 1：120 个神经元。

全连接层 2：10 个神经元。

已知 p 为 padding 的数目，s 为步长。请计算卷积层和池化层每层输出的形状(通道数放到最后)，并说明这样的一个神经网络的参数数目(权重矩阵和偏置向量中的每个元素算作一个参数)。

5. 简述 VGG 模型的结构特点，试分析这样设计的原因。

6. GoogleNet 模型额外添加了两个辅助分类器，请思考设计者这样做的原因。

7. ResNet 模型提出的残差学习主要解决了什么问题？请简述为何残差学习能够解决该问题。

8. 相较于其他卷积神经网络，DenseNet 使用了密集块结构，请简述该结构的特点和具有的优势。

9. SqueezeNet 通过模型结构设计极大地减少了模型的参数数目，为达到这个目的，SqueezeNet 的主要设计策略是什么？

第 7 章 循环神经网络

循环神经网络经常用于自然语言处理领域，如语音识别[61]、语言建模、机器翻译等。在该领域，我国企业科大讯飞推出了业界首个基于深度学习框架的商用中文语音识别系统，并基于循环神经网络设计研发了一系列语音识别建模方案。经过不断地高速迭代和持续更新，一般场景下，讯飞语音识别系统的识别准确率达到 98%。从智能语音技术起步，到开发智能语音平台，建立中文语音交互技术标准，科大讯飞等中国企业已逐渐成为该领域的领军者。本章主要讲述循环神经网络的基本框架及其经典模型在序列数据处理中的应用。本章是本书的重点章。

7.1 循环神经网络基础

循环神经网络(recurrent neural network，RNN)是一类以序列为输入数据和表征对象的神经网络[62]。本节首先介绍循环神经网络的基础结构，然后根据输入输出的对应关系介绍循环神经网络的基本类型，最后从正向传播和反向传播两个方面介绍循环神经网络的训练和参数更新的过程。

7.1.1 循环神经网络的基础结构

在介绍循环神经网络之前，请读者思考一个问题：既然前文已经详细描述了卷积神经网络的强大，那么为什么还需要学习循环神经网络？换句话说，卷积神经网络和全连接神经网络有何局限性呢？

不难发现，无论是全连接神经网络还是卷积神经网络，其样本数据都是彼此独立的。在一些如图像识别的任务中，这种输入样本间的独立性恰好契合了当前任务的自身特点。但是在更多实际任务中，样本数据之间往往天然存在关联性，如在语音识别中，词汇相互拼接组合，共同构成准确的语义表达；在听音识曲任务中，乐谱之间的内在关联共同构成美妙的音乐；在价格预测任务中，物品价格随时间波动，相近时间内同类商品的价格相互影响，等等。简单来说，这类数据对相应的模型有如下 3 个基本要求：

(1) 模型的输入、输出均为序列，但不同数据的序列长度会发生动态变化；

(2) 模型的输出不仅依赖于当前的输入，也与模型的历史输入相关；

(3) 模型可以将从一个序列不同部分学到的特征进行融合。

显然，卷积神经网络和全连接神经网络均无法满足上述这些基本要求。因此对于这类数据，我们需要一种新的专门处理序列数据的神经网络模型，即循环神经网络。

一般来说，标准的循环神经网络主要包含 3 个部分，分别为输入层、隐藏层和输出层，它的基本结构图如图 7.1 中等号左侧所示。在图 7.1 中，输入层用于接收外部输入的序列信息 $\boldsymbol{x}^{[t]}(t\in[1,2,\cdots,T]$，其中 T 表示输入序列的长度，对于同一数据集中的不同序列，T 往往是动态变化的)；隐藏层本质上就是一个全连接层，但不同之处在于它会对输入的信息 $\boldsymbol{x}^{[t]}$ 和上一时刻系统的状态信息 $\boldsymbol{h}^{[t-1]}$ 进行整合处理，并把整合后的信息作为当前时刻的系统状态 $\boldsymbol{h}^{[t]}$ 存储起来；输出层也是一个全连接层，可以对隐藏层输出的状态信息 $\boldsymbol{h}^{[t]}$ 进行处理，并依据它得到整个模型的输出 $\boldsymbol{o}^{[t]}$。图 7.1 中，$\boldsymbol{U}$、$\boldsymbol{V}$、$\boldsymbol{W}$ 分别表示输入层到隐藏层的权重矩阵、隐藏层到输出层的权重矩阵及临近时刻隐藏层状态信息变化对应的权重矩阵。

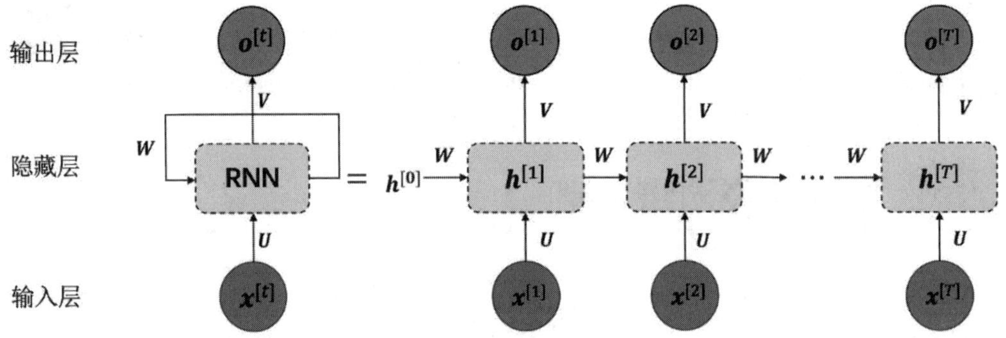

图 7.1　RNN 基础结构图

将循环神经网络基础结构以时间线展开，可以表示为图 7.1 中等号右侧的形式。这样表示可以更为清晰地看到循环神经网络和传统全连接神经网络的不同。通过观察可以看出，隐藏层的输入和输出均有两个方向的数据流，即 t 时刻流入的数据 $\boldsymbol{x}^{[t]}$ 和 $\boldsymbol{h}^{[t-1]}$ 及流出的数据 $\boldsymbol{h}^{[t]}$ 和 $\boldsymbol{o}^{[t]}$。需要注意的是，循环神经网络中所有时刻都共用一组权值矩阵 $\boldsymbol{U}$、$\boldsymbol{V}$ 和 $\boldsymbol{W}$。

7.1.2　不同类型的循环神经网络

上文所涉及的循环神经网络结构中输入与输出是一一对应的。但实际上，输入与输出的个数不一定相同。根据输入与输出的对应关系，循环神经网络分为以下几类。

1. 一对一(one to one)

一对一模型是最基本的单层网络，它的特点是输入为单个元素，输出也为单个元素，其结构如图 7.2 所示。事实上，一对一模型在循环神经网络的实际应用中并不常见。

2. 一对多(one to many)

一对多模型的输入为单个元素，输出为多个元素。一般这类模型包含两种情况：一种是只在序列开始时进行输入计算，如图片的标注任务(输入的是一张图片，输出的是图片的特征序列)；另一种是把输入数据在每一个时刻重复地输入模型中，达成类似于残差的效果。两种模型的结构如图 7.3 所示，对于第一种情况，图中虚线不连通，而对于第二种情况，图中虚线连通。

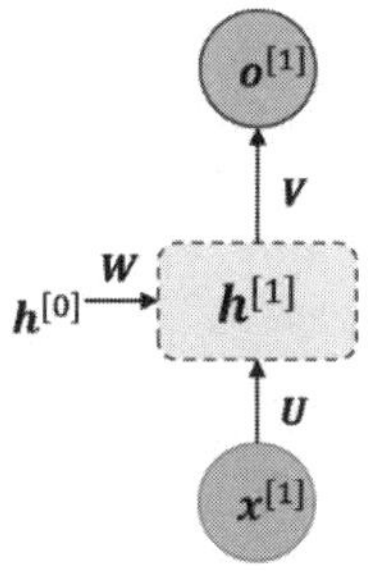

图 7.2 一对一模型的结构示意图

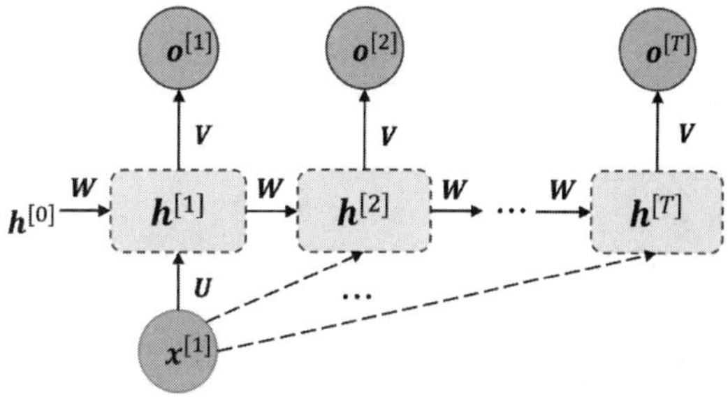

图 7.3 一对多模型的结构示意图

3. 多对一(many to one)

多对一模型的输入为多元序列，输出为单个元素。这类模型常用于序列分类问题，如输入为一句话的每一个词，输出为该语句富含的情感类别，其结构如图 7.4 所示。

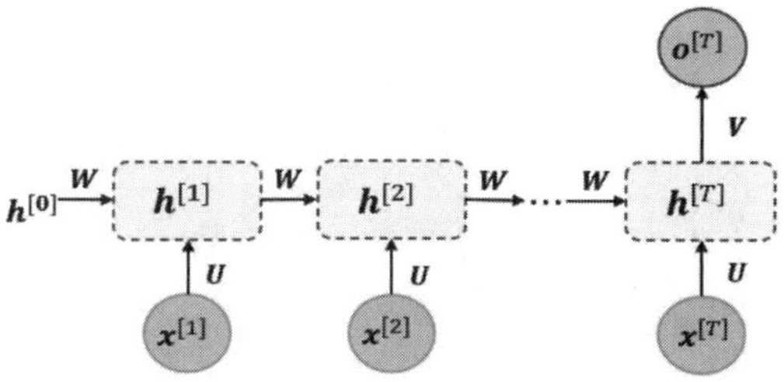

图 7.4 多对一模型的结构示意图

4. 多对多(many to many)

多对多模型是非常经典的循环神经网络结构，一般包含两种情况，如图 7.5 所示。第一种情况，输入、输出一一对应，输入序列的长度 T_x 与输出序列的长度 T_y 一致，即 $T_x = T_y$；另一种情况是输入序列和输出序列不一一对应，但二者各自的长度稳定不变，即 $T_x \neq T_y$。另外，还有一种情况是输入和输出的序列长度不同，且二者各自的长度可能存在动态变化，这种情况无法直接使用标准的循环神经网络模型解决。为了解决该问题，相关研究者提出了 Encoder-Decoder 模型，该模型的具体内容我们会在后续章节中进行介绍。

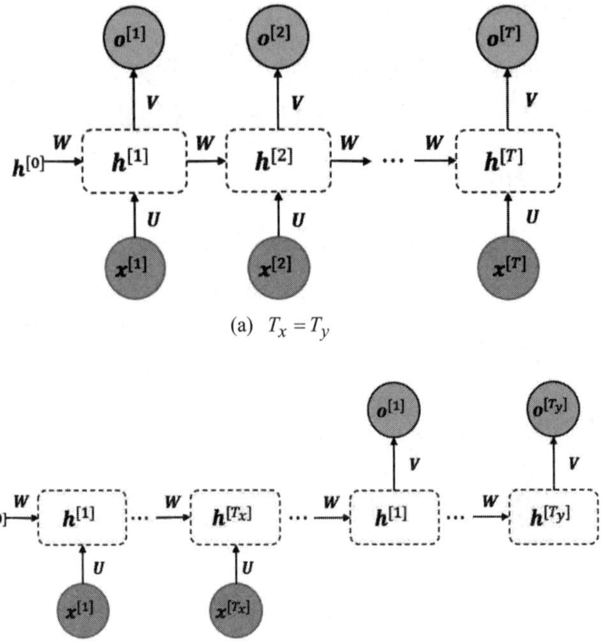

(a) $T_x = T_y$

(b) $T_x \neq T_y$

图 7.5　多对多模型的结构示意图

7.1.3　正向传播

本节将介绍循环神经网络的正向传播，为了便于理解，这里以 $T_x = T_y$ 情况下的多对多循环神经网络模型为例，此时模型的正向传播结构如图 7.6 所示。

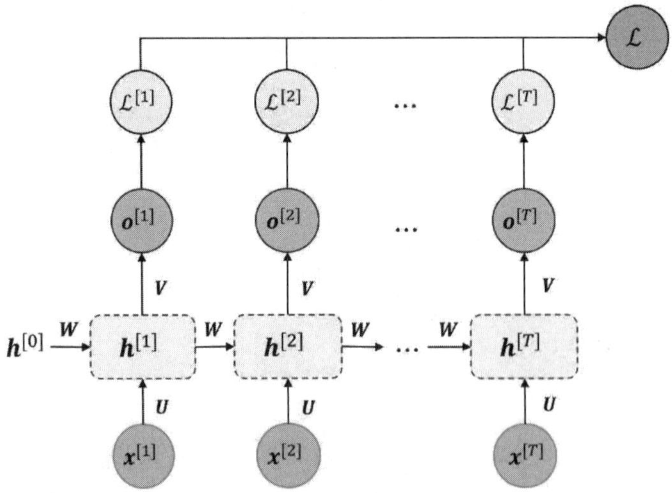

图 7.6　循环神经网络模型的正向传播实例

依据图 7.6，我们将从 0 时刻开始到任意时刻模型的状态信息和对应输出用方程形式表示如下：

- $t=0$ 时刻，$\boldsymbol{h}^{[0]}=0$；
- $t=1$ 时刻，$\boldsymbol{h}^{[1]}=g_1\left(\boldsymbol{W}\boldsymbol{h}^{[0]}+\boldsymbol{U}\boldsymbol{x}^{[1]}+\boldsymbol{b}_1\right)$，$\boldsymbol{o}^{[1]}=g_2\left(\boldsymbol{V}\boldsymbol{h}^{[1]}+\boldsymbol{b}_2\right)$；

……

- $t=T$ 时刻，$\boldsymbol{h}^{[T]}=g_1\left(\boldsymbol{W}\boldsymbol{h}^{[T-1]}+\boldsymbol{U}\boldsymbol{x}^{[T]}+\boldsymbol{b}_1\right)$，$\boldsymbol{o}^{[T]}=g_2\left(\boldsymbol{V}\boldsymbol{h}^{[T]}+\boldsymbol{b}_2\right)$。

经过归纳可知，对于任意 t 时刻有

$$\boldsymbol{h}^{[t]}=g_1\left(\boldsymbol{z}^{[t]}\right)=g_1\left(\boldsymbol{W}\boldsymbol{h}^{[t-1]}+\boldsymbol{U}\boldsymbol{x}^{[1]}+\boldsymbol{b}_1\right), \tag{7.1}$$

$$\boldsymbol{o}^{[t]}=g_2\left(\boldsymbol{s}^{[t]}\right)=g_2\left(\boldsymbol{V}\boldsymbol{h}^{[t]}+\boldsymbol{b}_2\right), \tag{7.2}$$

其中，$\boldsymbol{b}_1,\boldsymbol{h}^{[t]}\in\mathbb{R}^n$，$\boldsymbol{x}^{[t]}\in\mathbb{R}^l$，$\boldsymbol{b}_2,\boldsymbol{o}^{[t]}\in\mathbb{R}^m$，$\boldsymbol{W}\in\mathbb{R}^{n\times n}$，$\boldsymbol{U}\in\mathbb{R}^{n\times l}$，$\boldsymbol{V}\in\mathbb{R}^{m\times n}$；$\boldsymbol{z}^{[t]}\in\mathbb{R}^n$ 和 $\boldsymbol{s}^{[t]}\in\mathbb{R}^m$ 为中间变量，它们又称为神经网络中的净输入；$g_1(\cdot)$ 和 $g_2(\cdot)$ 为激活函数，如 sigmoid、tanh、ReLU 等。

前向传播中，在得到每个时刻的模型输出 $\boldsymbol{o}^{[t]}$ 后，我们需要将其与对应时段的真实输出值 $\boldsymbol{y}^{[t]}$ 进行比较，并用代价函数衡量其差异，在循环神经网络模型中代价函数的定义如下

$$\mathcal{L}=\sum_{t=1}^{T}\mathcal{L}^{[t]}=\sum_{t=1}^{T}f\left(\boldsymbol{y}^{[t]},\boldsymbol{o}^{[t]}\right), \tag{7.3}$$

其中，$f(\cdot)$ 是损失函数，这里可以依据实际情况进行选择。和之前我们学习的常见损失函数相比，这里唯一的区别是循环神经网络的损失函数是每个时段内预测值与真实值之间误差的总和。式(7.1)~式(7.3)是循环神经网络模型正向传播的 3 个核心式。

我们令 $\boldsymbol{W}_h=[\boldsymbol{W},\boldsymbol{U}]\in\mathbb{R}^{n\times(n+l)}$，$\left[\boldsymbol{h}^{[t-1]};\boldsymbol{x}^{[t]}\right]\in\mathbb{R}^{n+l}$，此时的 $\boldsymbol{h}^{[t]}$ 和 $\boldsymbol{o}^{[t]}$ 的表达式可以进一步简化为

$$\boldsymbol{h}^{[t]}=g_1\left(\boldsymbol{z}^{[t]}\right)=g_1\left(\boldsymbol{W}_h\left[\boldsymbol{h}^{[t-1]};\boldsymbol{x}^{[t]}\right]+\boldsymbol{b}_1\right), \tag{7.4}$$

$$\boldsymbol{o}^{[t]}=g_2\left(\boldsymbol{s}^{[t]}\right)=g_2\left(\boldsymbol{V}\boldsymbol{h}^{[t]}+\boldsymbol{b}_2\right). \tag{7.5}$$

7.1.4 反向传播

7.1.3 节描述了循环神经网络的正向传播过程。本节将基于上节内容进一步介绍循环神经网络的反向传播，为了便于理解，这里也以 $T_x=T_y$ 情况下的多对多循环神经网络模型为例。我们知道，反向传播的过程会基于梯度下降法不断迭代更新模型参数，直到模型稳定为止。在标准循环神经网络中的可训练参数有 $\boldsymbol{U}$、$\boldsymbol{V}$、$\boldsymbol{W}$、$\boldsymbol{b}_1$ 和 $\boldsymbol{b}_2$。需要注意的是这些参数在各时刻是共享的，即不同时刻的每次反向传播过程都需要更新这些参数。

循环神经网络的反向传播过程如图 7.7 所示。其中，虚线表示梯度的反向传播。

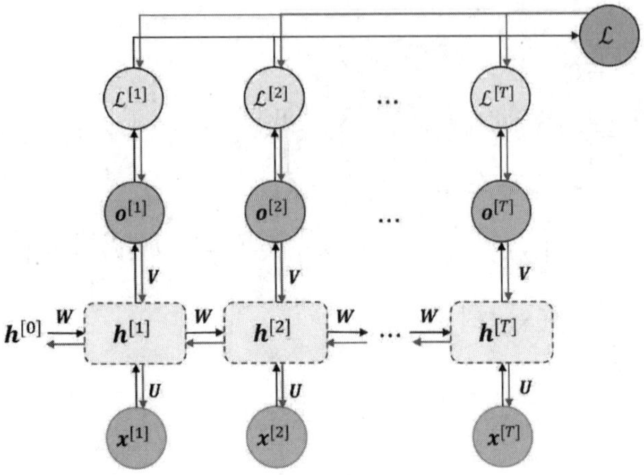

图 7.7　循环神经网络模型反向传播实例

根据梯度下降法的基本流程，我们需先计算损失函数关于各权重矩阵的梯度，然后根据所求梯度更新相应的权重矩阵。为了便于理解，我们假设目标问题是基于序列数据的分类问题，任意时刻的损失函数为

$$\mathcal{L}^{[t]} = -\sum_{j=1}^{m} \boldsymbol{y}_j^{[t]} \log \boldsymbol{o}_j^{[t]}. \tag{7.6}$$

设定激活函数 g_1 为 tanh 函数，激活函数 g_2 为 softmax 函数，则反向传播的计算流程如下。

1. 计算 $\nabla_V \mathcal{L}$

$$\nabla_V \mathcal{L} = \frac{\partial \mathcal{L}}{\partial \boldsymbol{V}} = \sum_{t=1}^{T} \frac{\partial \mathcal{L}^{[t]}}{\partial \boldsymbol{V}} = \sum_{t=1}^{T} \frac{\partial \mathcal{L}^{[t]}}{\partial \boldsymbol{o}^{[t]}} \frac{\partial \boldsymbol{o}^{[t]}}{\partial \boldsymbol{s}^{[t]}} \frac{\partial \boldsymbol{s}^{[t]}}{\partial \boldsymbol{V}}. \tag{7.7}$$

令 $\boldsymbol{\delta}^{[t]} = \dfrac{\partial \mathcal{L}^{[t]}}{\partial \boldsymbol{o}^{[t]}} \dfrac{\partial \boldsymbol{o}^{[t]}}{\partial \boldsymbol{s}^{[t]}}$，这里目标函数为交叉熵损失函数，输出层的激活函数为softmax，经过简单推导我们可以求出 $\boldsymbol{\delta}^{[t]} = \boldsymbol{o}^{[t]} - \boldsymbol{y}^{[t]}$。这样，基于矩阵求导的相关知识可以推出式(7.7)等于

$$\sum_{t=1}^{T} \boldsymbol{\delta}^{[t]} \boldsymbol{h}^{[t]^{\top}} \in \mathbb{R}^{m \times n}.$$

这里的具体推导过程涉及一些矩阵计算和矩阵求导的知识，不熟悉的读者可以跳过具体的推导求解部分，这不会影响对本节后续知识点的理解。

同理，可以推出 $\nabla_{\boldsymbol{b}_2} \mathcal{L}$ 为

$$\nabla_{\boldsymbol{b}_2} \mathcal{L} = \frac{\partial \mathcal{L}}{\partial \boldsymbol{b}_2} = \sum_{t=1}^{T} \frac{\partial \mathcal{L}^{[t]}}{\partial \boldsymbol{b}_2} = \sum_{t=1}^{T} \frac{\partial \mathcal{L}^{[t]}}{\partial \boldsymbol{o}^{[t]}} \frac{\partial \boldsymbol{o}^{[t]}}{\partial \boldsymbol{s}^{[t]}} \frac{\partial \boldsymbol{s}^{[t]}}{\partial \boldsymbol{b}_2} = \sum_{t=1}^{T} \boldsymbol{\delta}^{[t]}. \tag{7.8}$$

2. 计算$\nabla_{\boldsymbol{U}}\mathcal{L}$、$\nabla_{\boldsymbol{W}}\mathcal{L}$和$\nabla_{\boldsymbol{b}_1}\mathcal{L}$

$$
\begin{aligned}
\nabla_{\boldsymbol{U}}\mathcal{L} &= \frac{\partial \mathcal{L}}{\partial \boldsymbol{U}} = \sum_{t=1}^{T}\frac{\partial \mathcal{L}^{[t]}}{\partial \boldsymbol{U}} \\
&= \sum_{t=1}^{T}\frac{\partial \mathcal{L}^{[t]}}{\partial \boldsymbol{z}^{[t]}}\frac{\partial \boldsymbol{z}^{[t]}}{\partial \boldsymbol{U}} + \frac{\partial \mathcal{L}^{[t]}}{\partial \boldsymbol{z}^{[t-1]}}\frac{\partial \boldsymbol{z}^{[t-1]}}{\partial \boldsymbol{U}} + \cdots + \frac{\partial \mathcal{L}^{[t]}}{\partial \boldsymbol{z}^{[1]}}\frac{\partial \boldsymbol{z}^{[1]}}{\partial \boldsymbol{U}} \\
&= \sum_{t=1}^{T}\frac{\partial \mathcal{L}^{[t]}}{\partial \boldsymbol{z}^{[t]}}\frac{\partial \boldsymbol{z}^{[t]}}{\partial \boldsymbol{U}} + \frac{\partial \mathcal{L}^{[t]}}{\partial \boldsymbol{z}^{[t]}}\frac{\partial \boldsymbol{z}^{[t]}}{\partial \boldsymbol{h}^{[t-1]}}\frac{\partial \boldsymbol{h}^{[t-1]}}{\partial \boldsymbol{z}^{[t-1]}}\frac{\partial \boldsymbol{z}^{[t-1]}}{\partial \boldsymbol{U}} \\
&\quad + \cdots + \frac{\partial \mathcal{L}^{[t]}}{\partial \boldsymbol{z}^{[2]}}\frac{\partial \boldsymbol{z}^{[2]}}{\partial \boldsymbol{h}^{[1]}}\frac{\partial \boldsymbol{h}^{[1]}}{\partial \boldsymbol{z}^{[1]}}\frac{\partial \boldsymbol{z}^{[1]}}{\partial \boldsymbol{U}}.
\end{aligned}
\tag{7.9}
$$

令$\boldsymbol{\sigma}_k^{[t]} = \dfrac{\partial \mathcal{L}^{[t]}}{\partial \boldsymbol{z}^{[k]}}(1 \leqslant k \leqslant t)$这样我们可以进一步推出

$$
\begin{cases}
\boldsymbol{\sigma}_t^{[t]} = \dfrac{\partial^{[t]}}{\partial \boldsymbol{z}^{[t]}} = \dfrac{\partial \mathcal{L}^{[t]}}{\partial \boldsymbol{s}^{[t]}}\dfrac{\partial \boldsymbol{s}^{[t]}}{\partial \boldsymbol{h}^{[t]}}\dfrac{\partial \boldsymbol{h}^{[t]}}{\partial \boldsymbol{z}^{[t]}} = \boldsymbol{V}^{\top}\boldsymbol{\delta}^{[t]} \odot g_1'\left(\boldsymbol{z}^{[t]}\right), \\
\boldsymbol{\sigma}_{t-1}^{[t]} = \dfrac{\partial \mathcal{L}^{[t]}}{\partial \boldsymbol{z}^{[t-1]}} = \dfrac{\partial \mathcal{L}^{[t]}}{\partial \boldsymbol{z}^{[t]}}\dfrac{\partial \boldsymbol{z}^{[t]}}{\partial \boldsymbol{h}^{[t-1]}}\dfrac{\partial \boldsymbol{h}^{[t-1]}}{\partial \boldsymbol{z}^{[t-1]}} = \boldsymbol{W}^{\top}\boldsymbol{\sigma}_t^{[t]} \odot g_1'\left(\boldsymbol{z}^{[t-1]}\right), \\
\boldsymbol{\sigma}_{t-2}^{[t]} = \dfrac{\partial \mathcal{L}^{[t]}}{\partial \boldsymbol{z}^{[t-2]}} = \dfrac{\partial \mathcal{L}^{[t]}}{\partial \boldsymbol{z}^{[t-1]}}\dfrac{\partial \boldsymbol{z}^{[t-1]}}{\partial \boldsymbol{h}^{[t-2]}}\dfrac{\partial \boldsymbol{h}^{[t-2]}}{\partial \boldsymbol{z}^{[t-2]}} = \boldsymbol{W}^{\top}\boldsymbol{\sigma}_{t-1}^{[t]} \odot g_1'\left(\boldsymbol{z}^{[t-2]}\right), \\
\qquad \vdots \\
\boldsymbol{\sigma}_1^{[t]} = \dfrac{\partial \mathcal{L}^{[t]}}{\partial \boldsymbol{z}^{[2]}} = \dfrac{\partial \mathcal{L}^{[t]}}{\partial \boldsymbol{z}^{[2]}}\dfrac{\partial \boldsymbol{z}^{[2]}}{\partial \boldsymbol{h}^{[1]}}\dfrac{\partial \boldsymbol{h}^{[1]}}{\partial \boldsymbol{z}^{[1]}} = \boldsymbol{W}^{\top}\boldsymbol{\sigma}_2^{[t]} \odot g_1'\left(\boldsymbol{z}^{[1]}\right).
\end{cases}
\tag{7.10}
$$

这样我们可以推出$\boldsymbol{\sigma}_k^{[t]}$的表达式

$$
\boldsymbol{\sigma}_k^{[t]} = \begin{cases}
\boldsymbol{V}^{\top}\boldsymbol{\delta}^{[t]} \odot g_1'\left(\boldsymbol{z}^{[t]}\right), & k = t, \\
\boldsymbol{W}^{\top}\boldsymbol{\sigma}_{k+1}^{[t]} \odot g_1'\left(\boldsymbol{z}^{[k]}\right), & k < t.
\end{cases}
\tag{7.11}
$$

依据式(7.11)，可以将式(7.9)进一步改写为

$$
\begin{aligned}
\nabla_{\boldsymbol{U}}\mathcal{L} &= \frac{\partial \mathcal{L}}{\partial \boldsymbol{U}} = \sum_{t=1}^{T}\frac{\partial \mathcal{L}^{[t]}}{\partial \boldsymbol{U}} \\
&= \sum_{t=1}^{T}\frac{\partial \mathcal{L}^{[t]}}{\partial \boldsymbol{z}^{[t]}}\frac{\partial \boldsymbol{z}^{[t]}}{\partial \boldsymbol{U}} + \frac{\partial \mathcal{L}^{[t]}}{\partial \boldsymbol{z}^{[t-1]}}\frac{\partial \boldsymbol{z}^{[t-1]}}{\partial \boldsymbol{U}} + \cdots + \frac{\partial \mathcal{L}^{[t]}}{\partial \boldsymbol{z}^{[1]}}\frac{\partial \boldsymbol{z}^{[1]}}{\partial \boldsymbol{U}} \\
&= \sum_{t=1}^{T}\sum_{k=1}^{t}\boldsymbol{\sigma}_k^{[t]}\boldsymbol{x}^{[t]\top}.
\end{aligned}
\tag{7.12}
$$

相应地$\nabla_{\boldsymbol{W}}\mathcal{L}$和$\nabla_{\boldsymbol{b}_1}\mathcal{L}$分别为

$$\begin{aligned}\nabla_{\boldsymbol{W}}\mathcal{L}&=\frac{\partial\mathcal{L}}{\partial\boldsymbol{W}}=\sum_{t=1}^{T}\frac{\partial\mathcal{L}^{[t]}}{\partial\boldsymbol{W}}\\&=\sum_{t=1}^{T}\frac{\partial\mathcal{L}^{[t]}}{\partial\boldsymbol{z}^{[t]}}\frac{\partial\boldsymbol{z}^{[t]}}{\partial\boldsymbol{W}}+\frac{\partial\mathcal{L}^{[t]}}{\partial\boldsymbol{z}^{[t-1]}}\frac{\partial\boldsymbol{z}^{[t-1]}}{\partial\boldsymbol{W}}+\cdots+\frac{\partial\mathcal{L}^{[t]}}{\partial\boldsymbol{z}^{[1]}}\frac{\partial\boldsymbol{z}^{[1]}}{\partial\boldsymbol{W}}\\&=\sum_{t=1}^{T}\sum_{k=1}^{t}\boldsymbol{\sigma}_k^{[t]}\boldsymbol{h}^{[t-1]^\top},\end{aligned}\tag{7.13}$$

$$\begin{aligned}\nabla_{\boldsymbol{b}_1}\mathcal{L}&=\frac{\partial\mathcal{L}}{\partial\boldsymbol{b}_1}=\sum_{t=1}^{T}\frac{\partial\mathcal{L}^{[t]}}{\partial\boldsymbol{b}_1}\\&=\sum_{t=1}^{T}\frac{\partial\mathcal{L}^{[t]}}{\partial\boldsymbol{z}^{[t]}}\frac{\partial\boldsymbol{z}^{[t]}}{\partial\boldsymbol{b}_1}+\frac{\partial\mathcal{L}^{[t]}}{\partial\boldsymbol{z}^{[t-1]}}\frac{\partial\boldsymbol{z}^{[t-1]}}{\partial\boldsymbol{b}_1}+\cdots+\frac{\partial\mathcal{L}^{[t]}}{\partial\boldsymbol{z}^{[1]}}\frac{\partial\boldsymbol{z}^{[1]}}{\partial\boldsymbol{b}_1}\\&=\sum_{t=1}^{T}\sum_{k=1}^{t}\boldsymbol{\sigma}_k^{[t]}.\end{aligned}\tag{7.14}$$

3. 更新参数

$$\begin{cases}\boldsymbol{V}=\boldsymbol{V}-\alpha\nabla_{\boldsymbol{V}}\mathcal{L},\\\boldsymbol{b}_2=\boldsymbol{b}_2-\alpha\nabla_{\boldsymbol{b}_2}\mathcal{L},\\\boldsymbol{U}=\boldsymbol{U}-\alpha\nabla_{\boldsymbol{U}}\mathcal{L},\\\boldsymbol{W}=\boldsymbol{W}-\alpha\nabla_{\boldsymbol{W}}\mathcal{L},\\\boldsymbol{b}_1=\boldsymbol{b}_1-\alpha\nabla_{\boldsymbol{b}_1}\mathcal{L}.\end{cases}\tag{7.15}$$

其中，α 为预先设定的学习率。

7.2 经典的循环神经网络模型

本节介绍几种比较经典的循环神经网络模型，包括 LSTM[63]、GRU、双向循环神经网络、多层循环神经网络模型和 Seq-to-Seq 模型。

7.2.1 LSTM

人往往是基于自身对过去所见的相关事物的认识和理解来完成对当前事物的思考和推断的。一般情况下，我们不会将之前的记忆和认知丢弃，只用空白的大脑进行思考。换句话说，我们的思想具有持久性。正如 7.1 节所提到的，循环神经网络的提出，使人工神经网络模型初步具备了记忆的能力。但循环神经网络并不是完美的，尤其是对于具有长期依赖关系的数据，使用循环神经网络进行信息提取往往会存在信息丢失的情况。其根本原因是网络的梯度爆炸和梯度消失。从理论上来说，我们可以通过调整参数来解决这类问题。但是，在实践中，这种参数的调节十分复杂，需要付出很大的代价。1997 年，LSTM(long short-term memory，长短期记忆)网络的提出，在一定程度上有效地解决了上述问题。LSTM 网络是由霍克利特(Hochreiter)和施米德胡贝(Schmidhuber)提出的，它本质上是一种改进的循环神经网络。LSTM 单元的基础结构模型如图 7.8 所示，它包含 3 个门控结构：输入门(input gate)、遗忘门(forget gate)和输出门(output gate)，以及与隐藏状态关联的记忆细胞。

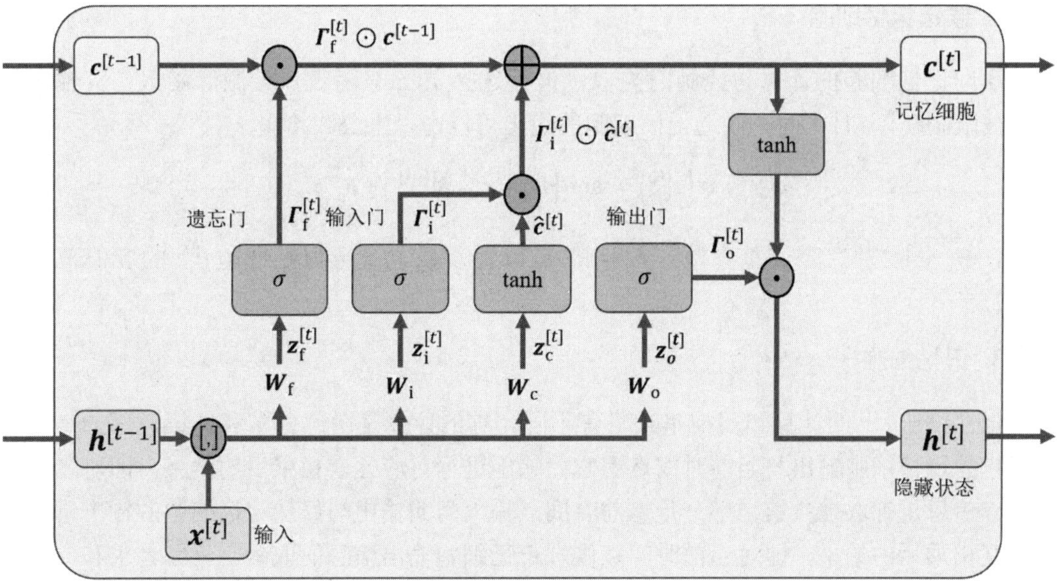

图 7.8　LSTM 单元

1. 输入门、遗忘门、输出门

在任意时间点t，LSTM 单元的每个控制门的输入均为当前时间点的输入数据和上一时间点的隐藏状态，每个控制门都包含一个使用 sigmoid 激活函数的全连接层，因此每个门的输出范围都被限制在[0,1]范围。其中，遗忘门决定了上一时间点的记忆细胞的状态信息有多少保留到当前时间点的记忆细胞内；输入门决定了当前时间点的输入数据有多少信息保存到当前时间点的记忆细胞内；输出门控制当前时间点的记忆细胞中的信息有多少可以保留作为当前时间点 LSTM 单元隐藏状态的输出值。

具体来说，在时间点t，假设当前 LSTM 单元的输入数据为$\boldsymbol{x}^{[t]} \in \mathbb{R}^l$，当前时间点的隐藏状态为$\boldsymbol{h}^{[t]} \in \mathbb{R}^n$，当前时间点的记忆细胞为$\boldsymbol{c}^{[t]} \in \mathbb{R}^n$，上一时间点的隐藏状态为$\boldsymbol{h}^{[t-1]} \in \mathbb{R}^n$，上一时间点的记忆细胞为$\boldsymbol{c}^{[t-1]} \in \mathbb{R}^n$，当前时间点的候选记忆细胞为$\hat{\boldsymbol{c}}^{[t]} \in \mathbb{R}^n$，输入门为$\boldsymbol{\Gamma}_{\mathbf{i}}^{[t]} \in \mathbb{R}^n$，遗忘门为$\boldsymbol{\Gamma}_{\mathbf{f}}^{[t]} \in \mathbb{R}^n$，输出门为$\boldsymbol{\Gamma}_{\mathbf{o}}^{[t]} \in \mathbb{R}^n$。输入门$\boldsymbol{\Gamma}_{\mathbf{i}}^{[t]}$、遗忘门$\boldsymbol{\Gamma}_{\mathbf{f}}^{[t]}$、输出门$\boldsymbol{\Gamma}_{\mathbf{o}}^{[t]}$的计算由以下公式给出

$$\boldsymbol{\Gamma}_{\mathbf{i}}^{[t]} = \sigma\left(z_{\mathbf{i}}^{[t]}\right) = \sigma\left(\boldsymbol{W}_{\mathbf{i}}\left[\boldsymbol{x}^{[t]}, \boldsymbol{h}^{[t-1]}\right] + \boldsymbol{b}_{\mathbf{i}}\right), \tag{7.16}$$

$$\boldsymbol{\Gamma}_{\mathbf{f}}^{[t]} = \sigma\left(z_{\mathbf{f}}^{[t]}\right) = \sigma\left(\boldsymbol{W}_{\mathbf{f}}\left[\boldsymbol{x}^{[t]}, \boldsymbol{h}^{[t-1]}\right] + \boldsymbol{b}_{\mathbf{f}}\right), \tag{7.17}$$

$$\boldsymbol{\Gamma}_{\mathbf{o}}^{[t]} = \sigma\left(z_{\mathbf{o}}^{[t]}\right) = \sigma\left(\boldsymbol{W}_{\mathbf{o}}\left[\boldsymbol{x}^{[t]}, \boldsymbol{h}^{[t-1]}\right] + \boldsymbol{b}_{\mathbf{o}}\right), \tag{7.18}$$

其中，$\left[\boldsymbol{x}^{[t]},\boldsymbol{h}^{[t-1]}\right]$表示对向量$\boldsymbol{x}^{[t]}$和向量$\boldsymbol{h}^{[t-1]}$进行拼接，拼接后$\left[\boldsymbol{x}^{[t]},\boldsymbol{h}^{[t-1]}\right] \in \mathbb{R}^{n+l}$；$\boldsymbol{W}_{\mathbf{i}},\boldsymbol{W}_{\mathbf{f}},\boldsymbol{W}_{\mathbf{o}} \in \mathbb{R}^{n\times(n+l)}$是权重参数；$\boldsymbol{b}_{\mathbf{i}},\boldsymbol{b}_{\mathbf{f}},\boldsymbol{b}_0 \in \mathbb{R}^n$是偏置参数；$\sigma$表示 sigmoid 激活函数。

2. 候选记忆细胞

候选记忆细胞的计算与控制门类似，但其选择了 tanh 函数作为激活函数，其输出的范围被限制在$[-1,1]$区间。候选记忆细胞的输出可以由以下公式给出

$$\hat{\boldsymbol{c}}^{[t]} = \sigma\left(z_c^{[t]}\right) = \tanh\left(\boldsymbol{W}_c\left[\boldsymbol{x}^{[t]},\boldsymbol{h}^{[t-1]}\right] + \boldsymbol{b}_c\right), \tag{7.19}$$

其中，$\boldsymbol{W}_c \in \mathbb{R}^{n\times(n+l)}$是权重参数，$\boldsymbol{b}_c \in \mathbb{R}^n$是偏置参数。候选记忆细胞$\hat{\boldsymbol{c}}^{[t]}$的取值范围为$[-1,1]$。

3. 记忆细胞

记忆细胞$\boldsymbol{c}^{[t]}$的计算和门控单元略有不同。它的计算是两部分求和，第一部分是上一时间点的记忆细胞输出与当前时间点遗忘门输出进行对应元素相乘后的结果，即对之前的时间点信息进行取舍；第二部分是当前时间点输入门的输出与候选记忆细胞的输出进行对应元素相乘后的结果，即对当前时间点候选记忆细胞输出信息的取舍。将二者求和，并传到下一时间点的记忆细胞中。记忆细胞的输出可以由以下公式给出

$$\boldsymbol{c}^{[t]} = \boldsymbol{\Gamma}_{\mathbf{f}}^{[t]} \odot \boldsymbol{c}^{[t-1]} + \boldsymbol{\Gamma}_{\mathbf{i}}^{[t]} \odot \hat{\boldsymbol{c}}^{[t]}. \tag{7.20}$$

式(7.20)中，将遗忘门的输出与上一时间点的记忆细胞做元素乘法，同时将输入门的输出与当前时间点的记忆细胞做元素乘法，再将结果相加得到$\boldsymbol{c}^{[t]}$。

4. 隐藏状态

计算得到记忆细胞的输出后，就可以通过输出门来控制信息从记忆细胞$\boldsymbol{c}^{[t]}$到隐藏状态$\boldsymbol{h}^{[t]}$的流动了。具体来说，输出门的输出值越接近 1，表示记忆细胞越多的信息将传入隐藏状态供输出层使用；输出门的输出值越接近 0，表示记忆细胞较少的信息传入隐藏状态供输出层使用。另外，此处对记忆细胞$\boldsymbol{c}^{[t]}$的计算选用 tanh 函数作为激活函数。隐藏状态的输出由以下公式给出

$$\boldsymbol{h}^{[t]} = \boldsymbol{\Gamma}_o^{[t]} \odot \tanh\left(\boldsymbol{c}^{[t]}\right). \tag{7.21}$$

式(7.21)中，当前时间点的记忆细胞通过激活函数 tanh 后与输出门的输出做对应元素相乘，得到当前时间点的隐藏状态$\boldsymbol{h}^{[t]}$。当前时间点的隐藏状态和记忆细胞计算完成后，将传入下一时间点进行计算。

式(7.16)~式(7.21)是 LSTM 单元的核心计算公式。这些公式可以替换标准循环神经网络模型对隐藏状态 $\boldsymbol{h}^{[t]}$ 的计算，即使用 LSTM 单元替换图 7.7 中的虚线框部分。这样模型的反向传播过程与标准循环神经网络模型相似，这里不再赘述。

7.2.2 GRU

GRU(gate recurrent unit，门控循环单元)于 2014 年被提出，是循环神经网络的一种，其作用也是为了提升循环神经网络模型对长序列的特征挖掘能力。GRU 可以看作 LSTM 的一种变体，GRU 的提出者在论文中用实验表明，相比于 LSTM，GRU 在大多数情况下能达到与其相似的效果，且计算量大幅减少，这在很大程度上提升了训练效率。和 LSTM 相似，GRU 也包含若干门控单元，其具体结构如图 7.9 所示。

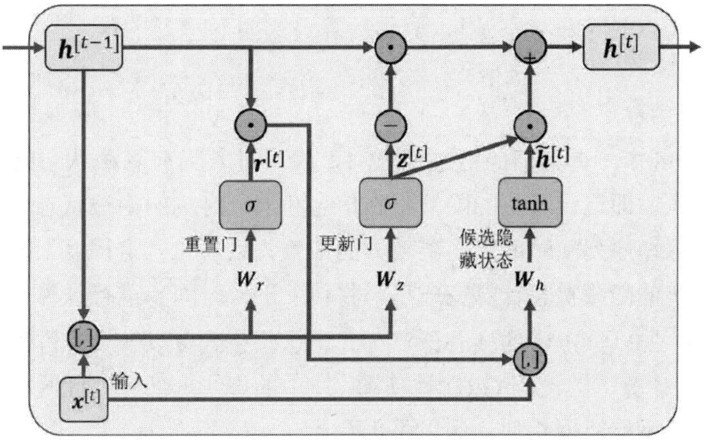

图 7.9 GRU 的具体结构

1. 更新门和重置门

GRU 的控制门包括更新门和重置门，二者相互配合以捕捉时间序列中跨时间步长较大的依赖关系。如图 7.9 所示，GRU 中更新门和重置门的输入均为当前时间点的输入数据和上一时间点传入当前时间点的隐藏状态。具体来说，在时间点 t，假设当前 GRU 的输入为 $\boldsymbol{x}^{[t]} \in \mathbb{R}^{l}$，上一时间点传入当前时间点的隐藏状态为 $\boldsymbol{h}^{[t-1]} \in \mathbb{R}^{n}$，重置门输出为 $\boldsymbol{r}^{[t]} \in \mathbb{R}^{n}$，更新门输出为 $\boldsymbol{z}^{[t]} \in \mathbb{R}^{n}$，二者的计算公式如下

$$\boldsymbol{r}^{[t]} = \sigma\left(\boldsymbol{a}_r^{[t]}\right) = \sigma\left(\boldsymbol{W}_r\left[\boldsymbol{x}^{[t]}, \boldsymbol{h}^{[t-1]}\right] + \boldsymbol{b}_r\right), \tag{7.22}$$

$$\boldsymbol{z}^{[t]} = \sigma\left(\boldsymbol{a}_z^{[t]}\right) = \sigma\left(\boldsymbol{W}_z\left[\boldsymbol{x}^{[t]}, \boldsymbol{h}^{[t-1]}\right] + \boldsymbol{b}_z\right), \tag{7.23}$$

其中，$\boldsymbol{W}_r, \boldsymbol{W}_z \in \mathbb{R}^{n\times(n+l)}$ 是权重参数，$\boldsymbol{b}_r, \boldsymbol{b}_z \in \mathbb{R}^{n}$ 是偏置参数，σ 表示 sigmoid 激活函数。

2. 候选隐藏状态

候选隐藏状态将用于隐藏状态的计算，如图 7.9 所示，候选隐藏状态 $\tilde{\boldsymbol{h}}^{[t]}$ 可以由如下公式计算得出

$$\tilde{\boldsymbol{h}}^{[t]}=\tanh\left(\boldsymbol{W}_h\left[\boldsymbol{x}^{[t]},\boldsymbol{r}^{[t]}\odot\boldsymbol{h}^{[t-1]}\right]+\boldsymbol{b}_h\right), \tag{7.24}$$

其中，$\boldsymbol{W}_h\in\mathbb{R}^{n\times(n+l)}$ 是权重参数，$\boldsymbol{b}_h\in\mathbb{R}^n$ 是偏置参数。对于重置门 $\boldsymbol{r}^{[t]}$，其输出的结果越接近 1，表示上一时间点隐藏状态的信息被保留得越多；结果越接近 0，表示上一时间点隐藏状态的信息被丢弃得越多。将上一时间点的隐藏状态与重置门的输出做对应元素相乘，再将其与当前时间点的输入拼接在一起作为候选隐藏状态计算网络的输入，该输入经过一个全连接层网络后，输出到tanh激活函数，最后激活函数的输出为当前时刻的候选隐藏状态 $\tilde{\boldsymbol{h}}^{[t]}$。

3. 隐藏状态

使用更新门 $\boldsymbol{z}^{[t]}$ 融合上一时间点的隐藏状态 $\boldsymbol{h}^{[t-1]}$ 和当前时间点的候选隐藏状态 $\tilde{\boldsymbol{h}}^{[t]}$，可以计算当前时间点的隐藏状态 $\boldsymbol{h}^{[t]}$，具体计算公式如下

$$\boldsymbol{h}^{[t]}=\boldsymbol{z}^{[t]}\odot\boldsymbol{h}^{[t-1]}+\left(1-\boldsymbol{z}^{[t]}\right)\odot\tilde{\boldsymbol{h}}^{[t]}. \tag{7.25}$$

基于式(7.25)可知，更新门的值越接近 1，表示进入当前隐藏状态的当前时间的候选隐藏状态信息越少，即这一时刻的隐藏状态信息和上一时刻的隐藏状态信息相似。这样的设计可以有效地保留序列中时间步距离较大的依赖关系，在一定程度上缓解了梯度消失的问题。当前时间步的隐藏状态计算完成后，将传入下一时间步进行计算。

式(7.22)~式(7.25)是 GRU 的核心计算公式。这些公式可以替换标准循环神经网络模型对隐藏状态 $\boldsymbol{h}^{[t]}$ 的计算，即使用 GRU 替换图 7.7 中的虚线框部分。此时模型的反向传播过程与标准循环神经网络模型相似，这里不再赘述。

7.2.3 双向循环神经网络

前两节提到的LSTM和GRU都只有因果结构，即时间点 t 的状态，只能从过去的序列及当前的输入数据中获取信息。但是，有些情况下，时间点 t 的状态不只依赖之前的序列，还可能依赖之后的序列。例如，我们日常交流使用的语言，一句话中的词汇不仅仅和该词汇之前的词汇之间存在关联关系，也会受到后续词汇的影响。为了解决这种具有双向依赖的序列数据的分析和应用问题，双向循环神经网络应运而生。

双向循环神经网络由舒斯特(Schuster)和帕利瓦尔(Paliwal)于 1997 年提出，其本质是将两个独立的循环神经网络组合在一起。在一个网络中，输入序列按正常时间顺序传递信息；在另一个网络中，输入序列按相反的时间顺序传递信息。我们在每个时间点对两个网络的输出进行拼接并作为输出层全连接网络的输入。这样的网络结构使模型能够在每个时间点上按照向前和向后两个方向提取序列数据的信息。

双向循环神经网络结构如图 7.10 所示，正序和倒序的循环神经网络分别输出各自的状态，然后我们将二者的输出进行拼接，用于计算双向循环神经网络结构的最终输出状态。假设在时间点 $t\left(t\in[1,2,\cdots,T]\right)$，输入为 $x^{[t]}\in\mathbb{R}^l$，正序循环神经网络的上一时间点的隐藏

状态为 $\boldsymbol{h}^{[t-1]} \in \mathbb{R}^n$，倒序循环神经网络的上一时间点的隐藏状态为 $\tilde{\boldsymbol{h}}^{[t+1]} \in \mathbb{R}^m$，则双向循环神经网络在时间点 t 的输出状态由以下公式计算

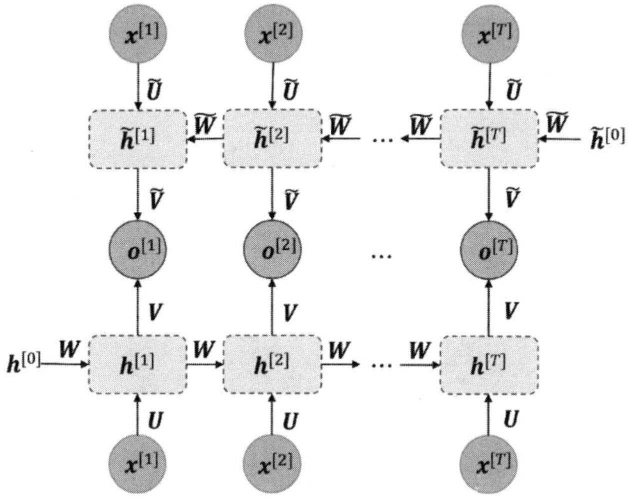

图 7.10 双向循环神经网络结构

$$\boldsymbol{h}^{[t]} = g_1\left(z^{[t]}\right) = g_1\left(\boldsymbol{W}\boldsymbol{h}^{[t-1]} + \boldsymbol{U}\boldsymbol{x}^{[t]} + \boldsymbol{b}_1\right), \tag{7.26}$$

$$\tilde{\boldsymbol{h}}^{[t]} = g_2\left(\tilde{z}^{[t]}\right) = g_2\left(\tilde{\boldsymbol{W}}\tilde{\boldsymbol{h}}^{[t-1]} + \tilde{\boldsymbol{U}}\boldsymbol{x}^{[t]} + \tilde{\boldsymbol{b}}_1\right), \tag{7.27}$$

$$\boldsymbol{o}^{[t]} = g_3\left(\boldsymbol{V}\boldsymbol{h}^{[t]} + \tilde{\boldsymbol{V}}\tilde{\boldsymbol{h}}^{[t]} + \boldsymbol{b}_2\right) = g_3\left(\boldsymbol{Q}\left[\boldsymbol{h}^{[t]}, \tilde{\boldsymbol{h}}^{[t]}\right] + \boldsymbol{b}_2\right), \tag{7.28}$$

其中，$\boldsymbol{U} \in \mathbb{R}^{n\times l}, \boldsymbol{V} \in \mathbb{R}^{p\times n}, \boldsymbol{W} \in \mathbb{R}^{n\times n}, \tilde{\boldsymbol{U}} \in \mathbb{R}^{m\times l}, \tilde{\boldsymbol{V}} \in \mathbb{R}^{p\times m}, \tilde{\boldsymbol{W}} \in \mathbb{R}^{m\times m}, \boldsymbol{Q} \in \mathbb{R}^{p\times(m+n)}$ 为权重参数，$\boldsymbol{b}_1 \in \mathbb{R}^n, \tilde{\boldsymbol{b}}_1 \in \mathbb{R}^m, \boldsymbol{b}_2 \in \mathbb{R}^p$ 为偏置向量，$[\cdot,\cdot]$ 表示向量的拼接，$g_1(\cdot), g_2(\cdot), g_3(\cdot)$ 表示激活函数。

7.2.4 多层循环神经网络模型

对于全连接神经网络和卷积神经网络，在不产生过拟合的情况下，适当堆叠一些全连接层或卷积层来构建更深的网络结构可以提升模型的表征能力。同理，在循环神经网络模型中，我们也可以把多个循环神经网络单元堆叠在一起，构成一个多层循环神经网络，以提升模型效果。

首先，对于单个循环神经网络单元而言，它将时间点 t 的输入信号 $\boldsymbol{x}^{[t]}$ 和上一个时间点的隐藏状态信号 $\boldsymbol{h}^{[t-1]}$ 输入模型中生成当前时刻的隐藏状态 $\boldsymbol{h}^{[t]}$，具体表达式如式(7.4)所示。当多个循环神经网络单元堆叠时，最底层循环神经网络的输入依然是输入信号 $\boldsymbol{x}^{[t]}$，但模型中间层的输入信号是上一层神经网络的输出，具体结构如图 7.11 所示。在任意时间点 t，相对低层循环神经网络的输出(或隐藏状态)不仅会被用于下一个时刻隐藏状态信号的计算，而且它将连接到更高层循环神经网络的网络中作为模型的输入信号。

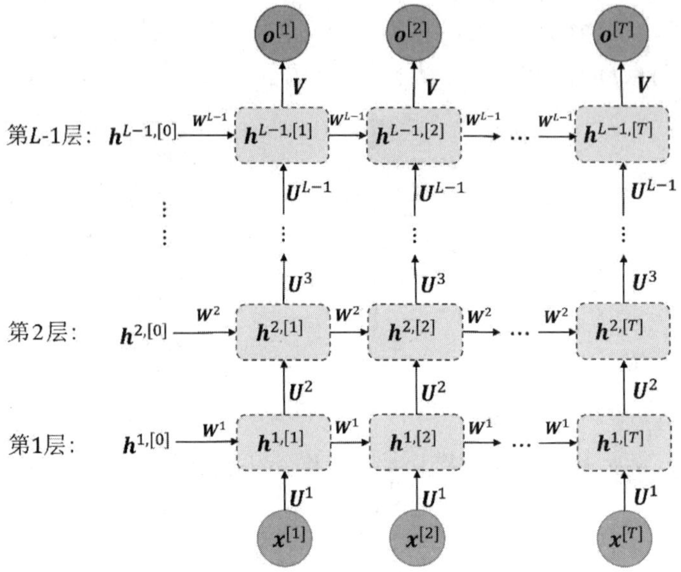

图 7.11　多层循环神经网络的一般结构

具体而言，假设网络共有 L 层，第 l 层中上一个时间点的隐藏状态为 $\boldsymbol{h}^{l,[t-1]}$，第 l 层模型的权重参数为 $\boldsymbol{W}^l$，相应的偏置向量为 $\boldsymbol{b}^l$，在时间点 t，第 l 层的隐藏状态 $\boldsymbol{h}^{l,[t]}$ 可以基于如下表达式计算得

$$\boldsymbol{h}^{l,[t]} = g\left(\boldsymbol{z}^{l,[t]}\right) = g\left(\boldsymbol{W}^l \boldsymbol{h}^{l,[t-1]} + \boldsymbol{U}^l \boldsymbol{h}^{l-1,[t]} + \boldsymbol{b}_1^l\right). \tag{7.29}$$

其中，$\boldsymbol{W}^l$、$\boldsymbol{U}^l$ 和 $\boldsymbol{b}_1^l$ 是对应单元的可训练参数。在多层循环神经网络的最后一层，其输出表达式为

$$\boldsymbol{o}^{[t]} = g\left(\boldsymbol{z}^{L,[t]}\right) = g\left(\boldsymbol{V}\boldsymbol{h}^{L-1,[t]} + \boldsymbol{b}_2^L\right). \tag{7.30}$$

而 LSTM 和 GRU 等其他常见的循环神经网络结构单元，也可以用来构建组成多层循环神经网络。只需将图 7.11 中用于计算隐藏状态 $\boldsymbol{h}^{l,[t]}$ 的虚线框部分替换为 LSTM 或 GRU 等单元结构即可。

一般来说，更深层次的神经网络架构具有更强的特征提取能力。然而，多层循环神经网络的层数一般不会像全连接网络或卷积神经网络那样深，这是因为堆叠更深层的循环神经网络目前有两个主要的缺点：①在训练过程中容易出现梯度爆炸或梯度消失的问题；②同样层数的循环神经网络和全连接神经网络或卷积神经网络相比，梯度更新的计算消耗更大。这两个问题都限制了多层循环神经网络的实际使用。

7.2.5　Seq-to-Seq 模型

Seq-to-Seq 模型也是循环神经网络的一种，它的基本思想是先将一段序列数据用编码器(encoder)映射到低维空间进行表征，然后将数据表征向量输入解码器(decoder)，由解码器依据其输入向量完成应用的预测或分类任务。这种模型常用于语音识别[61,64−66]、机器翻译[67−68]等许多自然语言的处理任务中。Seq-to-Seq 模型最早由 Bengio 等人提出，以循环神经网络为基础单元，也称为 Encoder-Decoder 模型。该模型能够有效解决多对多的输入、输出序列的映射问题。具体而言，该模型能够学习具有长期依赖性的序列数据，并将任意长度的问题序列映射到其对应的任意长度的答案序列上。

具体而言，Encoder-Decoder 模型包含编码器和解码器两个部分。

1. 编码器

读取任意长度 T_x 的序列数据 $\left[\boldsymbol{x}^{[1]},\boldsymbol{x}^{[2]},\cdots,\boldsymbol{x}^{[T_x]}\right]$，其中的每个时间步长对应一个单位信息(如一个单词等)。Encoder 编码并压缩该序列的信息，然后输出一个指定长度的向量 $\boldsymbol{c}$ 。该向量可以是最后一个时间步的输出，即隐藏状态信号 $\boldsymbol{c}=\boldsymbol{h}^{[T_x]}$，也可以是最后一个时间步隐藏状态信号经过某种变换函数 $f(\cdot)$ 后得到的输出 $\boldsymbol{c}=f\left(\boldsymbol{h}^{[T_x]}\right)$，还可以是所有时间步的隐藏状态经过某种变换函数后得到的输出，也可以是经过某种变换函数得到的输出 $\boldsymbol{c}=f\left(\boldsymbol{h}^{[1]},\boldsymbol{h}^{[2]},\cdots,\boldsymbol{h}^{[T_x]}\right)$。

2. 解码器

根据指定长度的语义，向量 $\boldsymbol{c}$ 提取解码信息完成相应任务。输出序列中每个时间点的预测值为 $\boldsymbol{o}^{[t]}\left(t\in\left[1,\cdot,T_y\right]\right)$。

按照解码器的结构不同，Seq-to-Seq 模型可大致分为两类。

对于第一种结构(图 7.12)，此时语义向量 $\boldsymbol{c}$ 是解码器的隐藏状态的初始值 $\boldsymbol{h}^{[0]}$，该值输入到解码器的第一个时间点，而后续神经元只接受相邻的上一个时间点的隐藏状态作为其唯一输入。其对应的输出计算公式为

$$\tilde{\boldsymbol{h}}^{[1]}=g_1\left(\boldsymbol{W}\boldsymbol{c}+\boldsymbol{b}_1\right), \tag{7.31}$$

$$\tilde{\boldsymbol{h}}^{[t]}=g_1\left(\boldsymbol{W}\tilde{\boldsymbol{h}}^{[t-1]}+\boldsymbol{b}_1\right),t\in\left[2,\cdots,T_y\right], \tag{7.32}$$

$$\boldsymbol{o}^{[t]}=g_2\left(\boldsymbol{V}\tilde{\boldsymbol{h}}^{[t]}+\boldsymbol{b}_2\right),t\in\left[1,\cdots,T_y\right]. \tag{7.33}$$

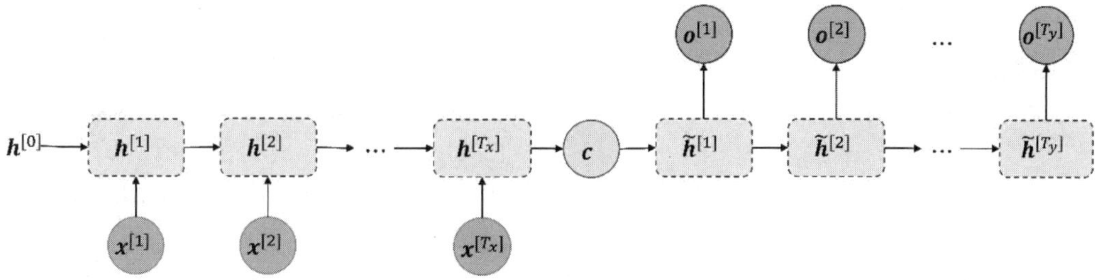

图 7.12 第一种 Seq-to-Seq 模型

对于第二种结构(图 7.13)，此时解码器有单独的初始隐藏状态 $\tilde{\boldsymbol{h}}^{[0]}$，语义向量 $\boldsymbol{c}$ 不充当隐藏状态的初始值，而是作为解码器中每一个时刻模型的输入信息。其对应的输出计算公式为

$$\tilde{\boldsymbol{h}}^{[t]} = g_1\left(\boldsymbol{W}\tilde{\boldsymbol{h}}^{[t-1]} + \boldsymbol{U}\boldsymbol{c} + \boldsymbol{b}_1\right), t \in \left[1, \cdots, T_y\right], \tag{7.34}$$

$$\boldsymbol{o}^{[t]} = g_2\left(\boldsymbol{V}\tilde{\boldsymbol{h}}^{[t]} + \boldsymbol{b}_2\right), t \in \left[1, \cdots, T_y\right]. \tag{7.35}$$

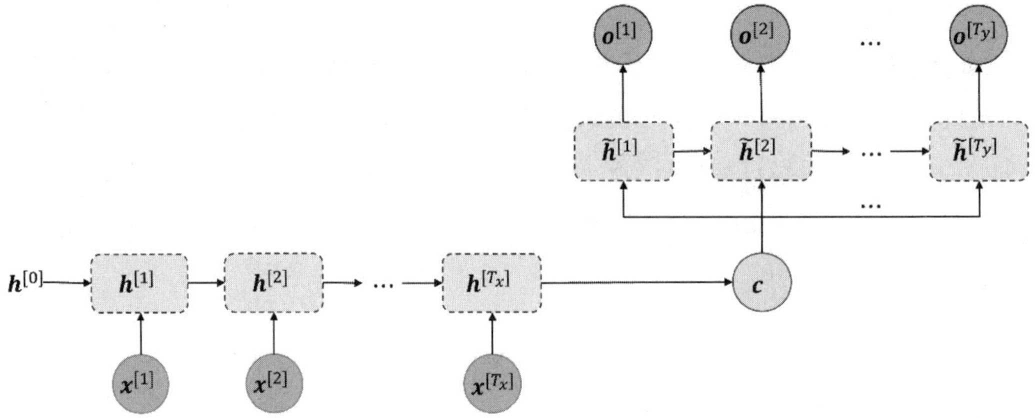

图 7.13　第二种 Seq-to-Seq 模型

事实上，第二种结构还有另外一种变体，就是在计算隐藏状态 $\tilde{\boldsymbol{h}}^{[t]}$ 时，将上一时间点解码器的输出数据也作为一个输入量引入计算中，其具体公式为

$$\tilde{\boldsymbol{h}}^{[t]} = g_1\left(\boldsymbol{Q}\boldsymbol{o}^{[t-1]} + \boldsymbol{W}\tilde{\boldsymbol{h}}^{[t-1]} + \boldsymbol{U}\boldsymbol{c} + \boldsymbol{b}_1\right), t \in \left[1, \cdots, T_y\right] \tag{7.36}$$

$$\boldsymbol{o}^{[t]} = g_2\left(\boldsymbol{V}\tilde{\boldsymbol{h}}^{[t]} + \boldsymbol{b}_2\right), t \in \left[1, \cdots, T_y\right]. \tag{7.37}$$

其中，$\boldsymbol{Q}, \boldsymbol{U}, \boldsymbol{V}, \boldsymbol{W}$ 为可训练的权值矩阵。

Seq-to-Seq 模型也存在一些限制，如该模型把输入整合为一个固定长度的向量，解码时每个时间点的输出值都依赖上一个时间点的值，因此解码器中时间点靠前的输入对输出的影响远大于时间点靠后的输入，这显然不符合常理。对于 Seq-to-Seq 模型，输入序列越长，这种结构可能造成的信息丢失就越多。

习题 7

1. 循环神经网络与层数相同的全连接网络相比更容易出现梯度消失，请简述原因。

2. 循环神经网络具有一定的记忆功能，请简述原因。

3. 在有些问题中可以使用双向循环神经网络模型，而在有些问题中不能。请各举出一个例子，并简述该模型使用(或不使用)双向循环神经网络的原因。

4. 一个 GRU 含有几个控制门，分别是什么？它们各自的作用是什么？

5. GRU 和标准循环神经网络模型相比有什么优势？

6. 一个 LSTM 有几个控制门，分别是什么？它们各自的作用是什么？

7. LSTM 与 GRU 相比，二者有什么区别？

8. 若某 GRU 的输入数据、隐藏状态均为 n 维向量，且 LSTM 的输入数据、隐藏状态、记忆细胞维度也均为 n，请问二者各包含多少个可训练参数？

第 8 章 注意力机制及其应用

随着深度学习的发展，循环神经网络和卷积神经网络等基础模型衍生出了越来越多的变体。然而，为了适应大数据的需求，循环神经网络和卷积神经网络等基础模型的数据表征能力须不断提升，相关模型的深度和复杂度也须不断提高，相应的计算消耗也就越来越大。另外，循环神经网络模型虽然具有一定的挖掘序列长期依赖关系的能力，但实验表明这类模型对于长序列数据的信息挖掘和记忆能力仍然不足。为了解决上述问题，进一步提升深度学习模型的数据表征能力，相关研究者受人类视觉的注意力机制启发，提出了一类新的基于注意力机制的模型。这类模型一般称为注意力(attention)模型。我国相关研究团队在注意力机制的研究中也取得了令人瞩目的成果。例如，清华大学胡事民团队和南开大学程明明团队提出的新型大核注意力模块(large kernel attention，LKA)，实现了自注意力中的自适应和长距离相关性，并基于这种 LKA 机制，又提出了一种简单有效的视觉骨干网络(visual attention network，VAN)，在图像分类[69]、目标检测和语义分割任务上取得了突出的效果。

本章介绍基于注意力机制的人工神经网络，具体包括注意力机制及其经典模型、自然语言处理中的深度学习算法的演化，以及注意力机制在自然语言处理中的应用等。注意力机制已经成为深度学习网络结构的重要组成部分，因此本章也是本书的重点章。

8.1 注意力机制

基于生物医学的相关研究，人们发现，人在观察物体时，不会同时将一个东西所在的完整场景接收映射到脑部。与之相反，人会依据自己的不同需求而注意到不同的信息。在这个过程中，人的大脑会自动过滤掉不重要的信息，将注意力集中在与目标任务相关的信息上。受此启发，相关研究者设计了注意力机制，这种机制使模型不再公平地对待输入信号内的每一个元素，而是在信息加工提取前先进行大量的筛选工作，并对少量重要信息赋予大的权重，使网络聚焦在这些重要信息上，这极大地减缓了模型的信息过载情况。总的来说，注意力机制和传统神经网络模型最大的差异在于：①基于注意力机制的模型只关注重点信息，而非全量信息；②对于有限的计算资源，注意力机制模型可以实现更有效的资源分配。

8.1.1 注意力机制模型构建流程

注意力机制模型总体上包含以下两个主要步骤。

(1) 对输入信息计算其注意力分布。

(2) 依据注意力分布计算输入信息的加权平均，实现模型对输入信息的注意力配置。

对于一组输入数据 $\boldsymbol{x}=\left[\boldsymbol{x}_1,\boldsymbol{x}_2,\cdots,\boldsymbol{x}_N\right]$，其包含 N 个输入向量，每个向量的维度为 D。从实践应用角度可以理解为输入一个含有 N 个词汇的语句，其中的每个词汇用一个长度为 D 的特征向量表示，这样，这句话在特征空间就表示为一个 $D\times N$ 的矩阵。

对于这样的特征矩阵，其注意力分布往往是通过计算输入向量 $\boldsymbol{x}_i(i\in\left[1,2,\cdots,N\right]$，其中，$N$ 为训练集中的样本个数)和查询向量 $\boldsymbol{q}$ 之间的相关性得到的，它对应的具体计算公式如下

$$\alpha_i=\operatorname{softmax}\left(S\left(\boldsymbol{x}_i,\boldsymbol{q}\right)\right)=\frac{\exp\left(S\left(\boldsymbol{x}_i,\boldsymbol{q}\right)\right)}{\sum_{j=1}^{N}\exp\left(S\left(\boldsymbol{x}_j,\boldsymbol{q}\right)\right)}, \tag{8.1}$$

其中，$S\left(\boldsymbol{x}_i,\boldsymbol{q}\right)$ 称为注意力打分函数。一般而言，在注意力机制中常见的注意力打分函数如下所示。

① 点积模型

$$S\left(\boldsymbol{x}_i,\boldsymbol{q}\right)=\boldsymbol{x}_i^{\top}\boldsymbol{q}.$$

② 缩放点积模型

$$S\left(\boldsymbol{x}_i,\boldsymbol{q}\right)=\frac{\boldsymbol{x}_i^{\top}\boldsymbol{q}}{\sqrt{D}}.$$

③ 双线性模型

$$S\left(\boldsymbol{x}_i,\boldsymbol{q}\right)=\boldsymbol{x}_i^{\top}\boldsymbol{W}\boldsymbol{q}.$$

④ 加性模型

$$S\left(\boldsymbol{x}_i,\boldsymbol{q}\right)=\boldsymbol{V}^{\top}\tanh\left(\boldsymbol{W}\boldsymbol{x}_i+\boldsymbol{U}\boldsymbol{q}\right).$$

在上述打分函数中，D 为输入向量的维度，$\boldsymbol{W},\boldsymbol{U},\boldsymbol{V}$ 是可训练的模型参数。这样求得的注意力打分 $\boldsymbol{\alpha}_i$ 可以理解为，对于当前给定的查询向量 $\boldsymbol{q}$，输入值 $\boldsymbol{x}_i$ 的受关注程度。

使用上述注意力打分函数得到注意力分布后，接下来依据注意力分布情况，按照下式

计算输入数据的加权平均：

$$\operatorname{attn}(\boldsymbol{x},\boldsymbol{q})=\sum_{i=1}^{N}\boldsymbol{\alpha}_i\boldsymbol{x}_i. \tag{8.2}$$

上述这种使用加权平均对输入数据赋予不同注意力的方式称为软注意力机制，其基本流程如图 8.1 所示。

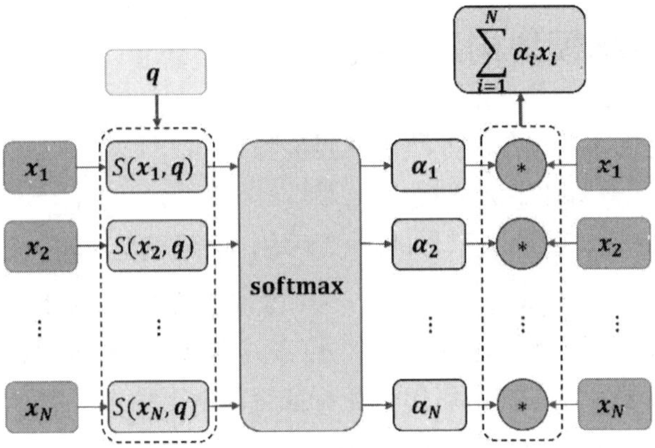

图 8.1　软注意力机制的基本流程

与软注意力机制相反，我们也可以在完成注意力分布的计算后，使模型只关注注意力得分最高的输入向量，即

$$\operatorname{attn}(\boldsymbol{x},\boldsymbol{q})=\boldsymbol{x}_n, \tag{8.3}$$

其中，$n=\operatorname{argmax}(\boldsymbol{\alpha}_i)$。这种方式被称为硬注意力机制。

除上述两种传统的注意力机制外，研究者还发现，若我们使用 k-v 键值对(key-value pair)的形式来表示输入信息，即

$$\boldsymbol{x}\to(\boldsymbol{k},\boldsymbol{v})=\left[(k_1,v_1),(k_2,v_2),\cdots,(k_N,v_N)\right],$$

其中，

$$\boldsymbol{k}=\boldsymbol{W}_k\boldsymbol{x}\in\mathbb{R}^{D_k\times N},$$
$$\boldsymbol{v}=\boldsymbol{W}_v\boldsymbol{x}\in\mathbb{R}^{D_v\times N},$$

这里的键值对显然可以通过令输入数据接入各自的全连接层后得到。和普通的注意力机制相比，键值对方式引入了可训练参数 $\boldsymbol{W}_k\in\mathbb{R}^{D_k\times D}$ 和 $\boldsymbol{W}_v\in\mathbb{R}^{D_v\times D}$。当 $\boldsymbol{k}=\boldsymbol{v}$ 时，键值对注意力机制和普通注意力机制等价。

此时，对于任意的输入向量 $\boldsymbol{x}_i$，它对应的键(key) $\boldsymbol{k}_i$ 用于计算注意力的分布，而相应的值(value) $\boldsymbol{v}_i$ 用于表征输入信息，这样，注意力分布的计算公式可以改写为

$$\begin{aligned}\operatorname{attn}((\boldsymbol{k},\boldsymbol{v}),\boldsymbol{q})&=\sum_{i=1}^{N}\boldsymbol{\alpha}_i\boldsymbol{v}_i\\&=\sum_{i=1}^{N}\frac{\exp(S(\boldsymbol{k}_i,\boldsymbol{q}))}{\sum_{j=1}^{N}\exp(S(\boldsymbol{k}_j,\boldsymbol{q}))}\boldsymbol{v}_i.\end{aligned} \tag{8.4}$$

键值对注意力机制的基本流程如图 8.2 所示。

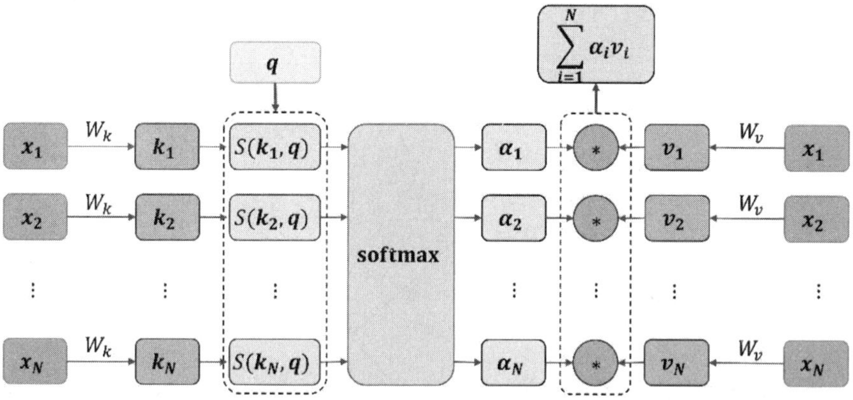

图 8.2 键值对注意力机制的基本流程

8.1.2 多头注意力机制

在注意力分布的计算中，无论是键值对注意力机制还是普通注意力机制，注意力打分函数中均需要一个查询向量$\boldsymbol{q}$，该向量对最终的注意力得分影响很大。若我们只是某种固定的查询向量$\boldsymbol{q}$，那么模型只能在某种相对固定的模式下完成注意力分布的评估，这无异于限制了注意力模型的表征能力。为了解决该问题，研究者提出了多头注意力机制，即使用多种不同的查询向量来完成模型的注意力评估。这种做法更接近人类视觉的注意力机制，即对于相同场景，人脑会根据具体的任务需求动态地调节自身的注意力，使其集中在不同的细节上。

普通注意力机制下的多头注意力公式如下

$$\operatorname{attn}(\boldsymbol{x},\boldsymbol{q})=\left[\operatorname{attn}(\boldsymbol{x},\boldsymbol{q}_1),\operatorname{attn}(\boldsymbol{x},\boldsymbol{q}_2),\cdots,\operatorname{attn}(\boldsymbol{x},\boldsymbol{q}_m)\right]. \tag{8.5}$$

而相应的键值对注意力机制下的多头注意力公式如下

$$\operatorname{attn}((\boldsymbol{k},\boldsymbol{v}),\boldsymbol{q})=\left[\operatorname{attn}((\boldsymbol{k},\boldsymbol{v}),\boldsymbol{q}_1),\operatorname{attn}((\boldsymbol{k},\boldsymbol{v}),\boldsymbol{q}_2),\cdots,\operatorname{attn}((\boldsymbol{k},\boldsymbol{v}),\boldsymbol{q}_m)\right]. \tag{8.6}$$

8.2 自注意力模型

当我们使用神经网络模型处理变长的序列数据时，一般常见的做法是用循环神经网络或卷积神经网络模型对输入序列的局部信息进行编码，使变长数据转换为定长的输出序列。循环神经网络具有一定的长距离数据关联关系的挖掘能力，但其模型结构中不同时间点的参数更新的先后关系决定了这类模型很难并行化处理，这在一定程度上限制了此类模型的实际使用。而卷积神经网络模型通过局部卷积计算的方式挖掘序列的局部信息，通过堆叠深层网络的方式提高模型对长距离关联关系的挖掘能力。但这种信息挖掘的方式决定了以下问题：对于长序列，卷积神经网络需要堆叠很多层才能保证模型有足够大的感受野。这无疑提高了模型的参数数目和训练难度。因此，我们希望有一种新的神经网络模型构建，它既能够挖掘序列数据的长距离依赖关系，又易于实现并行计算，而且同样能够处理变长时序。基于上述需求，相关研究者结合注意力机制，设计了自注意力模型(self-attention model)。

一般情况下，自注意力模型采用键值对注意力机制，其基本计算流程如图 8.3 所示。

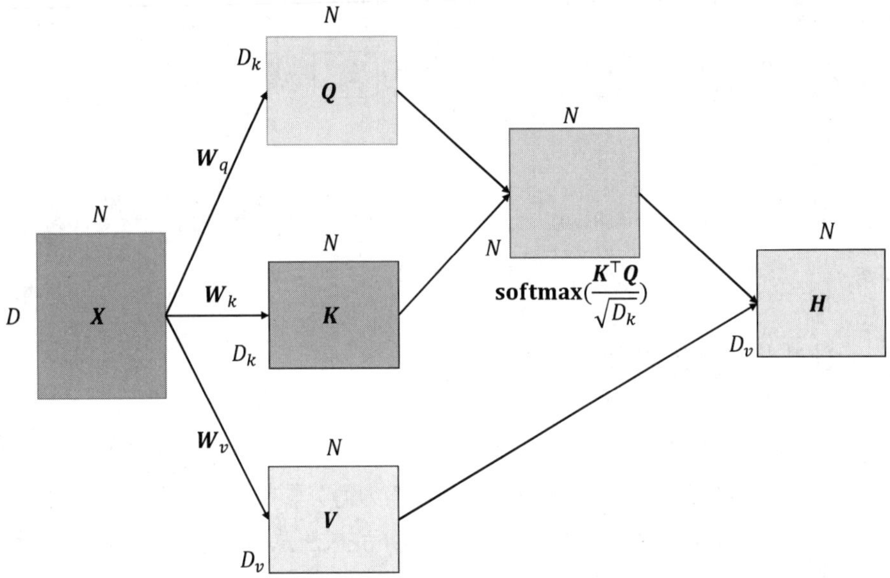

图 8.3　自注意力模型的计算流程

图中，输入数据为 $\boldsymbol{X}=[\boldsymbol{x}_1,\boldsymbol{x}_2,\cdots,\boldsymbol{x}_N]\in\mathbb{R}^{D\times N}$，经过自注意力模型后的输出为 $\boldsymbol{H}=[\boldsymbol{h}_1,\boldsymbol{h}_2,\cdots,\boldsymbol{h}_N]\in\mathbb{R}^{D_v\times N}$，$\boldsymbol{W}_k\in\mathbb{R}^{D_k\times D}$，$\boldsymbol{W}_q\in\mathbb{R}^{D_k\times D}$，$\boldsymbol{W}_v\in\mathbb{R}^{D_v\times D}$ 是可训练的权重矩阵。该模型的具体求解过程如下。

(1) 使用线性映射的方式将输入数据 $\boldsymbol{X}$ 分别映射到查询向量、键向量、值向量对应的特征空间中，这个过程可用数学表达式简写为

$$\begin{cases}\boldsymbol{Q}=\boldsymbol{W}_q\boldsymbol{X},\\ \boldsymbol{K}=\boldsymbol{W}_k\boldsymbol{X},\\ \boldsymbol{V}=\boldsymbol{W}_v\boldsymbol{X},\end{cases} \tag{8.7}$$

其中，$\boldsymbol{Q}=[\boldsymbol{q}_1,\boldsymbol{q}_2,\cdots,\boldsymbol{q}_N]\in\mathbb{R}^{D_k\times N}$，$\boldsymbol{K}=[\boldsymbol{k}_1,\boldsymbol{k}_2,\cdots,\boldsymbol{k}_N]\in\mathbb{R}^{D_k\times N}$，$\boldsymbol{V}=[\boldsymbol{v}_1,\boldsymbol{v}_2,\cdots,\boldsymbol{v}_N]\in\mathbb{R}^{D_v\times N}$。

(2) 对于每一个查询向量 $\boldsymbol{q}_j$，基于键值对注意力机制求出对应的注意力分布，并得到对应的输出向量 $\boldsymbol{h}_j$，即

$$\boldsymbol{h}_j=\text{self-attn}\left((\boldsymbol{k},\boldsymbol{v}),\boldsymbol{q}_j\right)=\sum_{i=1}^{N}\alpha_{i,j}\boldsymbol{v}_i=\sum_{i=1}^{N}\frac{\exp\left(S\left(\boldsymbol{k}_i,\boldsymbol{q}_j\right)\right)}{\sum_{k=1}^{N}\exp\left(S\left(\boldsymbol{k}_k,\boldsymbol{q}_j\right)\right)}\boldsymbol{v}_i, \tag{8.8}$$

其中，$\alpha_{i,j}$ 表示第 j 个查询向量对第 i 个输入向量的关注程度。而最终的输出向量 $\boldsymbol{h}_j$ 表示使用查询向量 $\boldsymbol{q}_j$ 对值向量在进行注意力加权后的结果。

如图 8.3 所示，若我们使用缩放点积作为注意力的打分函数，则上述过程可以用矩阵形式表示为

$$\boldsymbol{H}=\text{self-attn}\left(\boldsymbol{Q},\boldsymbol{K},\boldsymbol{V}\right)=\text{softmax}\left(\frac{\boldsymbol{K}^{T}\boldsymbol{Q}}{\sqrt{D_k}}\right)\boldsymbol{V}^{\top}\in\mathbb{R}^{D_v\times N}. \tag{8.9}$$

8.3 Transformer 模型

Transformer 模型的整体结构如图 8.4 所示。

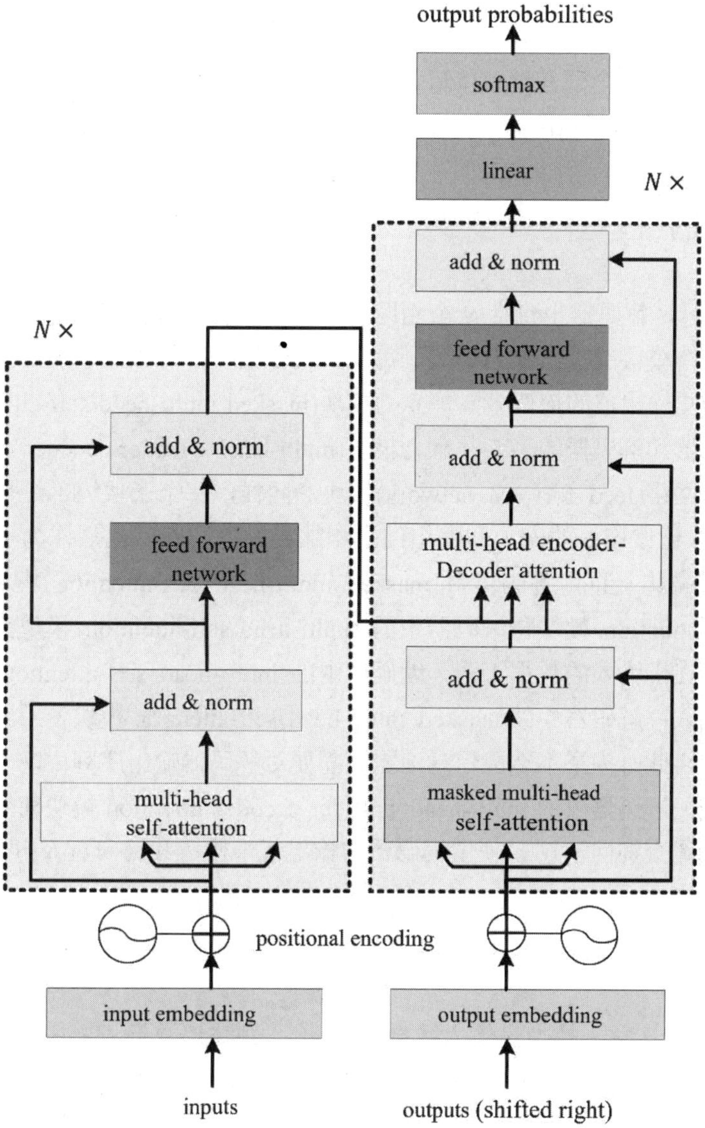

图 8.4 Transformer 模型

它是 2017 年由瓦斯瓦尼(Vaswani)等相关研究者提出的用于处理序列数据的神经网络模型。

Transformer 模型由编码器和解码器组成，而编码器和解码器的核心结构正是我们上节所讲述的自注意力机制。

接下来，我们以 Transformer 模型的整体结构为基础，分别展示其编码器和解码器的具体结构和作用。

8.3.1 编码器

如图 8.4 所示，编码器包含 N 个相同的编码器模块，它们彼此堆叠，后一个模块接收前一个模块的输出作为输入。每个编码器模块包含了两个子块：第一个子块是多头自注意力结构(multi-head self-attention)，第二个子块是一个前馈神经网络(feed forward network)。每个子块内部还包含一个残差连接(add & norm)，让该模块的输入和输出结果相加并经过层归一化后作为子模块的输出。

8.3.2 解码器

如图 8.4 所示，解码器也包括 N 个相同的解码器模块，这些模块同样相互堆叠，后一个模块接收前一个模块的输出作为输入。每个解码器模块中有 3 个子块：第一个子块是基于解码器自身历史输出值的掩码多头注意力模块(masked multi-head self-attention)；第二个子块是基于编码器和解码器的多头注意力模块(multi-head encoder-decoder attention)；最后是一个前馈神经网络(feed forward network)模块。同样，每个子块内部还包含一个残差连接(add & norm)，让该模块的输入和输出结果相加并经过层归一化后作为子模块的输出。实际上，单纯从结构上讲，解码器中 masked multi-head self-attention 模块和 multi-head encoder-decoder attention 模块与编码器中的 multi-head self-attention 模块完全相同。它们之间的主要差别在于输入的数据不同，编码器中的 multi-head self-attention 模块使用模型输入序列作为输入；解码器中的 masked multi-head self-attention 模块使用解码器自身历史输出值作为输入，此时为了不造成信息泄露就需要对解码器输出序列中晚于当前预测位置的信息进行遮蔽；解码器中的 multi-head encoder-decoder attention 模块使用解码器下层网络的输出值来构造查询向量 $\boldsymbol{Q}$，使用编码器的输出值来构造其键向量 $\boldsymbol{K}$ 和值向量 $\boldsymbol{V}$。

8.3.3 多头自注意力

图 8.3 中的自注意力模型是输入数据 $\boldsymbol{X} \in \mathbb{R}^{D\times N}$ 到输出数据 $\boldsymbol{H} \in \mathbb{R}^{D_v\times N}$ 之间的映射关系。若我们使用一组新的参数矩阵 $\boldsymbol{W}_k \in \mathbb{R}^{D\times D_k}$，$\boldsymbol{W}_q \in \mathbb{R}^{D\times D_k}$，$\boldsymbol{W}_v \in \mathbb{R}^{D\times D_v}$，则可以得到一种新的映射关系。这样假设我们引入 m 组权重矩阵 $\boldsymbol{W}_k^i$，$\boldsymbol{W}_q^i$，$\boldsymbol{W}_v^i$，$i \in [1,2,\cdots,m]$，就可以得

到一组与之对应的$\boldsymbol{Q}^i,\boldsymbol{K}^i,\boldsymbol{V}^i$，进而得到多个自注意力模型，我们将其拼接后，得到

$$\left[\text{Head}^1,\cdots,\text{Head}^m\right]=\left[\text{self-attn}\left(\boldsymbol{Q}^1,\boldsymbol{K}^1,\boldsymbol{V}^1\right),\cdots,\text{self-attn}\left(\boldsymbol{Q}^m,\boldsymbol{K}^m,\boldsymbol{V}^m\right)\right]\in\mathbb{R}^{mD_v\times N}.$$

接下来我们引入一个输出投影矩阵$\boldsymbol{W}_o\in\mathbb{R}^{D_o\times mD_v}$，将其与上述拼接矩阵相乘后得到新的输出矩阵

$$\boldsymbol{H}_o=\boldsymbol{W}_o\left[\text{Head}^1,\cdots,\text{Head}^m\right]\in\mathbb{R}^{D_o\times N}. \tag{8.10}$$

假设我们将每个从输入数据$\boldsymbol{X}$到输出数据$\boldsymbol{H}$的映射关系称为一个头(Head)，那么这种从输入数据$\boldsymbol{X}\in\mathbb{R}^{D\times N}$到输出数据$\boldsymbol{H}_o\in\mathbb{R}^{D_o\times N}$之间的映射关系称为多头自注意力(multi-head self-attention)。和单头自注意力相比，这种方式无疑进一步提升了模型的表征能力。若多头自注意力模型的输入为$\boldsymbol{A}$，则上述计算流程可以简单总结为图 8.5 所示。

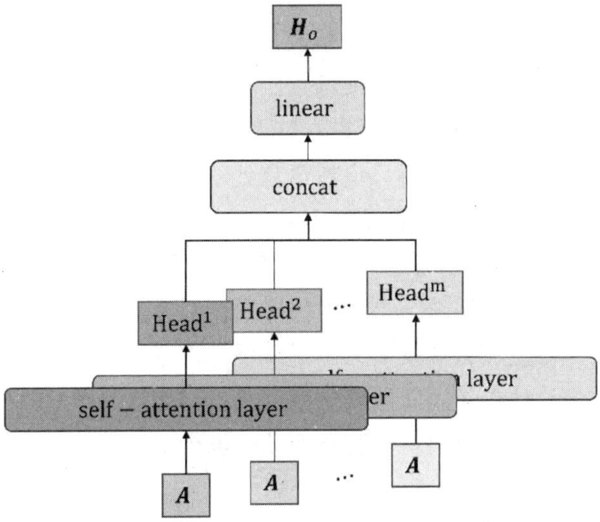

图 8.5　多头自注意力模型

8.3.4　位置信息编码

实践表明，将序列数据的位置信息融入它们的 embedding 中，有利于进一步提升模型效果。因此，Transformer 结构在数据输入模型前也会将其与位置编码信息进行整合。这里的位置信息编码常使用如下两种函数

$$\boldsymbol{p}_{\text{pos},2i}=\sin\left(\frac{\text{pos}}{10000^{\frac{2i}{D}}}\right), \tag{8.11}$$

$$\boldsymbol{p}_{(\text{pos},2i+1)}=\cos\left(\frac{\text{pos}}{10000^{\frac{2i}{D}}}\right), \tag{8.12}$$

其中，pos 用来表示单词的位置信息索引，i用来表示维度检索$i\in[0,D/2]$，$\boldsymbol{p}_{\text{pos}}$表示

$\text{pos} \in \mathbb{R}^D$ 位置的向量表示，也就是我们所说的位置编码(positional encoding)。在得到位置编码后，我们将其与对应位置的输入或输出编码数据加在一起作为编码器或解码器的输入。

8.4 自然语言处理中的注意力模型

本节将以自然语言处理(NLP)问题为背景，介绍注意力模型在该领域的应用实例。

8.4.1 自然语言处理背景介绍

一般而言，自然语言是指人类社会约定俗成的、区别于如程序设计语言的人工语言，是人类智慧和文明的结晶。自然语言是人与人之间交流的载体，它通过符号化的方式向沟通对象展示具象化或抽象化的事物或场景。

而自然语言处理是一门探究自然语言，涉及计算机、人工智能、认知学、信息论、数学、语言学等多个领域的交叉学科。自然语言处理的目标是让计算机“理解”人类的语言，进而完成一些对人类生活和社会发展有益的任务，如文本挖掘、机器翻译[70]、问答系统、语音识别[71]、舆情分析[72]、文本生成等。自然语言处理随着计算机的出现而出现，早期主要是基于规则建立系统。刘倬教授研发了世界上第一个跨语系的、以汉语为翻译目标语言的系统。随后主流方法发展为基于统计的机器学习算法。李生教授自 1985 年开始研究汉英机器翻译，他带领团队所研制的汉英机器翻译系统 CEMT-I 于 1989 年 5 月成为我国第一个通过技术鉴定的汉英机器翻译系统。如今基于神经网络的自然语言处理系统已成为该领域的主流方法。

完全让计算机理解和表达语言是极其困难的。首先，人类的语言总是充满歧义又随着时代的进步在不断发展和丰富的，并且自然语言也不像编程语言那样明确。例如，说起“苹果”，可能指代一种水果，也有可能指代某家科技公司。此外，编程语言中有各种变量名来指代不同的变量主体，而人类语言中往往只有少数几个代词可以用，这就要求计算机根据实际情况去判断每个代词的具体指代目标。其次，语言中的词语和句子是一种非结构化的数据，计算机往往无法直接对其进行处理和计算，要让计算机“理解”人类语言，第一步便是将这些非结构数据转换成计算机能够理解的结构化数据。

为了将自然语言这种非结构化数据转换为结构化数据，NLP 的常见做法有以下几种。

1. 独热编码表示(one-hot representation)

对有 n 个不同词的集合，建立一个长度为 n 的向量，每个词的表征向量只有一个位置为 1 且是唯一的，其他位置均为 0。例如，在一个词库中有猫、狗、羊、牛，则 n=4。我们可以采用如下形式建立其独热编码，猫=[1,0,0,0]，狗=[0,1,0,0]，羊=[0,0,1,0]，牛=[0,0,0,1]。这种独热编码表示方便简单，但缺点也很明显。

(1) 编码向量的维度随着词量的增大而增大。

(2) 任意两个词之间相互独立，无法依据词义进行相似性计算，这显然不符合实际语境中词汇之间互相关联的事实。

2. 词嵌入(word embedding)

词嵌入的基本思想是把一个维数为所有词的数量的高维空间嵌入到一个低维连续实数向量空间，这样每个单词或词组被映射为实数域上的一组向量。这样做的优点是词汇表征向量的维度可控，且不会一直随着词汇量的增加而增加。此外，具有相似意义的词对应的表征向量往往在低维空间中彼此接近。接下来我们举个简单的例子，直观理解词嵌入的表示方法。

假设在一个词典中包含“猫”“狗”“苹果”等若干词汇，若我们将这些词汇的独热编码映射到一个三维向量空间中，此时“猫”对应的向量为(0.2,0.2,0.4)，“狗”对应的向量为(0.1,0.2,0.3)，“苹果”对应的向量为(−0.4,−0.5,−0.2)(这里的特征向量数据仅为示意使用并无实际含义)。使用词嵌入的方式将词汇以特征向量的形式表示后，计算机便可以基于不同词汇在低维表征空间内的距离或不同词汇表征向量之间夹角的余弦值来衡量词与词之间的相似性。在一个好的词向量空间中，我们不仅可以通过计算词向量的夹角余弦值等方式来衡量词汇的相似性，还可以近似地进行一些基本的推演。例如，$\boldsymbol{v}$(“国王”)$-\boldsymbol{v}$(“男人”)$+\boldsymbol{v}$(“女人”)$\approx\boldsymbol{v}$(“女王”)，$\boldsymbol{v}$(“中国”)$+\boldsymbol{v}$(“首都”)$\approx\boldsymbol{v}$(“北京”)，其中$\boldsymbol{v}(\cdot)$表示某个词汇对应的特征向量。

8.4.2 Word2vec 原理与训练模式

Word2vec 是一种词向量生成工具，而词向量与语言模型有着密切的关联关系，在学习 Word2vec 之前，我们先要介绍一些有关语言模型的知识。

1. 语言模型背景知识

(1) 统计语言模型。

统计语言模型是自然语言处理的基础，它是用来描述不同的语法单元(词、句子等)概率分布的模型，它的目标往往是评估语言中任意一个字符串的生成概率。假设有T个词$\boldsymbol{w}_1$，$\boldsymbol{w}_2,\cdots$，$\boldsymbol{w}_T$按顺序构成的一个句子$\boldsymbol{W}$，则该句子的生成概率为

$$P(\boldsymbol{W})=P(\boldsymbol{w}_1,\boldsymbol{w}_2,\cdots,\boldsymbol{w}_T).$$

根据条件概率公式与链式法则，句子$\boldsymbol{W}$的生成概率可以进一步表示为

$$P(\boldsymbol{W})=P(\boldsymbol{w}_1)P(\boldsymbol{w}_2\mid\boldsymbol{w}_1)P(\boldsymbol{w}_3\mid\boldsymbol{w}_1,\boldsymbol{w}_2)\cdots P(\boldsymbol{w}_T\mid\boldsymbol{w}_1,\boldsymbol{w}_2,\cdots,\boldsymbol{w}_{T-1}). \tag{8.13}$$

其中，概率$P(\boldsymbol{w}_1),P(\boldsymbol{w}_2\mid\boldsymbol{w}_1),\cdots,P(\boldsymbol{w}_T\mid\boldsymbol{w}_1,\boldsymbol{w}_2,\cdots,\boldsymbol{w}_{T-1})$是上述统计语言模型的主要参数。当这些参数都确定了，我们就可以准确给出句子$\boldsymbol{W}$在语料库中的出现概率。接下

来，我们基于n -gram 模型和神经网络语言模型来计算这些参数。

(2) n-gram 模型。

随着句子长度的增加，计算和存储多个词共同出现的概率的复杂度会呈指数级增长。为了解决该问题，我们引入 n-gram 模型。它将文本内容按照字节进行大小为n的滑动窗口分隔操作，形成了长度为n的字节片段序列，这样每一个字节片段称为一个 gram。对于每一个 gram，n-gram 模型基于马尔可夫假设，认为第n个词的出现频率仅与当前 gram 中的前$n-1$个词相关，而与其他的词汇均不相关。这样句子$\boldsymbol{W}$ 的生成概率可以近似为

$$P(\boldsymbol{W})=P(\boldsymbol{w}_1,\boldsymbol{w}_2,\cdots,\boldsymbol{w}_T)\approx\prod_{t=1}^{T}P\left(\boldsymbol{w}_t\mid\boldsymbol{w}_{t-(n-1)},\boldsymbol{w}_{t-(n-2)},\cdots,\boldsymbol{w}_{t-1}\right). \tag{8.14}$$

和原始的统计语言模型相比，n-gram 模型统计单个参数时需要匹配的词串更短，相应的参数也更少。那么，n-gram 模型中n的大小取多少合适呢？这需要综合考虑计算复杂度和模型效果两个因素。

在计算复杂度方面，我们假定词典大小$n=200000$(汉语的词汇量大概是这个量级)，依据表 8.1 可知，随着n的增大，模型参数数量的变化情况。实际上，模型参数数量随着n的增大呈指数型增加，因此n不能取得过大，在实际应用中多采用$n=3$的三元模型。在模型效果评估方面，理论上n越大效果越好。但实际上，当n大到一定程度时，模型效果提升的幅度会显著变小。

表 8.1　n与模型参数数量的关系

n	1	2	3	4
模型参数数量	2×10^5	4×10^{10}	8×10^{15}	16×10^{20}

总体上看，n-gram 模型的主要工作是在语料中统计各种词串出现的次数并进行平滑化处理(本节不对平滑化处理进行介绍，感兴趣的读者请自行查阅)，概率值计算完成后就存储起来，下次需要计算一个句子的概率时，只需要找到相关概率参数并将它们连乘即可。

定义 8.1　(语料和词典)

语料指的是所有的文本内容，包括重复的词，本节用$\boldsymbol{C}$表示语料。词典是从语料中提取出来的，其不存在重复的词，本节用$\boldsymbol{D}$表示词典。

在机器学习领域的有监督问题中，一般对所研究的问题建模后会为其构造一个目标函数，然后对这个目标函数进行优化，从而得到一组最优的参数，最后利用这组最优参数代入模型完成实际的预测或分类任务。对于统计语言模型而言，利用最大似然法可把目标函数设定为

$$\operatorname{argmax}\prod_{\boldsymbol{w}\in\boldsymbol{C}}p\left(\boldsymbol{w}\mid\text{Context}(\boldsymbol{w})\right)=\operatorname{argmax}\sum_{\boldsymbol{w}\in\boldsymbol{C}}\log p\left(\boldsymbol{w}\mid\text{Context}(\boldsymbol{w})\right), \tag{8.15}$$

其中，C为语料；$\text{Context}(\boldsymbol{w})$为词$\boldsymbol{w}$的上下文，当$\text{Context}(\boldsymbol{w})$为空时，$p(\boldsymbol{w}\mid\text{Context}(\boldsymbol{w}))=p(\boldsymbol{w})$。特别地，对于上文介绍的 n-gram 模型，$\text{Context}(\boldsymbol{w}_n)=\left\{\boldsymbol{w}_{t-(n-1)},\boldsymbol{w}_{t-(n-2)},\cdots,\boldsymbol{w}_{t-1}\right\}$。接下来，

我们需要找到一种分布或函数 $f(\cdot)$，使

$$p\left(\boldsymbol{w} \mid \text{Context}(\boldsymbol{w})\right)=f\left(\boldsymbol{w}, \text{Context}(\boldsymbol{w});\boldsymbol{\theta}\right).$$

这样问题就转换为对待定参数 $\boldsymbol{\theta}$ 的求解。理论上，只要选择了合适的函数 $f(\cdot)$，在求得目标函数的最优参数 $\boldsymbol{\theta}^*$ 后，我们就能轻易地求出对应的 $p\left(\boldsymbol{w} \mid \text{Context}(\boldsymbol{w})\right)$。而这种方法的关键之处在于函数 $f(\cdot)$ 的构造。下面介绍通过构造神经网络语言模型的方式来构建 $f(\cdot)$ 函数。

(3) 神经网络语言模型。

神经网络语言模型会先通过映射矩阵 $\boldsymbol{V}\in\mathbb{R}^{m\times|D|}$ 将每个词映射为一个特征向量 $\boldsymbol{v}(\boldsymbol{w})\in\mathbb{R}^{m}$，这里的输入 $\boldsymbol{w}\in\mathbb{R}^{|D|}$ 往往是基于独热编码等方式生成的，当然也可以是其他语料库中词嵌入的结果。而后我们对当前词出现的概率与其前 $n-1$ 个词之间的关联关系进行建模。图 8.6 给出了上述神经网络语言模型的结构示意图，它包含输入层、投影层、隐藏层和输出层。其中，$\boldsymbol{W}$ 和 $\boldsymbol{U}$ 分别为投影层与隐藏层及隐藏层与输出层之间的权值矩阵，$\boldsymbol{p}$ 和 $\boldsymbol{q}$ 分别为隐藏层和输出层上的偏置向量。

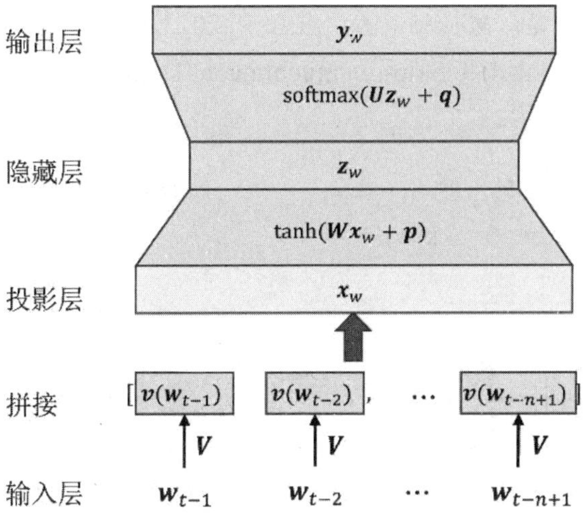

图 8.6　神经网络语言模型的结构示意图

对于语料 $\boldsymbol{C}$ 中的任意一个词 $\boldsymbol{w}$，将 $\text{Context}(\boldsymbol{w})$ 表示为前面的 $n-1$ 个词，这样 $\left(\text{Context}(\boldsymbol{w}),\boldsymbol{w}\right)$ 共同构成一个训练样本。需要注意的是，一旦语料 $\boldsymbol{C}$ 和词向量 $\boldsymbol{v}(\boldsymbol{w})$ 长度 m 给定了，模型投影层和输出层的神经元个数就确定了，前者为 $(n-1)m$，后者为 $N=|\boldsymbol{D}|$，即语料 $\boldsymbol{C}$ 的对应词典的大小。而隐藏层的神经元个数 n_h 是可调参数，需要依据实际情况进行设定。

具体来说，我们先将每个词映射为一个特征向量，而后将当前特征词向量之前的 $n-1$ 个特征词向量按首尾相连的顺序拼接起来，形成一个长度为 $(n-1)m$ 的长向量

$$\boldsymbol{x}_w=\left[v\left(\boldsymbol{w}_{t-1}\right)^{\top},v\left(\boldsymbol{w}_{t-2}\right)^{\top},\cdots,v\left(\boldsymbol{w}_{t-n+1}\right)^{\top}\right]^{\top}. \tag{8.16}$$

接下来的神经网络模型计算过程如下

$$z_w = \tanh\left(\boldsymbol{W}\boldsymbol{x}_w + \boldsymbol{p}\right), \tag{8.17}$$

$$\boldsymbol{y}_w = \text{softmax}\left(\boldsymbol{U}\boldsymbol{z}_w + \boldsymbol{q}\right), \tag{8.18}$$

其中，$\boldsymbol{W} \in \mathbb{R}^{n_h \times (n-1)m}, \boldsymbol{p} \in \mathbb{R}^{n_h}, \boldsymbol{U} \in \mathbb{R}^{N \times n_h}, \boldsymbol{q} \in \mathbb{R}^{N}$, $\tanh(\cdot)$ 和 $\text{softmax}(\cdot)$ 为隐藏层和输出层的激活函数。上述模型的最终输出为概率 $p(\boldsymbol{w} \mid \text{Context}(\boldsymbol{w}))$ 的函数表示，这样我们就找到了相应的函数 $f(\boldsymbol{w}, \text{Context}(\boldsymbol{w}); \boldsymbol{\theta})$。

需要注意的是，该模型在训练前需要指定一个有限大小的上下文范围，这与我们需要的依据长距离关联关系进行预测的能力不符。自然语言中的语料显然属于序列信息，而神经网络语言模型没有充分利用序列信息的特点进行建模。此外，神经网络语言模型本质上就是全连接网络，模型的参数过多不利于训练。因此，随着自然语言处理算法的发展，神经网络语言模型逐渐被循环神经网络、注意力机制模型等更加有效的模型所取代。本节为了方便读者理解基于深度学习的自然语言处理算法的发展和演进过程，我们依然以神经网络语言模型为基础进行阐述。

2. 基于 hierarchical softmax 的模型

基于神经网络语言模型，Mikolov 等研究者于 2013 提出了两种词表征方法：CBOW (continuous bag-of-words model)和 Skip-gram(continuous skip-gram model)。这两种模型的基本框架如图 8.7 和图 8.8 所示。

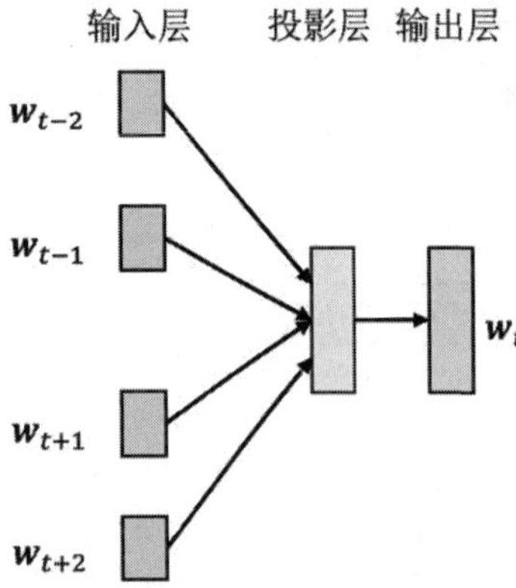

图 8.7　CBOW 模型

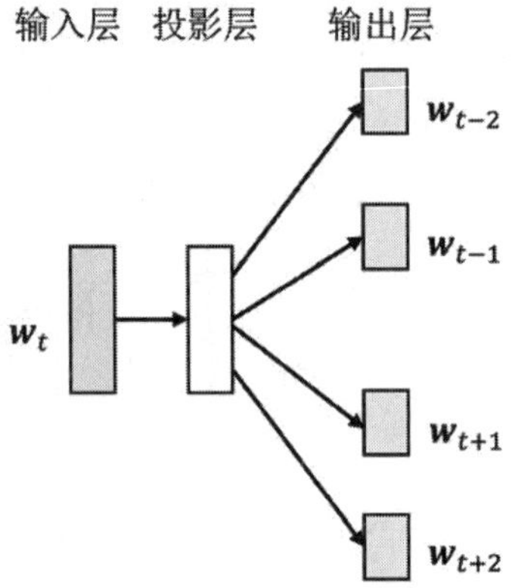

图 8.8 Skip-gram 模型

这两个模型都包含输入层、投影层和输出层 3 个层次，都可以基于神经网络语言模型来实现词汇表征。但 CBOW 模型的训练输入是某一个特定词的上下文相关的词对应的词向量，输出就是对这一特定的词向量的预测；而 Skip-gram 模型与之相反，它的训练输入是某个词的词向量，输出是对这个词向量上下文相关的词对应的词向量的预测。

CBOW 模型的基本框架如图 8.7 所示，它是在已知 $\boldsymbol{w}_t$ 的上下文 $\boldsymbol{w}_{t-2}$、$\boldsymbol{w}_{t-1}$、$\boldsymbol{w}_{t+1}$、$\boldsymbol{w}_{t+2}$ 的前提下对 $\boldsymbol{w}_t$ 进行预测，因此 CBOW 模型需要优化的目标函数可以表示为

$$\sum_{w \in C} \lg p\left(\boldsymbol{w} \mid \text{Context}(\boldsymbol{w})\right). \tag{8.19}$$

Skip-gram 模型的基本框架如图 8.8 所示，它是在已知 $\boldsymbol{w}_t$ 的前提下，对其上下文

$\boldsymbol{w}_{t-2}$、$\boldsymbol{w}_{t-1}$、$\boldsymbol{w}_{t+1}$、$\boldsymbol{w}_{t+2}$ 进行预测，因此 skip-gram 模型需要优化的目标函数为

$$\sum_{\boldsymbol{w}\in \boldsymbol{C}} \lg p\left(\text{Context}\left(\boldsymbol{w}\right) \mid \boldsymbol{w}\right). \tag{8.20}$$

为了实现词向量的有效表征，接下来我们重点讨论 $p\left(\boldsymbol{w} \mid \text{Context}\left(\boldsymbol{w}\right)\right)$ 模型和 $p\left(\text{Context}\left(\boldsymbol{w}\right) \mid \boldsymbol{w}\right)$ 模型的构造问题。理论上我们可以使用现成的神经网络语言模型来构造上述模型，但该方法最主要的问题是语料库对应的词汇表规模往往在百万级别以上，这意味着神经网络语言模型的输出层需要基于 softmax 计算所有词的输出概率，这无疑会带来非常大的计算和内存资源消耗。为了解决这个问题，word2vec 模型中使用了霍夫曼树(Huffman tree)来改进和代替神经网络语言模型。关于霍夫曼树和 word2vec 模型，我们会在后续章节展开介绍，这些知识对理解词嵌入的发展和神经网络的构建有一定的帮助。但 word2vec 的词嵌入方式目前已经被一些更有效的方法所取代，所以对此不感兴趣的读者可以直接跳至 8.4.3 节继续阅读，略过的部分不会对本节后续内容的理解造成影响。

(1) 霍夫曼树与霍夫曼编码。

在计算机科学中，**树**是一种重要的非线性数据结构，它反映了数据元素(在树中称为节点)的组织关系。若干棵互不相干的树所构成的集合称为**森林**。关于树和森林有以下几个必要的知识需要介绍。

① 路径与路径长度。在一棵树中，从一个节点往下可以到达的孩子或孙子节点之间的通路，称作路径。通路中分支的数目称作路径长度。若规定根节点的层号为 1，则从根节点到第 l 层节点的路径长度为 $l-1$。

② 节点的权和带权路径长度。若为树中的节点赋予一个具有某种含义的(非负)数值，则这个数值称为该节点的权。节点的带权路径长度是从根节点到该节点之间的路径长度与该节点的权值的乘积。

③ 树的带权路径长度。树的带权路径长度为所有叶子节点的带权路径之和。

定义 8.2 (二叉树和霍夫曼树)

二叉树是每个节点最多有两个子树的有序树。两个子树通常称为左子树和右子树，有序指的是两个子树有左右之分，不能颠倒。给定 n 个权值作为 n 个叶子节点，构造一棵二叉树，若它的带权路径长度达到最小，则称这样的二叉树为最优二叉树，也称为霍夫曼树。

给定权值为 $w_1, w_2, \cdots, w_n$ 的 n 个节点，通过以下步骤就可以快速地构造一棵霍夫曼树。

① 将 $w_1, w_2 \cdots w_n$ 看作一个由 n 棵树组成的森林，且每棵树只有一个节点。

② 从该森林中选出根节点权值最小的两棵树合并成一棵树，这两棵树分别作为这棵新树的左右子树，新树的根节点权值为左右子树根节点权值之和。

③ 在该森林删除选中的两棵树，并将新生成的树加入森林。

④ 重复第②步和第③步，直到森林只剩下一棵树，这棵树便是我们需要的霍夫曼树。

下面我们通过一个简单的例子来看一下如何构造一棵霍夫曼树。假设一个语料中有“我”“非常”“喜欢”“学习”和“编程”5 个词，且这 5 个词出现的次数分别为 16、11、

9、5、3。下面我们以这 5 个词为叶子节点，以对应的词频为权值，构建一棵霍夫曼树，具体步骤如图 8.9 所示。

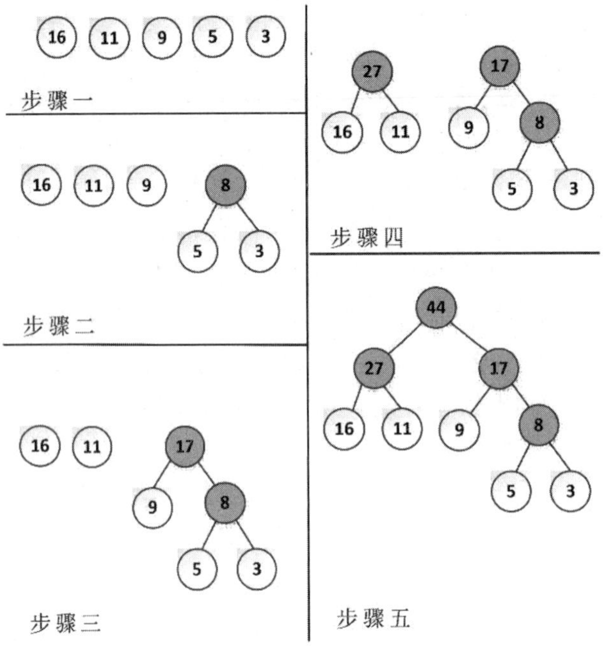

图 8.9　霍夫曼树的构造过程

图 8.9 的构造过程中，通过合并两棵树而增加的新节点为深色实心点。由于每两个节点之间都要进行一次合并，所以当叶子节点的个数为n时，构建出的霍夫曼树中新增节点的数量为$n-1$。在本例中由于$n=5$，所以新增节点即图中的实心点的数量为 4。观察图 8.9 中步骤五中给出的完整霍夫曼树，可以发现词频越大的词离根节点越近。另外，二叉树的两棵子树是有序的，在此例中将词频大的节点作为左子树节点，词频小的节点作为右子树节点。

对于计算机而言，信息的存储和传输都是以二进制方式进行的。假设需要存储和传输 A、B、C、D、E 这 5 个字母，它们在语料库中的出现次数分别为 16、11、9、3、5，现在要对这 5 个字母进行编码，最简单的二进制编码方式是等长编码，即采用 3 位 $(2^3>5)$ 二进制数对上述 5 个字母进行编码 $(2^3>5)$。显然，这里的编码长度取决于要传输的信息中包含不同字符的个数，若信息中包含 26 个英文字母，则等长编码的长度为 $5(2^5>26)$。但是，为了提升信息的传输效率，我们希望编码长度尽可能得短，为此人们提出了不等长编码。该方法基于传输信息中各元素出现的频次进行编码。例如，假如在传输信息时 A、B、C 出现的频次比 D、E、F 出现得频次多，那么在编码时就会让使用频率高的字符 A、B、C 使用短码，使用频次低的字符 D、E、F 使用长码，这样就可以有效优化信息传输的效率。

利用霍夫曼树就可以实现二进制不等长编码，它是一种前缀编码方式[1]，称为霍夫曼

1 前缀编码：要求一个字符的编码不能是另一个字符编码的前缀。

编码。这种编码方式的基本思想是可用字符集中的每个字符作为叶子，以每个字符出现的次数作为叶子节点的权值，生成一棵霍夫曼树。使用霍夫曼编码的优势在于它既能满足前缀编码的条件，又能使整个传输信息的编码总长最短。

我们依然以上文中的示例数据为例，图 8.10 给出了示例中 5 个词对应的霍夫曼编码，其中将词频较大的左子树节点编码为 1，右子树节点编码为 0，这样“我”“非常”“喜欢”“学习”“编程”这 5 个词的霍夫曼编码分别为 11、10、01、001、000。值得注意的是，我们在上述例子中将权值大的节点作为左子树节点，同时将其编码为 1，而在实际操作我们可以依据需求给出相应约定。在下文要介绍的 word2vec 源码中也使用了霍夫曼编码，它同样将权值大的子节点编码为 1，权值小的子节点编码为 0。

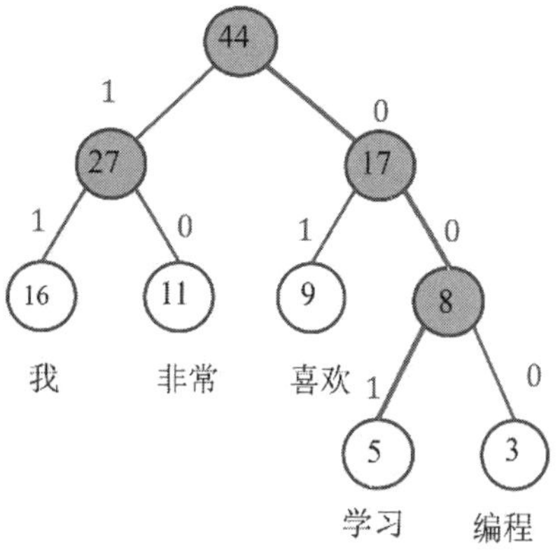

图 8.10　霍夫曼编码示意图

了解了霍夫曼树和霍夫曼编码后，接下来让我们一起来看一下 word2vec 模型是如何利用它们来优化模型减少参数的。

(2) CBOW 模型。

CBOW 模型是基于某个特征词的上下文来预测对应的特征词向量的，假设我们在上下文中各取 c 个词汇，这样 CBOW 的网络结构如图 8.11 所示，它包含输入层、投影层和输出层。

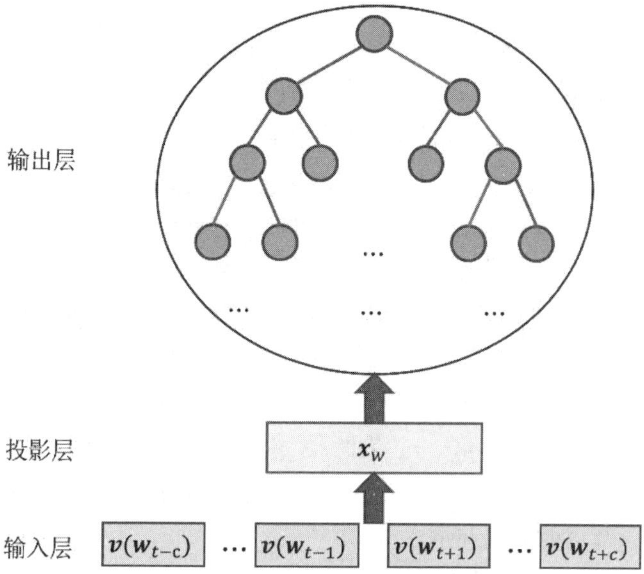

图 8.11　CBOW 模型结构

① 输入层：输入为 Context(w)，包含 $2c$ 个词向量：$\boldsymbol{v}(\boldsymbol{w}_{t-c}),\cdots,v(w_{t-1}),v(w_{t+1}),\ldots,$ $\boldsymbol{v}(\boldsymbol{w}_{t+c})$，任意词向量的长度为 m 。

② 投影层：投影层并没有采取神经网络的线性变换加激活函数的结构，而是采用了

一种相对更简单的处理方式，即将输入层的 $2c$ 个词向量求和后取平均，这样 $\boldsymbol{x}_w=\frac{1}{2c}\sum_{i=-c,\ i\neq 0}^{c}\boldsymbol{v}\left(\boldsymbol{w}_{t+i}\right)$。

③ 输出层：输出层对应一棵二叉树，它是由语料中出现过的词当叶子的节点，以各词出现的次数作为权值构造出来的霍夫曼树。这个霍夫曼树共有 $N=|\boldsymbol{D}|$ 个叶子节点，分别对应词典 $\boldsymbol{D}$ 中的词，而非叶子节点有 $N-1$ 个。

和传统的神经网络语言模型相比，CBOW 主要有以下特点。

- 从输入层到投影层，神经网络语言模型通过 concatenate(拼接)输入完成，CBOW 则通过求平均的方式完成。
- 神经概率语言模型有隐藏层，CBOW 没有隐藏层。
- 神经概率语言模型的输出为神经网络全连接结构，CBOW 的输出则采用霍夫曼树形结构。

为了方便描述，在介绍 CBOW 模型更新方式前，我们先规定一些数学符号。以霍夫曼树中的某个叶子节点为例，设其对应词典 $\boldsymbol{D}$ 中的词为 $\boldsymbol{w}$，那么我们规定如下。

- $\boldsymbol{p}^{\boldsymbol{w}}$ 为从根节点出发到 $\boldsymbol{w}$ 对应的叶子节点的路径。
- $l_{\boldsymbol{w}}$ 是路径 $\boldsymbol{p}^{\boldsymbol{w}}$ 中包含节点的个数。
- $p_i^{\boldsymbol{w}}$ 为路径 $\boldsymbol{p}^{\boldsymbol{w}}$ 中的第 i 个节点 $\left(1\leqslant i\leqslant l_{\boldsymbol{w}}\right)$，其中，$p_1^{\boldsymbol{w}}$ 表示根节点，$p_{l_{\boldsymbol{w}}}^{\boldsymbol{w}}$ 表示词 $\boldsymbol{w}$ 对应的叶子节点。
- $d_i^{\boldsymbol{w}}\in\{0,1\}$ 表示 $p_i^{\boldsymbol{w}}$ 对应的霍夫曼编码 $\left(1<i\leqslant l_{\boldsymbol{w}}\right.$，因为根节点不对应编码)。$\boldsymbol{d}^{\boldsymbol{w}}$ 是词 $\boldsymbol{w}$ 的霍夫曼编码，它由 $l-1$ 位编码组成。
- $\boldsymbol{\theta}_i^{\boldsymbol{w}}\in\mathbb{R}^m$ 是路径 $\boldsymbol{p}^{\boldsymbol{w}}$ 中第 i 个非叶子节点对应的向量 $\left(1\leqslant i\leqslant l_{\boldsymbol{w}}-1\right)$。

下面我们利用上述符号，基于上文中的示例(假设 $\boldsymbol{w}=$“学习”)来简单介绍 hierarchical softmax 和基于 hierarchical softmax 的 CBOW 模型。

在 CBOW 模型中其输出层为一棵霍夫曼树，而这棵霍夫曼树的每一个非叶子节点内都包含相应的可训练参数 $\boldsymbol{\theta}$，输出层我们优化的目标是调整非叶子节点内的参数 $\boldsymbol{\theta}$，使输出层的词 $\boldsymbol{w}$ 对应路径的霍夫曼编码与目标编码一致。这样对于输入的任意上下文词向量，我们都可以基于 CBOW 模型找到其对应的特征词向量，且模型输出层的参数数目远少于相应的全连接网络输出层结构。

图 8.12 中，节点 44、节点 17、节点 8 和节点 5 之间的三段连线构成了词 $\boldsymbol{w}$ 的路径 $\boldsymbol{p}^{\boldsymbol{w}}$，其长度 $l_{\boldsymbol{w}}=4$。$p_1^{\boldsymbol{w}}$、$p_2^{\boldsymbol{w}}$、$p_3^{\boldsymbol{w}}$、$p_4^{\boldsymbol{w}}$ 为路径 $\boldsymbol{p}^{\boldsymbol{w}}$ 上的 4 个节点，其中 $p_1^{\boldsymbol{w}}$ 对应根节点。$d_2^{\boldsymbol{w}}=0,\ d_3^{\boldsymbol{w}}=0,\ d_4^{\boldsymbol{w}}=1$，即词汇“学习”的霍夫曼编码为 001。$\boldsymbol{\theta}_1^{\boldsymbol{w}}$、$\boldsymbol{\theta}_2^{\boldsymbol{w}}$、$\boldsymbol{\theta}_3^{\boldsymbol{w}}$ 分别对应路径 $\boldsymbol{p}^{\boldsymbol{w}}$ 上 3 个非叶子节点的参数向量。

对于 CBOW 模型，如何基于霍夫曼树定义其对应的目标函数 $p\left(\boldsymbol{w}\,|\,Context\left(\boldsymbol{w}\right)\right)$ 呢？以图 8.12 中的 $\boldsymbol{w}=$“学习”为例，从根节点出发到“学习”这个节点，中间经过了 3 次分支，而每一次分支都可以视为一次二分类。从二分类的角度考虑，我们需要为其左右子节点指定对应类别。在 word2vec 中，将霍夫曼编码为 1 的节点定义为负类，将霍夫曼编码为 0 的节点定义为正类，即

$$\text{label}\left(p_i^w\right)=1-d_i^w, \quad i\in\left[2,3,\ldots,l_w\right]. \tag{8.21}$$

输出层

投影层

输入层

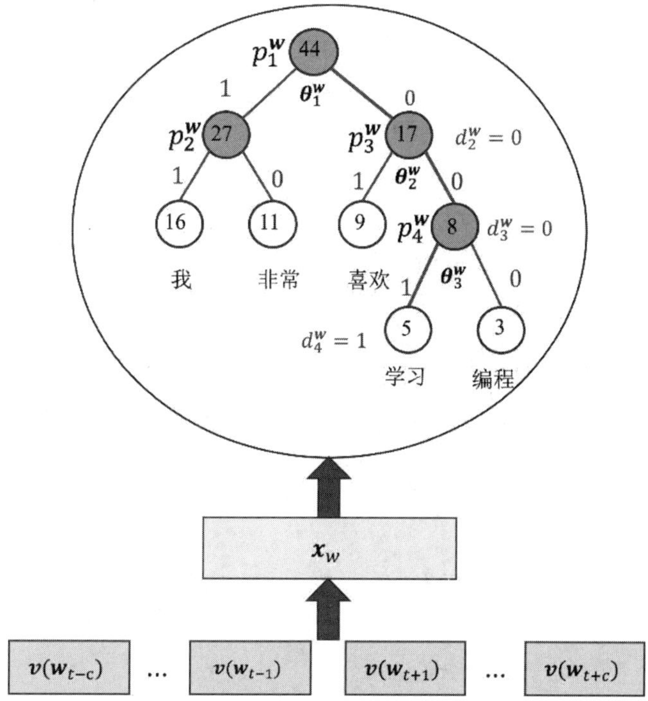

图 8.12　$w=$“学习”时，CBOW 模型结构工作示意图

基于式(8.21)可知，对 word2vec 中的每一个非叶子节点进行分类时，分到左边的是负类，分到右边的是正类。这样根据逻辑回归算法，一个节点被分成正类的概率为

$$\sigma\left(\boldsymbol{x}_w^\top\boldsymbol{\theta}\right)=\frac{1}{1+\mathrm{e}^{-\boldsymbol{x}_w^\top\boldsymbol{\theta}}}. \tag{8.22}$$

相应地被分成负类的概率为$1-\sigma\left(\boldsymbol{x}_w^\top\boldsymbol{\theta}\right)$。式(8.22)中，$\boldsymbol{\theta}$ 这个向量为待定参数，即为非叶子节点中对应的向量$\boldsymbol{\theta}_i^w\left(i\in\left[1,2,\cdots,l_w-1\right]\right)$。从根节点出发到“学习”这个节点经历了 3 次二分类，将每次分类结果的概率写出，即：

- 第一次：$p\left(d_2^w\mid\boldsymbol{x}_w,\boldsymbol{\theta}_1^w\right)=\sigma\left(\boldsymbol{x}_w^\top\boldsymbol{\theta}_1^w\right)$；
- 第二次：$p\left(d_3^w\mid\boldsymbol{x}_w,\boldsymbol{\theta}_2^w\right)=\sigma\left(\boldsymbol{x}_w^\top\boldsymbol{\theta}_2^w\right)$；
- 第三次：$p\left(d_4^w\mid\boldsymbol{x}_w,\boldsymbol{\theta}_3^w\right)=1-\sigma\left(\boldsymbol{x}_w^\top\boldsymbol{\theta}_3^w\right)$。

进而我们可以推出

$$p\left(\text{学习}\mid Context\left(\text{学习}\right)\right)=\prod_{j=2}^{4}P\left(d_j^w\mid\boldsymbol{x}_w,\boldsymbol{\theta}_{j-1}^w\right). \tag{8.23}$$

这种将霍夫曼树替代神经网络语言模型输出层的方式称为层次化 softmax(hierarchical softmax)。它将目标概率的计算复杂度从最初的 N 的量级降低到 $\lg N$ 的量级。

这样对于词典 $\boldsymbol{D}$ 中的任意词 $\boldsymbol{w}$，霍夫曼树中必存在一条从根节点到词向量 $\boldsymbol{w}$ 对应的

路径 $\boldsymbol{p}^{\boldsymbol{w}}$(且此路径唯一)。路径上存在 $l_{\boldsymbol{w}}-1$ 个分支，每个分支可看作一个二分类问题，每个二分类问题对应着一个概率分布函数，将这些概率分布函数连乘起来，就得到了目标函数 $p\left(\boldsymbol{w} \mid Context\left(\boldsymbol{w}\right)\right)$，即

$$p\left(\boldsymbol{w} \mid Context\left(\boldsymbol{w}\right)\right)=\prod_{j=2}^{l_{\boldsymbol{w}}} p\left(d_j^{\boldsymbol{w}} \mid \boldsymbol{x}_{\boldsymbol{w}}, \boldsymbol{\theta}_{j-1}^{\boldsymbol{w}}\right), \tag{8.24}$$

其中，

$$p\left(d_j^{\boldsymbol{w}} \mid \boldsymbol{x}_{\boldsymbol{w}}, \boldsymbol{\theta}_{j-1}^{\boldsymbol{w}}\right)=\begin{cases}\sigma\left(\boldsymbol{x}_{\boldsymbol{w}}^{\top} \boldsymbol{\theta}_{j-1}^{\boldsymbol{w}}\right), & d_j^{\boldsymbol{w}}=0, \\ 1-\sigma\left(\boldsymbol{x}_{\boldsymbol{w}}^{\top} \boldsymbol{\theta}\right), & d_j^{\boldsymbol{w}}=1.\end{cases} \tag{8.25}$$

将其写成整体表达式为

$$P\left(d_j^{\boldsymbol{w}} \mid \boldsymbol{x}_{\boldsymbol{w}}, \boldsymbol{\theta}_{j-1}^{\boldsymbol{w}}\right)=\left[\sigma\left(\boldsymbol{x}_{\boldsymbol{w}}^{\top} \boldsymbol{\theta}_{j-1}^{\boldsymbol{w}}\right)\right]^{1-d_j^{\boldsymbol{w}}} \cdot\left[1-\sigma\left(\boldsymbol{x}_{\boldsymbol{w}}^{\top} \boldsymbol{\theta}\right)\right]^{d_j^{\boldsymbol{w}}}. \tag{8.26}$$

将式(8.24)代入式(8.19)中，得到

$$\begin{aligned}\ell &=\sum_{\boldsymbol{w} \in \boldsymbol{c}} \lg \prod_{j=2}^{l_{\boldsymbol{w}}} p\left(d_j^{\boldsymbol{w}} \mid \boldsymbol{x}_{\boldsymbol{w}}, \ \boldsymbol{\theta}_{j-1}^{\boldsymbol{w}}\right) \\ &=\sum_{\boldsymbol{w} \in \boldsymbol{c}} \lg \prod_{j=2}^{l_{\boldsymbol{w}}}\left[\sigma\left(\boldsymbol{x}_{\boldsymbol{w}}^{\top} \boldsymbol{\theta}_{j-1}^{\boldsymbol{w}}\right)\right]^{1-d_j^{\boldsymbol{w}}} \cdot\left[1-\sigma\left(\boldsymbol{x}_{\boldsymbol{w}}^{\top} \boldsymbol{\theta}\right)\right]^{d_j^{\boldsymbol{w}}} \\ &=\sum_{\boldsymbol{w} \in \boldsymbol{c}} \sum_{j=2}^{l_{\boldsymbol{w}}}\left\{\left(1-d_j^{\boldsymbol{w}}\right) \cdot \lg\left[\sigma\left(\boldsymbol{x}_{\boldsymbol{w}}^{\top} \boldsymbol{\theta}_{j-1}^{\boldsymbol{w}}\right)\right]+\left(d_j^{\boldsymbol{w}}\right) \cdot \lg\left[1-\sigma\left(\boldsymbol{x}_{\boldsymbol{w}}^{\top} \boldsymbol{\theta}_{j-1}^{\boldsymbol{w}}\right)\right]\right\}.\end{aligned} \tag{8.27}$$

式(8.27)的对数似然函数即为 CBOW 模型的目标函数。接下来，我们需要优化参数最大化该目标函数。为了解决该问题，word2vec 采用的是随机梯度上升法[1]，即每取一个样本 $\mathrm{Context}\left(\boldsymbol{w}\right), \boldsymbol{w}$，就对目标函数中的所有可训练参数进行一次更新。观察 CBOW 模型的目标函数可知，该函数包括的可训练参数包括 $\mathrm{Context}\left(\boldsymbol{w}\right)$ 中各词向量的累加 $\boldsymbol{x}_{\boldsymbol{w}}$ 和输出层参数 $\boldsymbol{\theta}_{j-1}^{\boldsymbol{w}}\left(j=2, \cdots, l_{\boldsymbol{w}}\right)$。

基于随机梯度上升法，我们首先需要求 ℓ 关于可训练参数的 $\boldsymbol{\theta}_{j-1}^{\boldsymbol{w}}$ 的梯度，即

$$\begin{aligned}\frac{\partial \ell}{\partial \boldsymbol{\theta}_{j-1}^{\boldsymbol{w}}} &=\frac{\partial\left(1-d_j^{\boldsymbol{w}}\right) \cdot \lg\left[\sigma\left(\boldsymbol{x}_{\boldsymbol{w}}^{\top} \boldsymbol{\theta}_{j-1}^{\boldsymbol{w}}\right)\right]+\left(d_j^{\boldsymbol{w}}\right) \cdot \lg\left[1-\sigma\left(\boldsymbol{x}_{\boldsymbol{w}}^{\top} \boldsymbol{\theta}_{j-1}^{\boldsymbol{w}}\right)\right]}{\partial \boldsymbol{\theta}_{j-1}^{\boldsymbol{w}}} \\ &=\left(1-d_j^{\boldsymbol{w}}\right)\left[1-\sigma\left(\boldsymbol{x}_{\boldsymbol{w}}^{\top} \boldsymbol{\theta}_{j-1}^{\boldsymbol{w}}\right)\right] \boldsymbol{x}_{\boldsymbol{w}}-d_j^{\boldsymbol{w}} \sigma\left(\boldsymbol{x}_{\boldsymbol{w}}^{\top} \boldsymbol{\theta}_{j-1}^{\boldsymbol{w}}\right) \boldsymbol{x}_{\boldsymbol{w}} \\ &=\left\{\left(1-d_j^{\boldsymbol{w}}\right)\left[1-\sigma\left(\boldsymbol{x}_{\boldsymbol{w}}^{\top} \boldsymbol{\theta}_{j-1}^{\boldsymbol{w}}\right)\right]-d_j^{\boldsymbol{w}} \sigma\left(\boldsymbol{x}_{\boldsymbol{w}}^{\top} \boldsymbol{\theta}_{j-1}^{\boldsymbol{w}}\right)\right\} \boldsymbol{x}_{\boldsymbol{w}} \\ &=\left[1-d_j^{\boldsymbol{w}}-\sigma\left(\boldsymbol{x}_{\boldsymbol{w}}^{\top} \boldsymbol{\theta}_{j-1}^{\boldsymbol{w}}\right)\right] \boldsymbol{x}_{\boldsymbol{w}}.\end{aligned} \tag{8.28}$$

由此得，$\boldsymbol{\theta}_{j-1}^{w}$ 的更新公式为

1 随机梯度上升法和随机梯度下降法相似，只是后者用来求解最小化问题，前者则用来求解最大化问题。

$$\boldsymbol{\theta}_{j-1}^{\boldsymbol{w}}=\boldsymbol{\theta}_{j-1}^{\boldsymbol{w}}+\eta\left[1-d_j^{\boldsymbol{w}}-\sigma\left(\boldsymbol{x}_{\boldsymbol{w}}^{\top}\boldsymbol{\theta}_{j-1}^{\boldsymbol{w}}\right)\right]\boldsymbol{x}_{\boldsymbol{w}}, \tag{8.29}$$

其中，η 表示学习率。接下来，我们计算 ℓ 关于 $\boldsymbol{x}_w$ 的梯度为

$$\frac{\partial \ell}{\partial \boldsymbol{x}_w}=\left[1-d_j^{\boldsymbol{w}}-\sigma\left(\boldsymbol{x}_{\boldsymbol{w}}^{\top}\boldsymbol{\theta}_{j-1}^{\boldsymbol{w}}\right)\right]\boldsymbol{\theta}_{j-1}^{\boldsymbol{w}}. \tag{8.30}$$

CBOW 模型最终的目的是要求词典 $\boldsymbol{D}$ 中每个词的词向量，而这里的 $\boldsymbol{x}_{\boldsymbol{w}}$ 表示的是 $\text{Context}(\boldsymbol{w})$ 中各词向量的累加。最后，word2vec 利用求得的 $\frac{\partial \ell}{\partial \boldsymbol{x}_w}$ 来对 $\boldsymbol{v}(\tilde{\boldsymbol{w}})$ 进行更新为

$$\boldsymbol{v}(\tilde{\boldsymbol{w}})=\boldsymbol{v}(\tilde{\boldsymbol{w}})+\eta\sum_{j=2}^{l_w}\frac{\partial \ell}{\partial \boldsymbol{x}_w}, \tag{8.31}$$

其中，$v(\tilde{\boldsymbol{w}})$ 表示上下文中的任意词向量。

(3) skip-gram 模型。

Skip-gram 模型的基本思路是基于某个特征词来预测其上下文对应的词向量，skip-gram 模型的网络结如图 8.13 所示，它同样包含输入层、投影层和输出层。

① 输入层：输入为当前样本中心词 $\boldsymbol{w}$ 对应的词向量 $\boldsymbol{v}(\boldsymbol{w})\in\mathbb{R}^m$ 。

② 投影层：完成一个恒等投影，这里保留是为了方便和 CBOW 模型进行对比。

③ 输出层：和 CBOW 一样，skip-gram 模型也是输出一棵霍夫曼树。

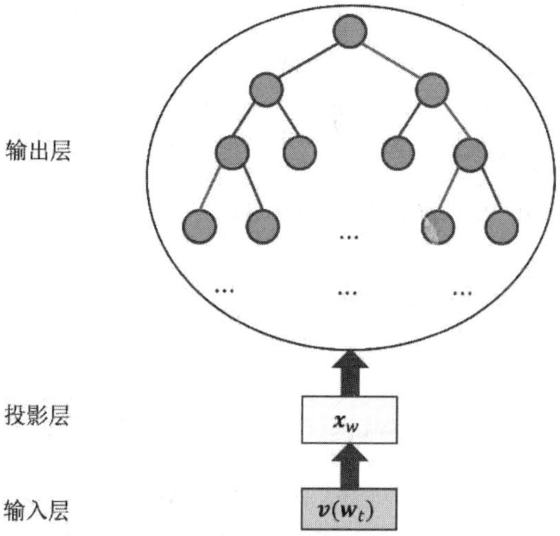

图 8.13 skip-gram 模型的网络结构

对于 skip-gram 模型，已知当前样本中心词 $\boldsymbol{w}$ ，需要对其上下文 $\text{Context}(\boldsymbol{w})$ 中的词进行预测，skip-gram 模型的目标函数定义如下

$$p\left(Context(\boldsymbol{w})\mid\boldsymbol{w}\right)=\prod_{\boldsymbol{u}\in\text{Context}(\boldsymbol{w})}p(\boldsymbol{u}\mid\boldsymbol{w}). \tag{8.32}$$

式(8.32)中的 $p(\boldsymbol{u}\mid\boldsymbol{w})$ 可按照 8.4.2 介绍的 hierarchical softmax 思想求解，类比式(8.24)，$p(\boldsymbol{u}\mid\boldsymbol{w})$ 可以改写为

$$p(\boldsymbol{u} \mid \boldsymbol{w})=\prod_{j=2}^{l^{\boldsymbol{u}}} p\left(d_j^{\boldsymbol{u}} \mid \boldsymbol{v}(\boldsymbol{w}), \boldsymbol{\theta}_{j-1}^{\boldsymbol{u}}\right),$$

其中，$\boldsymbol{p}^{\boldsymbol{u}}$ 为从根节点出发到 $\boldsymbol{u}$ 对应叶子节点的路径，$l^{\boldsymbol{u}}$ 是路径 $\boldsymbol{p}^{\boldsymbol{u}}$ 中包含的节点个数。于是，有

$$P\left(d_j^{\boldsymbol{u}} \mid \boldsymbol{v}(\boldsymbol{w}), \boldsymbol{\theta}_{j-1}^{\boldsymbol{u}}\right)=\left[\sigma\left(\boldsymbol{v}(\boldsymbol{w})^{\top} \boldsymbol{\theta}_{j-1}^{\boldsymbol{u}}\right)\right]^{1-d_j^{\boldsymbol{u}}} \cdot\left[1-\sigma\left(\boldsymbol{v}(\boldsymbol{w})^{\top} \boldsymbol{\theta}_{j-1}^{\boldsymbol{u}}\right)\right]^{d_j^{\boldsymbol{u}}} . \tag{8.33}$$

将式依次代回，可以得到对数似然函数的具体表达式如下

$$\begin{aligned}\ell&=\sum_{\boldsymbol{w} \in \boldsymbol{C}} \lg \prod_{\boldsymbol{u} \in \operatorname{Context}(\boldsymbol{w})} \prod_{j=2}^{l^{\boldsymbol{u}}}\left\{\left[\sigma\left(\boldsymbol{v}(\boldsymbol{w})^{\top} \boldsymbol{\theta}_{j-1}^{\boldsymbol{u}}\right)\right]^{1-\boldsymbol{d}_j^{\boldsymbol{u}}} \cdot\left[1-\sigma\left(\boldsymbol{v}(\boldsymbol{w})^{\top} \boldsymbol{\theta}_{j-1}^{\boldsymbol{u}}\right)\right]^{\boldsymbol{d}_j^{\boldsymbol{u}}}\right\} \\ &=\sum_{\boldsymbol{w} \in \boldsymbol{C}} \sum_{\boldsymbol{u} \in \operatorname{Context}(\boldsymbol{w})} \sum_{j=2}^{l^{\boldsymbol{u}}}\left\{\left(1-\boldsymbol{d}_j^{\boldsymbol{u}}\right) \cdot \lg \left[\sigma\left(\boldsymbol{v}(\boldsymbol{w})^{\top} \boldsymbol{\theta}_{j-1}^{\boldsymbol{u}}\right)\right]+\boldsymbol{d}_j^{\boldsymbol{u}} \cdot \lg \left[1-\sigma\left(\boldsymbol{v}(\boldsymbol{w})^{\top} \boldsymbol{\theta}_{j-1}^{\boldsymbol{u}}\right)\right]\right\} .\end{aligned} \tag{8.34}$$

接下来，同样利用随机梯度上升法对其进行优化求解，首先考虑 ℓ 关于 $\boldsymbol{\theta}_{j-1}^{\boldsymbol{u}}$ 的梯度计算(与 CBOW 模型对应部分的推导基本相似)，即

$$\frac{\partial \ell}{\partial \boldsymbol{\theta}_{j-1}^{\boldsymbol{u}}}=\left[1-\boldsymbol{d}_j^{\boldsymbol{u}}-\sigma\left(\boldsymbol{v}(\boldsymbol{w})^{\top} \boldsymbol{\theta}_{j-1}^{\boldsymbol{u}}\right)\right] \boldsymbol{v}(\boldsymbol{w}) . \tag{8.35}$$

由此，$\boldsymbol{\theta}_{j-1}^{\boldsymbol{u}}$ 的更新公式为

$$\boldsymbol{\theta}_{j-1}^{\boldsymbol{u}}=\boldsymbol{\theta}_{j-1}^{\boldsymbol{u}}+\eta\left[1-\boldsymbol{d}_j^{\boldsymbol{u}}-\sigma\left(\boldsymbol{v}(\boldsymbol{w})^{\top} \boldsymbol{\theta}_{j-1}^{\boldsymbol{u}}\right)\right] \boldsymbol{v}(\boldsymbol{w}), \tag{8.36}$$

其中，η 表示学习率。接下来，计算 ℓ 关于 $\boldsymbol{v}(\boldsymbol{w})$ 的梯度，同样利用对称性，直接写出

$$\frac{\partial \ell}{\partial \boldsymbol{v}(\boldsymbol{w})}=\left[1-\boldsymbol{d}_j^{u}-\sigma\left(\boldsymbol{v}(\boldsymbol{w})^{\top} \boldsymbol{\theta}_{j-1}^{\boldsymbol{u}}\right)\right] \boldsymbol{\theta}_{j-1}^{\boldsymbol{u}} .$$

于是，$\boldsymbol{v}(\boldsymbol{w})$ 可按照如下公式进行迭代更新

$$\boldsymbol{v}(\boldsymbol{w})=\boldsymbol{v}(\boldsymbol{w})+\eta \sum_{\boldsymbol{u} \in \operatorname{Context}(\boldsymbol{w})} \sum_{j=2}^{l^{\boldsymbol{u}}} \frac{\partial \ell}{\partial \boldsymbol{v}(\boldsymbol{w})} . \tag{8.37}$$

8.4.3 ELMo

Word2vec 方法本质上是一个静态模型，使用 word2vec 训练后的词向量具有固定长度。使用过程中，无论新句子上下文的信息如何变化，word2vec 给出的词向量并不会跟随上下文发生变化。然而，事实上对于自然语言，相同的词在不同上下文中可能具有完全不同的含义。例如，词汇“苹果”在句子“我买了一斤苹果”和“我买了一个苹果手机”中的含义完全不同。显然 word2vec 模型给出的词向量不适合处理这种多义词。为了解决上述问题，2018 年，马修·彼得斯(Matthew Peters)等人提出了 ELMo 模型[73](embeddings from language models)。ELMo 是一种动态模型，通过词上下文动态生成词向量，从而较好地解决了不同上下文中同词异义的问题。

ELMo 模型的基本思想是先在一个大的语料库中学好各词汇对应的词向量，此时的词

向量无法有效区分多义词；接下来基于下游任务的上下文信息去调整词向量的具体含义，这样经过调整后的词向量就能够准确地表达其在当前上下文中的具体含义了，这自然也就解决了多义词的问题。ELMo 模型的训练主要分为以下两个阶段。

(1) 预训练阶段：采用双向 LSTM 模型(BiLSTM)在语料库中进行预训练。

(2) 下游任务训练阶段：从预训练网络中提取对应单词的网络各层的词向量作为新特征补充到下游任务中。

图 8.14 给出了第一阶段的双向语言模型(BiLSTM)，它的网络结构采用了以双层双向 LSTM 为基本结构的语言模型。

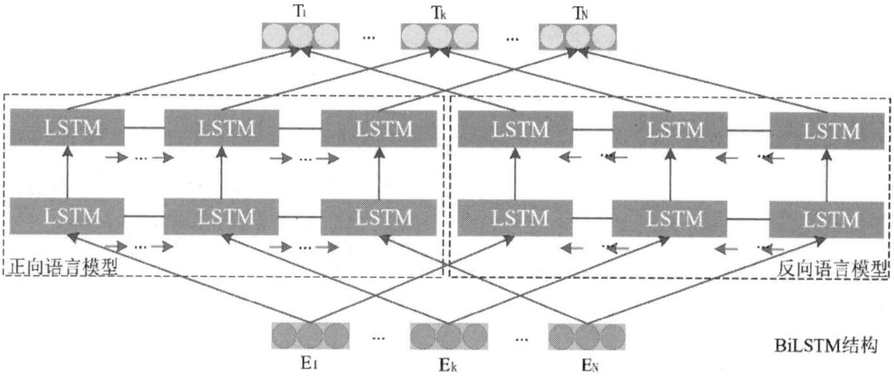

图 8.14　ELMo 预训练示意图

其中，多个前向双层 LSTM 单元构成正向语言模型，输入为从左到右的预测单词的上文内容(待预测单词之前的单词序列称为上文)。多个逆向双层 LSTM 单元构成后向语言模型，输入为从右到左的待预测单词的下文(待预测单词之后的单词序列称为下文)。给定含有 N 个词语(tokens)的序列 $\left(t_1,\cdots,t_N\right)$，前向语言模型通过给定前面 $k-1$ 个位置的词语来预测下一个词语 t_k 的概率，这样基于条件概率公式，可以推出

$$p\left(t_1,t_2,\cdots,t_N\right)=\prod_{k=1}^{N}p\left(t_k\mid t_1,t_2,\cdots,t_{k-1}\right). \tag{8.38}$$

后向语言模型通过给定后面 $N-k$ 个位置的词语来预测第 k 个词语的概率，这样基于条件概率公式，可以推出

$$p\left(t_1,t_2,\cdots,t_N\right)=\prod_{k=1}^{N}p\left(t_k\mid t_{k+1},t_{k+2},\cdots,t_N\right). \tag{8.39}$$

双向 LSTM 模型将前向语言模型和后向语言模型相结合，其训练目标是最大化前向、后向模型的联合似然函数，即

$$\sum_{k=1}^{N}\lg p\left(t_k\mid t_1,\cdots,t_{k-1};\boldsymbol{\theta}_x,\vec{\boldsymbol{\theta}}_{\mathrm{LSTM}},\boldsymbol{\theta}_s\right)+\lg p\left(t_k\mid t_{k+1},\cdots,t_N;\boldsymbol{\theta}_x,\overleftarrow{\boldsymbol{\theta}}_{\mathrm{LSTM}},\boldsymbol{\theta}_s\right), \tag{8.40}$$

其中，$\boldsymbol{\theta}_x$ 和 $\boldsymbol{\theta}_s$ 分别表示词向量训练和 softmax 层参数，$\vec{\boldsymbol{\theta}}_{\mathrm{LSTM}}$ 和 $\overleftarrow{\boldsymbol{\theta}}_{\mathrm{LSTM}}$ 分别表示正向和后向 LSTM 单元的可训练参数。

ELMo 是一个多层双向语言模型，假设其包含 L 层 LSTM 单元，那么对于任意输入的

词汇 t_k，通过 ELMo 后都将给出 $2L+1$ 个对应的词嵌入结果，即

$$R_k=\left\{\boldsymbol{X}_k^{LM},\vec{\boldsymbol{H}}_{k,j}^{LM},\overleftarrow{\boldsymbol{H}}_{k,j}^{LM}\mid j=1,\cdots,L\right\}. \tag{8.41}$$

若我们采用两层双向语言模型，即 $L=2$，那么训练好的 ELMo 模型，每输入一个新的句子，对于句子中的每个单词都将得到 3 个对应的嵌入信息。最底层是输入的各单词的词向量(该词向量基于大型语料库通过预训练得到)；第二层是双向 LSTM 单元中对应单词位置的词嵌入信息，这层的嵌入信息在词向量的基础上融合了一定的句法信息；第三层是 LSTM 中对应单词位置的词嵌入信息，这层的嵌入信息在词向量的基础上进一步融合了更多的语义信息。这样对于任意一个单词，ELMo 模型会依据其上下文最终给出 3 个对应的词嵌入信息，这就很好地解决了自然语言中的多义词问题。

对于下游任务，如情感分析、问答系统等，ELMo 模型采用基于特征的预训练(feature-based pre-training)方式将上游给出的多个词嵌入信息 R_k 转换为一个单一的特征向量作为下游任务的输入。例如，对于问答系统，假设问句 $\boldsymbol{X}$ 通过 ELMo 预训练得到的多层双向 LSTM 模型后，每个词汇对应得到 3 个词嵌入向量。接下来，我们需要对这 3 个词嵌入向量进行整合，常见做法是先分别给予这 3 个词嵌入向量一个对应的权重，再将它们加权求和得到一个新的特征向量并将该特征向量作为下游模型的输入。这里的权重是 ELMo 模型的可训练参数。

ELMo 的优势：①能够学习不同上下文情况下的词汇多义性；②能够学习到词汇用法的复杂性，如语法、语义。

ELMo 的不足：ELMo 模型使用双向 LSTM 单元进行语义特征提取，并使用拼接方式完成特征融合，实验表明，这种方式相较于后来其他的词嵌入模型，ELMo 模型使用的注意力机制和一体化融合方式略差。

8.4.4 GPT 模型

GPT(generative pre-training，生成式预训练)是一种基于模型微调模式的预训练方法，是由 Alec Radford 等人于 2018 年提出的。与 ELMo 类似，GPT 模型的训练也分为两个阶段：第一个阶段是利用语言模型进行无监督预训练；第二阶段通过基于模型微调的监督模式进行特定下游任务训练。

与 ELMo 模型相比，GPT 的主要不同在于：①GPT 采用提取特征能力更强的 transformer 结构作为特征提取器；②GPT 采用单向的语言模型，所谓“单向”的含义，是指语言模型训练的任务目标是根据 W_i 单词的上下文去正确预测单词 W_i，ELMo 在进行语言模型预训练时，预测单词 W_i 同时使用了上文和下文，而 GPT 只采用 Context before 这个单词的上文来进行预测。

1. 无监督的预训练

第一个阶段进行无监督的预训练，假设给定一个由 N 个词语组成的序列 $(t_1,\cdots,t_N)$，和其他神经网络语言模型相似，GPT 中的无监督预训练的目的是最大化语言模型的极大

似然函数

$$L_1(\mathcal{T})=\sum_i \lg p(t_i \mid t_{t-k},\ldots,t_{t-1};\boldsymbol{\theta}), \tag{8.42}$$

其中，k 表示序列上下文窗口大小，条件概率 p 可基于transformer结构获得。在GPT中，采用单向 transformer 结构来完成预训练任务，预训练过程如图 8.15 所示。

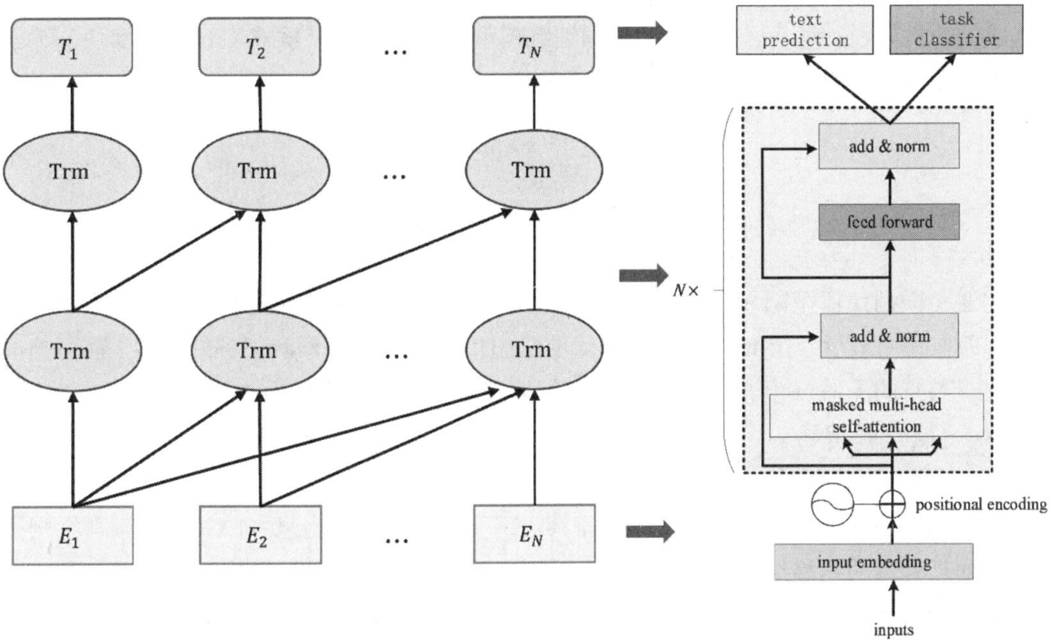

图 8.15　GPT 模型预训练过程示意图

图中，左侧为GPT的预训练示意图，其中椭圆内的Trm代指图右侧的单向transformer结构。从图中可以看到，这里使用的单向 transformer 结构和 transformer 原文中的 self-attention 模块略有不同。GPT 使用的 transformer 结构可以看作将原文 encoder 中的 self-attention结构替换成masked multi-head self-attention结构，这样句子中的每个词，都只能对包括自己在内的上文内容进行注意力分布计算，因此该方式称为单向transformer。

基于上述模型结构，预训练过程可表述如下

$$h_0=\boldsymbol{T}\boldsymbol{W}_e+\boldsymbol{W}_p, \tag{8.43}$$

$$h_l=\text{transformer}_{\text{block}}(h_{l-1}),\ \forall i\in[1,\cdots,N], \tag{8.44}$$

$$p(T)=\text{softmax}(h_N\boldsymbol{W}_e^{\top}), \tag{8.45}$$

其中，$T=(t_{-k},\cdots,t_{-1})$ 表示上下文语料信息，N 表示 transformer 层数，W_e、W_p 分别代表隐含层embedding参数矩阵和语料位置embedding参数矩阵，$p(T)$ 表示最后的输出概率。模型将词汇上下文的 embedding 和对应的位置信息 embedding 融合后得到 h_0 作为 transformer 模块的初始输入。模型串行堆叠 N 个 transformer 模块，下层模块的输出值将作为上层模块的输入。最后一层 transformer 模块的输出给到输出层用来基于 softmax 函数完成相应的分类预测任务。

2. 有监督的模型微调

第二阶段进行有监督的模型微调(fine-tuning)，其目的是将经过无监督预训练后获得的预训练模型 G 用于特定的下游任务，如文本蕴含、句子相似度度量、Q&A(question and answer，问与答)及文本推理等。假设给定一个由一系列输入语料 $x^1,\cdots,x^m$ 及对应的标签 y 组成的数据集 C 。输入语料首先通过预训练模型 G 得到最后一层 transformer 模块的输出状态参数 h_l^m ，然后将其传输给全连接层预测 $\hat{\boldsymbol{y}}$，有监督的模型微调过程可表示如下

$$p\left(y \mid x^1,\cdots,x^m\right)=\operatorname{softmax}\left(G\left(T\right)W_y\right), \tag{8.46}$$

$$L_2\left(C\right)=\sum_{(x,\ y)}\lg p\left(y \mid x^1,\ldots,x^m\right). \tag{8.47}$$

为避免微调使模型陷入过拟合，GPT 模型两阶段的目标函数通过加权求和的方式进行融合，即在使用最后一层 transformer 模块的输出值进行有监督预测任务的同时，前面的词继续上一节点的无监督预训练。这样第二阶段 GPT 模型的损失函数为

$$L_3\left(C\right)=L_2\left(C\right)+\lambda L_1\left(C\right). \tag{8.48}$$

GPT 模型对于下游任务来说，首先，要求下游网络在结构上要向 GPT 的预训练网络看齐，即把任务的网络结构改造成和 GPT 网络相同的结构。然后，在进行下游任务时，利用第一步预训练好的参数初始化 GPT 的网络结构。这样通过预训练学到的语言学知识就被引入到下游任务中。最后，可以用下游任务去再次训练这个网络，对网络参数进行微调，使这个网络结构更适合解决手头的问题。

GPT 中定义了 4 种典型的下游任务，如图 8.16 所示。

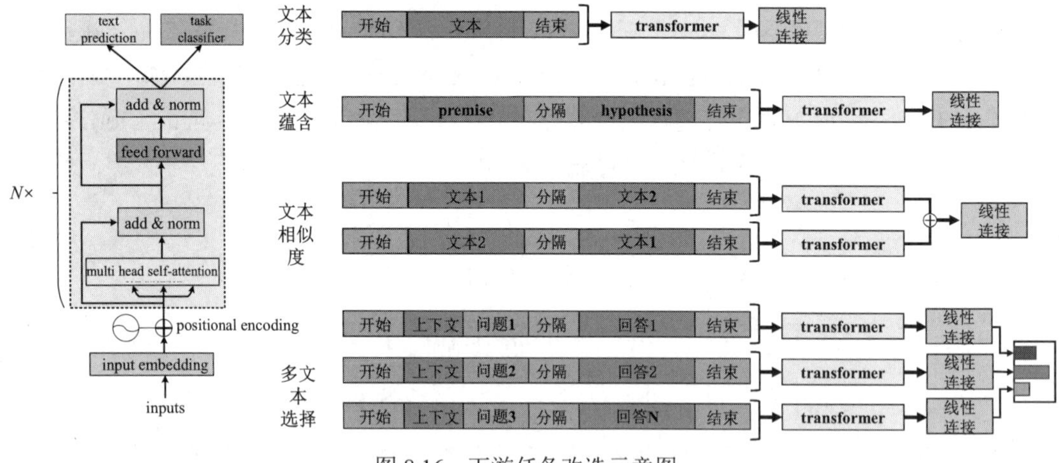

图 8.16　下游任务改造示意图

(1) 文本分类：对于分类问题，不需要进行太多修改，可直接交由 GPT 模型进行处理。

(2) 文本蕴含：对于蕴含任务，需要将前提(premise)序列和假设(hypothesis)序列连接

起来，中间用分隔符$进行分隔标记。

(3) 文本相似度：对于文本相似性的度量任务，事实上被比较的两个句子没有固有的顺序。为了反映这种特性，GPT 修改输入序列以包含两种可能的句子顺序(中间有一个分隔符)，并独立处理每个句子以产生两个序列表示，它们按元素对应位置相加后输入线性输出层。

(4) 多文本选择：对于 Q&A、文本推理等多文本选择任务，任务数据往往会包含上下文文档 z、对应问题 $\boldsymbol{q}$ 和若干个备选答案 $\{\boldsymbol{a}_k\}$ $(0<k\leqslant K$，K 为备选答案的文本个数)。

当用 GPT 处理这类问题时，可以将文档上下文、问题与每个可能的答案连接起来，在它们之间添加一个分隔符 $ 以获得形如 $[z;q;\$;a_k]$ 的输入数据。而后，GPT 模型独立处理这些序列，最后通过 softmax 层进行归一化，并产生可能的答案。

8.4.5 Bert 模型

Bert 的全称是 bidirectional encoder representation from transformers，即双向 transformer 的编码器，是 Google 于 2018 年提出的预训练模型。和其他相关算法相比，Bert 在机器阅读理解顶级水平测试 SQuAD1.1 中表现出色。此外，Bert 模型还在 11 种不同的自然语言处理任务测试中创出最佳成绩。Bert 模型结构及训练模式与 GPT 模型基本相似，主要不同点在于：①Bert 在预训练模型阶段采用了与 ELMo 相似的双向语言模型；②Bert 用于预训练的语料数据库规模更大。

和 GPT 一样，Bert 模型的训练也包括两个阶段：第一阶段，无监督预训练；第二阶段，有监督的模型微调。第一阶段 Bert 模型的预训练过程如图 8.17 所示。

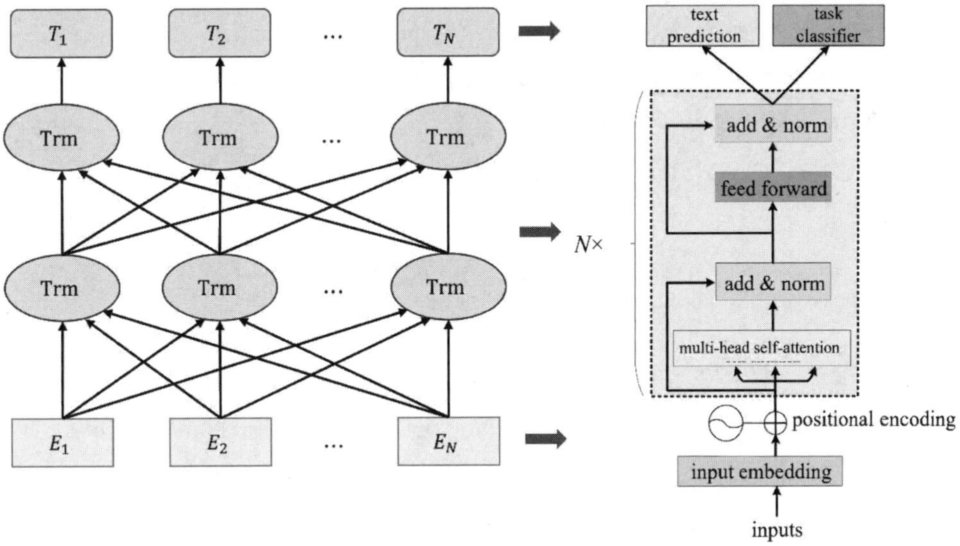

图 8.17 Bert 模型的预训练过程示意图

从图中可以看到，由于 Bert 在预训练模型阶段采用了双向语言模型，所以对应

transformer 直接使用了双向的多头 self-attention 结构。而 Bert 的模型微调阶段和 GPT 没有太大的区别，但因为采用了双向的 transformer 结构，所以并未像 GPT 模型一样在模型微调阶段使用语言模型损失函数来辅助训练。关于下游任务的改造方式请感兴趣的读者自行查阅，这里我们不再赘述。

相比于 ELMo、GPT 模型，Bert 模型的优势在于：①采用特征融合能力更强的双向 transformer 结构；②具有更强的捕捉长距离关联特征的能力，能够充分学习到词汇用法的复杂性及词汇的多义性。

本节我们整理回顾了自然语言处理问题研究中的一些关键技术和它们的发展历程。事实上，深度学习的相关技术发展日新月异，本书无法一一将它们展示给读者，请读者依据自己的研究方向和兴趣进行更深层次的学习。

习题 8

1. 简述 Transformer 中，编码器和解码器分别使用了哪些主要的子块。

2. 思考在 transformer 结构中为何要提前加入位置编码，在循环神经网络结构中却无此操作。

3. 请阐述使用多头注意力机制的优势。

4. 为什么 transformer 模块使用逐层归一化而不是批量归一化？

5. Transformer 与 RNN 相比，并行化能力更强，请问这体现在其对应结构的哪个方面？

6. 思考为什么计算机难以处理自然语言。

7. 简述 NLP 中，词的表示方式使用独热编码的不足之处。

8. 简述 CBOW 模型与 skip-gran 模型的特点与差异。

9. 给定 25 个字符组成的电文：DDDDAAABEEAAFCDAABCCCBADD。

(1) 画出相应的霍夫曼树。

(2) 列出 A，B，C，D，E，F 的霍夫曼编码。

第 9 章 图神经网络

从空间几何角度划分，数据类型可以分为两大类：欧几里得结构数据和非欧几里得结构数据。欧几里得结构数据是指能够被转换到欧几里得空间内的数据。它们具有平移不变性，如像语音、图像和视频等能表示成一个一维序列或一个二维网格的数据。非欧几里得结构数据是指不能够转换到欧几里得空间内的数据，它们不具有平移不变性，如三维流形、社交网络、生物网络和知识图谱等。非欧几里得结构数据又可以分为两类：图数据和流形数据。其中，图数据就是本章要介绍的重点。卷积神经网络等常见的深度学习模型在面对欧几里得结构数据时展现出了优异的性能，但在面对图等非欧几里得结构数据时表现欠佳。其主要原因在于：图数据结构复杂，且不具备平移不变性，因此无法利用卷积核等方式去提取其结构信息。在现实世界中，大部分数据属于非欧几里得结构数据，特别是图数据，它在现实世界中广泛存在。例如，宏观世界中的食物链网络、人与人之间的社交网络、遍布全球的通信网络，以及微观世界中的粒子网络、生物神经网络等。这些图结构的存在促使了图挖掘算法的诞生和快速演化。近年来，越来越多的针对图数据的深度学习方法被提出，这大大提高了我们对图数据的处理和信息挖掘能力。针对图数据的深度学习方法在我国也得到了良好的发展和应用。例如，在生物医疗领域中利用图神经网络研发药物分子及预测蛋白质分子结构；在交通领域中利用图神经网络学习自动驾驶系统所感知的3D点云数据及预测交通流量等。在我们的日常生活中，基于深度学习的图挖掘算法也随处可见。例如，手机应用软件常常利用图神经网络“捕获”用户的喜好并实现精准推荐；音乐平台常常使用图神经网络挖掘用户的特征、歌曲的特征及用户对歌曲的行为特征，实现针对用户的精准的音乐推荐。在交通出行上，我国滴滴出行相关技术中心提出了一种基于时空多图卷积神经网络的网约车需求量预测模型[74]，动态预测网约车需求量并指导车辆的调度。该算法极大地提高了车辆的利用率，减少了乘客的等待时间，在一定程度上缓解了交通拥堵状况。本章我们介绍图的基础知识及相关深度学习方法。

9.1 图的概述

图是一个具有广泛含义的对象。在数学中，图是图论的主要研究对象；在计算机工程领域，图是一种常见的数据结构；在数据科学领域中，图被广泛用来描述各类关系型数据。许多图学习的理论都专注在图数据相关的任务上。

9.1.1 图的基本定义

在数学上，由节点及连接节点的边所构成的非欧几里得结构数据被称为图。节点一般是指某个特定对象，如社交网络中的用户、生物神经网络中的神经元等。边表示两个对象之间的某种关联关系，如用户之间的社交关系，生物神经元之间的信号传递关系等。

图可以表示成节点和边的集合，记为$G=(V,E)$，其中$V=\{v_i \mid i \in 1,2,\cdots,n\}$是节点集合，$n$表示节点的个数；$E=\{e_{ij} \mid v_i,v_j \in V\}$或$E=\{(v_i,v_j) \mid v_i,v_j \in V\}$是边集合，表示连接节点$v_i$与节点$v_j$的边的集合。

以图 9.1 中的无向图为例，图中的节点的集合$V=\{v_1,v_2,v_3,v_4,v_5\}$，边的集合$E=\{e_{12},e_{13},e_{15},e_{24},e_{34},e_{45}\}$或$\{(v_1,v_2),(v_1,v_3),(v_1,v_5),(v_2,v_4),(v_3,v_4),(v_4,v_5)\}$。

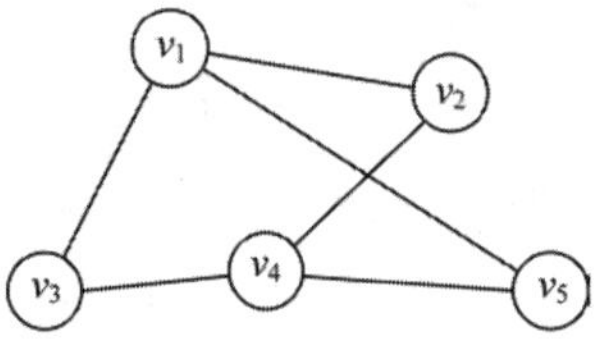

图 9.1　无向图示例

通过边直接相连接的两个节点互称为对方的相邻节点，每个节点的相邻节点的数量称为节点的度(degree)，记作$\deg(\cdot)$。在图 9.1 中，节点v_1的度表示为$\deg(v_1)=3$。

从节点v_i到节点v_j的路径是指从节点v_i到节点v_j所经过的边的序列。对应地，从节点v_i到节点v_j的距离为该序列所包含边的数量。例如，在图 9.1 中，从节点v_1到v_4的路径为$\{e_{12},e_{24}\}$，对应的距离为 2。

若图$G'=(V',E')$的节点集V'和边E'分别是另一个图$G=(V,E)$的节点集V和边E的子集，即$V' \subseteq V$且$E' \subseteq E$，则称图G'是图G的子图。

9.1.2 图的基本类型

1. 有向图与无向图

如果在一个图中，两个节点之间的边存在方向，则称这种边为有向边，记为

$e_{ij} =< v_i, v_j >$，其中 v_i 是有向边的起点，v_j 是有向边的终点。包含有向边的图叫作有向图，反之叫作无向图。无向图中的边的方向可以看作是对称的，即节点之间的关系是对等的，或者认为这条边同时包含两个方向：$e_{ij} =< v_i, v_j >=< v_j, v_i >= e_{ji}$。有向图与无向图的示例如图 9.2 所示。

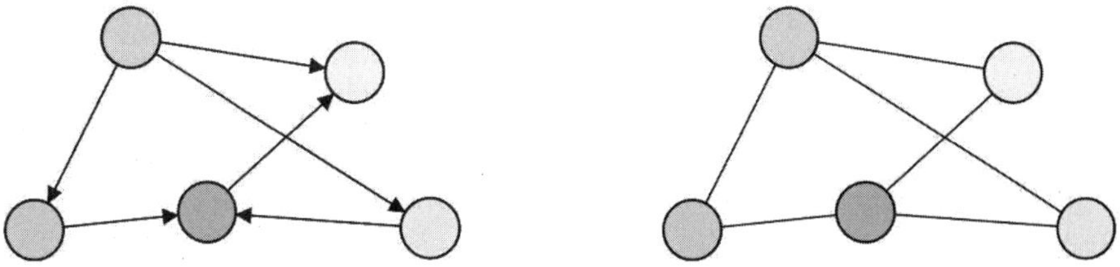

(a) 有向图　　(b) 无向图

图 9.2　有向图与无向图

2. 加权图与非加权图

如果图中的每条边都对应着一个实数，这样的图就称为加权图。如图 9.3 所示，每一条边都对应着一个实数，这个实数代表对应边的权重。边没有对应权重的图称为非加权图，我们可以认为非加权图各条边上的权重是相等的。在实际场景中，权重可以代表两地之间的路程或运输成本。一般情况下，我们习惯把权重抽象表示成两个节点之间的连接强度，边的权重越大表示两个节点之间的关系更紧密。

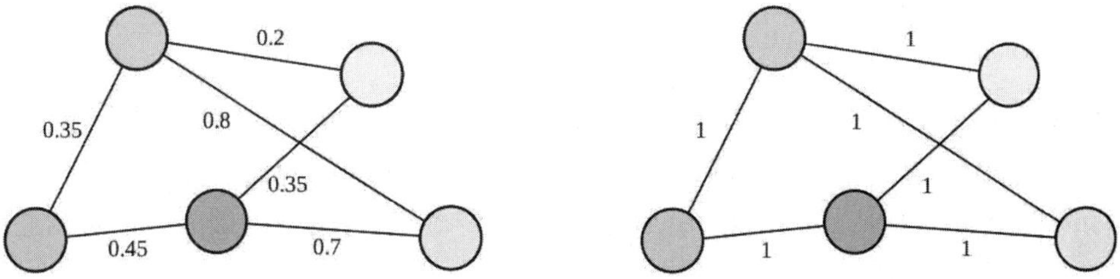

(a) 加权图　　(b) 非加权图

图 9.3　加权图与非加权图

3. 连通图与非连通图

图中任何两个节点之间都至少存在一条路径，这样的图叫作连通图，反之叫作非连通图。连通图与非连通图如图 9.4 所示。

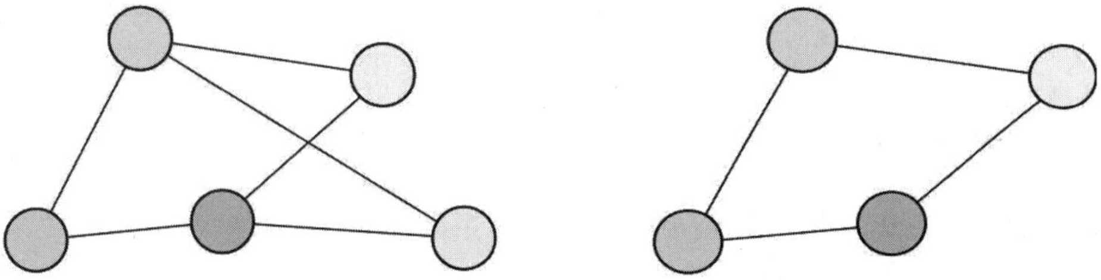

(a) 连通图　　(b) 非连通图

图 9.4　连通图与非连通图

4. 二部图

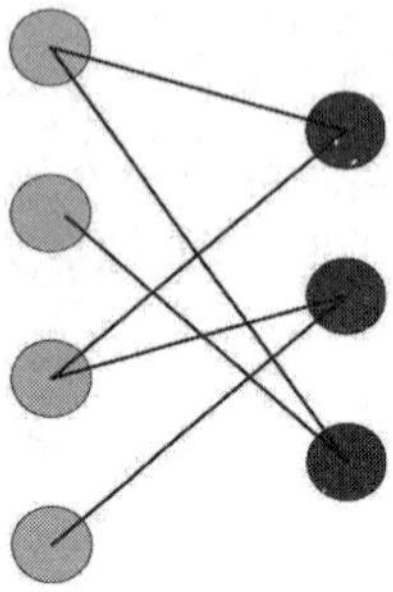

图 9.5　二部图

二部图是一类特殊的图。我们将 G 中的节点集合 V 拆分成两个子集 A 和 B，如果对于图中的任意一条边 e_{ij} 均有 $v_i \in A, v_j \in B$ 或 $v_i \in B, v_j \in A$，则称图 G 为二部图，如图 9.5 所示。二部图是一种十分常见的图数据对象，描述了两类对象之间的交互关系，如用户与商品、作者与论文。

9.1.3 图的存储

图作为一种常见的数据结构，在计算机中的存储方式有很多种。例如，我们可以用边列表(包含所有边的列表)来表示一张图；也可以用邻接表(无序列表的集合，每个列表描述与一个节点的所有相邻节点)来表示一张图。除此之外，我们还可以用邻接矩阵来表示一张图。接下来我们重点介绍邻接矩阵法。

邻接矩阵法将图的节点和边分别存储，利用一个一维数组存储节点集合，一个二维数组存储节点与节点之间的关系。邻接矩阵就是用来描述节点与节点之间关系的二维数组。以图 9.6 为例，设 $G=(V,E)$，我们用邻接矩阵 $\boldsymbol{A}$ 描述图中各节点之间的关联关系，$\boldsymbol{A} \in \mathbb{R}^{N\times N}$，其中 $N=|V|$，其定义如下

$$\boldsymbol{A}_{ij} = \begin{cases} 1, & \text{if } \mathrm{e}_{ij} \subseteq E, \\ 0, & \text{else.} \end{cases} \tag{9.1}$$

在实际应用中，图数据中节点之间的关系往往较为稀疏，也就是说邻接矩阵会出现大量的 0 值，因此在实际操作中可以考虑用稀疏矩阵的形式来存储邻接矩阵，这样可以降低邻接矩阵的空间复杂度。如图 9.7 所示为图 G 的邻接矩阵存储的一般表示。可以看出，无向图的邻接矩阵是沿主对角线对称的，即 $\boldsymbol{A}_{ij} = \boldsymbol{A}_{ji}$。

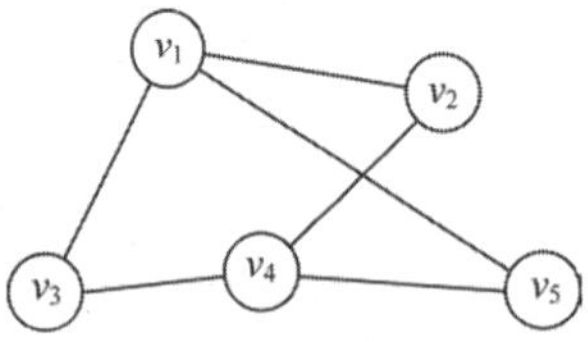

图 9.6　无向图示例

	v_1	v_2	v_3	v_4	v_5
v_1	0	1	1	0	1
v_2	1	0	0	1	0
v_3	1	0	0	1	0
v_4	0	1	1	0	1
v_5	1	0	0	1	0

图 9.7　图 G 的邻接矩阵

9.1.4 图的应用

图是一种重要的数据结构，常见的图数据有网页链接关系、社交网络、通信网络、

交通网络、分子网络等。对于互联网来说，可以把网页看作节点，页面之间的超链接关系作为边，这样整个互联网世界就构成了一张图；对于社交网络来说，可以把用户看作节点，用户之间建立的关系看作边，这样整个人类社会就构成了一张图；在线上交易中，将个人和商品看作节点，用户的购买、收藏、点击等行为看作边，这样整个线上交易世界也可以构成一张图。

图数据是一类比较复杂的数据类型，存在非常多的类别。这里我们主要介绍其中的 4 类：同构图(homogeneous graph)、异构图(heterogeneous graph)、属性图(property graph)和非显式图(graph constructed from non-relational data)。

(1) 同构图：同构图是指节点类型和边的类型都仅有一种的图。同构图是一种最简化的图数据类型，如社交网络中，节点的类型只有用户节点这一种，边的类型也只有“用户—用户”这一种，这类图数据的信息可以全部包含在邻接矩阵中。

(2) 异构图：与同构图相反，异构图是指图中存在两种以上节点类型或边的类型的图。在现实场景中，我们研究的图数据对象通常是多类型的，对象之间的交互关系也是多样化的。因此，异构图能够更好地贴近现实。

(3) 属性图：相较于异构图，属性图给图数据增加了额外的属性信息。对于一个属性图而言，节点和边都有标签(label)和属性(property)。标签指节点或边的类型，如某节点的类型为“用户”；属性是节点或边的附加描述信息，如“用户”节点可以有“姓名”“注册时间”“IP 地址”等属性。属性图是一种最常见的工业级图数据的表示方式，能够广泛适用于多种业务场景下的数据表达。

(4) 非显式图：当数据之间没有显式地定义出关系，需要依据某种规则或计算方式将数据的关系表达出来时，将数据当成一种图数据进行研究，进而有了非显式图的概念。例如，计算机 3D 视觉中的点云数据，如果我们将节点之间的空间距离转换成边，则点云数据就成了图数据。

图就在我们身边，遍布生活的方方面面，如社交网络、电信网络、生物、医药、营销、交通等，同时也影响着计算机科学的众多领域，如软件工程、集成电路设计和数据库等。

相应地，针对图数据的处理与分析的手段称为图计算。目前，很多互联网公司及人工智能领域的公司都开展了图计算相关的业务。接下来我们介绍几个图计算的应用场景。

1. 医疗行业的应用

图计算的兴起使智能诊断的水平大大提升。医生对患者开具处方时需要依据患者的病情特征并结合以往的健康情况，以及药物的相关情况。在过去对患者进行诊断时，医生大多数是依赖患者对自身病情的描述及医生的个人经验。传统的数据处理系统无法一次性调出多个与患者情况和药物情况相关的数据库，无法建立患者的健康状况关系网络，而图分析系统的出现能够很好地解决这一问题。

2. 金融行业的应用

在金融实体模型中，存在着很多不同类型的关系，以及数十亿的节点。有些关系是相对静态的，如企业之间的股权关系、个人客户之间的亲属关系等；有些关系则不断地发生动态变化，如转账关系、贸易关系等。这些静态或动态的关系背后隐藏着很多我们不知道的信息。在过去，在我们对某个金融业务场景进行数据分析和挖掘的过程中，通常都是从个体(如企业、个人、账户等)本身的角度出发，再去分析个体与个体之间的差异，很少从个体之间的关联关系角度去分析，这会忽略很多原本存在的客观因素，因此基于传统方法的分析结果往往无法满足业务需求。而图计算和基于图的认知分析正好在这方面弥补了传统分析技术的不足，帮助我们从实体和实体之间的经济行为关系角度出发来分析和解决问题。

3. 互联网行业的应用

目前图计算在互联网公司主要应用在广告、推荐系统等相关业务中。在广告业务的应用分析、效果分析、定向优化和推荐系统的个性化推荐、热点点击分析等业务场景中经常能看到图数据的身影。因此，图计算模型在互联网公司是非常流行的，它为很多实际问题提供了直接有效的解决方法。近年来，随着大数据时代的来临和计算机算力的提升，超大规模图计算在互联网科技公司发挥着越来越重要的作用。其中，以深度学习和图计算结合的大规模图表征为代表的系列算法更是学术界和业界追捧的热点。

9.2 图信号处理

图计算的重要目的是提取图的拓扑结构和其他空间特征，这通常可以基于两类方式来实现：空间域的特征提取方法和谱域的特征提取方法。空间域方法是直接对图的空间拓扑结构进行信息挖掘和处理的方法的总称；谱域方法是利用谱图理论将空间域内的图信息转换到谱域(频域)后进行信息挖掘和相关操作的方法。前者由于需要对节点进行逐一处理，在处理结构复杂的图数据时局限性较大；后者则将图数据问题转换到谱域进行分析，大大简化了问题的复杂度，因此也成为图深度学习的一个重要基础。将图数据从空间域转换到谱域需要使用图信号处理的相关理论，本节对图信号处理进行介绍。

图信号处理(graph signal processing，GSP)是离散信号处理(discrete signal processing，DSP)理论在图信号领域的应用。通过对傅里叶变换、滤波等信号处理基本概念的迁移，该应用可实现对图信号的压缩、变换、重构等基础任务。理解图信号处理有助于了解图深度学习的演变。

9.2.1 图的拉普拉斯矩阵

图的拉普拉斯矩阵(Laplacian matrix)是研究图的结构性质的一个非常核心的研究对象。假设有一个无向加权图 $G=(V,E)$，图 G 的度矩阵 $\boldsymbol{D}$ 定义如下

$$\boldsymbol{D}_{ij}=\begin{cases}\deg(v_i), & \text{if } i=j,\\ 0, & \text{else.}\end{cases} \tag{9.2}$$

显然，图的度矩阵 $\boldsymbol{D}$ 是一个对角矩阵，对角线上的元素对应各节点的度。图 G 的拉普拉斯矩阵的定义如下

$$\boldsymbol{L}=\boldsymbol{D}-\boldsymbol{A}, \tag{9.3}$$

其中，$\boldsymbol{A}$ 为图的邻接矩阵。例如，图 9.6 中的图 G 的拉普拉斯矩阵 $\boldsymbol{L}_G$ 为

$$\boldsymbol{L}_G=\boldsymbol{D}_G-\boldsymbol{A}_G=\begin{bmatrix}3&0&0&0&0\\0&2&0&0&0\\0&0&2&0&0\\0&0&0&3&0\\0&0&0&0&2\end{bmatrix}-\begin{bmatrix}0&1&1&0&1\\1&0&0&1&0\\1&0&0&1&0\\0&1&1&0&1\\1&0&0&1&0\end{bmatrix}=\begin{bmatrix}3&-1&-1&0&-1\\-1&2&0&-1&0\\-1&0&2&-1&0\\0&-1&-1&3&-1\\-1&0&0&-1&2\end{bmatrix}. \tag{9.4}$$

一般而言，拉普拉斯矩阵的元素值定义如下

$$\boldsymbol{L}_{ij}=\begin{cases}\deg(v_i), & \text{if } i=j,\\ -1, & \text{if } e_{ij}\in\boldsymbol{E},\\ 0, & \text{else.}\end{cases} \tag{9.5}$$

显然，对于无向加权图来说，拉普拉斯矩阵是对称矩阵。

另一种拉普拉斯矩阵表达方式为正则化的拉普拉斯矩阵(symmetric normalized Laplacian)，其定义如下

$$\boldsymbol{L}_{\text{sym}}=\boldsymbol{D}^{-1/2}\boldsymbol{L}\boldsymbol{D}^{-1/2}. \tag{9.6}$$

这也是一种较为常见的拉普拉斯矩阵形式。其元素值定义如下

$$\boldsymbol{L}_{\text{sym}}=[i,j]=\begin{cases}1, & \text{if } i=j,\\ -\dfrac{1}{\sqrt{\deg(v_i)\deg(v_j)}}, & \text{if } e_{ij}\in E,\\ 0, & \text{else.}\end{cases} \tag{9.7}$$

拉普拉斯矩阵的定义来源于拉普拉斯算子，之所以使用拉普拉斯矩阵来研究图的结构性，主要是因为拉普拉斯矩阵是对称矩阵，能够进行特征分解(谱分解)，便于从谱域的角度来研究图。并且拉普拉斯矩阵只在中心节点和一阶相邻节点的对应位置上有非零元素，其余之处均为零值。

接下来，我们将介绍拉普拉斯矩阵的谱分解过程。矩阵的谱分解、特征分解、对角化是同一概念。根据矩阵论知识可知，不是所有的矩阵都可以进行谱分解。矩阵能进行谱分解的充要条件为 N 阶方阵存在 N 个线性无关的特征向量。根据拉普拉斯矩阵的定义可知，拉普拉斯矩阵是一个半正定对称矩阵，具备如下 3 个性质：

(1) 实对称矩阵一定存在 N 个线性无关的特征向量；

(2) 半正定矩阵的特征值一定非负；

(3) 实对称矩阵属于不同特征值的特征向量相互正交，所以特征向量组成的矩阵为正交矩阵。

因此拉普拉斯矩阵可以进行谱分解。拉普拉斯矩阵的谱分解为

$$\boldsymbol{L}=\boldsymbol{U}\boldsymbol{\Lambda}\boldsymbol{U}^{-1}, \tag{9.8}$$

其中，$\boldsymbol{U}=(\boldsymbol{u}_1,\boldsymbol{u}_2,\cdots,\boldsymbol{u}_N)$ 是以拉普拉斯矩阵 $\boldsymbol{L}$ 的 N 个特征向量构成的正交矩阵，$\boldsymbol{\Lambda}=\begin{bmatrix}\lambda_1 & & \\ & \ddots & \\ & & \lambda_N\end{bmatrix}$ 是 N 个特征值构成的对角矩阵。由于 $\boldsymbol{U}$ 是正交矩阵，即 $\boldsymbol{U}\boldsymbol{U}^{\top}=\boldsymbol{E}$，所以谱分解又可以写为

$$\boldsymbol{L}=\boldsymbol{U}\boldsymbol{\Lambda}\boldsymbol{U}^{\top}. \tag{9.9}$$

了解拉普拉斯矩阵的谱分解有助于我们理解图的傅里叶变换(graph Fourier transform，GFT)。

9.2.2 图的傅里叶变换

在传统的信号处理中，我们不仅可以在时域内分析研究信号的相关属性，还可以将其转换到频域内进行研究，而沟通时域与频域的工具就是傅里叶变换。传统的傅里叶变换可以表示为

$$F(w)=\mathcal{F}(x)=\int_{-\infty}^{+\infty}f(x)\mathrm{e}^{-2\pi iwx}\mathrm{d}x. \tag{9.10}$$

从形式上来看，经过傅里叶变换后频域的输出值 $F(w)$ 是 $f(x)$ 与基函数 $\mathrm{e}^{-2\pi iwx}$ 乘积的积分，但本质上来说这相当于将 $f(x)$ 映射到以 $\mathrm{e}^{-2\pi iwx}$ 为基向量的空间中。在处理图问题时，我们也希望能够将其从空间域转换到谱域中，因此需要进行图的傅里叶变换。和传统信号处理的傅里叶变换相似，图的傅里叶变换的本质也是找到一组谱域的基向量，而后将原始的图数据映射到这组基向量构成的空间中。而对拉普拉斯矩阵进行谱分解后得到的特征向量恰好是这样一组所需要的基向量。假定 $\boldsymbol{L}$ 是图 G 的拉普拉斯矩阵，$\boldsymbol{u}_i\left(\forall i\in[1,2,\cdots,N]\right)$ 是 $\boldsymbol{L}$ 的特征向量，那么 $\boldsymbol{L}$ 和 $\boldsymbol{u}_i$ 一定满足下式

$$\boldsymbol{L}\boldsymbol{u}_i=\lambda_i\boldsymbol{u}_i, \tag{9.11}$$

其中，λ_i 为特征向量 $\boldsymbol{u}_i$ 对应的特征值。

在传统的信号处理中，sin 和 cos 可以共同构成一个完备正交函数集，因此理论上基于它们的线性组合可以表示出任何一个信号。相应地，对于图上的任意信号，我们也可以将其表示成若干个正交基函数的线性组合。由上文可知，拉普拉斯矩阵的特征向量就是一组正交基，所以我们可以利用这组正交基作为图傅里叶变换的基函数，对图上的任意信号值进行线性表示。设 $\boldsymbol{x}$ 是图上的 N 维信号，$\boldsymbol{x}=[x(1),x(2),\cdots,x(N)]^{\top}$，

$x(j)(\forall j \in [1,2,\cdots,N])$ 对应图上的 N 个节点的值，那么 $\boldsymbol{x}$ 可以被表示为

$$\boldsymbol{x} = \hat{x}(\lambda_1)\boldsymbol{u}_1 + \hat{x}(\lambda_2)\boldsymbol{u}_2 + \cdots + \hat{x}(\lambda_N)\boldsymbol{u}_N,. \tag{9.12}$$

其中，$\hat{x}(\lambda_i)(\forall i \in [1,2,\cdots,N])$ 是基函数 $(\boldsymbol{u}_1,\boldsymbol{u}_2,\cdots,\boldsymbol{u}_N)$ 的系数，也就是傅里叶系数。

接下来我们通过推导图的傅里叶变换来求出傅里叶系数。首先将式(9.12)写成矩阵形式

$$\begin{bmatrix} x(1) \\ x(2) \\ \vdots \\ x(N) \end{bmatrix} = \begin{bmatrix} u_{11} & u_{21} & \dots & u_{N1} \\ u_{12} & u_{22} & \dots & u_{N2} \\ \vdots & \vdots & & \vdots \\ u_{1N} & u_{2N} & \dots & u_{NN} \end{bmatrix} \begin{bmatrix} \hat{x}(\lambda_1) \\ \hat{x}(\lambda_2) \\ \vdots \\ \hat{x}(\lambda_N) \end{bmatrix}. \tag{9.13}$$

将式(9.12)用矩阵形式表示如下

$$\boldsymbol{x} = \boldsymbol{U}\hat{\boldsymbol{x}}, \tag{9.14}$$

其中，$\boldsymbol{U}$ 的定义与式(9.9)中的定义相同，$\hat{\boldsymbol{x}}$ 表示 $\boldsymbol{x}$ 的傅里叶变换，即 $\mathcal{F}(\boldsymbol{x}) = \hat{\boldsymbol{x}}$。利用矩阵乘法及正交矩阵的性质，可以得到

$$\hat{\boldsymbol{x}} = \boldsymbol{U}^{\top}\boldsymbol{x}. \tag{9.15}$$

将式(9.15)展开，可以得到

$$\begin{bmatrix} \hat{\boldsymbol{x}}(\lambda_1) \\ \hat{\boldsymbol{x}}(\lambda_2) \\ \vdots \\ \hat{\boldsymbol{x}}(\lambda_N) \end{bmatrix} = \begin{bmatrix} u_{11} & u_{12} & \dots & u_{1N} \\ u_{21} & u_{22} & \dots & u_{2N} \\ \vdots & \vdots & & \vdots \\ u_{N1} & u_{N2} & \dots & u_{NN} \end{bmatrix} \begin{bmatrix} x(1) \\ x(2) \\ \vdots \\ x(N) \end{bmatrix}. \tag{9.16}$$

等价于

$$\hat{x}(\lambda_i) = \sum_{N}^{j=1} x(j)u_{ij}. \tag{9.17}$$

式(9.17)就是图的傅里叶变换公式。由傅里叶变换公式也可以看出，特征值(频率) λ_i 下的 $\boldsymbol{x}$ 的图傅里叶变换就是与 λ_i 对应的特征向量 $\boldsymbol{u}_i$ 进行内积运算。

另外，根据式(9.12)可以得到图的傅里叶逆变换公式

$$x(j) = \sum_{N}^{i=1} \hat{x}(\lambda_i)u_{ij} \tag{9.18}$$

有了上述基础之后，我们依据卷积定理，就可以将卷积运算推广到图上。卷积定理的具体定义如下。

定理 9.1 (卷积定理)

函数卷积的傅里叶变换是函数傅里叶变换的乘积，即对于函数 $f_1(x)$ 与 $f_2(x)$，对应的傅里叶变换为 $\mathcal{F}(f_1(x))$ 和 $\mathcal{F}(f_2(x))$，两者的卷积是其函数傅里叶变换乘积的逆变换

$$f_1(x) * f_2(x) = \mathcal{F}^{-1}\left(\mathcal{F}\left(f_1(x)\mathcal{F}\left(f_2(x)\right)\right)\right), \tag{9.19}$$

其中，“*”表示卷积操作，$\mathcal{F}^{-1}(\cdot)$ 表示傅里叶逆变换。

类比到图上，图上的N维向量$\boldsymbol{x}=[x(1),x(2),x(3),\cdots,x(N)]$与卷积核$\boldsymbol{h}=[h(1),h(2),h(3),\cdots,h(N)]$的卷积可按下列步骤求出。

(1) 根据图的傅里叶变换公式的矩阵形式即式(9.15)，可以得到

$$\hat{\boldsymbol{x}}=\mathcal{F}(\boldsymbol{x})=\boldsymbol{U}^\top\boldsymbol{x},$$
$$\hat{\boldsymbol{h}}=\mathcal{F}(\boldsymbol{h})=\boldsymbol{U}^\top\boldsymbol{h}.$$

于是图上向量$\boldsymbol{x}$和卷积核$\boldsymbol{h}$的傅里叶变换的乘积为

$$\hat{\boldsymbol{x}}\odot\hat{\boldsymbol{h}}=\boldsymbol{U}^\top\boldsymbol{x}\odot\boldsymbol{U}^\top\boldsymbol{h}, \tag{9.20}$$

其中，“$\odot$”为哈达玛积(Hadamard product)，表示对两个相同维度的向量或矩阵进行对应位置元素的相乘运算。

(2) 根据卷积定理可知，两个函数的卷积结果是函数傅里叶变换乘积的逆变换。根据图的傅里叶逆变换公式(9.14)，求得两者傅里叶变换乘积的逆变换，从而即可获得$\boldsymbol{x}$和$\boldsymbol{h}$的卷积结果

$$\left(\boldsymbol{x}^*\boldsymbol{h}\right)_G=\mathcal{F}^{-1}(\hat{\boldsymbol{x}}\odot\hat{\boldsymbol{h}})=\boldsymbol{U}\left(\boldsymbol{U}^\top\boldsymbol{x}\odot\boldsymbol{U}^\top\boldsymbol{h}\right). \tag{9.21}$$

可以知道，卷积核$\boldsymbol{h}$的傅里叶变换$\hat{\boldsymbol{h}}=\hat{h}(\lambda_1),\hat{h}(\lambda_2),\cdots,\hat{h}(\lambda_N)^\top\in\mathbb{R}^N$，其中$\hat{h}(\lambda_i)=\sum_{j=1}^{N}h(j)u_{ij}(\forall i\in[1,\cdots,N])$是在特征值$\lambda_i$下$\boldsymbol{h}$在图上的傅里叶变换，$u_{ij}$为对应的图拉普拉斯矩阵的第$i$个特征向量的第$j$个分量。为了便于表示，我们将卷积核$\boldsymbol{h}$的傅里叶变换$\boldsymbol{h}$写成对角矩阵的形式

$$diag(\hat{\boldsymbol{h}})=diag\left(\boldsymbol{U}^\top\boldsymbol{h}\right)=\begin{bmatrix}\hat{h}(\lambda_1) & & \\ & \ddots & \\ & & \hat{h}(\lambda_N)\end{bmatrix}. \tag{9.22}$$

那么图上的卷积公式(9.21)可以改写为

$$\left(\boldsymbol{x}^*\boldsymbol{h}\right)_G=\boldsymbol{U}\begin{bmatrix}\hat{h}(\lambda_1) & & \\ & \ddots & \\ & & \hat{h}(\lambda_N)\end{bmatrix}\boldsymbol{U}^\top\boldsymbol{x}=\boldsymbol{U}diag(\hat{\boldsymbol{h}})\boldsymbol{U}^\top\boldsymbol{x}. \tag{9.23}$$

9.3 图卷积网络

图卷积网络就是在式(9.23)的基础上不断演化推进的。下面我们一起来看一下具体的算法演化过程。

9.3.1 图卷积网络的演化

基于图卷积公式，最早期的图卷积网络模型(graph convolutional network，GCN)对 $\mathrm{diag}(\hat{\boldsymbol{h}})$ 进行参数化，用对角化的模型参数 $\mathrm{diag}(\boldsymbol{\theta})$ 代替 $\mathrm{diag}(\hat{\boldsymbol{h}})$，其表达式如下

$$\boldsymbol{y}_{\text{output}} = \sigma\left(\boldsymbol{U}\ \mathrm{diag}(\boldsymbol{\theta})\boldsymbol{U}^{\top}\boldsymbol{x}\right), \tag{9.24}$$

其中，$\sigma(\cdot)$ 是激活函数，$\mathrm{diag}(\boldsymbol{\theta}) = \begin{bmatrix} \theta_1 & & \\ & \ddots & \\ & & \theta_N \end{bmatrix}$ 是模型需要学习的参数。

式(9.24)就是标准的第一代 GCN 的一个层，通过初始化赋值然后利用误差反向传播进行调整，$\boldsymbol{x} \in \mathbb{R}^N$ 是图的特征向量，对应图上的 N 个节点值。然而，第一代 GCN 在参数方法上存在着一些弊端。例如，算法运行前需要对拉普拉斯矩阵进行特征值分解，每一次前向传播都要计算 $\boldsymbol{U}, \mathrm{diag}(\boldsymbol{\theta})$ 和 $\boldsymbol{U}^{\top}$ 三者的矩阵乘积，特别是对于大规模的图数据，上述过程将会带来巨大的计算资源消耗；模型学习的参数数量需要与图上节点的数量一致，而在实际应用中 N 值可能很大；算子 $\boldsymbol{U}\mathrm{diag}(\boldsymbol{\theta})\boldsymbol{U}^{\top}$ 计算后往往得到一个稠密矩阵，因此输出 $\boldsymbol{y}_{output}$ 的任意元素的计算可能和图中的所有节点相关，也就是说这种计算方式在空间域是全局化的，而事实上在许多图中相隔较远的节点间的影响几乎可以忽略不计。

为了解决上述缺点，在第二代 GCN[75]中，把 $\hat{h}(\lambda_i)$ 巧妙地设计成了 $\sum_{k=0}^{K} \alpha_k \lambda_1^k$，改进后的表达式为

$$\boldsymbol{y}_{\text{output}} = \sigma\left(\boldsymbol{U}\begin{bmatrix} \sum_{k=0}^{K} \alpha_k \lambda_1^k & & \\ & \ddots & \\ & & \sum_{k=0}^{K} \alpha_k \lambda_N^k \end{bmatrix}\boldsymbol{U}^{\top}\boldsymbol{x}\right). \tag{9.25}$$

由于

$$\begin{bmatrix} \sum_{k=0}^{K} \alpha_k \lambda_1^k & & \\ & \ddots & \\ & & \sum_{k=0}^{K} \alpha_k \lambda_N^k \end{bmatrix} = \sum_{k=0}^{K} \alpha_k \boldsymbol{\Lambda}^k, \tag{9.26}$$

其中，$\boldsymbol{\Lambda}^k$ 是由特征系数构成的对角矩阵，即 $\boldsymbol{\Lambda}^k = \begin{bmatrix} \lambda_1^k & & \\ & \ddots & \\ & & \lambda_N^k \end{bmatrix}$。进而可以推导得到

$$\boldsymbol{U}\sum_{k=0}^{K}\alpha_k\boldsymbol{\Lambda}^k\boldsymbol{U}^\top=\sum_{k=0}^{K}\alpha_k\boldsymbol{U}\boldsymbol{\Lambda}^k\boldsymbol{U}^\top=\sum_{k=0}^{K}a_k\boldsymbol{L}^k, \tag{9.27}$$

于是，式(9.25)就变成了

$$\boldsymbol{y}_{\text{output}}=\sigma\left(\sum_{k=0}^{K}\alpha_k\boldsymbol{L}^k\boldsymbol{x}\right), \tag{9.28}$$

其中，$(\alpha_0,\alpha_1,\cdots,\alpha_K)$ 是任意的参数，通过初始化赋值然后利用误差反向传播进行调整；当节点 v_i 和节点 v_j 之间的最短路径 $\text{dist}(v_i,v_i)>k$ 时，拉普拉斯矩阵 k 次幂的 i,j 项 $\boldsymbol{L}_{i,j}^k=0$ (这里忽略相应的证明，请感兴趣的读者自行查阅)。

式(9.28)设计的卷积核具备以下几个优点。

(1) 一般 K 的值要远小于 N，所以模型的复杂度被大大降低。

(2) 该方法可以直接用拉普拉斯矩阵 $\boldsymbol{L}$ 进行相关计算，不需要做特征分解。然而由于要计算拉普拉斯矩阵 $\boldsymbol{L}^k$，所以计算复杂度仍然是 $O(N^3)$。

(3) 卷积核具有很好的空间定位(spatial localization)能力。特别地，K 就是卷积核的感受域(receptive field)，也就是说，每次卷积操作会将中心节点的 K 阶邻居节点(K-hop neighbor)上的特征进行加权求和，加权系数就是 α_K。

为了直观感受不同 K 值下图卷积的情况，我们给出了图 9.8 所示 $K=1$ 和图 9.9 所示 $K=2$ 时的图卷积。

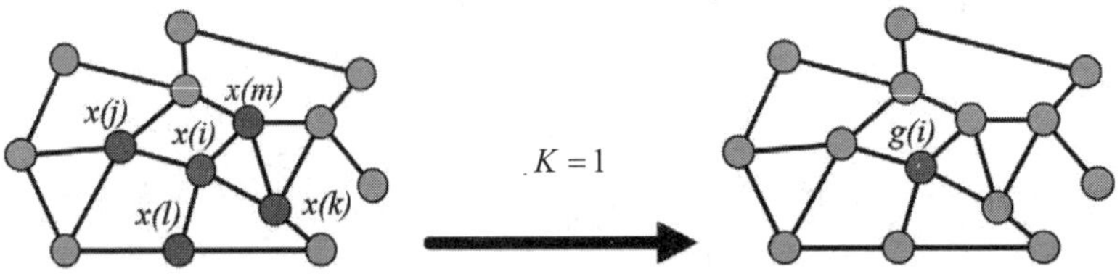

图 9.8　K=1 时的图卷积

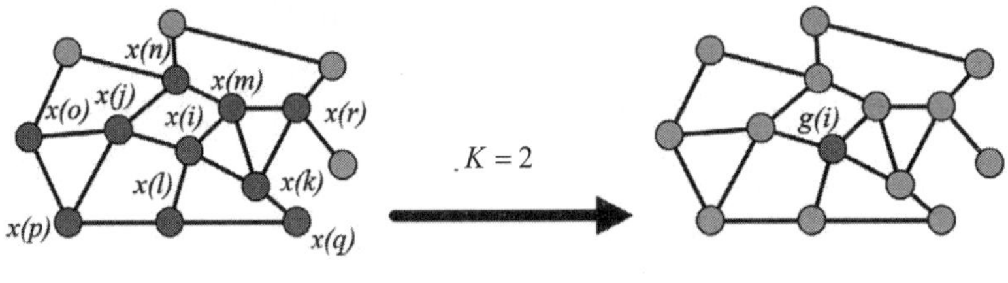

图 9.9　K=2 时的图卷积

9.3.2　一般图卷积网络

前述内容已经基本阐明了 GCN 的整体思路，但由于这些 GCN 方法对矩阵特征分解比较依赖，从而给计算带来了极高的复杂度。为了解决这个问题，在文章 *Semi-Supervised Classification with Graph Convolutional Networks* 中，作者对式(9.28)进行了限制，设 $K=1$，则有

$$\boldsymbol{y}_{\text{output}} = \sigma\left(\alpha_0 \boldsymbol{x} + \alpha_1 \boldsymbol{L}\boldsymbol{x}\right). \tag{9.29}$$

令 $\alpha_0 = \alpha_1 = \alpha$，则

$$\boldsymbol{y}_{\text{output}} = \sigma\left(\alpha\left(\boldsymbol{I}+\boldsymbol{L}\right)\boldsymbol{x}\right) = \sigma\left(\alpha\tilde{\boldsymbol{L}}\boldsymbol{x}\right). \tag{9.30}$$

需要注意的是，这里 α 是一个标量，相当于对 $\tilde{\boldsymbol{L}}$ 的频率响应函数做了一个尺度变换，通常这种尺度变换在神经网络模型中会被归一化操作所替代，因此，这个参数是非必要的，可视为 $\alpha=1$，于是我们得到一个固定的图滤波器 $\tilde{\boldsymbol{L}}$。

为了加强网络学习时的数值稳定性，作者仿照正则化拉普拉斯矩阵，对 $\hat{\boldsymbol{L}}$ 也做了归一化处理。令

$$\tilde{\boldsymbol{L}}_{\text{sym}} = \tilde{\boldsymbol{D}}^{-1/2}\tilde{\boldsymbol{A}}\tilde{\boldsymbol{D}}^{-1/2}. \tag{9.31}$$

$$\tilde{\boldsymbol{A}} = \boldsymbol{A} + \boldsymbol{I}. \tag{9.32}$$

$$\tilde{\boldsymbol{D}}_{ii} = \sum\nolimits_j \tilde{\boldsymbol{A}}_{ij}. \tag{9.33}$$

这里的 $\tilde{\boldsymbol{L}}_{\text{sym}}$ 称为重归一化形式的拉普拉斯矩阵，其特征值范围为 $[-1,1]$，这样就能够有效地防止多层网络优化时出现的梯度爆炸或梯度消失的现象。

为了增加其通用性，可以将 $\boldsymbol{x}$ 改为更加一般化的包含 C 个通道的信号矩阵 $\boldsymbol{X} \in \mathbb{R}^{N\times C}$。为了加强网络的拟合能力，作者设计了一个参数化的权重矩阵 $\boldsymbol{W} \in \mathbb{R}^{C\times F}$ 对输入的图信号矩阵进行仿射变换，于是得到

$$\boldsymbol{Y} = \sigma\left(\tilde{\boldsymbol{L}}_{\text{sym}}\boldsymbol{X}\boldsymbol{W}\right), \tag{9.34}$$

其中，输出 $\boldsymbol{Y} \in \mathbb{R}^{N\times F}$。

一般地，我们称式(9.34)为图卷积层(**GCN Layer**)，以此为主体堆叠多层的神经网络模型称为图卷积网络(**GCN**)。

图卷积层是对频率响应函数拟合形式上的极大简化，最后相应的图滤波器退化成了 $\tilde{\boldsymbol{L}}_{\text{sym}}$，图卷积操作变成了 $\tilde{\boldsymbol{L}}_{\text{sym}}\boldsymbol{X}$。如果将 $\boldsymbol{X}$ 由信号矩阵的角色切换为特征矩阵，由于 $\tilde{\boldsymbol{L}}_{\text{sym}}$ 是一个图位移算子，依据矩阵乘法的行向量视角，$\tilde{\boldsymbol{L}}_{\text{sym}}\boldsymbol{X}$ 的计算等价于对邻居节点的特征向量进行求和，于是图卷积层在节点层面的计算公式如下

$$\boldsymbol{y}_i^{\top} = \sigma\left(\tilde{\boldsymbol{l}}_i^{\top}\boldsymbol{X}\boldsymbol{W}\right), \tag{9.35}$$

其中，$\boldsymbol{y}_i^{\top} \in \mathbb{R}^{1\times F}$ 表示节点 v_i 的输出值，$\tilde{\boldsymbol{l}}_i$ 表示于 $\tilde{\boldsymbol{L}}_{\text{sym}}$ 的第 i 行，而 $\tilde{\boldsymbol{l}}_i^{\top}\boldsymbol{X}\boldsymbol{W}$ 实际上可以看作对节点 v_i 的一阶邻居节点的特征向量的加权求和。在实际操作中，$\tilde{\boldsymbol{L}}_{\text{sym}}$ 可以用稀疏矩阵来表示，这可以进一步降低图卷积层的计算复杂度。在实际任务中，图滤波器的有效性可由以下两点进行说明。

(1) $\tilde{\boldsymbol{L}}_{\text{sym}}$ 本身所具有的滤波特性比较符合真实数据的固有性质，能对数据实现高效的滤波操作。

(2) 这种通过简化单层网络的学习能力、增加网络深度来提升模型表达能力的做法与CNN 模型的策略相似，在某种程度上，可以达到高阶多项式频率响应函数的滤波能力，并表现出了极强的工程优越性。事实证明，这种设计所带来的优越性也在GCN 后续的多篇相关论文中得到了充分展示，以GCN 为代表的模型成为各类图数据学习任务的常见选择。

9.4 空间域图神经网络

作为深度学习与图数据结合的代表性方法，GCN 的出现掀起了将神经网络技术应用于图数据的热潮。为了给出一个涵盖范围更为广泛的统一定义，一般业界习惯将这类方法统称为图神经网络(graph neural network，GNN)。9.3 节介绍了频域视角下的图卷积神经网络GNN，除了这类频域视角GNN，还可以从空间域视角设计GNN。相比于频域方法，空间域方法更契合人们的直观理解，空间域视角下的 GNN 本质上是一个迭代式地聚合邻居信息的过程，图中的每个节点由于受到邻居和更远节点的影响而时刻改变着状态直到稳定。相比于远距离的点，关系更亲近的邻居节点对其影响更大，因此邻居节点可能会流动和传播更重要的特征与信息。基于这种理解，许多空间域 GNN 通用框架相继被提出，这些框架更加统一地展示了GNN 的一般表达式，为GNN 的设计提供了统一的范式。本节介绍 GNN 的通用框架，以及几种经典的空间域 GNN 变体模型。

9.4.1 GNN 的通用框架

在讨论图神经网络的不同变体之前，先来了解 GNN 的一般范式框架。消息传递神经网络(message passing neural networks，MPNN)从信息聚合和更新的角度总结了 GNN 模型，而非局部神经网络(non-local neural networks，NLNN)是对基于注意力机制的 GNN 模型的更为一般化的总结。在上述两种框架的基础上，图网络(graph network，GN)结合了MPNN 和 NLNN 两种框架，实现了对 GNN 模型更全面的总结。

1. 消息传递神经网络

消息传递神经网络(MPNN)是应用于图上的一种通用监督学习框架。MPNN 的训练包括两个阶段：消息聚合(aggregate)阶段和图模型消息的整合读出(readout)阶段。本节以6个节点为例介绍 MPNN 的基本原理，具体的原理如图 9.10 所示。

从图 9.10 中可以看到，每个节点和边都有对应的隐藏状态(也可称为特征向量)。在第一个阶段(aggregate)，MPNN 通过聚合当前节点和自身相邻节点与边的隐藏状态来获得消息，并使用获得的消息和当前节点在上一时刻的隐藏状态来更新当前节点的隐藏状态。这样在进行更新后各节点的隐藏状态由$\left\{\boldsymbol{h}_0^{t-1},\boldsymbol{h}_1^{t-1},\cdots,\boldsymbol{h}_5^{t-1}\right\}$转变为$\left\{\boldsymbol{h}_0^{t},\boldsymbol{h}_1^{t},\cdots,\boldsymbol{h}_5^{t}\right\}$。重复上述过程，就可以得到每次消息传递聚合后各节点的隐藏状态。在第二个阶段(readout)，MPNN 将每次消息传递聚合后各节点的隐藏状态求和后再求平均，作为当前时刻图网络整体的输出信号，而后将各时刻的输出信号进行加权求和，给出模型对图网络信息的整体向量表征 $\boldsymbol{h}_G$。

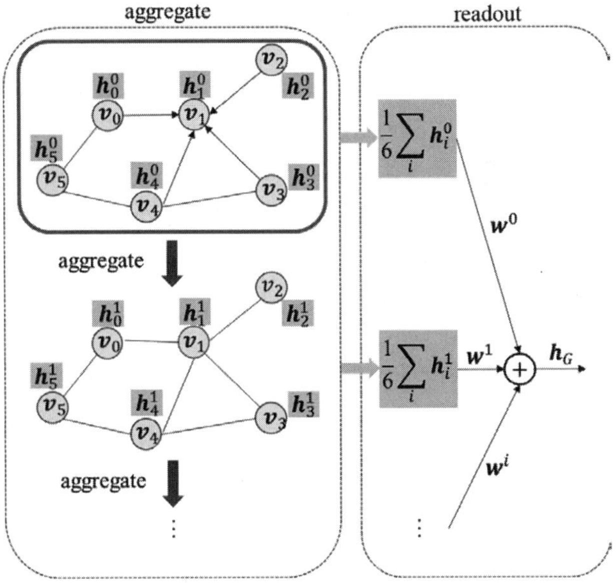

图 9.10 MPNN 的原理

具体而言，在第一阶段中，相应消息的聚合与状态更新公式如下

$$\boldsymbol{m}_i^{(k+1)} = \sum_{v_j \in N(v_i)} M^{(k)}\left(\boldsymbol{h}_i^{(k)}, \boldsymbol{h}_j^{(k)}, \boldsymbol{e}_{ij}\right), \tag{9.36}$$

$$\boldsymbol{h}_i^{(k+1)} = U^{(k)}\left(\boldsymbol{h}_i^{(k)}, \boldsymbol{m}_i^{(k+1)}\right), \tag{9.37}$$

其中，$\boldsymbol{e}_{ij}$ 表示从节点 v_i 到节点 v_j 的边 $<v_i, v_j>$ 对应的特征向量，M 表示消息函数(message)，U 表示更新函数(update)，k 表示层数即探索深度，$N(v_i)$ 为节点 v_i 的邻居节点集合。消息函数 M 的输入由边对应的特征向量和两边节点的隐藏状态组成。在消息函数 M 的影响下，图中的所有节点信息都会向外广播消息，然后这些消息会沿边的方向传播到相邻节点进行消息聚合，消息聚合前 MPNN 会存储当前节点的隐藏状态，消息聚合后，聚合的消息会在更新函数 U 的作用下更新节点的隐藏状态。需要注意的是，MPNN 并没有对 $\boldsymbol{e}_{ij}$ 进行迭代更新。但事实上，边也能同节点一样进行状态的迭代更新，具体做法可以参考后续的 GN 框架。

MPNN 的核心为消息函数 M 和更新函数 U，这两个函数设置方法的不同衍生出了许多不同的 GNN 模型。表 9.1 展示了两种基于 MPNN 的设置了不同 M 和 U 而诞生的模型。

表 9.1 在 MPNN 框架下不同变体的消息函数 M 和更新函数 U

模型	GCN	GraphSAGE
消息函数 M	$M\left(\boldsymbol{h}_i^{(k)}, \boldsymbol{h}_j^{(k)}\right) = \tilde{\boldsymbol{L}}_{\text{sym}}[i,j]\boldsymbol{W}^{(k)}\tilde{\boldsymbol{h}}_j^{(k)}$	$\sum \boldsymbol{M}\left(\boldsymbol{h}_j^{(k)}\right) = Agg\left[\boldsymbol{h}_j^{(k)}, v_j \in N(v_i)\right]$
更新函数 U	$U\left(\boldsymbol{m}_i^{(k+1)}\right) = \sigma\left(\boldsymbol{m}_i^{(k+1)}\right)$	$U\left(\boldsymbol{h}_i^{(k)}, \boldsymbol{m}_i^{(k+1)}\right) = \sigma\left(\boldsymbol{W}^{(k)}\left[\boldsymbol{m}_i^{(k+1)} \parallel \boldsymbol{h}_i^{(k)}\right]\right)$

注：GraphSAGE 的全称为 graphy sample and aggregate。

下面给出 MPNN 的另一种直观表达形式

$$\boldsymbol{h}_i^{(k+1)} = \gamma^{(k+1)}\left(\boldsymbol{h}_i^{(k)}, q_{j\in N(i)}(\phi^{(k+1)}(\boldsymbol{h}_i^{(k)}, \boldsymbol{h}_j^{(k)}, \boldsymbol{e}_{i,j}))\right), \tag{9.38}$$

其中，$\boldsymbol{h}_i^{(k)} \in \mathbb{R}^F$ 表示节点 i 在第 k 次消息聚合后的特征表示向量(隐藏状态)；$\boldsymbol{e}_{i,j} \in \mathbb{R}^D$ 表示从节点 i 到节点 j 的边对应的特征向量(即有向边的隐藏状态)；q 为可微函数，其可能代表求和(sum)、求平均(mean)或求最大值(max)等操作，需要注意的是，q 的输出必须与其输入的顺序无关，它的设计考虑了当前节点相邻节点的无序性(即相邻节点排列顺序的不同不会对结果产生较大的影响)；γ 和 ϕ 也同为可微函数，二者以梯度下降的方式优化网络。

2. 非局部神经网络

注意力机制成功地将神经网络的视野由局部变为全局，提高了网络的性能。本节为大家介绍非局部神经网络。它是对注意力机制的更为一般化的总结。NLNN 通过 non-local 操作将任意位置的输出响应计算为所有位置特征的加权求和。通用的 non-local 操作定义如下

$$\boldsymbol{y}_i = \frac{1}{C(\boldsymbol{h})}\sum_{\forall j} f(\boldsymbol{h}_i, \boldsymbol{h}_j) g(\boldsymbol{h}_j), \tag{9.39}$$

其中，$\boldsymbol{h}$ 表示输入特征(可以是图像、序列、视频、图网络等)；$\boldsymbol{y}$ 表示 non-local 操作的输出值，它和输入特征 $\boldsymbol{h}$ 的形状维度相同；i 为特征的位置序号；j 为相对于 $\boldsymbol{h_i}$ 全部可能的相关位置的索引；$f(\cdot)$ 为相关性度量函数，$f(\boldsymbol{h}_i, \boldsymbol{h}_j)$ 输出值为标量，代表输入特征 $\boldsymbol{h}_i$ 与 $\boldsymbol{h}_j$ 的相关性；$g(\boldsymbol{h}_j)$ 表示对输入 $\boldsymbol{h}_j$ 进行进一步映射的变换函数；$C(\boldsymbol{h})$ 为归一化因子。由于 j 的值可以在全局位置空间内进行选择，所以式(9.39)中的操作被称为非局部操作，使用该结构的网络被称为非局部神经网络。

可以看出，NLNN 的核心关键在于 $f(\cdot)$ 和 $g(\cdot)$ 的设计。为了简便计算，$g(\cdot)$ 一般设置为 $g(\boldsymbol{h}_j) = \boldsymbol{W}_g \boldsymbol{h}_j$（$\boldsymbol{W}_g$ 为可学习的权重参数)。函数 $f(\cdot)$ 有以下几种选择。

(1) 内积形式

$$f\left(\boldsymbol{h}_i, \boldsymbol{h}_j\right) = \theta\left(\boldsymbol{h}_i\right)^\top \phi\left(\boldsymbol{h}_j\right), \tag{9.40}$$

其中，$\theta\left(\boldsymbol{h}_i\right) = \boldsymbol{W}_\theta \boldsymbol{h}_i$，$\phi\left(\boldsymbol{h}_j\right) = \boldsymbol{W}_\phi \boldsymbol{h}_j$。$\theta\left(\boldsymbol{h}_i\right)$ 和 $\phi\left(\boldsymbol{h}_j\right)$ 表示对输入的线性变换，这种形式下，式(9.39)中的 $C(\boldsymbol{h})$ 为输入向量 $\boldsymbol{h}$ 中元素的个数。

(2) 高斯核函数形式

$$f\left(\boldsymbol{h}_i, \boldsymbol{h}_j\right) = \mathrm{e}^{\theta\left(\boldsymbol{h}_\mathrm{i}\right)^\top \phi\left(\boldsymbol{h}_\mathrm{j}\right)}. \tag{9.41}$$

此时，式(9.39)中的 $C\left(\boldsymbol{h}\right) = \sum_{\forall j} f\left(\boldsymbol{h}_i, \boldsymbol{h}_j\right)$。

(3) 先进行拼接操作，然后使用输出为一维标量的全连接层

$$f\left(\boldsymbol{h}_i, \boldsymbol{h}_j\right) = \mathrm{ReLU}\left(\boldsymbol{w}_\mathrm{f}^\top \left[\theta\left(\boldsymbol{h}_\mathrm{i}\right), \phi\left(\boldsymbol{h}_\mathrm{j}\right)\right]\right), \tag{9.42}$$

其中，w_f 为将向量投影到标量的权重参数。此时，式(9.39)中的 $C(\boldsymbol{h})$ 同样为输入向量 $\boldsymbol{h}$ 中元素的个数。

3. 图网络

上文介绍了 MPNN 和 NLNN，本节介绍的是融入了这两个模型思想的图网络 (GN)。图网络 GN 对 GNN 做出了更一般化的总结，GN 框架的原理如图 9.11 所示。GN 框架通过节点特征更新边的特征，通过边特征的聚合更新节点特征，再通过节点和边特征的聚合来更新整个图网络。此外，GN 框架保存了全图的状态 $\boldsymbol{u}$ 的初始值，并时刻记录着 $\boldsymbol{u}$ 的每次变化，这是因为 $\boldsymbol{u}$ 代表着图的某些固有属性或先验知识的编码向量，如果去掉整个图的状态，只更新节点和边的状态，那么 GN 框架就会退化为 MPNN 框架。总之，GN 框架对图中的节点、边和全图都进行了维护并更新了相应的状态，这使 GN 能够胜任节点层面(node level)、边层面(edge level)和全图层面(graph level)的任务。

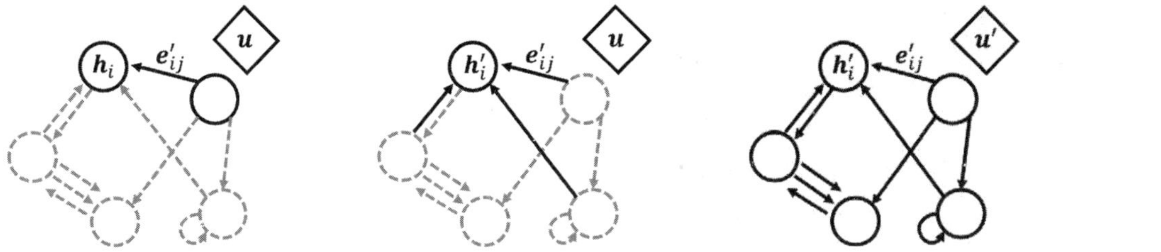

(a) 边状态更新　　(b) 节点状态更新　　(c) 全图状态更新

图 9.11　GN 框架的原理

具体来说，GN 框架包括 3 个基本计算元素，分别是节点的状态 $\boldsymbol{h}_i$、边的状态 $\boldsymbol{e}_{ij}$ 和图的状态 $\boldsymbol{u}$。每个元素在更新时需要考虑自身上一轮的状态，围绕这 3 个计算元素，GN 设计了 3 个更新函数 ϕ 和 3 个聚合函数 ρ，具体如下

$$
\begin{cases}
\boldsymbol{e}_{ij}' = \phi^e\left(\boldsymbol{e}_{ij}, \boldsymbol{h}_i, \boldsymbol{h}_j, \boldsymbol{u}\right), \\
\overline{\boldsymbol{e}}_i' = \rho^{e\to h}\left(\left[\boldsymbol{e}_{ij}', \forall v_j \in N\left(v_i\right)\right]\right), \\
\boldsymbol{h}_i' = \phi^h\left(\overline{\boldsymbol{e}}_i', \boldsymbol{h}_i, \boldsymbol{u}\right), \\
\overline{\boldsymbol{e}}' = \rho^{e\to u}\left(\left[\boldsymbol{e}_{ij}', \forall e_{ij} \in E\right]\right), \\
\overline{\boldsymbol{h}}' = \rho^{h\to u}\left(\left[\boldsymbol{h}_i', \forall v_i \in V\right]\right), \\
\boldsymbol{u}' = \phi^u\left(\overline{\boldsymbol{e}}', \overline{\boldsymbol{h}}', \boldsymbol{u}\right).
\end{cases}
\tag{9.43}
$$

其中，ϕ^e 是基于 $\left(\boldsymbol{e}_{ij}, \boldsymbol{h}_i, \boldsymbol{h}_j, \boldsymbol{u}\right)$ 对边状态进行更新的函数；在完成边状态更新后，$\rho^{e\to h}$ 函数将对每个节点更新后的边状态进行聚合，常见的聚合方式包括对每个节点所有边状态进行求和、求均值、求最大值等，而后得到各节点对应的边状态聚合值，该值将用于对节点状态的更新；ϕ^h 是基于 $\left(\overline{\boldsymbol{e}}_i', \boldsymbol{h}_i, \boldsymbol{u}\right)$ 对节点状态进行更新的函数；在完成节点状态更新后，$\rho^{e\to u}$ 函数将对全图中所有的更新后的边状态进行聚合，而后得到全图边状态的聚合值$\bar{e}'$，该值将用于对全图状态值的更新；$\rho^{h\to u}$函数会对全图中所有的更新后的节点状态进行聚合，而后得到全图节点状态的聚合值$\bar{h}'$，该值也将用于对全图状态值的更新；最后我们基于$\left(\bar{e}',\bar{h}',u\right)$对全图状态值进行更新。这种方法，不仅包含了 MPNN 中图数据聚合更新的基本思路，而且利用了 NLNN 的全局视野，但对于大型图网络来说，该方法的计算消耗较大。

9.4.2 GraphSAGE

尽管图卷积网络 GCN 性能极佳，但其本身也存在着一些缺陷。当图中有新节点加入时，由于节点间相互影响，新节点的加入意味着许多与之相关的节点的表示都需要进行适当调整，这往往会带来巨大的计算负担。针对上述问题，研究人员提出了 GraphSAGE，它改进了上文提到的 GCN 缺陷。由于缺陷的根源为新节点的加入引发的节点表示调整(每次新节点的加入都需要模型去逐个调整节点状态)，GraphSAGE 的提出者认为，相比于直接学习每个节点固定的表示向量，直接学习一种节点的表示方法对于模型来说更加高效且更具泛化能力。用较为通俗的话说，GCN 学习节点的固定表示，而 GraphSAGE 学习表示节点的方法。GraphSAGE 模型提出了一种算法框架，其基本思想为，通过从节点的局部邻域中采样邻居节点，并聚合邻域特征来产生该节点新的表示，图 9.12 形象地展示了 GraphSAGE 聚合节点信息的机制。

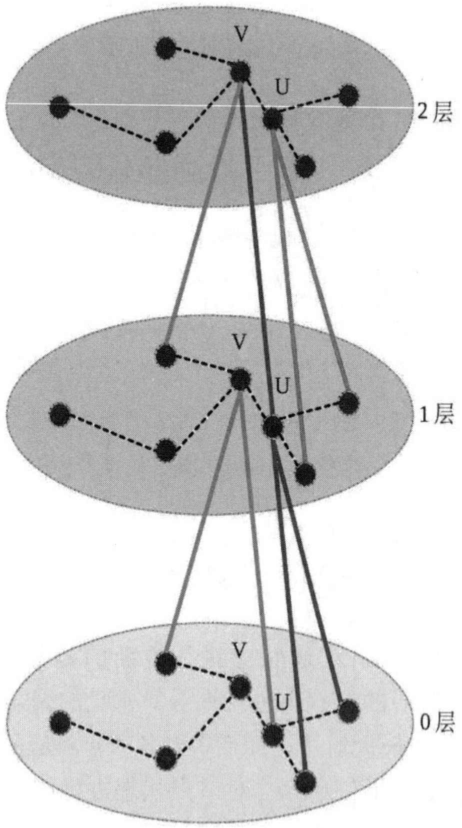

图 9.12　GraphSAGE 原理

随着迭代(层数)的加深，GraphSAGE 能够聚合距离越来越远的节点信息。与 GCN 中使用当前节点的所有一阶邻居节点进行信息提取的方式不同，GraphSAGE 通过均匀采样来得到固定数量的邻居节点，这种均匀采样选择邻居样本的方式有效地解决了一些节点存在过多邻居节点的问题。某种程度上，GraphSAGE 可以看作一个带有邻居采样的 GCN 算法。值得一提的是，GraphSAGE 的计算过程不涉及拉普拉斯矩阵，每个节点的特征学习无须考虑全图的结构信息，它只与其 k 阶邻居节点相关。GraphSAGE 的传播公式如下

$$\boldsymbol{h}_{\mathcal{N}(u)}^{(k+1)}=\text{aggregate}_{(k+1)}\left(\left\{\boldsymbol{h}_u^{(k)},\forall u\in\mathcal{N}_k\left(u\right)\right\}\right), \tag{9.44}$$

$$\boldsymbol{h}_v^{(k+1)}=\sigma\left(\boldsymbol{W}^{(k+1)}\left[\boldsymbol{h}_v^{(k)},\boldsymbol{h}_{\mathcal{N}_v}^{(k+1)}\right]\right), \tag{9.45}$$

其中，$\mathcal{N}_k\left(u\right)$ 表示对当前节点第 k 层所选取的固定数量的邻居节点，$\text{aggregate}_{(k+1)}$ 表示第 $k+1$ 层的聚合函数，$\boldsymbol{W}^{(k+1)}$ 为第 $k+1$ 层的可学习参数。式(9.44)对应于消息传播，式(9.45)对应于节点的新表示。从式(9.44)和式(9.45)可以看出，节点的新表示 $\boldsymbol{h}_v^{(k+1)}$ 只与层数 K 、聚合函数 aggregate 和邻居采样 $u\in\boldsymbol{\mathcal{N}}_v$ 有关。

下面给出 GraphSAGE 用于聚合邻居的聚类操作所具有的性质。

(1) 聚合操作需要对聚合节点的数量做到自适应，即不管节点的邻居数量如何变化，进行聚合操作后输出的维度必须固定，一般为统一长度的向量。

(2) 聚合操作对聚合节点的顺序不做要求。对于熟知的 2D 图像数据和 1D 序列数据，前者包含着空间顺序，后者包含着时序顺序，但图数据本身是一种无序的数据结构，对于聚合操作而言，这就要求不管邻居节点的排列顺序如何，输出的结果总是相同的。

(3) 从模型优化的层面看，聚合操作对应的函数必须可导。

基于上述性质，GraphSAGE 提供了 3 种聚合操作方式，分别为平均/加和聚合操作、池化聚合操作及 LSTM 聚合操作。

9.4.3 图自注意力网络

实际上，并不是图中的所有信息都值得GNN模型去聚合学习，如在大规模图中，由于节点数目庞大，其中复杂的背景噪声可能会拉低 GNN 模型性能。为了消除图中不利因素的影响，引导 GNN 模型聚合学习有价值的信息，常常会在 GCN 模型中引入注意力机制。在注意力机制的作用下，GNN 模型会关注到图中重要的节点及节点中重要的信息，从而提高信息的聚合效率。本节介绍一个成功将注意力机制应用于 GCN 的新模型 GAT(graph attention networks，图自注意力网络)。

不同于 GCN 盲目地学习图中所有的信息，GAT 模型通过注意力机制实现了对不同邻居权重的自适应，在此基础上对当前节点的邻居节点做聚合操作，具体的注意力系数 $\vec{\alpha}$ 的计算公式如下

$$\vec{\boldsymbol{\alpha}}_{ij}=\frac{\exp\left(\text{LeakyReLU}\left(\boldsymbol{a}^{\top}\left[\boldsymbol{W}\boldsymbol{x}_i,\boldsymbol{W}\boldsymbol{x}_j\right]\right)\right)}{\sum_{k\in N(i)}\exp\left(\text{LeakyReLU}\left(\boldsymbol{a}^{\top}\left[\boldsymbol{W}\boldsymbol{x}_i,\boldsymbol{W}\boldsymbol{x}_k\right]\right)\right)},\tag{9.46}$$

其中，LeakyReLU 为激活函数，$[\cdot,\cdot]$表示拼接操作，$\boldsymbol{W}$ 为权值矩阵，$\boldsymbol{a}$ 表示参数化的向量。注意力系数对所有一阶邻居节点计算出的相关度进行了统一的 softmax 归一化处理，归一化的处理使所有邻居的权重系数之和为 1，此时每个节点聚合后的特征表示为

$$\boldsymbol{x}_i'=\sigma\left(\sum_{j\in N(i)}\vec{\boldsymbol{\alpha}}_{ij}\boldsymbol{W}\boldsymbol{h}_j\right).\tag{9.47}$$

除此之外，为了进一步提升注意力层的表达能力，提出者使用了多头注意力机制(multi-head attention mechanism)，即对式(9.47)调用 K 组相互独立的注意力机制，每一头注意力机制都可能会令模型“聚焦”于某一种特定的信息，最后多头注意力机制将每头注意力机制的结果进行拼接并作为输出。这里需要注意的是，原提出者在 GAT 模型的最后一层(预测层)中将多头拼接操作替换成了多头取平均操作，即

$$\boldsymbol{x}_i'=\sigma\left(\frac{1}{K}\sum_{k=1}^{K}\sum_{j\in N(i)}\vec{\boldsymbol{\alpha}}_{ij}^{k}\boldsymbol{W}^{k}\boldsymbol{h}_j\right),\tag{9.48}$$

其中，$\boldsymbol{W}^k$ 为第 k 次注意力机制对应的权重矩阵。

图 9.13 为 GAT 模型中的图注意力层和多头注意力机制示意图。

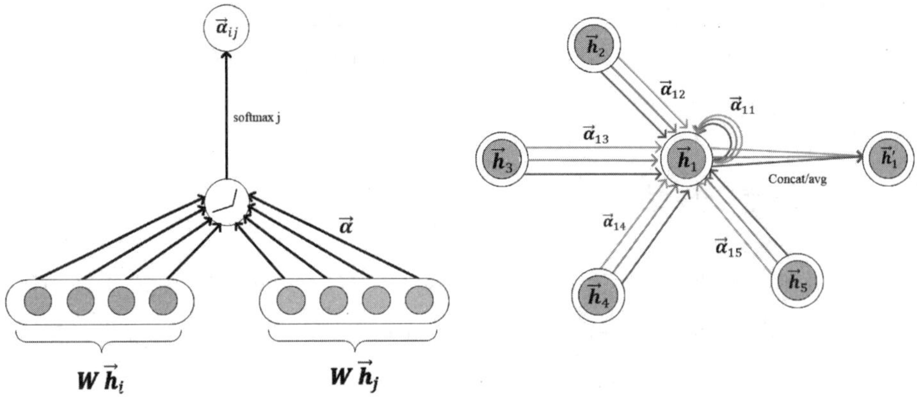

图 9.13　GAT 模型中图注意力层和多头注意力机制示意图

此外，GAT 有以下两种运算方式。

(1) global graph attention，模型需要计算当前节点与图上其他任意节点的注意力系数。这种做法无须考虑复杂的图结构，但也正是由于忽略了图结构，导致该方法往往性能不佳。此外，由于需要考虑当前节点与其他任意节点的注意力系数，这种做法需要消耗计算机极大的计算资源。

(2) masked graph attention，即只对一阶邻居进行聚合，通过叠加多层注意力层，GAT 理论上可以做到对全图的信息聚合与更新。对于当前节点，GAT 会计算图中其他节点(一

阶邻居节点)与当前节点的注意力系数，距离近的邻居节点往往具有较大的注意力系数，而距离较远的节点虽然也有对应的注意力系数，但往往较小，这意味着近距离的邻居节点其对当前节点的影响大于远距离节点。

9.4.4 Graphormer

在深度学习中，Transformer 以其强大的性能闻名于世，而在图领域，很多人希望将 Transformer 的思想融入 GNN 以实现更优越的性能，但许多融合方法的最终效果都不太令人满意。具体来说，Transformer 应用于图结构的设计核心在于，如何利用自注意力机制计算节点特征之间的相关性并将其作为注意力机制的权重。对于图来说，节点间的相关性不仅取决于节点特征，还取决于当前节点自身在图中的重要性、节点的空间关系、节点间边的特征等。

为了综合利用图数据中的有效信息，Graphormer 模型设计了 3 种结构编码方式，以辅助 Transformer 模型更好地捕捉节点间的相关性，从而令后续的注意力权重分配更加准确。图 9.14 展示了 Graphormer 模型的基本结构与 3 种结构编码方式。

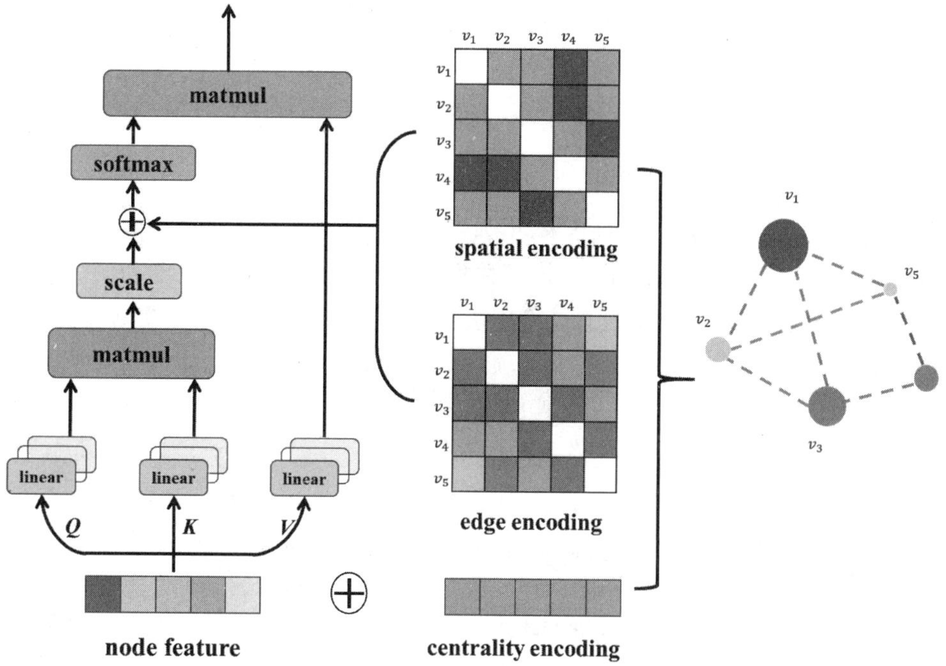

图 9.14 Graphormer 模型的基本结构与 3 种编码方式

具体而言，Graphormer 的 3 种结构编码方式如下。

1. 中心性编码(centrality encoding)

中心性(centrality)是描述图中节点重要性的一个关键指标，图的中心性有多种衡量方法。例如，一个节点的“度”越大，代表这个节点与其他节点相连接的边越多，往往这样的节点就越重要，如在疾病传播路线中的超级传播者，或社交网络上的大 V 等。中心性编码还可以使用其他方法进行度量，如 Closeness、Betweenness 和 PageRank 等。在 Graphormer 中，研究人员采用了最简单的度信息作为中心性编码，为模型引入节点重要性的信息。具体而言，其中心性编码如下

$$\boldsymbol{h}_i^{(0)} = \boldsymbol{x}_i + \boldsymbol{z}_{\deg^-(v_i)}^- + \boldsymbol{z}_{\deg^+(v_i)}^+, \tag{9.49}$$

其中，$\boldsymbol{x}_i \in \mathbb{R}^D$ 为节点 v_i 的节点特征向量，$\boldsymbol{z}_{\deg^-(v_i)}^- \in \mathbb{R}^D$ 和 $\boldsymbol{z}_{\deg^+(v_i)}^+ \in \mathbb{R}^D$ 为节点 v_i 的入度和出度的 embedding 向量。

2. 空间编码(spatial encoding)

实际上图结构信息不仅包含了每个节点的重要性，而且包含了节点之间的相关性。例如，对于当前节点而言，邻居节点或距离相近的节点与当前节点的相关性往往高于距离较远节点与当前节点的相关性。因此，研究人员为 Graphormer 设计了空间编码，即给定一个合理的距离度量，根据两个节点之间的距离，为其分配相应的编码向量。距离度量函数的选择多种多样，对于一般性的图数据可以选择无权或有权的最短路径，而对于特别的图数据可以有针对性地选择距离度量，如物流节点之间的最大流量，化学分子3D结构中原子之间的欧氏距离等。为了不失一般性，Graphormer 在实验中采取了无权的最短路径 $\theta\left(v_i, v_j\right)$($v_i$ 和 v_j 表示图网络中的任意节点)作为空间编码的距离度量。这样相应地，空间编码信息为 $b_{\theta(v_i,v_j)} \in \mathbb{R}$，它是以 $\theta\left(v_i, v_j\right)$ 为索引的可学习标量。

3. 边信息编码(edge encoding)

对于很多的图任务而言，边包含着十分重要的信息，如边上的距离、流量等。然而为处理序列数据而设计的 Transformer 模型并不具备捕捉连边上信息的能力(序列数据中并不存在“边”的概念)。因此，研究人员将连边上的信息，即节点间的最短路径上的边特征进行加权求和后作为注意力计算中的偏置项，引入注意力机制中。具体如下

$$c_{ij} = \frac{1}{N}\sum_{n=1}^{N}\left(\boldsymbol{w}_n^E\right)^{\top} \boldsymbol{x}_{e_n}, \tag{9.50}$$

其中，$\boldsymbol{x}_{e_n} \in \mathbb{R}^{D_e}$ 为节点 v_i 与节点 v_j 之间最短路径上的第 n 条边对应的特征向量，$\boldsymbol{w}_n^E \in \mathbb{R}^{D_e}$ 为第 n 条边对应的可学习的参数向量，D_e 表示边的特征向量的维度。

结合上述 3 种结构编码方式和图 9.14，我们可以得出 Graphormer 的基本流程如下。

(1) 对于任意节点 v_i，其自身特征向量依据式(9.49)与中心编码求和后输入 Transformer 结构，只对首个 Transformer 层的输入进行上述操作。此外，Graphormer 调整了 Transformer 结构中层归一化(LN)操作的位置，将其放在了多头自注意力机制和前馈网络结构(FFN)之前，这样对于任意一个 Graphormer 层，都有

$$\hat{\boldsymbol{h}}^{l-1} = \mathrm{LN}\left(\boldsymbol{h}^{l-1}\right). \tag{9.51}$$

(2) Graphormer 结构基于多头自注意力机制对输入 $\hat{\boldsymbol{h}}^{l-1} \in \mathbb{R}^D$ 进行处理，得到了对应的注意力分布

$$A'_{i,j} = \frac{\left(\hat{\boldsymbol{h}}_i^{l-1}\boldsymbol{W}_Q\right)\left(\hat{\boldsymbol{h}}_j^{l-1}\boldsymbol{W}_K\right)^\top}{\sqrt{D_k}}, \tag{9.52}$$

和值向量

$$\boldsymbol{v}_i^{l-1} = \hat{\boldsymbol{h}}^{l-1}\mathbf{W}_V, \tag{9.53}$$

其中，$W_Q \in \mathbb{R}^{D\times D_k}$，$W_K \in \mathbb{R}^{D\times D_k}$，$W_V \in \mathbb{R}^{D\times D_v}$ 为可训练的参数矩阵。

(3) 将注意力分布 $A'_{i,j}$ 与空间编码 $b_{\theta(v_i,v_j)}$、边信息编码 c_{ij} 相加得到 Graphormer 模型的最终注意力分布，即

$$A_{i,j} = A'_{i,j} + b_{\theta(v_i,v_j)} + c_{ij}. \tag{9.54}$$

(4) 将注意力分布与值向量相结合，基于注意力机制得到任意节点 v_i 对应特征向量的更新值 $\boldsymbol{h}_i^l$，具体而言，

$$\tilde{\boldsymbol{h}}_i^l = \text{softmax}\left(\mathbf{A}\right)\boldsymbol{v}_\text{i} + \boldsymbol{h}_\text{i}^{1-1}, \tag{9.55}$$

$$\boldsymbol{h}_i^l = \text{FFN}\left(\text{LN}\left(\tilde{\boldsymbol{h}}_\text{i}^1\right)\right) + \tilde{\boldsymbol{h}}_\text{i}^1, \tag{9.56}$$

对于 $\boldsymbol{h}_i^{l-1}$，当 $l=1$ 时，$\boldsymbol{h}_i^0$ 按照式(9.49)计算得到；当 $l>1$ 时，它为上层 Graphormer 结构的输出值。

习题 9

1. 可否使用快速傅里叶变换加速空域卷积计算？为什么？
2. 如何求一个图网络对应的拉普拉斯矩阵？从矩阵角度分析拉普拉斯矩阵有哪些特点。
3. 根据图 9.15，分别写出其邻接矩阵 $\boldsymbol{A}$、度矩阵 $\boldsymbol{D}$、拉普拉斯矩阵 $\boldsymbol{L}$。

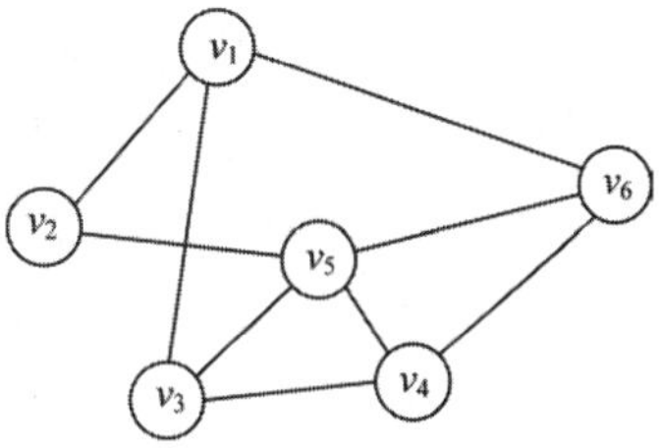

图 9.15　图 G

4. 对于很多图网络，可能没有节点的特征，这时可以使用 GCN 吗？
5. 简述 GraphSAGE 与 GCN 的不同之处，并思考为什么说 GraphSAGE 学到的是一种节点的表示方法，而 GCN 只是学到了节点的固定表示。
6. 思考 Graphormer 对于 Transformer 的改进之处是否合理，还有哪种编码信息可以帮助改进 Graphormer 框架。

第10章

无监督学习

与适用于有监督学习的带标签数据相比，现实中存在更多的是无标签数据。标签设置需要耗费大量的人力和物力，并且缺乏足够的先验知识，所以为所有数据人为设置标签往往不太现实。因此，如何借助无标签的数据学习到一些有用模式，并挖掘出隐藏在数据中的有效信息，就成为人工智能领域亟需解决的问题。在国务院印发的《新一代人工智能发展规划》中指出，无监督学习算法是未来人工智能发展的趋势。

无监督学习(unsupervised learning，UL)是机器学习的一个重要分支，是指不借助任何人工标签或反馈等指导信息，直接从原始数据中学习揭示数据的内在特性及规律。区别于建立输入输出之间映射关系的监督学习，无监督学习因为缺少人为干涉，并且没有特别明确的目标，所以学习结果也很难预测，常用于聚类和降维等问题。当前，我国学者在无监督学习领域已取得优异的成绩，如著名学者李泽峰及其团队于 2021 年成功通过无监督学习揭示夏威夷火山喷发前的过程[76]。该成果已收录于国际地学一流期刊 *Geophysical Research Letters* 中。本章介绍几种经典的无监督学习问题。

(1) 聚类(clustering)是指将一组样本依据一定准则划分为若干互不相交的组，每组称为一个簇(cluster)。通常遵循的准则是组内样本的相似性高于组间样本的相似性。常见的聚类算法主要包括 k-Means(k 均值)聚类算法、k-Means++聚类算法、谱聚类等。

(2) 无监督特征学习(unsupervised feare learning)是指从无标签的训练数据中挖掘出有价值的特征或表示，包括有效的特征、类别和结构等。无监督特征学习通常用于降维、数据可视化或数据预处理等。

(3) 概率密度估计(probabilistic density estimation)是指根据一组训练数据来估计数据空间的概率密度，包括参数密度估计和非参数密度估计两种类型。其中，参数密度估计是假设数据服从某个已知概率密度函数形式的分布，然后根据训练数据来估计概率密度函数的相关参数。非参数密度估计则是不提前假设数据服从某个已知分布，只根据训练数据对密度函数进行估计。

本章重点介绍两种无监督学习：聚类和无监督特征学习。

10.1 聚类

在无监督学习中，由于训练数据标签信息未知且目标也不明确，大多数算法主要为揭示数据内在特征并为后续数据分析提供基础。当前此类学习任务中，聚类是研究最多且应用最广的，它既可以作为一个单独过程，用于探索特定数据的内在关联，也能够为分类等学习任务奠定基础。例如，在商业应用中，帮助市场分析人员从客户基本资料库中发现不同的客户群体。由于直接定义“客户类型”对商家来说往往并不容易，此时可借助聚类方法先对客户数据进行聚类，然后基于聚类结果对最终群体实现分类模型训练，最后用于判别新客户的类型。

10.1.1 *k*-Means 聚类

k-Means 聚类是一种经典的聚类算法。它的简洁性和高效性使它在聚类问题中被广泛使用。其中心思想为，给定一个数据集和目标类别数(其中类别数目由用户指定)，*k*-Means 聚类算法可以通过评估数据之间的距离关系将数据集中的数据样本划分到指定数量的目标类别中。

k-Means 聚类算法是一种迭代求解的聚类分析算法。一般而言，*k*-Means 聚类算法会预先将数据分为 k 组，并且随机选取 k 个对象作为初始的聚类中心；然后计算每个对象与各聚类中心之间的距离，并把每个对象分配给距离它最近的聚类中心。聚类中心及分配给该聚类中心的对象就代表一个簇；每分配一个样本，聚类的聚类中心会根据簇中当前的对象进行重新计算。不断重复迭代该过程，直至满足某个终止条件为止。例如，在迭代中没有对象被重新分配给不同的聚类，没有聚类中心发生变化，并且误差平方和达到局部最小，则停止迭代。如图 10.1(a)所示为原始数据集中所有数据的分布状况，图 10.1(b)为当目标类别数为 3 时的聚类效果。

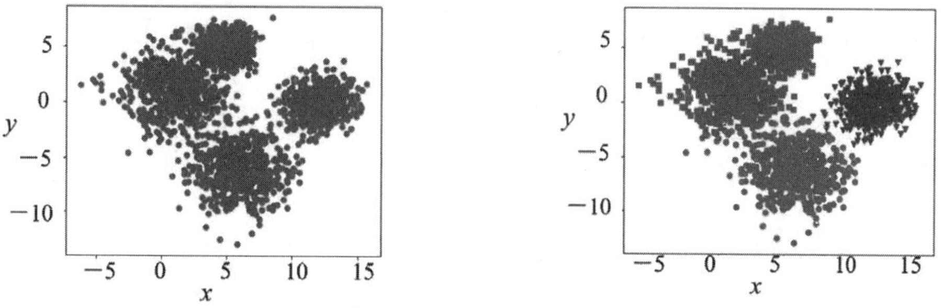

(a) 原始数据分布图　　(b) 目标类别数为 3 时的聚类效果

图 10.1　*k*-Means 聚类效果示意图

1. *k*-Means 聚类算法的步骤

k-Means 聚类算法主要有以下 5 个步骤。

① 设置初始类别中心和目标类别数。

② 根据类别中心对全部数据点进行类别划分。对于每个点而言，将选取距离自身最近的类别中心，并且将自身划分到该类别中心点对应的类别。

③ 重新计算当前类别划分下每个类的类别中心点，如可以取每个类别中所有的点的坐标平均值作为新的类别中心点。

④ 在新的类别中心点下继续进行类别划分。

⑤ 如果在迭代中没有对象被重新分配给不同的类别，没有类别中心点再发生变化，并且误差平方和达到局部最小，那么就得到了最终聚类的结果，否则将不断重复迭代步骤②～步骤④。

定义 10.1　(*k*-Means 聚类算法度量距离)

1. *L* 范数

L 范数是较为常用的范数，常用的度量距离中的欧氏距离就是一种 *L* 范数，其定义如下

$$\|\boldsymbol{x}\|_2=\sqrt{\sum_{i=1}^{n} x_i^2}. \tag{10.1}$$

2. *L* 范数

L 范数是另一种常用范数，如较为熟悉的曼哈顿距离、最小绝对误差等。使用 *L* 范数可以度量两个向量间的差异，其定义如下

$$\|\boldsymbol{x}\|_1=\sum_{i=1}^{n} |x_i|, \tag{10.2}$$

其中，$\boldsymbol{x}=\{x_1, x_2,\cdots, x_n\}$。

在 *k*-Means 聚类算法中，在迭代更新过程中需要计算每个数据样本与各类别中心的距离，将每个数据样本分配到距离自己最近的类别。例如，对于不同的点 $x(x_1,x_2)$ 和 $y(y_1,y_2)$，使用 L_2 范数距离，得

$$d_2(x,y)=\sqrt{(x_1-y_1)^2+(x_2-y_2)^2}. \tag{10.3}$$

或者使用 L_1 范数距离

$$d_1(x,y)=|x_1-y_1|+|x_2-y_2|. \tag{10.4}$$

定义 10.2 (类簇中心)

k-Means 聚类算法定义了类别中心，类别中心是类内所有对象在各维度的均值，其计算公式如下

$$C_t = \frac{\sum_{i=1}^{n} X_i}{n}, \tag{10.5}$$

其中，C_t 表示第 t 个类别的中心，n 表示第 t 个类别中对象的个数，X_i 表示第 t 个类别中的第 i 个对象，$i=(1,2,\cdots,n)$。

2. *k*-Means 聚类算法调优

在使用 *k*-Means 聚类算法的过程中，需要设定目标类别数 k，不同的目标类别数 k 会影响最终的聚类效果，在实际使用过程中常借助手肘法为目标类别数 k 选取最优值。

定义 10.3 (误差平方和)

手肘法的核心指标是误差平方和(sum of the squared errors，SSE)，即

$$\text{SSE} = \frac{1}{N}\sum_{i=1}^{N} \text{dist}\left(\boldsymbol{x}_\text{i} - \boldsymbol{c}_\text{i}\right)^2, \tag{10.6}$$

其中，N 是数据样本的个数，$\boldsymbol{x}_i$ 是数据集中的第 i 个样本，$\boldsymbol{c}_i$ 是 $\boldsymbol{x}_i$ 对应的中心。

手肘法的核心思想是，随着目标类别数 k 的增大，样本划分会更加精细，每个类别的聚合程度会逐渐提高，那么 SSE 自然会逐渐变小。当 k 小于真实目标类别数时，k 的增大会大幅增加每个类别的聚合程度，所以 SSE 的下降幅度会很大。而当 k 到达真实目标类别数时，再增加 k 所得到的聚合程度，回报会迅速变小，所以 SSE 的下降幅度会骤减，然后随着 k 值的继续增大而趋于平缓。SSE 和 k 的关系图类似一个手肘的形状，如图 10.2 所示，图中肘部对应的 k 值即为数据的真实目标类别数。

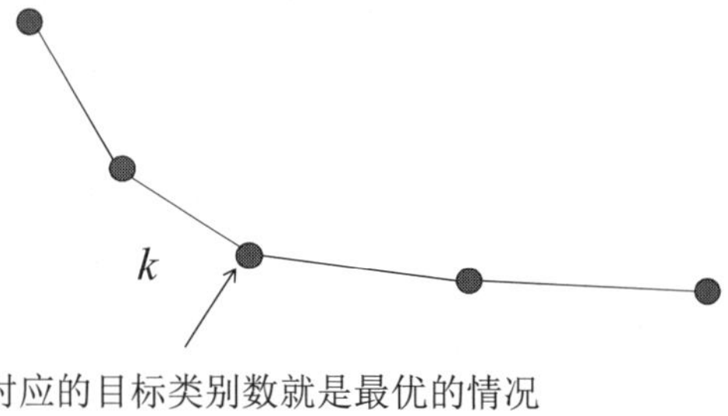

k
该点对应的目标类别数就是最优的情况

图 10.2　SSE 和 k 的关系图

10.1.2　*k*-Means++聚类算法

k-Means 聚类算法有明显的缺点，该算法在开始时随机选取数据集中的 k 个点作为类别中心，但是，如果初始中心点的位置选择不当(如所有中心点都在一个真实类别中)，那

么将严重影响最终的聚类效果。为解决这一问题，学者在 k-Means 聚类算法的基础上，提出了针对迭代次数和优化选择初始中心的 k-Means++聚类方法。

k-Means++选取 k 个初始中心点的具体步骤如下。

① 从数据集中随机选取一个样本点作为初始聚类中心 $\boldsymbol{c}$。

② 首先计算每个样本与当前已有聚类中心之间的最短距离(即最近的聚类中心的距离)，用 $D(x)$表示；然后计算每个样本点 $\boldsymbol{x}_j$被选为下一个聚类中心的概率 $\frac{D(\boldsymbol{x}_j)^2}{\sum_{i=1}^{N} D(\boldsymbol{x}_i)^2}$，即距离自身类别中心越远的点成为下一个聚类中心的概率就越大，选取最大概率对应的样本点作为聚类中心。

③ 迭代第②步，直到选择出 k 个聚类中心。

10.2 无监督特征学习

无监督特征学习是从无标签数据中学习有效的特征或表示，用来进行数据降维、数据可视化或监督学习前期的数据预处理，从而为后续机器学习模型性能的提升提供帮助。无监督特征学习目前主要包含主成分分析和自编码器等。

10.2.1 主成分分析

主成分分析(PCA)是一种常见的基于无监督学习的数据分析方式，能够提取数据的主要特征成分，从而实现数据降维。PCA 将数据由高维空间转换到低维空间，以提取数据的主要特征，实现数据降维。在这个过程中，不可避免地存在相关信息的损失，那么如何最大化保留重要数据特征，摒弃冗余的数据特征，是 PCA 降维过程中的关键。

PCA 数据降维涉及数据空间的转换，合适的空间与其对应的基的选择对于 PCA 数据降维质量而言至关重要。对于空间的选择，若数据在新空间彼此距离较大，代表着数据间的分散程度高，此时的数据有着很好的可分性，即数据具有很突出的特征。对于基的选择，基与基之间线性相关性的存在会使基所表示的数据在一定程度上存在相似甚至是重复的情况，为此基与基之间应尽可能线性无关。

根据上文所述，对于转换后低维空间中的数据，其协方差矩阵的非对角线元素应当为 0，对角线元素(方差)应尽可能大，通过一定的推导可以发现

$$\boldsymbol{D} = \frac{1}{m}\boldsymbol{B}\boldsymbol{B}^{\top} = \frac{1}{m}\boldsymbol{P}\boldsymbol{X}(\boldsymbol{P}\boldsymbol{X})^{\top} = \boldsymbol{P}\frac{1}{m}\boldsymbol{X}\boldsymbol{X}^{\top}\boldsymbol{P}^{\top} = \boldsymbol{P}\boldsymbol{C}\boldsymbol{P}^{\top}, \tag{10.7}$$

其中，m 为数据的个数，$\boldsymbol{D}$ 为转换空间后数据的协方差矩阵，$\boldsymbol{P}$ 为转换空间所用的矩阵，$\boldsymbol{B}(\boldsymbol{B}=\boldsymbol{P}\boldsymbol{X})$ 为经空间转换后的数据矩阵，$\boldsymbol{C}$ 为原始数据的协方差矩阵。

通过式(10.7)可以发现，$\boldsymbol{PCP}^\top$ 为对角阵，所求解的矩阵 $\boldsymbol{P}$ 能使 $\boldsymbol{C}$ 对角化。需要注意的是，由于协方差矩阵 $\boldsymbol{C}$ 为实对称矩阵，若协方差矩阵为 $r\times r$ 的矩阵，则一定存在 r 个特征值，且不同特征值对应的特征向量相互正交。为了避免特征向量对数据空间转换带来不良影响，这里将特征向量单位化，使特征向量成为单位正交基。

此时 $\boldsymbol{D}$ 对角线元素的最大化即求解 $\boldsymbol{D}$ 的最大值。需要注意的是，$\boldsymbol{P}$ 是由特征向量(单位正交基)组成的单位正交矩阵，于是有

$$\boldsymbol{PP}^\top = 1. \tag{10.8}$$

式(10.8)为条件，基于该条件最大化 $\boldsymbol{D}$ 以求解 $\boldsymbol{P}$，即最小化 $-\boldsymbol{D}$ 以求解 $\boldsymbol{P}$，即

$$\begin{aligned}&\underset{\boldsymbol{P}}{\operatorname{argmin}} \quad -\boldsymbol{PCP}^\top,\\ &\text{s.t.} \qquad \boldsymbol{PP}^\top = 1.\end{aligned} \tag{10.9}$$

对于约束条件，通过使用拉格朗日函数求解式(10.9)，设 μ 为拉格朗日乘数，有

$$L(\boldsymbol{P}) = -\boldsymbol{PCP}^\top + \mu\left(\boldsymbol{PP}^\top - 1\right). \tag{10.10}$$

对 $\boldsymbol{P}$ 求导，得

$$\boldsymbol{CP}^\top = \mu\boldsymbol{P}^\top. \tag{10.11}$$

代入式(10.7)中，得

$$\boldsymbol{D} = \boldsymbol{P}\mu\boldsymbol{P}^\top = \mu\boldsymbol{PP}^\top = \mu 1. \tag{10.12}$$

可以发现，方差在某种程度上可以被理解为特征值，大的特征值对应大的方差。数据由高维空间转换到低维新空间中，为了使数据在新投影空间中保留尽可能大的特征值，可以把 $\boldsymbol{D}$ (对角阵)的对角线元素按从大到小的顺序排列，形成对角阵 $\boldsymbol{D}^*$，即

$$\boldsymbol{D}^* = \begin{bmatrix} \lambda_1 & 0 & \cdots & 0 \\ 0 & \lambda_2 & \cdots & 0 \\ \vdots & \vdots & & \vdots \\ 0 & 0 & \cdots & \lambda_m \end{bmatrix}, \tag{10.13}$$

其中，$\lambda_1 \geqslant \lambda_2 \geqslant \cdots \geqslant \lambda_m$，将特征值对应的特征向量排列组成矩阵 Q，有

$$\boldsymbol{Q} = \begin{bmatrix} \boldsymbol{a}_1 \\ \boldsymbol{a}_2 \\ \vdots \\ \boldsymbol{a}_m \end{bmatrix}, \tag{10.14}$$

其中，$\boldsymbol{a}_i\,(i=1,2,\cdots,\ m)$ 为 λ_i (特征值)对应的特征向量。

若新投影空间的维度为 k，由于 $\boldsymbol{Q}$ 的前 k 行(对应的特征值大)所代表的特征明显，能够体现数据的主要成分，故将矩阵 $\boldsymbol{Q}$ 的前 k 行作为新空间的基，将新空间的基组成矩阵 $\boldsymbol{P}$，将原始数据 $\boldsymbol{X}$ 与矩阵 $\boldsymbol{P}$ 相乘即完成 PCA 数据降维操作。有必要说明的是，$\boldsymbol{Q}$ 的前 k 行

对应着大的特征，一般不可忽略，而后面几行对应的特征由于无法凸显数据特征，所以这些特征一般可以忽略，其取舍需要依据具体情况而定。

10.2.2 自编码器

自编码器(auto-encoder，AE)是一种无监督的学习算法，也是一种尽可能复现输入信号的人工神经网络。自编码器的基本结构包括编码器和解码器两部分，如图 10.3 所示。自编码器可以学习一组数据的一种编码，通过训练网络找到代表原信息的主要成分，通常用于数据降维等。自编码器有多种变体，旨在使学习到的编码具有有效的特征表示，如正则化编码器，包括降噪自编码器(denoising auto-encoder)、稀疏自编码器(sparse auto-encoder)、变分自编码器(variational auto-encoder)等。

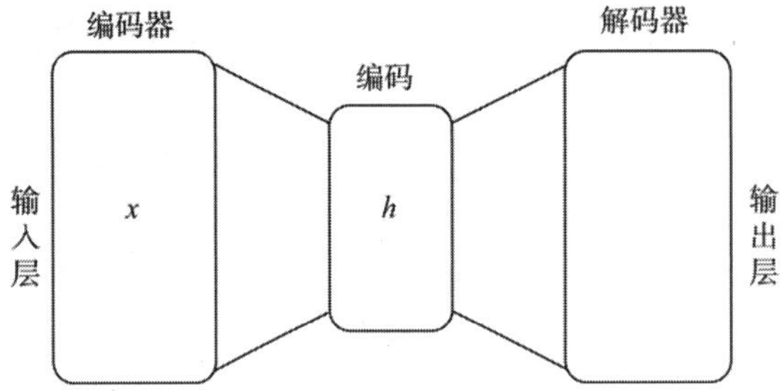

图 10.3　自编码器的基本结构

自编码器至今已经流行了几十年。它的第一次应用要追溯到 1986 年，主要应用是处理高维复杂数据。自编码器属于 FFN 的一种，传统的自编码器主要用于降维及特征提取。随着不断发展，如今自编码器也经常被应用于学习生成数据的模型。到 2010 年，在一些人工智能领域中已经出现了嵌入深度神经网络的自编码器。

自编码器的两部分组成中，编码器将输入映射到隐藏层中，解码器再将隐藏层中的特征向量映射回来重构输入。在实际生活中，完成复制任务的简单方式应该是复制信号，然而，自编码器通常只是近似地重构输入，在重构的结果中只能保留数据最相关的部分。

自编码器最简单的形式是非递归 FFN，该网络和参与多层感知机的单层感知机一样，都使用由一个或多个隐藏层连接的输入层和输出层。输出层和输入层具有相同数量的节点，目的是重构输入(最小化输出和输入的差距)，而不是给定输入 x 去预测目标值 y。因此，自编码器是一种非监督学习。

自编码器中的编码器和解码器，可以分别定义为 Φ 和 Ψ，满足条件

$$\Phi \boldsymbol{x} \to \phi, \Psi : \phi \to \boldsymbol{x}, \Phi, \Psi = \underset{\Phi,\Psi}{\operatorname{argmin}} \| \boldsymbol{x} - \Psi\left(\Phi\left(\boldsymbol{x}\right)\right) \|^2 . \tag{10.15}$$

在最简单的情况下，给定一个隐藏层，在自编码器的编码阶段取输入 $x \in \mathbb{R}^d$，然后将其映射到隐藏层 $\boldsymbol{h} \in \mathbb{R}^p$，即

$$\boldsymbol{h} = \sigma\left(\boldsymbol{W}\boldsymbol{x} + \boldsymbol{b}\right), \tag{10.16}$$

其中，隐藏层 h 通常被称为编码、潜在变量或潜在表示，σ 表示一个元素激活函数(如 sigmoid 函数或校正线性单元)，$\boldsymbol{W}$ 表示权值矩阵，$\boldsymbol{b}$ 表示偏差向量。权值和偏差通常是随机初始化产生的，并在训练过程中通过反向传播迭代更新。之后，在自编码器的解码阶段，将 $\boldsymbol{h}$ 映射到与输入 $\boldsymbol{x}$ 相同形状的重构 x'中，即

$$\boldsymbol{x}' = \sigma'\left(\boldsymbol{W}'\boldsymbol{h} + \boldsymbol{b}'\right), \tag{10.17}$$

其中，解码器的 σ'、$\boldsymbol{W}'$、$\boldsymbol{b}'$.与编码器的 σ、$\boldsymbol{W}$、$\boldsymbol{b}$ 无关。最后，自编码器通过训练来最小化重构误差(如均方误差)，通常称为损失(Loss)，即

$$\mathcal{L}\left(\boldsymbol{x},\boldsymbol{x}'\right) = \boldsymbol{x} - \boldsymbol{x}'^2 = \left\|\boldsymbol{x} - \sigma'\left(\boldsymbol{W}'\left(\sigma\left(\boldsymbol{W}\boldsymbol{x}+\boldsymbol{b}\right)\right)+\boldsymbol{b}'\right)\right\|^2. \tag{10.18}$$

如上所述，与其他 FFN 相同，自编码器的训练是通过误差的反向传播进行的。如果特征空间 $\boldsymbol{\Phi}$ 比输入空间 x 的维度低，即特征向量 $\boldsymbol{\Phi}(x)$ 被看作输入 $\boldsymbol{x}$ 的压缩表示，这种编码器称为欠完备自编码器。如果隐藏层的维度大于(过完备)或等于输入层的维度，或者隐藏层单元模型容量足够大，那么自编码器可能会因为学习到无意义的恒等函数而失去效果。然而，实验结果发现，过完备自编码器仍然可以学习有用的特征，在理想的条件设置下，可以根据需要建模数据分布的复杂性来设置隐藏层的维度和模型的容量，其中一种做法就是利用像已知的正则化自编码器一样的模型变体。

1. 降噪自编码器

降噪自编码器[77]是一类接受部分损坏的输入，通过训练来恢复原始的未失真输入的自编码器。图 10.4 是降噪自编码器的基本结构。降噪自编码器通过改变重构标准来实现更好的特征表示。事实上，降噪自编码器的目的是清理已损坏的数据或者实现降噪效果。这个方法需满足以下两个假设。

(1) 对于已损坏的数据，更高级的特征更加稳定且更具有鲁棒性。

(2) 为了更好地去噪，模型需要提取出能够捕获输入分布中有用结构的特征。

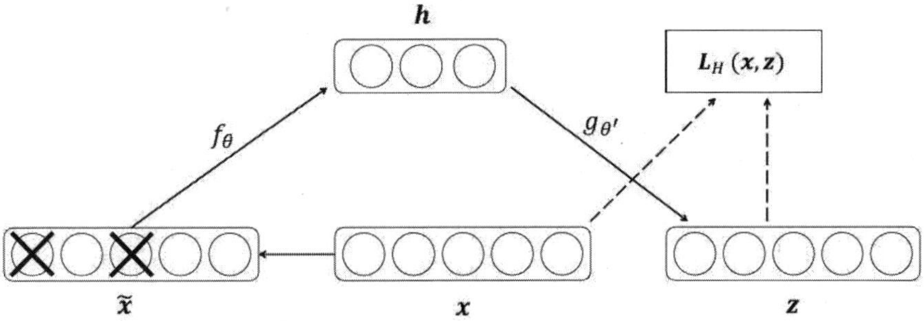

图 10.4 降噪自编码器的基本结构

降噪自编码器的训练过程如下。

(1) 通过随机映射 $\tilde{\boldsymbol{x}} \sim q_D\left(\tilde{\boldsymbol{x}} \mid \boldsymbol{x}\right)$，原始输入 $\boldsymbol{x}$ 被损坏为 $\tilde{\boldsymbol{x}}$。

(2) 和标准自编码器的过程相同，受损的输入 $\tilde{\boldsymbol{x}}$ 被映射为一个隐藏的表征

$$\boldsymbol{h}=f_\theta\left(\tilde{\boldsymbol{x}}\right)=s\left(\boldsymbol{W}\tilde{\boldsymbol{x}}+\boldsymbol{b}\right).$$

(3) 通过隐藏层的特征重构模型：$\boldsymbol{z}=g_{\theta'}\left(\boldsymbol{h}\right)$。

通过训练模型的参数θ和θ'来最小化训练数据的平均重构误差，即尽可能地最小化$\boldsymbol{z}$和原始未失真输入$\boldsymbol{x}$之间的差距。值得注意的是，模型中每当有一个随机输入$\boldsymbol{x}$时，就会有一个根据$q_D\left(\tilde{\boldsymbol{x}}\mid\boldsymbol{x}\right)$随机生成的新的损坏的输入，两者的关键区别是此时$\boldsymbol{z}$是$\tilde{\boldsymbol{x}}$而不是$\boldsymbol{x}$的确定性函数。损失函数可以选择关于 affine+sigmoid 解码器的交叉熵损失$\boldsymbol{L}_{\mathrm{IH}}\left(\boldsymbol{x},\boldsymbol{z}\right)=\mathrm{IH}\left(\beta\left(\boldsymbol{x}\right)\|\beta\left(\boldsymbol{z}\right)\right)$，或者是 affine 解码器的平方误差损失$\boldsymbol{L}_2\left(\boldsymbol{x},\boldsymbol{z}\right)=\left\|\boldsymbol{x}-\boldsymbol{z}\right\|^2$。训练时模型参数随机初始化，然后基于随机梯度下降法进行优化。

上述的训练过程适用于任何受损的过程，如加性高斯噪声、掩蔽噪声(每个例子中随机选取的一部分输入强制为 0)或椒盐噪声(每个例子中随机选取的输入部分以均匀概率设置为它的最大值或最小值)。在训练过程中会对输入加以损失，训练结束之后不再增加损失。

2. 稀疏自编码器

自编码器除可以用于降维特征编码学习外，也可以用于高维的稀疏特征编码学习。在稀疏自编码器中，可能包含比输入更多的隐藏单元(即隐藏单元的维度大于输入样本的维度)，但同时只有少量的隐藏单元允许被激活(满足稀疏性)，这种约束可以促使模型更好地反映训练数据独特的统计特征。

一般的自编码器通过多次映射来实现恒等函数，通过不断地逼近恒等函数，模型能够挖掘出数据的潜在信息。隐藏层作为自编码器的中间层，神经元的具体情况能够在一定程度上体现数据的潜在特征，通过对隐藏层神经元施加不同的约束条件，我们能够得到不同形式的数据特征，而稀疏自编码器正是通过对隐藏层施加一定的稀疏性约束来控制隐藏层神经元激活情况的一种自编码器。

具体来说，稀疏自编码器[78]是在编码层$\boldsymbol{h}$的训练标准中包含稀疏惩罚$\Omega\left(\boldsymbol{h}\right)$的一类自编码器

$$\mathcal{L}\left(\boldsymbol{x},\boldsymbol{x}'\right)+\boldsymbol{\Omega}\left(\boldsymbol{h}\right)\cdot \tag{10.19}$$

惩罚项促使模型根据输入数据激活网络的特定区域，同时不激活其他神经元。这种稀疏性可以通过不同的方式制定惩罚项来实现，常见的方法有以下 3 种。

(1) 利用散度(Kullback-Leibler divergence，KL divergence)，令

$$\hat{\rho}_j=\frac{1}{m}\sum_{m}^{i=1}\left[h_j\left(x_j\right)\right], \tag{10.20}$$

其中，$\hat{\rho}_j$是隐藏单元j的平均激活，它是在m个训练样本上取的平均值；符号$h_j\left(x_j\right)$代表触发激活的输入值。为了促使大多数神经元不被激活，$\hat{\rho}_j$需要接近于 0 值。因此，这个方法强制约束$\hat{\rho}_j=\rho_j$，其中ρ_j是稀疏参数，一个接近于 0 的值。惩罚项$\boldsymbol{\Omega}\left(\boldsymbol{h}\right)$采用$\hat{\rho}_j$明显偏离$\rho$的形式，利用散度

$$\sum_{s}^{j=1}\mathrm{KL}\left(\rho \parallel \hat{\rho}_j\right)=\sum_{s}^{j=1}\left[\rho \lg\frac{\rho}{\hat{\rho}_j}+(1-\rho)\lg\frac{1-\rho}{1-\hat{\rho}_j}\right], \tag{10.21}$$

其中，j 是在隐藏层的 s 个隐藏节点上求和，KL 是均值为 ρ 和均值为 $\hat{\rho}_j$ 的伯努利随机变量之间的 KL 散度。

(2) 在激活中应用 L_1 或 L_2 正则项，由某一个参数值 λ 进行缩放。例如，在 L_1 的情况下，损失函数变成

$$\mathcal{L}\left(\boldsymbol{x},\boldsymbol{x}'\right)+\lambda\sum_{i=1}\left|h_i\right|. \tag{10.22}$$

(3) 手动将不重要的隐藏单元全部调零，即 k-sparse auto encoder，它是基于线性和权重的自编码器(如线性激活函数)。最强激活函数的确定可以通过排序所有活动并且只保留前 k 个值来实现，或者使用具有自适应调整阈值的 ReLU 隐藏单元，直到 k 个最大的激活被确定。这种选择行为类似于前面提到的正则化关系，因为它可以防止模型使用太多的神经元来重构输入。

3. 变分自编码器

传统的自编码器通过某个确定的值来描述输入数据在潜在特征上的表征，而在实际情况中我们更倾向于将每个潜在特征表示为可能值的范围。变分自编码器就是使用“取值的概率分布”而非某一特定值来描述特征的一类模型。变分自编码器通过这种方法，将给定输入的每个潜在特征表示为概率分布。当从潜在状态解码时，从每个潜在分布状态中随机采样以生成向量作为解码器模型的输入。

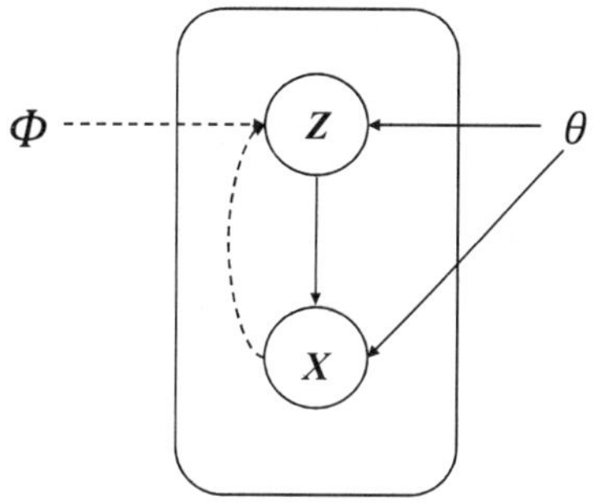

图 10.5　变分编码器的基本结构

与自动编码器的结构相似，变分自编码器利用两个神经网络建立两个概率密度分布模型，即推断网络用于原始输入数据的变分推断，生成隐变量的变分概率分布；生成网络是根据生成的隐变量变分概率分布，还原生成原始数据的近似概率分布，图 10.5 展示了变分编码器[79]的基本结构。

假设输入数据集为

$$\boldsymbol{X}=\left\{\boldsymbol{x}_i\right\}_{i=1}^{N}, \tag{10.23}$$

其中，N 为数据样本总个数，每个数据样本 $\boldsymbol{x}_i$ 都是随机产生的，而且是相互独立的连续或离散的分布变量，生成数据集合为

$$\boldsymbol{X}'=\left\{\boldsymbol{x}_i'\right\}_{i=1}^{N} \tag{10.24}$$

假设该过程产生隐变量 $\boldsymbol{Z}$，即 $\boldsymbol{Z}$ 是决定 $\boldsymbol{X}$ 属性的特征。其中，可观测变量 $\boldsymbol{X}$ 是一个高维空间的随机变量，不可观测变量 $\boldsymbol{Z}$ 是一个相对低维空间的随机变量。该生成模型可分为

以下两个过程。

(1) 隐变量 $\boldsymbol{Z}$ 后验分布的变分近似推断 $q_{\Phi}(\mathrm{Z}|\mathrm{X})$ 即推断网络，其中 Φ 是变分参数。

(2) 条件分布生成过程 $\boldsymbol{P}_{\theta}(\boldsymbol{Z})\boldsymbol{P}_{\theta}(\boldsymbol{X}'|\boldsymbol{Z})$，即生成网络，其中 θ 是生成模型参数。

10.2.3 生成对抗网络

兰·古德费洛(Lan Goodfellow)于 2014 年提出了生成对抗网络(generative adversarial network，GAN)。GAN 模型目前已经成为人工智能重要的研究领域之一。图灵奖获得者杨立昆(Yann LeCun)曾于 2016 年评论 GAN 为“过去十年中机器学习领域中最有趣的想法”，GAN 的出现大大推进了人工智能向无监督学习发展。随着研究的不断深入，GAN 已产生了多种变体，如 DCGAN(deep convolutional generative adversarial networks)及 CGAN(conditional generative adversarial network)等。

1. 基本结构

GAN[80]是一种包含生成模型 G(generative model，G)和判别模型 D(discriminative model，D)的深度学习模型，通过生成模型 G 和判别模型 D 相互博弈的方式进行学习。生成模型的目的是生成样本，并使其尽量与训练样本保持一致。判别模型的目的是能够准确地判别输入的样本是真实训练的样本还是由生成模型生成的样本。两个网络模型相互对抗博弈，最终使判别模型无法判断由生成模型所生成样本的真假。例如，在警察识别假币和犯罪份子造假币的过程中，生成模型类似于造假者一方，其目的是试图生产假币并在不被警察发现的情况下使用它；判别模型相当于鉴别者一方，其目的是尽可能正确地识别出钱币的真假。最终，通过造假者和鉴别者双方博弈，使生成模型尽可能生成接近真实的假币而判别模型无法鉴别钱币的真假。GAN 的基本结构如图 10.6 所示。

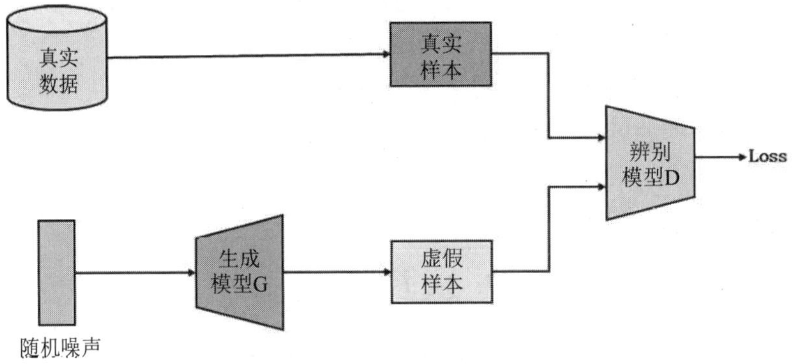

图 10.6　GAN 的基本结构

在 GAN 中，生成模型和判别模型都是多层感知机，即多层神经元网络。生成模型 G 基于概率密度函数为 $p_z(z)$ 的随机噪声分布 z，经过多层感知机来生成概率密度函数为 $p_g(\boldsymbol{x}')$ 的样本分布特征，即

$$\boldsymbol{x}' = G(z), \tag{10.25}$$

其中，$\boldsymbol{x}'$ 表示由生成模型所生成的样本特征，其概率密度函数为 $p_g(\boldsymbol{x}')$；$\boldsymbol{x}$ 表示真实样本特征，$p_{\text{data}}(\boldsymbol{x})$ 表示其分布的概率密度函数。对于判别模型 D，其输入为真实样本特征 $\boldsymbol{x}$ 和由生成模型生成的样本特征 $\boldsymbol{x}'$，输出结果 $D(\boldsymbol{x})$ 与 $D(\boldsymbol{x}')$ 为对应输入的类别概率，也即 0～1 范围的概率值。此概率值用于判别样本的真假，通常将概率值接近 1 的样本认定为真实样本，将概率值接近 0 的样本认定为虚假样本。

根据数据分布来阐述生成模型与判别模型的关系：生成模型目的是使生成样本的分布 $p_g(\boldsymbol{x}')$ 与真实样本的分布 $p_{\text{data}}(\boldsymbol{x})$ 尽可能保持一致，从而使判别模型将虚假样本判别为真实样本，即最大化 $D(\boldsymbol{x}')$；判别模型的目的是尽可能将虚假样本判别为假，将真实样本判别为真，即最大化

$$D(\boldsymbol{x})+\left(1-D(\boldsymbol{x}')\right). \tag{10.26}$$

在训练过程中，两者不断相互博弈，最终达到 $D(\boldsymbol{x})=D(\boldsymbol{x}')=0.5$，此时判别模型无法鉴别样本真假。

2. 理论推导

GAN 的目的是让生成模型生成足以欺骗判别模型[81]的样本数据。从数学角度来看，是希望生成样本和真实样本拥有相同的概率分布，即 $p_g(\boldsymbol{x}')=p_{\text{data}}(\boldsymbol{x})$。下面给出 GAN 中生成模型 G 与判别模型 D 的理论推导。

判别模型 D 的目标是尽可能准确鉴别样本真假，即最大化服从分布 $p_{\text{data}}(\boldsymbol{x})$ 的样本的概率 $D(\boldsymbol{x})$ 为

$$E_{\boldsymbol{x}\sim p_{\text{data}}(\boldsymbol{x})}\log\left[D(\boldsymbol{x})\right]. \tag{10.27}$$

最小化服从分布 $p_z(z)$ 的样本的概率 $D(\boldsymbol{x}')$ 为

$$E_{z\sim p_z(z)}\log\left[1-D\left(G(z)\right)\right]. \tag{10.28}$$

这里以期望的形式描述样本的分类情况，结合式(10.27)和式(10.28)，判别模型 D 的目标即为最大化两项之和。如果以 $V(G, D)$ 表示两项之和，则有

$$V(G,D)=E_{\boldsymbol{x}\sim p_{\text{data}}(\boldsymbol{x})}\log\left[D(\boldsymbol{x})\right]+E_{z\sim p_z(z)}\log\left[1-D\left(G(z)\right)\right]. \tag{10.29}$$

对于给定的生成模型 G，假设得到最优的判别模型 D 表示为 D_G^*，则有

$$D_G^*=\underset{D}{\operatorname{argmax}}\left(V(G,D)\right). \tag{10.30}$$

对于给定的判别模型 D，生成模型 G 的目标是生成尽可能让判别模型 D 辨别不出真假的样本，即最大化

$$E_{z\sim p_z(z)}\log\left[D\left(G(z)\right)\right]. \tag{10.31}$$

我们也可以通过另一个角度去理解生成模型的目标。与判别模型相反，生成模型的优

化目标是让判别模型的效果尽可能差，从而使生成模型生成的样本能达到以假乱真的效果。当判别模型取得全局最大值，即 $D=D_G^*$ 时，对生成模型进行优化，此时生成模型 G 希望得到全局最小值，即

$$G^*=\underset{G}{\operatorname{argmin}}\left(V\left(G,D_G^*\right)\right). \tag{10.32}$$

综上，GAN 的损失函数如下

$$\min_G\max_D V\left(G,D\right)=E_{\boldsymbol{x}\sim p_{\text{data}}(\boldsymbol{x})}\log\left[D\left(\boldsymbol{x}\right)\right]+E_{z\sim p_z(z)}\log\left[1-DG\left(\left(z\right)\right)\right]. \tag{10.33}$$

下面对式(10.33)进行理论证明。

证明：对于给定的 G，能够找到最优判别模型 D_G^*。

将式(10.29)用积分形式表示，有

$$V\left(G,D\right)=\int_x p_{\text{data}}\left(\boldsymbol{x}\right)\log\left[D\left(\boldsymbol{x}\right)\right]\mathrm{d}x+\int_z p_z\left(z\right)\log\left[1-D\left(G\left(z\right)\right)\right]\mathrm{d}z. \tag{10.34}$$

将生成数据 $\boldsymbol{x}'$ 的分布与真实数据 $\boldsymbol{x}$ 的分布做一个映射，得

$$V\left(G,D\right)=\int_x\left\{p_{\text{data}}\left(\boldsymbol{x}\right)\log\left[D\left(\boldsymbol{x}\right)\right]+p_g\left(\boldsymbol{x}\right)\log\left[1-D\left(\boldsymbol{x}\right)\right]\right\}\mathrm{d}x. \tag{10.35}$$

对于式(10.35)，由于不需要求积分的最大值，所以只需要求积分值最大条件下的 D 即可，即 D_G^*。可将积分内部等价为

$$f\left(y\right)=a\log y+b\log\left(1-y\right). \tag{10.36}$$

其中，$a=p_{\text{data}}\left(\boldsymbol{x}\right)$，$b=p_g\left(\boldsymbol{x}\right)$，$y=D\left(\boldsymbol{x}\right)$。由式(10.36)可知，当 $y=\dfrac{a}{a+b}$ 时，$f\left(y\right)$ 取得最大值，故这里能够找到使 $V\left(G,D\right)$ 最大化对应的 D_G^* 为

$$D_G^*=\frac{p_{\text{data}}\left(\boldsymbol{x}\right)}{p_{\text{data}}\left(\boldsymbol{x}\right)+p_g\left(\boldsymbol{x}\right)}\ . \tag{10.37}$$

至此，可得到最优的判别模型 D_G^*。

在最优判别模型 D_G^* 下，求解最优的生成模型 G^*。

将式(10.37)代入式(10.35)中，可得

$$\begin{aligned}V\left(G,D_G^*\right)&=\int_x\left\{p_{\text{data}}\left(\boldsymbol{x}\right)\log\frac{p_{\text{data}}\left(\boldsymbol{x}\right)}{p_{\text{data}}\left(\boldsymbol{x}\right)+p_g\left(\boldsymbol{x}\right)}+p_g\left(\boldsymbol{x}\right)\log\left[1-\frac{p_{\text{data}}\left(\boldsymbol{x}\right)}{p_{\text{data}}\left(\boldsymbol{x}\right)+p_g\left(\boldsymbol{x}\right)}\right]\right\}\mathrm{d}x\\&=\int_x\left[p_{\text{data}}\left(\boldsymbol{x}\right)\log\frac{p_{\text{data}}\left(\boldsymbol{x}\right)}{p_{\text{data}}\left(\boldsymbol{x}\right)+p_g\left(\boldsymbol{x}\right)}+p_g\left(\boldsymbol{x}\right)\log\frac{p_g\left(\boldsymbol{x}\right)}{p_{\text{data}}\left(\boldsymbol{x}\right)+p_g\left(\boldsymbol{x}\right)}\right]\mathrm{d}x\ .\end{aligned} \tag{10.38}$$

为了便于求解，这里添加一定的冗余项，得

$$V\left(G,D_G^*\right)=\int_x\left[\left(\log 2-\log 2\right)p_{\text{data}}\left(\boldsymbol{x}\right)+p_{\text{data}}\left(\boldsymbol{x}\right)\log\frac{p_{\text{data}}\left(\boldsymbol{x}\right)}{p_{\text{data}}\left(\boldsymbol{x}\right)+p_g\left(\boldsymbol{x}\right)}\right.$$
$$\left.+\left(\log 2-\log 2\right)p_g\left(\boldsymbol{x}\right)+p_g\left(\boldsymbol{x}\right)\log\frac{p_g\left(\boldsymbol{x}\right)}{p_{\text{data}}\left(\boldsymbol{x}\right)+p_g\left(\boldsymbol{x}\right)}\right]\mathrm{d}x. \tag{10.39}$$

式(10.39)经过化简后可得

$$V\left(G,D_G^*\right)=-\log 2\int_x\left[p_{\text{data}}\left(\boldsymbol{x}\right)+p_g\left(\boldsymbol{x}\right)\right]\mathrm{d}x$$
$$+\int_x\left\{p_{\text{data}}\left(\boldsymbol{x}\right)\left[\log 2+\log\frac{p_{\text{data}}\left(\boldsymbol{x}\right)}{p_{\text{data}}\left(\boldsymbol{x}\right)+p_g\left(\boldsymbol{x}\right)}\right]\right.$$
$$\left.+p_g\left(\boldsymbol{x}\right)\left[\log 2+\log\frac{p_g\left(\boldsymbol{x}\right)}{p_{\text{data}}\left(\boldsymbol{x}\right)+p_g\left(\boldsymbol{x}\right)}\right]\right\}\mathrm{d}x. \tag{10.40}$$

根据概率密度的定义$\int_x\left[p_{data}(\boldsymbol{x})+p_g(\boldsymbol{x})\mathrm{d}x\right]=2$，对第二项积分进行化简得

$$V\left(G,D_G^*\right)=-2\log 2+\int_x\left[p_{\text{data}}\left(\boldsymbol{x}\right)\log\frac{p_{\text{data}}\left(\boldsymbol{x}\right)}{\left[p_{\text{data}}\left(\boldsymbol{x}\right)+p_g\left(\boldsymbol{x}\right)\right]/2}\right.$$
$$\left.+p_g\left(\boldsymbol{x}\right)\log\frac{p_g\left(\boldsymbol{x}\right)}{\left[p_{\text{data}}\left(\boldsymbol{x}\right)+p_g\left(\boldsymbol{x}\right)\right]/2}\right]\mathrm{d}x. \tag{10.41}$$

接下来使用相对熵[82]对式(10.41)进行进一步处理。简单介绍一下相对熵，相对熵又称 KL 散度(Kullback-Leibler divergence)，是两个概率分布间差异的非对称性度量。设 $P(x)$ 和 $O(x)$是随机变量 x 上的两个概率分布，则在连续随机变量的条件下，相对熵可定义为

$$\mathrm{KL}\left(P\left(x\right)\|Q\left(x\right)\right)=\int P\left(x\right)\log\frac{P\left(x\right)}{Q\left(x\right)}\mathrm{d}x\cdot \tag{10.42}$$

对比式(10.41)的积分项与式(10.42)，则式(10.41)可以表示为

$$V\left(G,D_G^*\right)=-2\log 2+\mathrm{KL}\left(\left(p_{\text{data}}\boldsymbol{x}\right)\|\frac{p_{\text{data}}\left(\boldsymbol{x}\right)+p_g\left(\boldsymbol{x}\right)}{2}\right)+\mathrm{KL}\left(p_g\left(\boldsymbol{x}\right)\|\frac{p_{\text{data}}\left(\boldsymbol{x}\right)+p_g\left(\boldsymbol{x}\right)}{2}\right). \tag{10.43}$$

由于 KL 散度不具备对称性，这里通过 KL 散度的变体 JS(Jensen-Shannon diver- gence)散度进行计算，JS 散度与 KL 散度的关系如下

$$\mathrm{JSD}\left(P\|Q\right)=\frac{1}{2}\mathrm{KL}\left(P\|\frac{P+Q}{2}\right)+\frac{1}{2}\mathrm{KL}\left(Q\|\frac{P+Q}{2}\right). \tag{10.44}$$

此时，式(10.41)可经由 JS 散度替换如下

$$V\left(G,D_G^*\right)=-2\log 2+2\mathrm{JSD}\left(p_{\text{data}}\left(\boldsymbol{x}\right)\|p_g\left(\boldsymbol{x}\right)\right). \tag{10.45}$$

由于 JS 散度是非负的，且当且仅当 $p_{\text{data}}(\boldsymbol{x}) = p_g(\boldsymbol{x})$ 时 JS 散度值为 0，此时可最小化 $V\left(G, D_G^*\right)$ 以求得最优的 G^*。可以发现，此时的生成样本的概率分布与真实样本的概率分布一致，从而达到判别模型无法分辨样本真假的效果。

3. 训练方式

由于 GAN 包含生成模型和判别模型两个方面，所以其具有特殊的训练方式。对于每一个训练次数，首先固定生成模型 G 的参数，训练 k 次判别模型 D 后，更新判别模型 D 的参数；接着固定判别模型 D 的参数，更新生成模型 G 的参数。在训练过程中基于梯度下降法来更新参数，具体的训练方式如算法 10.1 所示。

算法 10.1 GAN 的训练过程

---

for 训练次数 **do**

  for k steps **do**

    从样本分布 $p_{data}(\boldsymbol{x})$ 中选出一批次 m 的样本 $x^{(1)}, x^{(2)}, \cdots, x^{(m)}$.

    从样分分布 $p_g(z)$ 中选出一批次 m 的样本 $z^{(1)}, z^{(2)}, \cdots, z^{(m)}$.

    使用随机递度上升法来更新判别模型 D，梯度为

    $E_{\boldsymbol{x} \sim p_{data}(\boldsymbol{x})} \log[D(\boldsymbol{x})] + E_{z \sim p_z(z)} \log[1 - D(G(z)]$.

  end for

  从样本分布 $p_g(z)$ 中选出一批次 m 的样本 $z^{(1)}, z^{(2)}, \cdots, z^{(m)}$.

  使用随机梯度上升法来更新判别模型 G，梯度为

$$E_{z \sim p_z(z)} \log[D(G(z))].$$

end for

习题 10

1. k-Means 聚类算法中随机选取的初始点如果距离过近，会对聚类效果产生怎样的影响？

2. k -Means 聚类算法在每次进行类别划分时如何更新每个类别的中心点位置？

3. 在手肘法中如何通过 SSE 和 k 的关系来选取最优的目标类别数？

4. 相较于传统的 k-Means 聚类算法，k-Means++聚类算法具有哪些优点？

5. 在已有中心点的情况下，k-Means++聚类算法选取下一个中心点的标准是什么？

6. 降维通常所要求的基是标准正交基，试分析基的标准化和正交化的优点。

7. 试分析经过 PCA 操作的数据的优点，以及存在的问题。

8. 在对数据进行 PCA 处理时，如果降维到 m 维，m 过大或过小有什么影响？如何权衡 m 的选取？

9. 自编码器的主要任务是什么？

10. 什么是欠完备(undercomplete)和过完备(overcomplete)自编码器？一个过度欠完备

的自编码器有什么风险？一个过完备的自编码器有什么风险？

11. GAN 由哪两部分组成？它们的作用分别是什么？
12. GAN 所要达到的最终目的是什么？
13. GAN 有哪些应用场景？
14. GAN 的局限性有哪些？

第11章

强化学习

随着科技的飞速发展，产业智能化升级改造正推动着“中国制造”向“中国智造”转变。国家在“新一代人工智能”的创新需求中明确了推动人工智能技术持续创新。其与经济社会深度融合将成为发展的主线。高度融合智能学习技术成为新一代人工智能发展的强大引擎。人工智能当前阶段的最高目标就是实现通用人工智能，即一个模型可以实现多种任务，而且该模型的效果全面超过人类的能力。强化学习[83]是最接近于人类决策过程的机器学习算法，可以看作一个智能体无限、快速地感知世界，与环境进行交互，并通过自身失败或成功的经验，优化自身的决策过程。本章围绕强化学习展开介绍，具体包括强化学习概述、马尔可夫决策过程、有模型强化学习及无模型强化学习。本章是深度学习理论在强化学习领域的发展与实践。

11.1 强化学习概述

强化学习(reinforcement learning)是机器学习的另一个领域，与有监督学习、无监督学习并称为机器学习的三大学习范式。简单来说，强化学习属于一种交互式学习方式，即智能体通过与环境的不断交互，学习到一个最优的策略，以获取最大利益。强化学习中的名称解释如表 11.1 所示。

表 11.1　强化学习名称解释

名称	含义
智能体	强化学习的主角，策略的学习者和制定者
环境	影响智能体进行学习和决策的所有因素
状态	智能体在当前环境收集到的信息
动作	智能体对当前状态的行为表现
奖励	环境对智能体所做动作的反馈
策略	智能体通过与环境交互，根据当前所指定下一动作的函数

强化学习可以看作一个不断试错的过程，通过不断试错找到规律，最终达到学习的目的。如图 11.1 所示，智能体(agent)在环境(environment)中执行某个动作 A，由于该动作对环境产生影响，状态 S 随之发生变化并产生一个强化信号 R(奖励或惩罚)反馈给智能体，此时智能体会根据强化信号和当前环境状态产生下一个动作的策略 P。这里策略的基本原则是提升智能体接受正反馈(奖励)的概率。

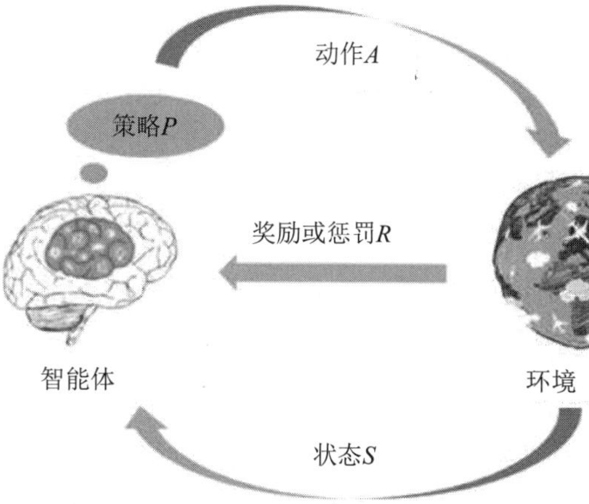

图 11.1　强化学习基本结构

我们以大多数人玩过的俄罗斯方块游戏为例来说明强化学习的过程。将人看作智能体，游戏场景相当于环境，俄罗斯方块堆积后的形状为状态(初始状态为空)，对方块的操作(如旋转、左右移动等)是动作，如何操作方块是策略，消除整行方块得分是奖励。通过不断操作，当方块之间完全契合并铺满整行时，该行方块会消除并获得相应积分奖励。为了获得最多奖励，我们必须学会选择最佳的方块操作策略，整个游戏过程就可以看作一种强化学习[84]。

11.1.1　强化学习的理论基础

强化学习是学习一个从状态空间 S 到动作空间 A 的映射，一般将这种映射关系称为策略。智能体会根据策略采取相应的动作，用 s_t 表示当前状态，a_t 表示对当前状态采取的动

作，对于确定性的策略，一般用 μ 表示，即

$$a_t = \mu(s_t). \tag{11.1}$$

对于随机的策略，一般用 π 表示，即

$$a_t \sim \pi(\cdot \mid s_t). \tag{11.2}$$

对于状态和动作的序列，用运动轨迹 τ 表示，即

$$\tau = (s_0, a_0, s_1, a_1, \cdots). \tag{11.3}$$

当前状态 s_t 到下一状态 s_{t+1} 的转换是由智能体所处环境的自然规则决定的，并且与当前采取的动作 a_t 有关，对于这种状态的转换可以是确定的，即

$$s_{t+1} = f(s_t, a_t). \tag{11.4}$$

也可以是随机的，即

$$s_{t+1} \sim p(\cdot \mid s_t, a_t). \tag{11.5}$$

强化学习中，奖励函数 R 非常重要。它由当前状态、已经执行的动作和下一步的状态共同决定，即

$$r_t = R(s_t, a_t, s_{t+1}). \tag{11.6}$$

智能体的目标是最大化行动轨迹的累积奖励，对于有限时间段内 T 步累积奖励可以表示为

$$R(t) = \sum_{t=0}^{T} r_t. \tag{11.7}$$

对于一些没有明确状态的持续性任务，奖励会因为获得的时间不同而衰减，因此需要加入衰减因子 $\gamma \in (0,1)$ 称为 γ 折扣奖励，即

$$R(t) = \sum_{t=0}^{\infty} \gamma^t r_t. \tag{11.8}$$

无论选择哪种方式衡量收益(T 步累计奖赏或 γ 折扣奖励)，强化学习的目标都是选择一种策略从而最大化预期收益。假设环境转换和策略都是随机的，这种情况下，T 步行动轨迹可表示为

$$P(t \mid \pi) = (s_0) \prod_{t=0}^{T-1} P(s_{t+1} \mid s_t, a_t) \pi(a_t \mid s_t), \tag{11.9}$$

预期收益为

$$J(\pi) = \int_t P(t \mid \pi) R(t) = \mathop{E}_{t \sim \pi}\left[R(t)\right], \tag{11.10}$$

于是，强化学习的核心问题可以表示为，找出最佳策略π^*，从而获得最大预期收益

$$\pi^* = \arg\max_{\pi} J(\pi). \tag{11.11}$$

11.1.2 强化学习的分类

从本质而言，监督学习和无监督学习的最大区别为数据样本是否含有标签。监督学习是指在数据样本有标签的情况下，让机器去学习数据特征与标签之间的关系，例如，最简单的监督学习，如线性回归与逻辑回归。无监督学习则是指在数据无标签的情况下，让机器去学习数据本身之间的关系，如 *k*-Means 和 PCA 等，并最终都以参数的形式表现出来。强化学习则本质上是在执行一种搜索的任务，通过机器去搜索某种特定环境中的最优策略。强化学习和标签学习的本质任务不同，强化学习进一步拓展了机器学习的边界，让机器学习从预测任务转变到决策任务。

随着对机器学习和深度学习的研究不断深入，关于强化学习算法的研究受到更多学者的广泛关注，越来越多的强化学习算法被不断提出。对于强化学习算法，一般可以按以下几个主流的标准进行分类。

1. 基于模型与基于无模型的强化学习算法

对于模型的理解可以是强化学习中的环境，基于模型与基于无模型的强化学习算法[85]的区别是对环境交互得到的数据的利用方式不同。基于模型的强化学习算法需要去学习和理解环境，利用与环境交互得到的数据学习系统或模拟环境，再通过系统或模拟的环境预测之后发生的情况，最后基于模型进行决策。以围棋 AI 为例，它可以在了解围棋游戏规则的情况下虚拟出另外一个棋盘，并在这个虚拟的棋盘上进行试下，在不断地试下过程中进行学习。而基于无模型的强化学习是直接利用与环境交互得到的数据对自身进行改善，不用学习和理解环境。常见的有策略优化和 Q-learning(quality-learning，强化学习)算法等。

2. 基于值函数与基于策略搜索的强化学习算法

强化学习还可以根据以策略为中心还是以值函数为中心进行分类。基于值函数的方法输出的是动作的价值，选择收益价值最高的动作，适用于非连续的动作。常见的方法有 Q-learning 算法和 SARSA(state-action-reward state action)算法。而基于策略搜索的方法是直接输出下一步动作的概率，根据此概率来选取要进行决策的动作。需要注意的是，实际中一般从整体考虑，不一定会选取概率最高的动作。由于概率分布可以是离散的或连续的，所以基于策略搜索的强化学习方法对于离散和连续这两种不同动作的选取都适用。常见的方法有 Policy Gradients(策略梯度)算法等。

3. 正向强化学习与逆向强化学习

奖励函数[85]的设计是强化学习中重要的部分，其作用是将任务目标进行具体化和数

值化。依据奖励函数是否已知，可以将强化学习划分为正向强化学习和逆向强化学习。在正向强化学习中，奖励函数是已知的，而在逆向强化学习中，奖励函数是未知的，需要通过专家实例学习奖励函数，再根据奖励函数去优化行为策略。例如，人类在驾驶汽车的过程中，与物理环境进行交互，根据自身观测进行决策，制定出行驶轨迹，但行驶轨迹中没有明显地体现出奖励。其实是有奖励的，在行驶过程中，我们需要避免碰撞、遵守交通规则、尽快到达目的地，这些操作背后都有隐含奖励，只是环境不会直接把奖励告诉我们，需要我们自己去推理学习。常见的算法有 MaxEnt(最大熵)算法。

11.1.3 强化学习的应用

随着人工智能的蓬勃发展，强化学习作为一种机器学习技术被广泛应用到各领域。它在游戏人工智能系统、现代机器人、自动驾驶、芯片设计系统和其他应用中发挥着重要的作用，如图 11.2 所示。

(a) DeepMind 公司研发的 AlphaGO　　(b) 百度 Apollo 自动驾驶　　(c) 波士顿动力 Atlas 机器人

图 11.2　强化学习的应用

1. 游戏场景应用

计算机游戏是强化学习最常见的测试平台，如前些年火爆的 AlphaGo 在与人类围棋对弈中大放异彩。它首先采用深度学习算法搜索棋局的局部态势，最终到单个棋子这一复杂的状态空间，再利用强化学习中策略梯度搜索方法构建策略网络和价值网络。其中策略网络用来记录棋局下一步的落子状态，价值网络用来对落子这一动作进行评估。

2. 自动驾驶技术

在自动驾驶任务中，复杂多变的路况是对自动驾驶算法的一大挑战，如何保证高效实时性及应对路面特殊的突发状况是亟需考虑的重要问题。将强化学习与深度学习相结合，借助深度学习模型对高维数据的快速处理能力及强化学习的决策规划能力，能够将高维的感知信息映射到连续动作空间，为解决自动驾驶任务中环境复杂、交互频繁等问题提供良好的技术支持。

3. 机器人技术

如何使机器人具备自主操作能力，一直以来是机器人领域研究的重点及难点。目前基于深度学习与强化学习的理论提供了使机器人达到模拟人类自主操作能力的可行方案。基于学习的算法可以使机器人通过利用从环境中收集的数据，在非结构化的环境中适应性地获得复杂的行为，特别是，通过强化学习，机器人可以采用与环境交互的试错学习方式自主地发现最优行为。在学习过程中并不需要关心解决问题的具体细节，学习器在强化学习任务中会依据目标函数提供反馈，以度量机器人每一步的表现性能。强化学习不仅大大减轻了操作员预先编写精确行为程序的负担，还能够将机器人部署在非熟悉的场景中。

此外，我国高校和企业也在强化学习应用领域取得了许多重要研究成果。南京大学俞扬教授的科研团队着重于将理论应用于实际生产中，并摸索出了切实可行的技术路线。该团队创办的南栖仙策，正在为不同行业注入强大的“智策力”，并在智能营销、物流服务、汽车制造、智慧水务方面实现了强化学习智能决策的产业落地。阿里巴巴将强化学习作为一种有效的基于用户与系统交互过程的建模手段，最大化过程累积消费者在平台上的使用体验，并在一些具体的业务场景中进行了很好的实践并得到大规模应用。在搜索场景中，阿里巴巴对用户的浏览购买行为进行建模，实现了基于强化学习的排序策略决策模型，从而使淘宝搜索的智能化进化至新的高度。在推荐场景中，阿里巴巴将深度强化学习与自适应在线学习结合，对海量用户行为及百亿级商品特征进行实时分析，帮助每一个用户快速找到自己想要的商品。随着强化学习的飞速发展，我们相信在不久的将来，在国际前沿技术应用的竞争中，会涌现出更多创新人工智能应用的“中国故事”[86]。

11.2 马尔可夫决策过程

马尔可夫决策过程(Markov decision processes，MDP)是序列决策的经典数学模型。序列决策是指所遇到的问题无法在一次决策中解决，需要连续不断地决策才能最终解决。强化学习所解决的问题基本上可以归类为序列决策问题，学者们通常采用马尔可夫决策过程作为理论框架来完成强化学习的求解任务。本节对马尔可夫决策过程进行详细讲解，主要包括马尔可夫性和马尔可夫决策过程的价值函数及其求解。

在实际环境中，转换到下一个状态 s'的概率不仅与上一个状态 s 有关，还与更早的状态有关。这一点会增加环境转换的复杂性，因此需要对强化学习的环境转换模型进行简化。一种常用的简化方法就是假设状态转移具有马尔可夫性(Markov property)，并约束环境的状态使其具有马尔可夫性。马尔可夫性是指系统下一时刻状态 s_{t+1} 的分布仅与当前的状态 s_t 有关，而与 t 时刻之前的状态无关。马尔可夫性数学描述如下

$$p\left(s_{t+1} \mid s_t\right)=p\left(s_{t+1} \mid s_1, s_2, \cdots, s_t\right). \tag{11.12}$$

由式(11.12)可以看出，当前状态 s_t 已经蕴含了所有历史相关信息，一旦当前状态已知，历史信息将会全部被抛弃。

马尔可夫链是指具有马尔可夫性的随机过程，其参数集(通常为时间)和状态集都是离散的。适用于连续区间参数集的马尔可夫链被称为马尔可夫过程。相比仅由状态集和状态转移概率描述的马尔可夫过程，马尔可夫决策过程考虑了动作。这使强化学习中的智能体可以学习一个策略π，并根据当前状态s做出行动，从而影响转移到下一个状态s'的概率分

布。从状态 s_0 出发，存在多条状态转移路径。智能体在状态 s_0 下根据策略 π 随机选择动作 a_0 并执行，按状态转移概率到达下个状态 s_1，然后选择动作 a_1，不断往下循环，最终到达状态 s_n，如图 11.3 所示。

$$s_0 \xrightarrow{a_0} s_1 \xrightarrow{a_1} s_2 \xrightarrow{a_2} \cdots \xrightarrow{a_{n-1}} s_n$$

图 11.3　基于马尔可夫决策过程表示的强化学习

马尔可夫决策过程可以由元组 $(\mathcal{S},\mathcal{A},P,R)$ 描述，其中：

(1) $\mathcal{S}$ 为状态空间集：s_t 表示 t 时刻的状态，由 s_{t-1} 和 a_{t-1} 随机决定；

(2) $\mathcal{A}$ 为动作空间集：a_t 表示 t 时刻的动作；

(3) P 为状态转移概率：当前状态 s 转移到 s' 的概率记作 $p_{ss'}=p(s'|s)$。在当前状态 s 下执行动作 a 后，转移到状态 s' 的概率分布，记作 $p_{ss'}^{a}=p(s'|s,a)$；

(4) R 为奖励函数。

在马尔可夫决策过程中，当前时刻的状态 s 和获得的奖励 r 都具有马尔可夫性。因此，将马尔可夫决策过程引入强化学习，可以极大地降低模型的复杂程度。马尔可夫决策过程中的智能体观察所在环境状态，根据观测结果和自身策略选择一个动作。在下一时刻，环境对这些动作做出响应，向智能体呈现新的状态，并给出奖励。

马尔可夫决策过程中智能体和环境的交互如图 11.4 所示。

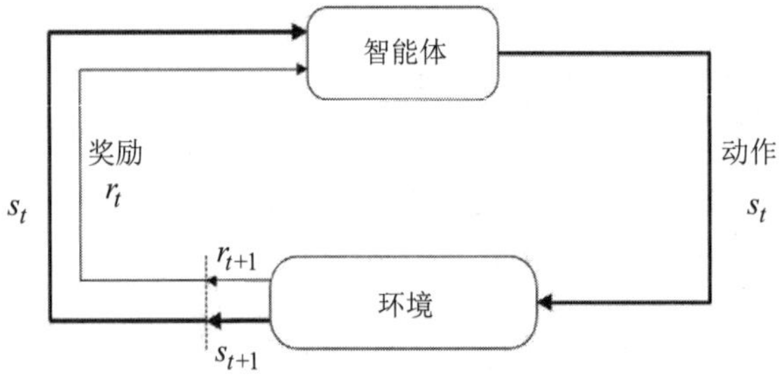

图 11.4　马尔可夫决策过程中智能体和环境的交互

11.2.1　价值函数

当智能体执行到某一步骤时，需要评估智能体当前状态的好坏程度，目前主要通过状态价值函数[87]来完成。记 t 时刻以后的累计收益为 G_t，在策略 π 下，状态价值函数可表示为

$$v_\pi(s)=E_\pi\left[G_t|\ S_t=s\right]=E_\pi\left[\sum_{k=0}^{\infty}\gamma^k r_{t+1+k}|\ S_t=s\right]. \tag{11.13}$$

类似地，另一种动作价值函数(又称 Q 函数)用来评估在状态 s 下，智能体执行动作 a 的好坏程度。Q 函数可表示为

$$q_{\pi}(s,a)=E_{\pi}\left[G_t|\ S_t=s,A_t=a\right]=E_{\pi}\left[\sum_{k=0}^{\infty}\gamma^k r_{t+1+k}|\ S_t=s,A_t=a\right], \tag{11.14}$$

其中，$E_{\pi}[\cdot]$表示在给定策略π时，随机变量的期望值。折扣累计奖励从r_{t+1}开始是为了表明下一时刻的状态s_{t+1}和奖励r_{t+1}是共同确定的。由式(11.13)可以推出，终点的状态价值函数为零。

由式(11.14)可以推出，相邻的累计奖励具有递归关系

$$G_t=R_{t+1}+\gamma\left(R_{t+2}+\gamma R_{t+3}+\cdots\right)=R_{t+1}+\gamma G_{t+1}, \tag{11.15}$$

把式(11.15)代入(11.13)中，有

$$\begin{aligned}v_{\pi}(s)&=E_{\pi}\left[G_t|\ S_t=s\right]\\&=E_{\pi}\left[R_{t+1}+\gamma G_{t+1}|\ S_t=s\right]\\&=E_{\pi}\left[R_{t+1}+\gamma v_{\pi}\left(S_{t+1}\right)|\ S_t=s\right],\end{aligned} \tag{11.16}$$

式(11.16)就是状态价值函数的贝尔曼方程，用来表示当前状态的价值和下一时刻状态价值之间的迭代关系。

同理，可以写出动作价值函数的的贝尔曼方程

$$q_{\pi}(s,a)=E_{\pi}\left[R_{t+1}+\gamma q_{\pi}\left(S_{t+1}\right)|\ S_t=s,A_t=a\right]. \tag{11.17}$$

策略π是状态空间到动作空间的映射，具有马尔可夫性。用$\pi(a|s)$表示对过程中的某一状态s采取可能的动作a的概率，有

$$\pi(a|s)=p(A_t=a|S_t=s). \tag{11.18}$$

在执行策略π时，当前状态s转移至s'的概率具有以下关系

$$p_{ss'}^{\pi}=\sum_{a\in\mathcal{A}}\pi(a|\ s)\,p_{ss'}^{a}. \tag{11.19}$$

根据状态价值函数$v_{\pi}(s)$与动作价值函数$q_{\pi}(s,a)$的定义，可知两者具有如图11.5所示的关系。图中空心圆表示状态，实心圆表示动作。

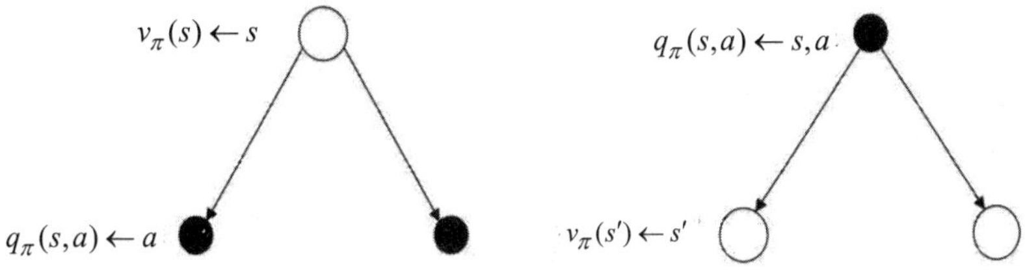

图 11.5　状态价值函数与动作价值函数的关系

状态s的价值为在该状态下遵循策略π的所有动作价值函数$q_{\pi}(s,a)$与相应动作出现

的概率 $\pi(a|s)$ 的累积和，即

$$v_\pi(s)=\sum_{a\in\mathcal{A}}\pi(a|s)q_\pi(s,a). \tag{11.20}$$

动作价值函数与状态价值函数也具有以下关系：

$$q_\pi(s,a)=R_s^a+\gamma\sum_{s'\in\mathcal{S}}p_{ss'}^a v_\pi(s'). \tag{11.21}$$

其中，$R_s^a=E_\pi\left[r_{t+1}|S_t=s,A_t=a\right]$。式(11.21)说明，当前状态下采取动作 a 的价值，可以分为两部分，一部分是离开当前状态的价值，另一部分是所有进入新状态的价值与其对应状态转移概率乘积之和。

联立式(11.20)与式(11.21)，可以得到价值函数的贝尔曼方程如下

$$v_\pi(s)=\sum_{a\in\mathcal{A}}\pi(a|s)\left[R_s^a+\gamma\sum_{s'\in\mathcal{S}}p_{ss'}^a v_\pi(s')\right], \tag{11.22}$$

$$q_\pi(s,a)=R_s^a+\gamma\sum_{s'\in\mathcal{S}}p_{ss'}^a\sum_{a'\in\mathcal{A}}\pi(a'|s')q_\pi(s',a'). \tag{11.23}$$

11.2.2 最优价值函数求解

强化学习的目标是求解马尔可夫决策过程的最优策略，而最优策略 π^* 可以通过价值函数表达。寻找最优策略也就是寻找最优价值函数。最优状态价值函数 $v^*(s)$ 指的是在从所有策略产生的状态价值函数中，选取使状态 s 价值最大的函数[88]，即

$$v^*(s)=\max_\pi v_\pi(s), \tag{11.24}$$

式(11.24)所求解的策略可以认定为最优策略，即

$$\pi^*(s)=\arg\max_\pi v_\pi(s)\cdot \tag{11.25}$$

同理，最优动作价值函数 $q^*(s,a)$ 是指从所有策略下产生的动作价值函数中，选取使状态-动作 (s,a) 价值最大的函数，即

$$q^*(s,a)=\max_\pi q_\pi(s,a)\cdot \tag{11.26}$$

使用最优动作价值函数表达的最优策略如下

$$\pi^*(a|s)=\begin{cases}1,\ 当\ a=\underset{a\in\mathcal{A}}{\operatorname{argmax}}\ q^*(s,a),\\ 0,其他.\end{cases} \tag{11.27}$$

其中，$\underset{a\in\mathcal{A}}{\operatorname{argmax}}\ q^*(s,a)$ 表示 $q^*(s,a)$ 取得最大值时，a 的取值。

由式(11.20)中的状态价值函数和动作价值函数之间的关系，可以得到

$$v^*(s)=\max_a q^*(s,a), \tag{11.28}$$

反之，由式(11.21)可得最优动作价值函数，可以写成

$$q^*(s,a)=R_s^a+\gamma\sum_{s'\in\mathcal{S}}p_{ss'}^a v^*(s')\,. \tag{11.29}$$

联立式(11.28)和式(11.29)，可以得到贝尔曼最优方程如下

$$v^*(s)=\max_a\left(R_S^a+\gamma\sum_{s'\in\mathcal{S}}p_{SS'}^a v^*(s')\right), \tag{11.30}$$

$$q^*(s,a)=R_s^a+\gamma\sum_{s'\in\mathcal{S}}p_{ss'}^a\max_{a'}q^*(s',a'). \tag{11.31}$$

11.2.3 马尔可夫决策过程实例

我们以学生提高学习成绩为例来说明马尔可夫决策过程。如图 11.6 所示，s_0 为起点，方框 s_4 为终点，空心圆表示状态，实心小圆表示学生执行动作后进入临时状态，随后被环境依概率分配到另外 3 个状态，状态一动作对应的奖励已经标注。为了找到最优策略，需要先求出最优价值函数。

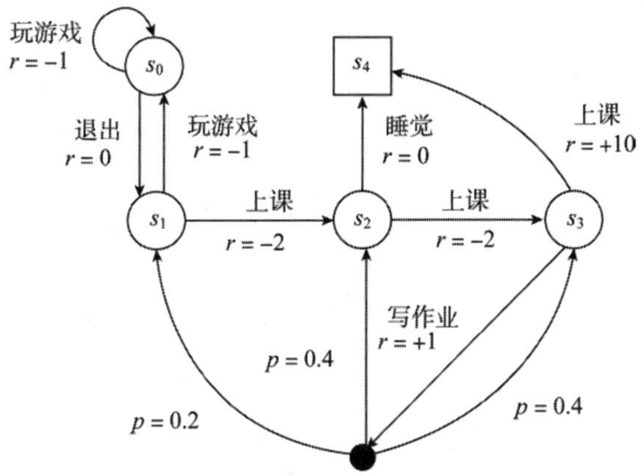

图 11.6　马尔可夫决策过程实例

为了方便计算，设置衰减因子 γ 为 1。每个状态都只有两个动作，可以初始化为 $\pi(a\,|\,s)=0.5$。由式(11.22)计算所有的状态价值函数，终点的状态价值 v_4 为零。

$$\begin{cases}
v_0=0.5\times(-1+v_0)+0.5\times(0+v_1),\\
v_1=0.5\times(-1+v_0)+0.5\times(-2+v_2),\\
v_2=0.5\times(0+0)+0.5\times(-2+v_3),\\
v_3=0.5\times(10+0)+0.5\times(1+0.2v_1+0.4v_2+0.4v_3).
\end{cases}$$

求解方程组，可得

$$v_0 = -2.3, v_1 = -1.3, v_2 = 2.7, v_3 = 7.4.$$

通过固定策略 π ，可以求解出相应的状态价值函数，该结果不一定是最优状态价值函数。这里的模型较为简单，可以由贝尔曼最优方程求解出最优价值函数。

以最优动作价值函数 $q^*(s,a)$ 为例。设每个状态下根据策略选择其中一个动作的概率为 1，另一个动作的概率为 0。首先求出抵达终点 s_4 的动作价值。由式(11.31)可得 $q^*(s_2,\text{睡觉})=0$，$q^*(s_3,\text{上课})=10$，随后列出所有的动作价值函数的贝尔曼方程。假设任意下一状态的某个动作有最大动作价值，一共可以列出 2^4 个方程组。去除掉无解情况后，可以得出最优动作价值函数的贝尔曼方程组如下

$$\begin{cases} q^*(s_0,\text{玩游戏}) = -1 + q^*(s_0,\text{退出}), \\ q^*(s_0,\text{退出}) = 0 + q^*(s_1,\text{上课}), \\ q^*(s_1,\text{上课}) = -2 + q^*(s_2,\text{上课}), \\ q^*(s_1,\text{玩游戏}) = -1 + q^*(s_2,\text{退出}), \\ q^*(s_2,\text{上课}) = -2 + q^*(s_3,\text{上课}), \\ q^*(s_3,\text{写作业}) = 1 + 0.4\,q^*(s_3,\text{上课}) + 0.4\,q^*(s_2,\text{上课}) + 0.2\,q^*(s_1,\text{上课}). \end{cases}$$

求解出所有 $q^*(s,a)$。由式(11.28)可以得到所有的 $v^*(s)$，最终得到所有的 $v^*(s)$ 和 $q^*(s,a)$，相应值如图 11.7 所示，其中空心圆内的数字表示该状态的最优状态价值。因此最优策略的路径是 (s_0,s_1,s_2,s_3,s_4)。

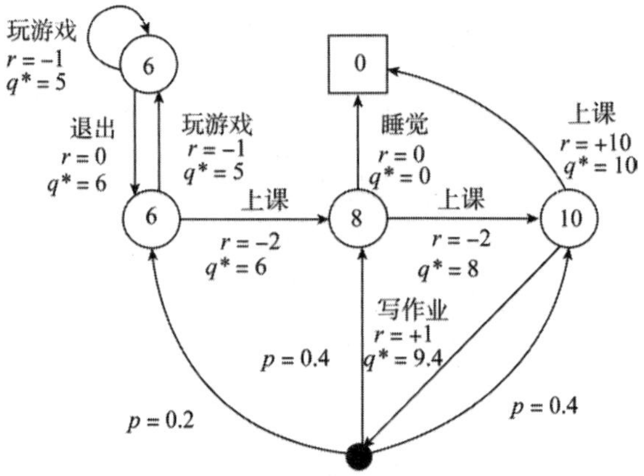

图 11.7　最优价值函数的解

11.3 模型强化学习

在强化学习任务中，已知环境的具体信息(如所有的环境状态、状态转移概率矩阵及关于动作或状态的奖励等)。在这种前提下，我们可以使用动态规划的方法来对最优价值函数或策略函数进行求解，并通过价值函数或策略函数获得最优策略[89]。

11.3.1 策略评估

首先，在马尔可夫决策过程模型已知的状态下，对于执行一个确定性的策略，需要知道执行这个策略后结果的好坏。策略评估是指通过计算执行该策略所获得的奖励来评价使用特定策略的方法。对于一个任意的策略 π ，通常通过求解其对应的状态价值函数 v_π 或动作价值函数 q_π 对 π 进行策略评估。在策略 π 下，对于任意的 $s\in\mathcal{S}$ ，有状态值函数 $v_\pi(s)$，即

$$
\begin{aligned}
v_\pi(s) &= E_\pi\left[G_t \mid S_t = s\right] \\
&= E_\pi\left[R_{t+1} + \gamma G_{t+1} \mid S_t = s\right] \\
&= E_\pi\left[R_{t+1} + \gamma v_\pi(S_{t+1}) \mid S_t = s\right] \\
&= \sum_a \pi(a \mid s) \sum_{s',r} p(s',r \mid s,a)\left[r + \gamma v_\pi(s')\right],
\end{aligned} \tag{11.32}
$$

其中，期望 E_π 表明计算遵循策略 π 为条件； $\pi(a\mid s)$ 为处于环境状态 s 时，在策略 π 下采取动作 a 的概率。

由于马尔可夫决策过程模型已知，所以式(11.32)实际上为一个包含 $|S|$ 个未知数和 $|S|$ 个等式联立的线性方程组，可以通过求解方程组求得解析解。但是在模型复杂的情况下，直接求解比较烦琐，通常采用迭代的方法求得近似解。例如，通过构造一个无穷的数列 $v_0,v_1,v_2,\cdots$，初始的 v_0 可以任意选取，后一项和前一项的迭代使用 v_π 的贝尔曼方程进行更新，对于任意的 $s\in\mathcal{S}$ ，有

$$
\begin{aligned}
v_{k+1}(s) &= E_\pi\left[R_{t+1} + \gamma v_k(S_{t+1}) \mid S_t = s\right] \\
&= \sum_a \pi(a \mid s) \sum_{s',r} p(s',r \mid s,a)\left[r + \gamma v_\pi(s')\right].
\end{aligned} \tag{11.33}
$$

在保证 v_π 存在的情况下，数列 v_k 在 k 趋于无穷时会收敛于 v_π 。其中， v_k 是方程的一个数值解，这个算法称为迭代策略评估。算法 11.1 展示了一次迭代策略评估算法的完整过程。

算法 11.1 迭代策略评估过程

输入：待评估的策略 π。

参数：阈值 $\theta(\theta>0)$ 。

初始化： $v(s)=0(s\in\mathcal{S})$ 。

Repeat

$\delta\leftarrow 0.$

for each $s\in\mathcal{S}$:　　$v\leftarrow v_s.$

$v_s \leftarrow v_{k+1}(s) = \sum_a \pi(a \mid s)\sum_{s',r} p(s',r \mid s,a)[r+\gamma v(s')].$

$\delta\leftarrow \max(\delta,|v-v(s)|)$

until $\delta<\theta$

输出： $v\approx v_\pi$ 。

在策略评估算法中，首先需要初始化状态值函数 $v_\pi(s)$，然后设置 $\theta(\theta>0)$ 作为判断循环是否终止的阈值。在迭代过程中，对于每一个状态 s，利用式(11.33)更新状态值函数。每次遍历之后都会计算 $\max\limits_{s\in S}\left|v_{k+1}(s)-v_k(s)\right|$，直至最大值小于阈值 θ 时结束迭代。需要注意的是，在模型已知的条件下才能使用迭代法求解贝尔曼方程，若模型未知，则无法利用 $v_k(s)$ 来更新 $v_{k+1}(s)$。

11.3.2 策略改进

策略评估是指通过状态价值函数来评估一个策略的好坏，而策略优化是指通过当前策略和其对应的状态价值函数来寻找一个更优的策略。假设对于一个具体的策略，我们已经通过策略评估得知它的状态价值函数为 v_π。对于某个状态，该策略会执行动作 $a=\pi(s)$。由于无法确定在此状态下不同的动作 a' 对策略性能的影响，需要对在此状态下选择不同动作 a 的优劣进行评估。而要评估状态 s 下选择不同动作的优劣，则需要明确在该状态下的动作价值函数 $q_\pi(s,a)$，$q_\pi(s,a)$ 的求解方式如下

$$\begin{aligned}q_\pi(s,a)&=E_\pi\left[R_{t+1}+\gamma v_\pi(S_{t+1})\mid S_t=s,A_t=a\right]\\&=\sum_{s',r}p(s',r\mid s,a)\left[r+\gamma v_\pi(s')\right].\end{aligned}\tag{11.34}$$

实际中，通常采用贪心策略算法[90]实现策略优化，即

$$\pi'(s)=\underset{a\in\mathcal{A}}{\operatorname{argmax}}\ q_\pi(s,a).\tag{11.35}$$

例如，已知在状态 s 下各动作 a_1、a_2、a_3 的状态值 $q_\pi(s,a_1)$、$q_\pi(s,a_2)$、$q_\pi(s,a_3)$，式(11.35)的意义是，每一个状态 s 下，获取使动作价值函数 $q_\pi(s,a)$ 最大时的动作 a。因此，可以求解 π'，且有

$$q_\pi(s,\pi'(s))=\underset{a\in\mathcal{A}}{\operatorname{argmax}}\ q_\pi(s,a)\geqslant q_\pi(s,\pi(s))=v_\pi(s),\tag{11.36}$$

根据策略改进定理[1]，对于所有的 $s\in S$，都有

$$v_{\pi'}\geqslant v_\pi,\tag{11.37}$$

即策略 $v_{\pi'}$ 相比 v_π 更好，也就是说，在这种情况下，对于任意的状态 $s\in S$，都能获得更好或一样的回报。当策略更新完成后，可以得到动作价值函数的最大值为

$$q_\pi(s,\pi'(s))=\underset{a\in\mathcal{A}}{\operatorname{argmax}}\ q_\pi(s,a)=v_\pi(s),\tag{11.38}$$

最后，结合式(11.35)，可以得到更优的策略 $\pi'(s)$，即

$$\begin{aligned}\pi'(s)&=\underset{a}{\operatorname{argmax}}\ q_\pi(s,a)\\&=\underset{a}{\operatorname{argmax}}\ E_\pi\left[R_{t+1}+\gamma v_\pi(S_{t+1})\mid S_t=s,A_t=a\right]\\&=\underset{a}{\operatorname{argmax}}\sum_{s',r}p(s',r\mid s,a)\left[r+\gamma v_\pi(s')\right].\end{aligned}\tag{11.39}$$

1. 策略改进定理表明在一定条件下，通过修改当前策略可以获得至少与原策略同样好的策略。

贪心策略选择的是在短期看上去最优的动作，根据 v_π 向前单步搜索。这样优化出来的策略满足策略改进定理，除非原策略恰好为最优策略，它通常比原策略更好。总而言之，除了原始策略即为最优策略的情况，贪心策略优化一定会得出一个更优的策略。

11.3.3 策略迭代

在策略 π 的基础上，当贪心策略优化获得了一个更优策略 π' 后，可以通过策略评估计算 $v_{\pi'}$。通过 $v_{\pi'}$，可以重新对 π' 进行策略优化后得到 π''。如此往复，通过策略优化可以保证每一次更新之后的策略都要比更新之前更优。同时，在一个有限的马尔可夫决策过程中只有有限的策略，所以在经过有限次迭代后，可以收敛得到一个最优的策略和其对应的价值函数，该方法即为策略迭代[91]。算法 11.2 展示了完整的策略迭代算法的流程。

算法 11.2 策略迭代算法的流程

初始化：对于每一个 $s \in \mathcal{S}$，初始化状态值 $v(s) \in \mathbb{R}$。

策略评估

Repeat

$\delta \leftarrow 0$ **for** each $s \in \mathcal{S}$: $v \leftarrow v_s$

$$v_s \leftarrow v_{k+1}(s) = \sum_a \pi(a|s) \sum_{s',r} p(s',r|s,a)[r + \gamma v(s')].$$

$\delta \leftarrow \max(\delta, |v - v(s)|)$

until $\delta < \theta$

策略改进

Policy-stable ← *true*

for each $s \in \mathcal{S}$:

$a \leftarrow \pi(s)$，记录当前策略选择的动作。

$\pi(s) \leftarrow \underset{a}{argmax} \sum_{s',r} p(s',r|s,a)[r + \gamma v_\pi(s')]$，计算选择更好的策略。

if $a \neq \pi(s)$:

Policy-stable ← *false*

if *Policy-stable*:

停止迭代，返回 $v \approx v_*$，$\pi \approx \pi_*$。

else

返回 2.策略评估。

11.4 无模型强化学习

在模型已知的情况下，可以通过策略改进和策略迭代来获得最优策略。但是在实际的强化学习任务中，环境往往十分复杂，通常无法准确描述其状态转移概率及奖励函数，此时可以借助无模型强化学习解决这一问题。无模型强化学习不直接对环境进行建模，而是通过智能体和环境交互的样本来估计最优策略。无模型强化学习主要有蒙特卡罗强化学习[92]和时序差分学习[93]。

11.4.1 蒙特卡罗强化学习

在模型未知的情况下，无模型方法无法利用状态转移概率和奖励函数来进行策略评估。蒙特卡罗(Monte Carlo，MC)方法可以通过随机采样来估计真实解。MC 强化学习直接根据当前策略采样多个完整的状态序列，通过计算这些状态序列的平均回报来近似状态的真实价值。前面介绍的马尔可夫决策过程将策略 π 下的状态价值 $v_\pi(s)$ 和动作价值 $q_\pi(s,a)$ 表示为期望回报，即状态价值为

$$v_\pi(s)=E_\pi[G_t \mid S_t=s]=E_\pi\left[\sum_{k=0}^{\infty}\gamma^k R_{t+1+k} \mid S_t=s\right], \tag{11.40}$$

动作价值为

$$q_\pi(s,a)=E_\pi\left[G_t \mid S_t=s,A_t=a\right]=E_\pi\left[\sum_{k=0}^{\infty}\gamma^k R_{t+1+k} \mid S_t=s,A_t=a\right]. \tag{11.41}$$

马尔可夫决策过程能够利用状态转移概率和奖励函数来准确获知状态和动作的价值。MC 强化学习不需要状态转移概率和奖励函数，而是直接在策略 π 下采样大量的状态序列来计算平均回报，以此近似状态价值和动作价值。采样 N 个状态序列的状态价值为

$$v_\pi(s)\approx\frac{\sum_{i=0}^{N}R_{t,i} \mid S_t=s}{N}, \tag{11.42}$$

动作价值为

$$q_\pi(s,a)\approx\frac{\sum_{i=0}^{N}R_{t,i} \mid S_t=s,A_t=a}{N}, \tag{11.43}$$

其中，$R_{t,i}$ 表示第 i 次采样时 t 时刻的累计收益。

在根据策略 π 生成的状态序列中，同一个状态可能多次出现，对于同一状态 s 的回报的计算有两种方法。一种方法是通过获取状态序列中第一次出现 s 时的回报来计算平均回报；另一种方法则是通过获取状态序列中所有 s 的回报来计算平均回报。前者被称为首次访问型蒙特卡罗算法(first-visit MC)，后者称为每次访问型蒙特卡罗算法(every-visit MC)。当获取 s 的回报次数趋向无穷时，两种方法获得的平均回报都会收敛到状态价值。类似地，对于动作价值函数的估计也有首次访问型和每次访问型。

在有模型的情况下，由于状态转移概率和奖励函数已知，只须通过状态价值函数 π_π

就可以确定一个策略。而在无模型的情况下仅仅依靠状态价值函数是不够的，所以MC强化学习直接通过估计动作价值函数 q_π 来确定策略，并进行策略评估和策略改进。为了使智能体能够选择到所有可能的动作，可以使用同轨策略(on-policy)和离轨策略(off-policy)的MC算法。同轨策略中用于采样的策略和用于改进的策略是相同的，而离轨策略中用于采样的策略和用于改进的策略是不同的[94]。

1. 同轨策略

同轨策略是软策略，所有动作都有被选取的概率，即对任意状态 s 和动作 a 都有 $\pi(a|s)>0$。同轨策略也是一种 ϵ-贪心策略，其中贪心动作对应在当前状态下能够获得最大估计回报的动作。同轨策略会有一个小概率 ε 随机选择所有动作，即所有的非贪心动作都有 $\frac{\epsilon}{|A(s)|}$ 的概率被选中，而贪心动作有 $1-\epsilon+\frac{\epsilon}{|A(s)|}$ 的概率被选中。完整的同轨策略的首次访问型MC算法如算法11.3所示。

算法 11.3 同轨策略的首次访问型MC算法

参数：ϵ。

初始化：初始化 π 为任意 ϵ-贪心策略。

  对所有 $s\in\mathcal{S},a\in\mathcal{A}(s)$，初始化动作价值 $Q(s,a)\in\mathbb{R}$。

  对所有 $s\in\mathcal{S},a\in\mathcal{A}(s)$，初始化回报 Return(*s*, *a*)为空列表。

for *i*=1, 2, … **do**

  根据策略 $\boldsymbol{\pi}$ 生成状态序列 $S_0,A_0,R_1,\cdots,S_{T-1},A_{T-1},R_T$。

  G=0。

  for $t=T-1,T-2,\cdots,0$ **do**

    $G=\gamma G+R_{t+1}$。

    if “状态-动作”在 S_t,A_t 在 $S_0, A_0, S_1, \cdots, S_{t-1}, A_{t-1}$ 中未出现 **then** 添加 G 到 Return (S_t, A_t)

      $Q(S_t, A_t)=average(\text{Return}(S_t, A_t))$

      $A^*=\underset{a}{argmax}\,Q(S_t,a)$

      对所有的 $a\in\mathcal{A}(S_t)$：

$$\pi(a|S_t)=\begin{cases}1-\varepsilon+\varepsilon/|\mathcal{A}|(S_t), & if\ a=A^*\\ \varepsilon/|\mathcal{A}(S_t)|, & if\ a\neq A^*\end{cases}$$

    end if

  end for

end for

注意：ε-贪心策略在每个状态下以 $1-\varepsilon$ 的概率选择当前最优的动作，以 ε 的概率随机选择一个动作。这个随机选择的过程可以帮助智能体在探索未知状态时获得更多的信息，从而提高最终的回报。

2. 离轨策略

离轨策略方法[95]分别在策略估计和策略改进时使用不同的策略。目标策略(target policy)用于学习并迭代为最优策略，行为策略(behavior policy)用于试探并产生智能体的行动样本。离轨策略满足覆盖假设，即要求任意目标策略 $\pi(a|s)>0$，都有行为策略 $\mu(a|s)>0$，保证目标策略下的每个动作都有概率在行为策略下发生。使用行为策略 b 产生的样本得到的期望回报是 $E[G_t|S_t=s]=v_b(s)$。重要度采样是一种根据其他分布的样本来估计某种分布的期望值的方法。给定初始状态 S_t 及策略 π，根据状态转移概率函数可以计算后续动作状态序列 $A_t, S_{t+1}, A_{t+1}, \cdots, A_{T-1}, S_T$ 出现的概率，为

$$\prod_{k=t}^{T-1}\pi(A_k|S_k)p(S_{k+1}|S_k,A_k),$$

重要度采样比表示同一动作状态序列在目标策略和行为策略下出现的相对概率，即

$$\rho_{t:T-1}=\frac{\prod_{k=t}^{T-1}\pi(A_k|S_k)p(S_{k+1}|S_k,A_k)}{\prod_{k=t}^{T-1}\mu(A_k|S_k)p(S_{k+1}|S_k,A_k)}=\prod_{k=t}^{T-1}\frac{\pi(A_k|S_k)}{\mu(A_k|S_k)}. \tag{11.44}$$

式(11.44)说明，重要度采样比只与策略有关，与状态转移概率无关。利用重要度采样比可以调整行为策略 b 生成的动作状态序列得到的期望回报 $v_b(s)$，并转换为目标策略 π 在该序列下的期望回报，即

$$v_\pi(s)=E[\rho_{t:T-1}G_t|S_t=s]. \tag{11.45}$$

对于首次访问型 MC 算法，假设 $\mathcal{T}(s)$ 为所有首次访问状态 s 的时刻集合，$T(t)$ 对应时刻 t 后的首次终止时刻，R_t 为 t 时刻后到达 $T(t)$ 时的回报，则利用 MC 算法来估计目标策略的期望回报 $v_\pi(s)$ 时，经过重要度采样比调整得到的策略 π 的平均回报 $V(s)$ 为

$$V(s)=\frac{\sum_{t\in\mathcal{T}(s)}\rho_{t:T(t)-1}G_t}{\sum_{t\in\mathcal{T}(s)}\rho_{t:T(t)-1}}. \tag{11.46}$$

同样地，可以使用增量式实现来计算策略 π 的平均回报。假设 $G_0, G_1, \cdots, G_{n-1}$ 为同一个状态的回报序列，其对应的重要度采样比为 $W_0, W_1, \cdots, W_{n-1}$，其平均回报 V_n 为

$$V_n=\frac{\sum_{k=1}^{n-1}W_kG_k}{\sum_{k=1}^{n-1}W_k}. \tag{11.47}$$

为了跟踪 V_n 的变化，我们为每一个状态维护前 n 个回报对应的权重进行累加，结果用 C_n 表示，则平均回报的增量式实现为

$$\begin{gathered}V_{n+1}=V_n+\frac{W_n}{C_n}(G_n-V_n),\\ C_{n+1}=C_n+W_{n+1}.\end{gathered} \tag{11.48}$$

完整的离轨策略的 MC 算法如算法 11.4 所示。

算法 11.4 离轨策略的 MC 算法

初始化：对所有 $s\in\mathcal{S}, a\in\mathcal{A}(s)$，初始化动作价值 $Q(s,a)\in\mathbb{R}$。

$C(s,a)=0.$

$\pi(s)=argmaxQ(s,a).$

for i=1, 2, … **do**

选定任意软性策略 b.

根据策略 b 生成状态序列 $S_0,A_0,R_1,\cdots,S_{T-1},A_{T-1},R_T$。

G=0。

for $t=T-1,T-2,\cdots,0$ **do**

$G=\gamma G+R_{t+1}$。

$C(S_t,A_t)=C(S_t,A_t)+W.$

$$Q(S_t,A_t)=Q(S_t,A_t)+\frac{W}{C(S_t,A_t)}\left[G-Q(S_t,A_t)\right].$$

$\pi(S_t)=\underset{a}{argmax}\,Q(S_t,a).$

if $A_t\neq\pi(S_t)$ **then**

退出内循环

end if

$$W=W\frac{1}{b()A_t|\ S_t}.$$

end for

end for

11.4.2 时序差分学习

时序差分(temporal difference，TD)学习也是一种无模型的强化学习，使用了 TD 方法来计算价值函数。TD 学习[96]直接从经验中学习策略，与 MC 强化学习不同的是，TD 学习利用后续状态的估计值来更新当前状态的价值；MC 方法则需要完成一次访问后才能更新价值函数，其增量实现可以表示为

$$V(S_t)=V(S_t)+\alpha\left(G_t-V(S_t)\right), \tag{11.49}$$

其中，α 表示步长，G_t 表示 t 时刻的真实回报。在 MC 方法中，需要等到知道一次访问后的回报，才能确定 $V(S_{t+1})$ 的增量完成更新。而 TD 方法的回报通过观察到的收益 R_{t+1} 和估计值 $\gamma V(S_{t+1})$ 来更新，并且只要等到下一个时刻就能完成更新。这种 TD 方法为单步 TD，记为 TD(0)。TD(0) 可以表示为

$$V(S_t)=V(S_t)+\alpha\left[R_{t+1}+\gamma V(S_{t+1})-V(S_t)\right]. \tag{11.50}$$

算法 11.5 详细描述了 TD(0) 的策略评估过程。

算法 11.5 TD(0)的策略评估过程

参数：步长 $\alpha \in (0,1]$，$\epsilon > 0$.

初始化：对所有 $s \in \mathcal{S}, a \in \mathcal{A}(s)$，

初始化动作价值函数 $Q(s,a)$，其中 Q(终止状态，.)=0.

for i=1, 2, … **do**

根据策略 π 生成状态序列 $S_0, A_0, R_1, \cdots, S_{T-1}, A_{T-1}, R_T$。

初始化 s 为 s_0.

根据 $Q(s, a)$选择 A.

while (s! = *Terminal*) **do**

根据策略 π 在状态 S 下决策，选择 A.

执行动作 A 得到 R, S'.

$V(S) = V(S) + \alpha[R + \gamma V(S') - V(S)]$.

$S = S'$.

end while

end for

1. 时序差分在线控制算法

时序差分在线控制算法(SARSA)表示同轨策略下的时序差分控制方法。完整的 SARSA 算法如算法 11.6 所示。

算法 11.6 SARSA 算法

参数：步长 $\alpha \in (0,1]$，$\epsilon > 0$.

初始化：对所有 $s \in \mathcal{S}, a \in \mathcal{A}(s)$，初始化动作价值函数 $Q(s,a)$，其中 Q(终止状态，.)=0.

for i=1, 2, … **do**

根据策略 π 生成状态序列 $S_0, A_0, R_1, \cdots, S_{T-1}, A_{T-1}, R_T$。

初始化 s 为 s_0.

根据 $Q(s, a)$选择 A.

while (s! = *Terminal*) **do**

执行动作 A 得到 R, S'.

根据 $Q(S', A)$ 选择 A.

$Q(S, A) = Q(S, A) + \alpha[R + \gamma Q(S', A') - Q(S, A)]$.

$S = S'$.

end while

end for

与同轨策略下的 MC 算法类似，SARSA 要学习动作价值函数 q_π。在 TD(0) 下动作值的更新可表示为

$$Q(S_t, A_t) = Q(S_t, A_t) + \alpha\left[R_{t+1} + \gamma Q(S_{t+1}, A_{t+1}) - Q(S_t, A_t)\right]. \tag{11.51}$$

这个更新方式利用了一个五元组$(S_t, A_t, R_{t+1}, S_{t+1}, A_{t+1})$的全部元素，所以命名为SARSA。

SARSA 算法使用了ϵ-贪心策略，保证所有的“状态-动作”都能被访问到。在所有的“状态-动作”被无数次访问后，动作价值函数q_π和策略π就会收敛到最优动作价值函数和最优策略。

2. 时序差分离线控制算法

时序差分离线控制算法是早期强化学习的一个经典算法，这一算法也称为 Q-learning 算法。其动作价值函数的计算方式如下

$$Q(S, A) = Q(S, A) + \alpha\left[R_{t+1} + \gamma \max_a Q(S', a) - Q(S, A)\right], \tag{11.52}$$

其中，$Q(S, A)$表示在某一时刻的S状态下$(S \in \mathcal{S})$，采用动作$A(A \in \mathcal{A})$获得收益的期望。从式(11.51)中可以明显看出时序差分离线控制算法和 SARSA 算法的区别。时序差分在线算法的学习目标是待学习的动作价值函数Q本身，也即它的评估和执行针对的是同一个策略。然而，Q-learning 算法中待学习的动作价值函数Q采用的是最优动作价值函数q_*的直接近似作值，和智能体的行动策略无关。Q-learning 算法流程如算法 11.7 所示。

算法 11.7 Q-learning 算法流程

输入：环境E；动作空间$\mathcal{A}(s)$；步长$\alpha \in (0,1]$；折扣奖赏系数γ.
初始化Q表
for i=1, 2, … **do**
  初始化S.
  while (S! = *Terminal*) **do**
    使用从Q中得到的策略，在S处选择A;
    执行动作 A，观察到S', R，获得回报和下一个状态;
    $Q(S, A) = Q(S, A) + \alpha[R + \gamma \max_a Q(S', a) - Q(S, A)]$;
    $S = S'$.
  end while
end for

我们以智能体过桥为例来说明。假设一个智能体从桥的一边一直往前走 10 步就能够到达桥对岸，将到达对岸时的奖励设置为 1，其他的所有状态的奖励设置为 0，智能体只有往前或往后两种状态，并且一次动作只能转换一个状态或状态不变(起点)。该案例通过 Q-learning 算法很容易实现。

以下是我们使用 Python 实现的 Q-learning 算法版本。

(1) 初始化Q表，在这个问题中我们把Q表初始化为0。Q-learning算法会生成一个Q表，智能体每一次要采取的动作，都会根据当前状态去Q表中查找奖励最高的动作，本

次实例最后会给出最后Q表的值[97]。

```
def build_q_table(n_state, actions):
table = pd.DataFrame(
np.zeros((n_state,len(actions))),
columns = actions
)
return table
```

(2) 定义策略，这里采用ϵ-贪心算法[98]。

```
def choose_action(state, q_label):
state_actions = q_label.iloc[state, : ]
if(np.random.uniform() > EPSILON) or (state_actions.all() == 0):
    action_name = np.random.choice(ACTIONS)
else:
    action_name = state_actions.idxmax()
return action_name
```

(3) 设置奖励函数。

```
def reward(state, actions):
if actions == 'forward':
    if state == N_STATES-2:
        s_next = 'terminal'
        r = 1
    else:
        s_next = state+1
        r = 0
else:
    if state == 0:
        s_next = state
        r = 0
    else:
        s_next = state-1
        r = 0
return s_next, r
```

(4) 设置环境。

```
def update_env(state, eposide, step_counter):
env_list = ['-' ]*(N_STATES-1)+['T']
if state == 'terminal':
    interaction='eposide%s: total_step=%s'%(eposide+1, step_counter)
    print('\r{}'.format(interaction), end='')
    time.sleep(2)
    print('\r', end='')
else:
    env_list[state]='o'
    interaction = ''.join(env_list)
```

```
    print('\r{}'.format(interaction), end='')
    time.sleep(FRESH_TIME)
```

(5) 算法整体实现。

```
def Q_learning():
q_table = build_q_table(N_STATES, ACTIONS)
for episode in range(MAX_EPISODES):
step_counter = 0
stats = 0
is_terminal = False
update_env(stats, episode, step_counter)
while not is_terminal:
action = choose_action(stats,  q_table)
stats_next, r = reward(stats, action)
q_predict = q_table.loc[stats, action]
if stats_next != 'terminal':
    q_target = r + LAMBDA * q_table.iloc[stats_next, : ].max()
else:
    q_target = r
is_terminal = True
q_table.loc[ stats , action] += ALPHA*(q_target - q_predict)
stats = stats_next
update_env(stats, episode, step_counter+1)
step_counter += 1
return q_table
```

从最后的 Q 表能够看出，每一个状态前进的价值都要大于后退的价值，这和普遍认为的情况是相符的。

```
Q-table:
        back          forward
0   2.061077e-10   8.036376e-07
1   8.813455e-09   1.355705e-05
2   3.573249e-07   1.924061e-04
3   1.715274e-05   1.007605e-03
4   4.666368e-05   6.253090e-03
5   2.184813e-06   3.333784e-02
6   1.755662e-03   1.224253e-01
7   7.290000e-05   3.631579e-01
8   1.795456e-02   7.458134e-01
9   0.000000e+00   0.000000e+00
```

11.4.3 价值函数近似

前面所讲的强化学习的求解方法，不管是动态规划、MC 算法，还是 TD 学习，所使用的状态都是在有限空间上的。价值函数是关于有限状态的“表格型函数”，更改一个状态对应的值不会对其他状态产生影响[99]。但在现实生活，人们所面对的强化学习任务往往都是连续的，如果直接离散化，离散化的状态集合将会非常大。此时基于传统方法如 Q-learning 算法，计算机根本无法维护如此大的 Q 表，那么这种情况该如何解决呢？

由于问题的状态集合规模很大，一个可行的建模方法是价值函数的近似表示。该方法是通过引入一个新的价值状态函数 $\boldsymbol{V}_{\boldsymbol{\omega}}(\boldsymbol{s})$，该函数由参数 $\boldsymbol{\omega}$ 描述，接受状态 $\boldsymbol{s}$ 的输入，我们希望新的状态价值函数能够和真实的状态价值函数相等，即

$$\boldsymbol{V}_{\omega}(\boldsymbol{s})=\boldsymbol{V}^{\pi}(\boldsymbol{s}). \tag{11.53}$$

同样地，可以引入一个新的动作价值函数 $Q_{\omega}(\boldsymbol{s},\boldsymbol{a})$，这个动作由 $\boldsymbol{\omega}$ 描述，并接受状态 $\boldsymbol{s}$ 和动作 $\boldsymbol{a}$ 的输入，我们同样希望新的动作价值函数能够和真实的动作价值函数相等，即

$$Q_{\omega}(\boldsymbol{s},\boldsymbol{a})=Q^{\pi}(\boldsymbol{s},\boldsymbol{a}). \tag{11.54}$$

价值近似的方法有很多，如最简单的线性表示法，其中 $\boldsymbol{\omega}$ 为参数向量，$\boldsymbol{s}$ 为状态向量，此时我们的价值状态函数就可以近似地表示为

$$\boldsymbol{V}_{\omega}(\boldsymbol{s})=\boldsymbol{\omega}^{\top}\boldsymbol{s}. \tag{11.55}$$

当然，除了线性表示法，我们还可以使用核方法、决策树、傅里叶变换、神经网络等来表示状态价值函数。其中用得最多的就是神经网络，这一部分的内容将在下一小节讲述。在本节中我们只介绍最简单的线性表示法。我们希望式(11.55)学到的值函数能够近似地表示真实的价值状态函数 $\boldsymbol{V}^{\pi}$，通常采用最小二乘误差来衡量相似程度，即

$$\boldsymbol{J}_{\omega}=\boldsymbol{E}_{\pi}\left[\left(\boldsymbol{V}^{\pi}(\boldsymbol{s})-\boldsymbol{V}_{\omega}(\boldsymbol{s})\right)^{2}\right]. \tag{11.56}$$

为了使误差最小，采用最小梯度下降法，对误差求负导数，得

$$-\frac{\partial \boldsymbol{J}_{\omega}}{\partial \boldsymbol{\omega}}=\boldsymbol{E}_{\pi}\left[2\left(\boldsymbol{V}^{\pi}(\boldsymbol{s})-\boldsymbol{V}_{\omega}(\boldsymbol{s})\right)\frac{\partial \boldsymbol{V}_{\omega}(\boldsymbol{s})}{\partial \boldsymbol{\omega}}\right]=\boldsymbol{E}_{\pi}\left[2\left(\boldsymbol{V}^{\pi}(\boldsymbol{s})-\boldsymbol{V}_{\omega}(\boldsymbol{s})\right)\boldsymbol{s}\right], \tag{11.57}$$

因此，可以得到单个样本的更新规则

$$\boldsymbol{\omega}=\boldsymbol{\omega}+\alpha\left[\boldsymbol{V}^{\pi}(\boldsymbol{s})-\boldsymbol{V}_{\omega}(\boldsymbol{s})\right]\boldsymbol{s}, \tag{11.58}$$

对于如何求解 $\boldsymbol{V}^{\pi}$，在之前的强化学习任务中，我们通过采用 MC 或 TD 等方法来估计 $\boldsymbol{V}^{\pi}$。这里详细介绍采用 TD 的方法，利用当前的估计函数代替真实函数进行求解，即

$$\begin{aligned}\boldsymbol{\omega}&=\boldsymbol{\omega}+\alpha\left[r+\gamma\boldsymbol{V}_{\omega}(\boldsymbol{x}')-\boldsymbol{V}_{\omega}(\boldsymbol{s})\right]\boldsymbol{s}\\&=\boldsymbol{\omega}+\alpha\left[r+\gamma\boldsymbol{\omega}^{\top}\boldsymbol{s}'-\boldsymbol{\omega}^{\top}\boldsymbol{s}\right]\boldsymbol{s}.\end{aligned} \tag{11.59}$$

在 TD 学习中采用动作价值函数以便于获取策略，一种简单的做法是使用 $\boldsymbol{\omega}$ 作用在状态和动作的联合向量上，即使用 $\boldsymbol{\omega a}$ 来替换 $\boldsymbol{\omega}$。基于线性值函数近似来替代 SARSA 算法中的值函数，可以得到如下的算法 11.8。

算法 11.8 TD 算法

输入：环境 E；动作空间 $\mathcal{A}(s)$；步长 $\alpha \in (0,1]$，折扣奖赏系数 γ，初始化权值.

过程：

初始化 Q 表.

for i=1, 2, … **do**

  初始化 S.

  while ($S! = Terminal$) **do**

    $\boldsymbol{r}, \boldsymbol{s}'$ = 采取动作 a 所获得的回报和下一个接状;

    $\boldsymbol{a}' = \pi(\boldsymbol{s}')$;

    $\omega = \omega + \alpha(r + \gamma\omega^{\top}\boldsymbol{s}' - \omega^{\top}\boldsymbol{s})\boldsymbol{s}$;

    $\boldsymbol{s} = \boldsymbol{s}', \boldsymbol{a} = \boldsymbol{a}'$;

  end while

end for

11.4.4 深度 Q-learning

深度 Q-learning(dee pQ-learning)算法的基本思路来源于 Q-learning 算法，区别于 Q-learning 算法。DeepQ-learning 算法的 Q 值计算不是通过状态值 $\boldsymbol{s}$ 和动作 $\boldsymbol{a}$ 直接进行计算，而是通过神经网络进行计算。如果把计算价值函数的神经网络当作一个黑盒子，那么整个过程能够近似看作以下 3 种形式：对于状态价值函数[图 11.8(a)]，神经网络的输入是状态 $\boldsymbol{s}$ 的特征向量，输出是状态价值 $\boldsymbol{V}_{\omega}(\boldsymbol{s})$。对于动作价值函数[图 11.8(b)和图 11.8(c)]，有两种方法：一种是输入状态 $\boldsymbol{s}$ 的特征向量和动作 $\boldsymbol{a}$，输出对应的动作价值函数 $\boldsymbol{q}_{\omega}(\boldsymbol{s},\boldsymbol{a})$；另一种是只输入状态 $\boldsymbol{s}$ 的特征向量，动作集合有多少动作，网络就有多少个输出 $\boldsymbol{q}_{\omega}(\boldsymbol{s},\boldsymbol{a}_i)$。这里隐含了动作是有限的离散动作这一前提[100]。

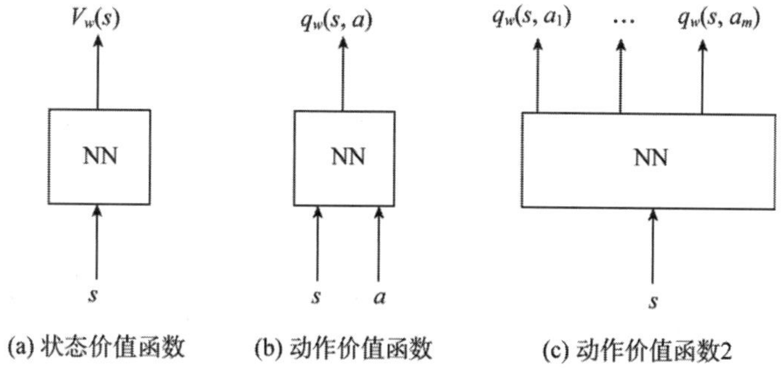

图 11.8 价值函数计算的 3 种形式

算法 11.9 是基于第三种形式，即深度 Q-learning 网络(Deep Q Network，DQN)的算法过程。

算法 11.9 DQN 的算法过程

输入：环境 E；动作空间 $\mathcal{A}(s)$；步长 $\alpha \in (0,1]$，折扣奖赏系数 γ，批量梯度下降的样本 m，神经网络结构.

过程：

for i=1, 2, … **do**

初始化 S.

while ($S! = Terminal$) **do**

在神经网络中使用特征向量 $\boldsymbol{s}$ 作为输入，得到所有的 $q_\omega(s,a_j)$ 输出，采用贪婪算法(ϵ-贪婪)从当前的 Q 值中选出相应的动作 a;

$\boldsymbol{r},\boldsymbol{s}'$ = 执行动作 a 所获的回报和下一个状态对应的特征向量;

检查是否是终止状态;

经验重放集合 $D=\{\boldsymbol{s},\boldsymbol{a},\boldsymbol{r},\boldsymbol{s}'\}$；

$\boldsymbol{s}=\boldsymbol{s}'$

从经验重放 $\boldsymbol{D}$ 中取 m 个样本 $s_i,a_i,r_i,s_i',i=1,2,\cdots,m$，计算当前的 Q 值 y_i:

$$y_i=\begin{cases} r_i & \text{，在第}i+1\text{循环停止，} \\ r_j+\gamma\max\limits_{a'}Q_\omega\left(s_i',a_i'\right)\text{，其他；} & \end{cases}$$

使用均方差损失函数 $\frac{1}{m}\sum_{i=1}^{m}\left[y_i-Q_\omega\left(s_i',a_i'\right)\right]^2$，通过神经网络的反向传播来更新所有参数。

end while

end for

DQN 利用的主要技巧是经验重放，即将每次和环境交互得到的奖励与状态更新情况都保存起来，用于更新后面的目标 Q 值。Q-learning 算法有一张用于更新的 Q 表，而 DQN 没有，所以 DQN 需要采用经验重放的方法来更新 Q 值。通过经验重放得到的目标 Q 值和通过 Q 网络计算的 Q 值必然存在一定的误差，因此可以通过梯度的反向传播来更新神经网络的参数 $\boldsymbol{\omega}$。当 $\boldsymbol{\omega}$ 收敛后，即可得到近似的 Q 值，进而使用贪婪策略进行求解。

习题 11

1. 简述强化学习与有监督学习和无监督学习的区别。

2. 简述马尔可夫决策过程，它与马尔可夫过程有什么区别？

3. 构建马尔可夫决策过程框架解决机器人找金币问题，情景设定如图 11.9 所示。网格世界一共有 8 个状态，其中状态 6 和状态 8 是陷阱位置，状态 7 是金币位置。机器人的初始位置为网格世界中的任何一个状态，机器人从初始位置状态开始出发寻找金币。机器人如果进入陷阱位置或找到金币，则探索任务结束。

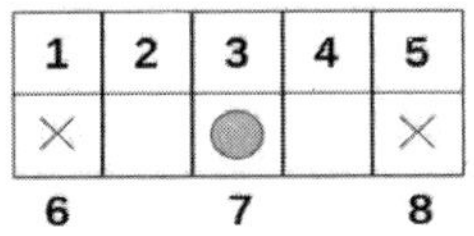

图 11.9 机器人找金币

4. 画出上题的状态迁移图，并列出每个状态的状态值函数(回报函数可以设为找到金币奖励为 1，掉入陷阱区域奖励为 −1，机器人处在其他状态时，奖励为 0)。

5. 给定衰减因子 $\gamma = 0.5$，假定 $T = 5$，接收到的奖励序列为

$$R_1 = -1, R_2 = 2, R_3 = -1, R_4 = 2, R_5 = 3.$$

请求出对应的累计收益 $G_0, G_1, \cdots, G_5$。

6. 写出图 11.9 实例中的状态转移矩阵。

7. 简述你对策略评估、策略改进和策略迭代的理解。

8. 简述 MC 算法与 TD 算法的区别与联系。

9. 简述什么是同轨策略，什么是异轨策略，并说明各自的优缺点。

10. 画出 Q-learning 和 SARSA 的流程图，比较两者之间的区别。

11. 比较 DQN 与 Q-learning 的区别。

参考文献

[1] Turing，Alan. M. Computing Machinery and Intelligence[J]. Creative Computing，1980，6(1)：44－53.

[2] Rosenblatt，Frank. The perceptron：a probabilistic model for information storage and organization in the brain[J]. Psychological review，1958，65(6)：386.

[3] Rumelhart，David E and Hinton，Geoffrey E and Williams，Ronald J. Learning representations by back－propagating errors[J]. nature，1986，323(6088)：533－536.

[4] Krizhevsky，Alex and Sutskever，Ilya and Hinton，Geoffrey E. Imagenet classification with deep convolutional neural networks[J]. Communications of the ACM，2017，60(6)：84－90.

[5] Krizhevsky，Alex and Sutskever，Ilya and Hinton，Geoffrey E. Imagenet classification with deep convolutional neural networks[J]. Communications of the ACM，2017，60(6)：84－90.

[6] Xu，Xiaowei and Jiang，Xiangao and Ma，Chunlian，et al. A deep learning system to screen novel coronavirus disease 2019 pneumonia[J]. Engineering，2020，6(10)：1122－1129.

[7] Li，Zhang and Zhong，Zheng and Li，Yang，et al. From community－acquired pneumonia to COVID－19：a deep learning－based method for quantitative analysis of COVID－19 on thick－section CT scans[J]. 2020，30：6828－6837.

[8] Galton，Francis. Regression towards mediocrity in hereditary stature[J]. The Journal of the Anthro－pological Institute of Great Britain and Ireland，1886，15：246－263.

[9] Box，George EP and Cox，David R. An analysis of transformations[J]. Journal of the Royal Statistical Society：Series B(Method－ological)，1964，26(2)：211－243.

[10] Hoerl，Arthur E and Kennard，Robert W. Ridge regression：Biased estimation for nonorthogonal problems[J]. Technometrics，1970，12(1)：55－67.

[11] Friedman，Jerome and Hastie，Trevor and Tibshirani，Rob. Regularization paths for generalized linear models via coordinate descent[J]. Journal of statistical software，2010，33(1)：1.

[12] Tibshirani，Robert. Regression shrinkage and selection via the lasso[J]. Journal of the Royal Statistical Society：Series B(Methodological)，1996，58(1)：267－288.

[13] Zou，Hui and Hastie，Trevor. Regularization and variable selection via the elastic net[J]. Journal of the royal statistical society：series B(statistical methodology)，2005，67(2)：301－320.

[14] Gauss，CF. Disquisitiones generales circa superficies curvas，Commentationes Societatis Regiae Scientiarum Gottingesis Recentiores，vol[J]. VI，Göttingen，1827：99—146.

[15] Poincaré，MH. Sur les équations de la physique mathématique[J]. Rendiconti del Circolo Matematico di Palermo(1884—1940)，1894，8(1)：57—155.

[16] Polyak，Boris T. Some methods of speeding up the convergence of iteration methods[J]. Ussr computational mathematics and mathematical physics，1964，4(5)：1—17.

[17] Bottou，Léon. Stochastic gradient descent tricks[J]. Neural Networks：Tricks of the Trade：Second Edition，2012：421—436.

[18] Glorot，Xavier and Bengio，Yoshua. Understanding the difficulty of training deep feedforward neural networks[C]//Proceedings of the thirteenth international conference on artificial intelligence and statistics. 2010：249—256.

[19] Samuel，Arthur L. Some studies in machine learning using the game of checkers[J]. IBM Journal of research and development，1959，3(3)：210—229.

[20] Lai，Tze Leung. Stochastic approximation[J]. The annals of Statistics，2003，31(2)：391—406.

[21] Bottou，é and Curtis，Frank E and Nocedal，Jorge. Optimization methods for large-scale machine learning[J]. SIAM review，2018，60(2)：223—311.

[22] Hyndman，Rob J and Koehler，Anne B. Another look at measures of forecast accuracy[J]. International journal of forecasting，2006，22(4)：679—688.

[23] Lv，Yisheng and Duan，Yanjie and Kang，Wenwen，et al. Traffic flow prediction with big data：A deep learning approach[J]. IEEE Transactions on Intelligent Transportation Systems，2014，16(2)：865—873.

[24] Fisher，Ronald A. The correlation between relatives on the supposition of Mendelian inheritance[J]. Earth and Environmental Science Transactions of the Royal Society of Edinburgh，1919，52(2)：399—433.

[25] Huberty，Carl J. Discriminant analysis[J]. Review of Educational Research，1975，45(4)：543—598.

[26] Maas，Andrew IR and Hukkelhoven. Prediction of outcome in traumatic brain injury with computed tomographic characteristics：a comparison between the computed tomographic classification and combinations of computed tomographic predictors[J]. Neurosurgery，2005，57(6)：1173—1182.

[27] Nelder，John Ashworth and Wedderburn. Generalized linear models[J]. Journal of the Royal Statistical Society：Series A(General)，1972，135(3)：370—384.

[28] Berkson，Joseph. Application of the logistic function to bio—assay[J]. Journal of the American statistical association，1944，39(227)：357—365.

[29] Aitchison，John and Silvey，SD. Maximum－likelihood estimation of parameters subject to restraints[J]. The annals of mathematical Statistics，1958，29(3)：813－828.

[30] Noble，William S. What is a support vector machine? [J]. Nature biotechnology，2006，24(12)：1565－1567.

[31] Frank，Marguerite and Wolfe，Philip. An algorithm for quadratic programming[J]. Naval research logistics quarterly，1956，3(1－2)：95－110.

[32] Kjeldsen，Tinne Hoff. A contextualized historical analysis of the Kuhn–Tucker theorem in nonlinear programming：the impact of World War II[J]. Historia mathematica，2000，27(4)：331－361.

[33] Kuhn，Harold W and Tucker，Albert W. Nonlinear programming[G]//Traces and emergence of nonlinear programming. Springer，2013：247－258.

[34] Mercer，James. Xvi. functions of positive and negative type，and their connection the theory of integral equations[J]. Philosophical transactions of the royal society of London. Series A，containing papers of a mathematical or physical character，1909，209(441－458)：415－446.

[35] Gini，Corrado. On the measure of concentration with special reference to income and statistics[J]. Colorado College Publication，General Series，1936，208(1)：73－79.

[36] Shannon，Claude E. A mathematical theory of communication[J]. The Bell system technical journal，1948，27(3)：379－423.

[37] Csiszár，Imre. I－divergence geometry of probability distributions and minimization problems[J]. The annals of probability，1975：146－158.

[38] Quinlan，J. Ross. Induction of decision trees[J]. Machine learning，1986，1：81－106.

[39] Herrmann，Leonard R. Laplacian－isoparametric grid generation scheme[J]. Journal of the Engineering Mechanics Division，1976，102(5)：749－756.

[40] Kononenko，Igor. Semi－naive Bayesian classifier[C]//Machine Learning—EWSL－91：European Working Session on Learning Porto，Portugal，March 6–8，1991 Proceedings 5. 1991：206－219.

[41] Bishop，Chris M. Neural networks and their applications[J]. Review of scientific instruments，1994，65(6)：1803－1832.

[42] Zupan，Jure. Introduction to artificial neural network(ANN)methods：what they are and how to use them[J]. Acta Chimica Slovenica，1994，41：327－327.

[43] McCulloch，Warren S and Pitts，Walter. A logical calculus of the ideas immanent in nervous activity[J]. The bulletin of mathematical biophysics，1943，5：115－133.

[44] Sharma，Sagar and Sharma，Simone and Athaiya，Anidhya. Activation functions in neural networks[J]. Towards Data Sci，2017，6(12)：310－316.

[45] Glorot，Xavier and Bordes，Antoine and Bengio，Yoshua. Deep sparse rectifier neural networks[C]//Proceedings of the fourteenth international conference on artificial intelligence and statistics. 2011：315—323.

[46] Maas，Andrew L and Hannun，Awni Y，et al. ectifier nonlinearities improve neural network acoustic models[C]//Proc. icml：vol. 30：1. 2013：3.

[47] eon Bottou，L. Online learning and stochastic approximations[J]. On—linelearning in neural networks，1998，17(9)：142.

[48] Hornik，Kurt and Stinchcombe，Maxwell and White，Halbert. Multilayer feedforward networks are universal approximators[J]. Neural networks，1989，2(5)：359—366.

[49] Bengio，Yoshua and Simard，Patrice and Frasconi，Paolo. Learning long—term dependencies with gradient descent is difficult[J]. IEEE transactions on neural networks，1994，5(2)：157—166.

[50] Hinton，Geoffrey E and Osindero，Simon and Teh，Yee—Whye. A fast learning algorithm for deep belief nets[J]. Neural computation，2006，18(7)：1527—1554.

[51] Ioffe，Sergey and Szegedy，Christian. Batch normalization：Accelerating deep network training by reducing internal covariate shift[C]//International conference on machine learning. 2015：448—456.

[52] Salimans，Tim and Kingma，Durk P. Weight normalization：A simple reparameterization to accelerate training of deep neural networks[J]. Advances in neural information processing systems，2016，29.

[53] He，Kaiming and Zhang，Xiangyu，et al. Deep residual learning for image recognition[C]//Proceedings of the IEEE conference on computer vision and pattern recognition. 2016：770—778.

[54] Girosi，Federico and Jones，Michael and Poggio，Tomaso. Regularization theory and neural networks architectures[J]. Neural computation，1995，7(2)：219—269.

[55] Duchi，John and Hazan，Elad and Singer，Yoram. Adaptive subgradient methods for online learning and stochastic optimization. [J]. Journal of machine learning research，2011，12(7)：21.

[56] Hinton，Geoffrey and Srivastava，Nitish and Swersky，Kevin. Neural networks for machine learning lecture 6a overview of mini—batch gradient descent[J]. Cited on，2012，14(8)：2.

[57] Møller，Martin F. Efficient training of feed—forward neural networks[J]. DAIMI Report Series，1993(464).

[58] Hawkins，Douglas M. The problem of overfitting[J]. Journal of chemical information and computer sciences，2004，44(1)：1—12.

[59] Prechelt，Lutz. Early stopping—but when? [G]//Neural Networks：Tricks of the

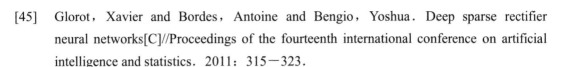

trade. Springer，2002：55－69.

[60] Szegedy，Christian and Liu，Wei and Jia， Yangqing and Sermanet， et al. Going deeper with convolutions[C]//Proceedings of the IEEE conference on computer vision and pattern recognition. 2015：1－9.

[61] Huang，Gao and Liu，Zhuang and Van Der Maaten，et al. Densely connected convolutional networks[C]//Proceedings of the IEEE conference on computer vision and pattern recognition. 2017：4700－4708.

[62] 黎亚雄，张坚强，潘登，等. 基于 RNN－RBM 语言模型的语音识别研究[J]. 计算机研究与发展，2014，51(9)：9.

[63] Medsker，Larry R and Jain，LC. Recurrent neural networks[J]. Design and Applications，2001，5：64－67.

[64] Hochreiter，Sepp and Schmidhuber，Jrgen. Long short－term memory[J]. Neural computation，1997，9(8)：1735－1780Long short－term memory[J]. Neural computation，1997，9(8)：1735－1780.

[65] Shewalkar，Apeksha and Nyavanandi，Deepika and Ludwig，Simone A. Performance evaluation of deep neural networks applied to speech recognition：RNN，LSTM and GRU[J]. Journal of Artificial Intelligence and Soft Computing Research，2019，9(4)：235－245.

[66] Rao，Kanishka and Sak，Ha}im and Prabhavalkar，Rohit. Exploring architectures，data and units for streaming end－to－end speech recognition with rnn－transducer[C]//2017 IEEE Automatic Speech Recognition and Understanding Workshop(ASRU). 2017：193－199.

[67] Saon，George and Tske，Zoltn ，et al. Advancing RNN transducer technology for speech recognition[C]//ICASSP 2021－2021 IEEE International Conference on Acoustics， Speech and Signal Processing(ICASSP). 2021：5654－5658.

[68] Mahata，Sainik Kumar and Das，Dipankar，et al. Mtil2017：Machine translation using recurrent neural network on statistical machine translation[J]. Journal of Intelligent Systems，2019，28(3)：447－453.

[69] Vathsala，MK and Holi，Ganga. RNN based machine translation and transliteration for Twitter data[J]. International Journal of Speech Technology，2020，23(3)：499－504.

[70] Chen，Shang－Fu and Chen，Yi－Chen，et al. Order－free rnn with visual attention for multi－label classification[C]//：vol. 32：1. 2018.

[71] Stahlberg，Felix. Neural machine translation：A review[J]. Journal of Artificial Intelligence Research，2020，69：343－418.

[72] Nassif，Ali Bou and Shahin，Ismail，et al. Speech recognition using deep neural networks：A systematic review[J]. IEEE access，2019，7：19143－19165.

[73] Jelodar, Hamed and Wang, Yongli, et al. Deep sentiment classification and topic discovery on novel coronavirus or COVID－19 online discussions: NLP using LSTM recurrent neural network approach[J]. IEEE Journal of Biomedical and Health Informatics, 2020, 24(10): 2733－2742.

[74] Sarzynska－Wawer, Justyna and Wawer, Aleksander, et al. Detecting formal thought disorder by deep contextualized word representations[J]. Psychiatry Research, 2021, 304: 114－135.

[75] Hong, Huiting and Lin, Yucheng, et al. HetETA: Heterogeneous Information Network Embedding for Estimating Time of Arrival[C]//. 2020: 2444－2454.

[76] Defferrard, Michal and Bresson, Xavier and Vandergheynst, Pierre. Convolutional neural networks on graphs with fast localized spectral filtering[J]. Advances in neural information processing systems, 2016, 29.

[77] Cui, Xin and Li, Zefeng and Huang, Hui. Subdivision of Seismicity Beneath the Summit Region of Kilauea Vol－cano: Implications for the Preparation Process of the 2018 Eruption[J]. Geophysical Research Letters, 2021, 48(20): e2021GL094698.

[78] 李江，冉君军，张克非．一种基于降噪自编码器的人脸表情识别方法[J]．计算机应用研究，2016，33(12)：4.

[79] 余涛．基于稀疏自编码器的手写体数字识别[J]．数字技术与应用，2017(1)：2.

[80] 张雪菲，程乐超，白升利等．基于变分自编码器的人脸图像修复[J]．计算机辅助设计与图形学学报，2020，32(3)：9.

[81] 高焕堂．学贯中西(7)：介绍生成对抗网路(GAN)[J]．电子产品世界，2022(005)：029.

[82] 李祥霞，谢娴，李彬，等．生成对抗网络在医学图像处理中的应用[J]．计算机工程与应用，2021，057(018)：24－37.

[83] 周心怡，汪可，邬冬华，等．求解全局最优问题的多重点样本水平值估计的相对熵算法[J]．运筹学学报，2019(1)：13.

[84] 高阳，陈世福，陆鑫．强化学习研究综述[J]．自动化学报，2004，30(1)：15.

[85] 张汝波，顾国昌，刘照德．强化学习理论、算法及应用[J]．控制理论与应用，2000，17(5).

[86] 朱斐，葛洋洋，凌兴宏．基于受限 MDP 的无模型安全强化学习方法[J]．软件学报，2022(008)：033.

[87] 李磊，叶涛，谭民．移动机器人技术研究现状与未来[J]．机器人，2002，24(5)：6.

[88] 秦寿康．主成分价值函数模型及评价方案择优方法[J]．系统科学与数学，2001，21(4)：8.

[89] 蒋冬初，林亚平．遗传算法在求解函数优化中的最优化参数研究[J]．计算机工程与科学，2005，27(10)：50－52.

[90] 苏浩铭，王浩．一种基于模型的强化学习算法[J]．合肥工业大学学报：自然科学

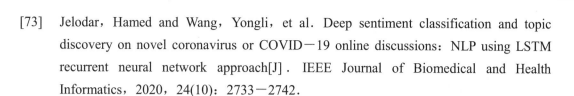

版，2008，31(9)：4.

[91] 李美安，陈志党，王春申．一种贪心策略的更高效的请求集生成算法[J]．微型机与应用，2011，30(13)：4.

[92] 孙湧，仵博，冯延蓬．基于策略迭代和值迭代的 POMDP 算法[J]．计算机研究与发展，2008，45(10)：6.

[93] 刘娟，张蔷，杨志辉．基于改进的蒙特卡罗强化学习方法的逆合成问题求解方法及装置[Z]．2021.

[94] 邱煜炎，高心乐，吴福生．基于时序差分学习的强化学习算法实验教学案例设计[J]．安庆师范学院学报(自然科学版)，2022(001)：028.

[95] 刘云龙，吉国力．基于 CMAC 网络 Sarsa(λ)学习的 RoboCup 守门员策略[J]．北京工业大学学报，2012，38(9)：5.

[96] 王硕汝，牛温佳，童恩栋，等．强化学习离线策略评估研究综述[J]．计算机学报，2022(009)：045.

[97] 陈建平，周鑫，傅启明，等．基于二阶时序差分误差的双网络 DQN 算法[J]．计算机工程，2020，46(5)：9.

[98] Watkins，Cjch and Dayan，P．Technical Note：Q－Learning[J]．Machine Learning，1992，8(3－4)：279－292.

[99] 肖进杰，范辉，郭玉刚，等．贪心算法求解 k－median 问题[J]．计算机工程与应用，2006，42(3)：3.

[100] 王强，沈永平，陈英武．基于属性价值函数估计的不确定多属性决策方法[J]．系统工程与电子技术，2007，29(4)：3.

[101] 马彬，陈海波，张超．基于改进深度 Q 学习的网络选择方法[J]．电子与信息学报，2022，44(1)：8.